21世纪高等院校电气工程与自动化规划教材

21 century institutions of higher learning materials of Electrical Engineering and Automation Planning

Electrical and Electronic Technology

电工电子技术

周理 陈佳新 主编

陈炳煌 卢光宝 鄢仁武 副主编

人民邮电出版社

北京

图书在版编目（CIP）数据

电工电子技术 / 周理，陈佳新主编. -- 北京 ： 人民邮电出版社，2015.1（2018.7 重印）
21世纪高等院校电气工程与自动化规划教材
ISBN 978-7-115-37231-4

Ⅰ. ①电… Ⅱ. ①周… ②陈… Ⅲ. ①电工技术－高等学校－教材②电子技术－高等学校－教材 Ⅳ. ①TM ②TN

中国版本图书馆CIP数据核字(2014)第268638号

内 容 提 要

本书全面系统地论述了电工电子技术的基本理论及应用分析。全书分为 12 章，主要包括电路基础理论、电机及电气控制技术、模拟电子技术、数字电子技术等知识，涵盖了电工电子技术的基本内容。本书内容详略得当，基本概念讲述清楚，分析方法讲解透彻，难易度适中，并提供配套电子教学课件，以方便学生自学和教师施教。

本书可作为高等学校非电类专业学生的教科书，也可供其他工科专业选用和社会读者阅读。

◆ 主　　编　周　理　陈佳新
　副 主 编　陈炳煌　卢光宝　鄢仁武
　责任编辑　张孟玮
　执行编辑　税梦玲
　责任印制　沈　蓉　彭志环
◆ 人民邮电出版社出版发行　　北京市丰台区成寿寺路 11 号
　邮编　100164　　电子邮件　315@ptpress.com.cn
　网址　http://www.ptpress.com.cn
　北京中石油彩色印刷有限责任公司印刷
◆ 开本：787×1092　1/16
　印张：15.5　　　　2015 年 1 月第 1 版
　字数：387 千字　　　　2018 年 7 月北京第 3 次印刷

定价：36.00 元

读者服务热线：(010) 81055256　印装质量热线：(010) 81055316
反盗版热线：(010) 81055315
广告经营许可证：京东工商广登字 20170147 号

前言

"电工电子技术"课程是高等院校非电类理工科各专业的一门重要的技术基础课。随着科学技术的发展，电工电子技术的应用遍及生产领域和人类生活的各个角落，对国民经济发展及生活水平的提高都起着至关重要的作用。

"电工电子技术"课程涉及电工电子学科的各个领域，并有很强的实践性。学生通过本课程的学习，获得电工、电子技术及电气控制等领域必要的基本理论、基本知识和基本技能，获得电工与电子技术的基本分析方法和应用技巧，培养初步的实践能力，以及分析问题和解决问题的实际能力。

本书从适应高等院校非电类理工科应用型人才培养需求出发，力求以尽可能少的学时阐明电工电子技术的基本知识。作者在多年教学改革与实践的基础上，结合对应用型人才的培养，吸收当前一些改革教材中的先进经验。在课程内容的选择上，重点突出基本概念、基本理论、基本原理和基本分析方法，尽量减少过于复杂的分析与计算。强调知识的渐进性，兼顾知识的系统性，力求做到学科体系完整、知识简单明了、理论联系实际、时代特色鲜明，同时体现近年来电工电子技术领域出现的新技术。

全书分为 12 章。第 1～4 章为电路分析基础部分，主要包括电路的基本概念和基本定律、直流电路和交流电路的分析方法、一阶线性电路的暂态分析等内容；第 5 章为变压器与电动机部分，主要包括变压器、三相异步电动机、单相异步电动机以及三相异步电动机的电气控制系统等内容；第 6 章和第 7 章为模拟电子技术部分，主要包括常用半导体器件、由分立元件组成的基本放大电路等内容；第 9 章为直流稳压电源部分，主要包括单相整流电路、滤波电路、直流稳压电源等内容；第 8 章、第 10 章和第 11 章为数字电子技术部分，主要包括集成运算放大器及其应用、门电路与组合逻辑电路、触发器与时序逻辑电路等内容；第 12 章为电工电子技术实验，主要包括电路、电子技术的基本实验。本书力求叙述简明、概念清晰、条理清楚、讲解到位、插图规范、易教易学。本书可作为高等学校非电类专业学生的教科书，也可供有关专业师生、工程技术人员和社会读者阅读。

本书由福建工程学院的周理、陈佳新任主编，最后统稿并定稿。第 1～3 章由陈炳煌编写，第 4 章由陈佳新、鄢仁武编写，第 5 章由陈佳新编写，第 6 章和第 7 章由卢光宝编写，第 9 章由鄢仁武编写，第 8 章、第 10 章、第 11 章由周理编写，第 12 章由陈佳新、周理编写。福州大学的蔡金锭教授仔细审阅了书稿并提出了宝贵的修改意见，谨致以衷心的谢意。

在编写过程中，我们学习和借鉴了大量有关的参考资料。在此向所有资料的编写者们表示深深的感谢。

由于时间的限制和编者学识的局限，书中难免有错漏或不妥之处，恳请广大读者在使用过程中提出宝贵意见。作者的邮箱为 zhouli@fjut.edu.cn。

编　者

2014 年 5 月

目　录

第 1 章 电路的基本概念和定律

本章以物理概念为基础，并结合电工技术的需要，重点讨论电压和电流的参考方向、电路的基本状态和基尔霍夫定律等。这些内容都是分析和计算电路的基础，需要重点学习。

1.1 电路和电路模型

1.1.1 电路

1. 电路及其组成

实际电路通常由各种电路部件（如电源、电阻器、电感线圈、电容器、变压器）和电路器件（如仪表、二极管、三极管）相互连接组成。每一种电路部件都具有各自不同的电磁特性和功能。按照人们的需要，把相关电路部件和电路器件按一定方式进行组合，就构成了一个个电路。如果某个电路的元器件数目很多且电路结构较为复杂时，通常又把这个电路称为电网络。不论是简单还是复杂，电路的基本组成部分都离不开 3 个基本环节：电源、负载和中间环节。

电源是向电路提供电能的装置。它可以将其他形式的能量，如化学能、热能、机械能、原子能等转换为电能。在电路中，电源是激励，是激发和产生电流的因素。负载是取用电能的装置，其作用是把电能转换为其他形式的能（如机械能、热能、光能等）。通常，在生产与生活中经常用到的电灯、电动机、电炉、扬声器等用电设备，都是电路中的负载。中间环节在电路中起着传递电能、分配电能和控制整个电路的作用。最简单的中间环节即开关和连接导线，一个实用电路的中间环节通常还有一些保护和检测装置，复杂的中间环节可以是由许多电路元件组成的网络系统。

在图 1.1.1 所示的手电筒照明电路中，电池作为电源，电灯泡作为负载，导线和开关作为中间环节将电灯泡和电池连接起来。

2. 电路的种类及功能

工程应用中的实际电路，按照功能的不同可分为两大类：一是完成能量的传输、分配和转换的电路。如图 1.1.1 所示，电池通过导线将电能传递给电灯泡，电灯泡将电能转化为光能和热能，这类电路的特点是大功率、大电流；二是实现对电信号的传递、变换、储存和处

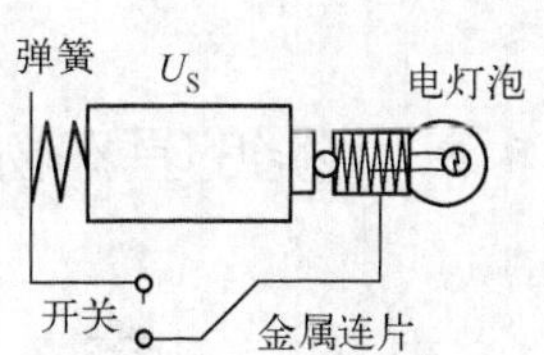

图 1.1.1 手电筒照明电路

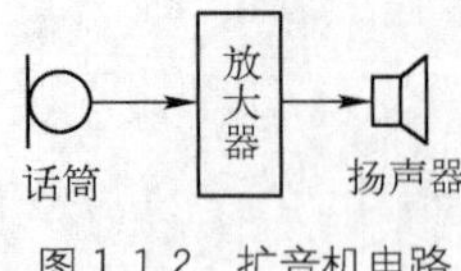

图 1.1.2 扩音机电路

理的电路。图 1.1.2 所示是一个扩音机的工作过程，话筒将声音的振动信号转换为电信号，即相应的电压和电流，经过放大处理后，通过电路传递给扬声器，再由扬声器还原为声音，这类电路特点是小功率、小电流。

1.1.2 电路模型

实际电路的电磁过程是相当复杂的，难以进行有效的分析计算。在电路理论中，为了方便实际电路的分析和计算，通常在工程实际允许的条件下对实际电路进行模型化处理，即忽略次要因素，抓住足以反映其功能的主要电磁特性，抽象出实际电路器件的“电路模型”。

例如电阻器、灯泡、电炉等，这些电气设备接收电能并将电能转换成光能或热能，光能和热能显然不可能再回到电路中，因此我们把这种能量转换过程不可逆的电磁特性称为耗能。这些电气设备除了具有耗能的电磁特性，还有其他一些电磁特性，但在研究和分析问题时，即使忽略这些其他电磁特性，也不会影响整个电路的分析和计算。因此，我们就可以用一个只具有耗能电磁特性的“电阻元件”作为它们的电路模型。

将实际电路器件理想化而得到的只具有某种单一电磁特性的元件，称为理想电路元件，简称为电路元件。每一种电路元件都体现某种基本现象，具有某种确定的电磁特性和精确的数学定义。常用的有表示将电能转换为热能的电阻元件、表示电场性质的电容元件、表示磁场性质的电感元件及电压源元件和电流源元件等，其电路符号如图 1.1.3 所示。本章后面将分别讲解这些常用的电路元件。

把由理想电路元件相互连接而组成的电路称为电路模型。如图 1.1.1 所示，电池对外提供电压的同时，内部也有电阻消耗能量，所以电池用其电动势 E 和内阻 R_0 的串联表示；灯除了具有消耗电能的性质（电阻性）外，在通电时还会产生磁场，具有电感性。但是电感十分微弱，可忽略不计，因此可认为灯是一电阻元件，用 R 表示。图 1.1.4 所示是图 1.1.1 的电路模型。本书后文所涉及电路均指由理想电路元件构成的电路模型，同时把理想电路元件简称为电路元件。

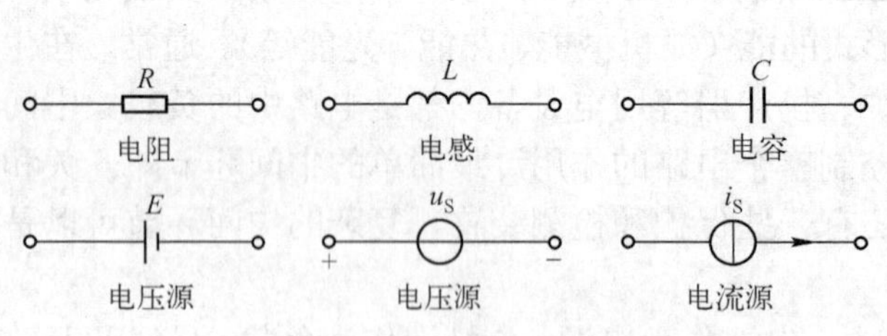

图 1.1.3 理想电路元件的符号

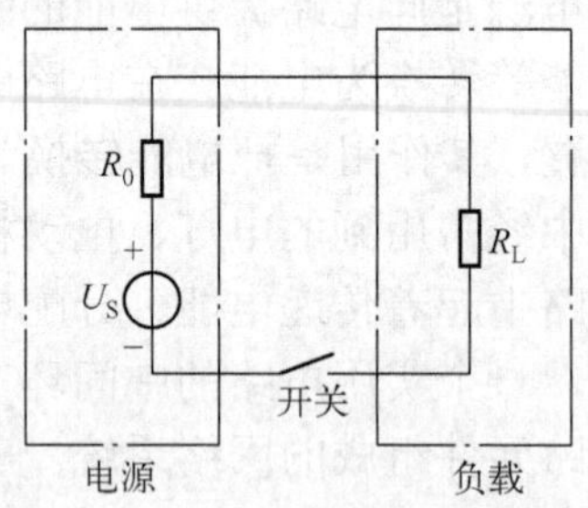

图 1.1.4 手电筒电路的电路模型

1.2 电路的基本物理量

1.2.1 电流

电流等于单位时间内通过导体横截面的电荷量。用以衡量电流大小的量，称为电流强度。

用符号 $i(t)$和 $q(t)$分别表示电流和电荷量，即

$$i(t)=\frac{\mathrm{d}q(t)}{\mathrm{d}t} \tag{1.2.1}$$

通常，将正电荷移动的方向规定为电流的正方向，也称为电流的实际方向。

如果电流的大小和方向都不随时间变化，则把这种电流称为恒定电流，简称直流（Direct Current，DC），可用符号 I 表示。如果电流的大小和方向都随时间变化，则把这种电流称为交变电流，简称交流（Alternating Current，AC），可用符号 $i(t)$ 来表示。

以上规定了电流的实际方向，但是在进行电路分析时，电路中某个元件或某段电路的电流方向是未知的，因此在分析计算前需要先假定电流的参考方向。参考方向的假定可以是任意的，一般可用一个实箭头表示。如图 1.2.1（a）所示，长方框表示电路中的一个元件或一段电路。箭头由 a 指向 b 的方向，是假定流经这个元件的电流的参考方向。但流过该元件的电流的实际方向可能是由 a 指向 b，也可能是由 b 指向 a。也就是说，电流的参考方向与电流的实际方向要么相同，要么相反。若电流的实际方向是由 a 指向 b，即如图 1.2.1（b）中虚线箭头所示，它与假定的参考方向一致，则电流 i 为正值，即 $i>0$。在图 1.2.1（c）中假定电流的参考方向是由 b 指向 a，而实际方向是由 a 指向 b，与电流 i 的参考方向相反，即 $i<0$。这样，在已经假定电流参考方向的情况下，电流 i 值的正和负，就反映了电流 i 的实际方向。若没有假定电流的参考方向，电流 i 值的正和负就毫无意义。所以在分析电路时要预先假定电流的参考方向。

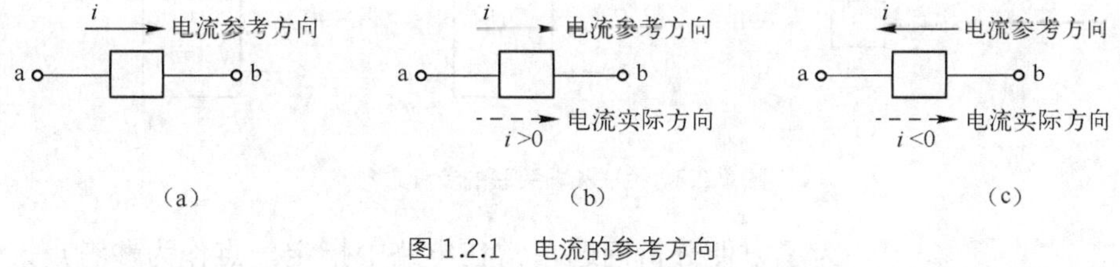

图 1.2.1　电流的参考方向

1.2.2　电压

电压等于单位正电荷在电场力作用下由 a 点移到 b 点时所做的功，即

$$u_{\mathrm{ab}}=\frac{\mathrm{d}w_{\mathrm{ab}}}{\mathrm{d}q} \tag{1.2.2}$$

式中，$\mathrm{d}q$ 为电荷由 a 点转移到 b 点的电量，单位为库仑[C]；$\mathrm{d}w$ 为转移过程中电荷 $\mathrm{d}q$ 所失去的电能，单位为焦耳[J]；电压单位为伏特[V]。

单位正电荷在电场力的作用下由 a 移到 b，消耗电能，则 a 点是高电位点，称为正极，用符号“+”表示；b 点为低电位点，称为负极，用符号“−”号表示。电荷转移失去电能表现为电压降落，即电压降。通常，电路中两点之间的电压方向可用电压极性或电压降方向表示。

若电压的大小和极性均不随时间变动，则这样的电压称为恒定电压或直流电压，可用符号 U 表示。若电压的大小和极性均随时间变化，则称为交变电压或交流电压，用符号 $u(t)$ 表示。

对电路两点之间的电压，如同电流一样，计算时也需要假定参考极性或参考方向。在图

1.2.2（a）中，如果假定 a 点的电位高于 b 点的电位，则 a 点为“+”极性，b 点为“−”极性。若实际中 a 点的电位高于 b 点的电位，则电压 $u>0$，这表示元件两端的电压实际极性与假定参考极性相同，或者说电压实际方向与参考方向一致。如果 $u<0$，说明电压的假定参考方向与实际方向相反，如图 1.2.2（b）所示。

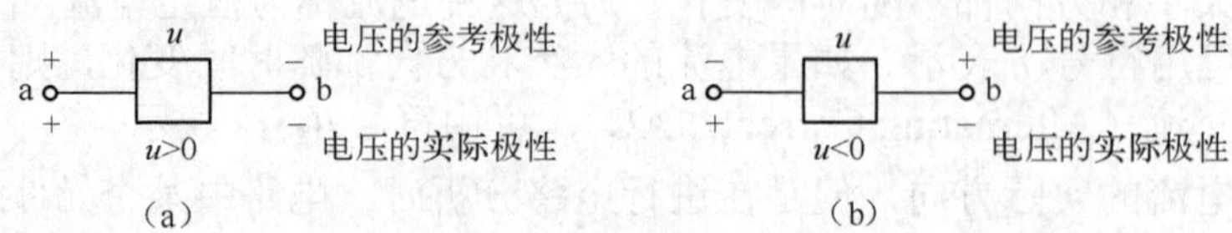

图 1.2.2 电压的参考极性

一个元件中通过的电流或端电压的参考方向可以独立地任意指定。如果假定流过元件的电流参考方向是从标有电压“+”极性的一端指向电压“−”极性的一端，即电流和电压参考方向一致，则把这种电流和电压参考方向称为关联参考方向，如图 1.2.3（a）所示。当电压和电流的参考方向不一致时，称为非关联参考方向。在图 1.2.3（b）中，N 表示电路的一部分，有两个端子与外电路相连，为二端电路，其电流 i 的参考方向是从电压的“+”极端流入二端电路，再从“−”极端流出，电流和电压参考方向一致，所以是关联参考方向。图 1.2.3（c）所示的电流与电压是非关联参考方向。

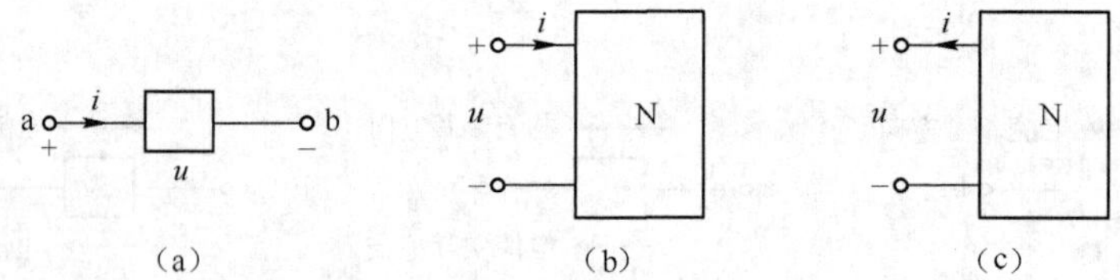

图 1.2.3 关联和非关联的参考方向

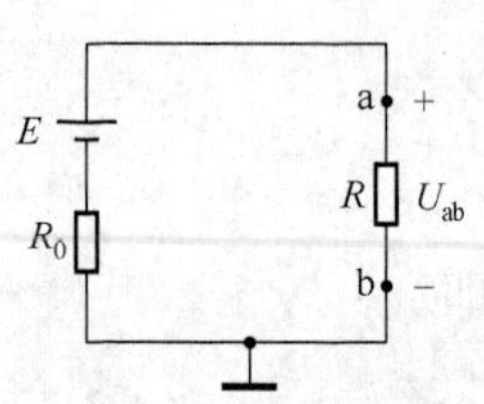

图 1.2.4 零电位示意图

为了方便分析问题，常在电路中指定一点作为参考点，假定该点的电位是零，用符号“⊥”表示，如图 1.2.4 所示。在生产实践中，把地球作为零电位点，凡是机壳接地的设备（接地符号是“⊥”），机壳电位即为零电位。有些设备或装置的机壳并不接地，而是把许多元件的公共点作为零电位点，用符号“⊥”表示。

电路中其他各点相对于参考点的电压就是各点的电位，因此，任意两点间的电压等于这两点的电位之差，可以用电位的高低来衡量电路中某点电场能量的大小。

电路中各点电位的高低是相对的，参考点不同，各点电位的高低也不同，但是电路中任意两点之间的电压与参考点的选择无关。电路中，凡是比参考点电位高的各点电位都是正电位，比参考点电位低的各点电位都是负电位。

例 1.2.1 求图 1.2.5 中 a 点的电位。

图 1.2.5 例 1.2.1 题图

解　对于图 1.2.5（a）有

$$U_a = -4 + \frac{30}{50+30} \times (12+4) = 2(\mathrm{V})$$

对于图 1.2.5（b），因 20Ω 电阻中电流为零，故

$$U_a = 0$$

国际单位制（SI）已规定了电路变量的单位，如安、伏、秒等。表 1.2.1 列出了国际单位制中规定的十进制倍数和分数的单位词头。例如：

$$1\ 微安[\mu\mathrm{A}] = 1\times10^{-6}\ 安[\mathrm{A}]$$
$$5\ 千伏[\mathrm{kV}] = 5\times10^{3}\ 伏[\mathrm{V}]$$
$$2\ 毫秒[\mathrm{ms}] = 2\times10^{-3}\ 秒[\mathrm{s}]$$

表 1.2.1　　部分国际单位制倍数与分数词头

倍数	词头名称		词头符号	分数	词头名称		词头符号
	中文	原文（法）			中文	原文（法）	
10^{12}	太[拉]	tera	T	10^{-1}	分	deci	d
10^{9}	吉[咖]	giga	G	10^{-2}	厘	centi	c
10^{6}	兆	mega	M	10^{-3}	毫	milli	m
10^{3}	千	kilo	k	10^{-6}	微	micro	μ
10^{2}	百	hecto	h	10^{-9}	纳[诺]	nano	n
10	十	deca	da	10^{-12}	皮[可]	pico	p

1.2.3　功率

电流通过电路时传输或转换电能的速率，即单位时间内电场力所做的功，称为电功率，简称功率。数学描述为

$$p = \frac{\mathrm{d}w}{\mathrm{d}t} \tag{1.2.3}$$

式中，p 表示功率。在国际单位制中，功率的单位是瓦特[W]，规定元件 1 秒钟内提供或消耗 1 焦耳能量时的功率为 1W。常用的功率单位还有千瓦[kW]，1kW=1000W。

将式（1.2.3）等号右边的分子、分母同乘以 dq 后，变为

$$p = \frac{\mathrm{d}w}{\mathrm{d}t} = \frac{\mathrm{d}w}{\mathrm{d}q} \times \frac{\mathrm{d}q}{\mathrm{d}t} = ui \tag{1.2.4}$$

可见，元件吸收或发出的功率等于元件两端的电压乘以元件中的电流。

若元件的电流为直流电流 I，电压为直流电压 U，则电功率为

$$P = UI \tag{1.2.5}$$

式（1.2.4）或式（1.2.5）中的电压和电流是关联参考方向，p 为元件吸收的电功率。若在某一时刻，$p>0$，表明元件吸收电功率；$p<0$，表明元件实际上提供电功率或输出电功率。

当电流的单位为安培[A]、电压的单位为伏特[V]、能量的单位为焦耳[J]、时间的单位为秒[s]时，则电功率的单位为瓦特[W]。

电气设备或元件长期正常运行的电流容许值称为额定电流，其长期正常运行的电压容许值称为额定电压。额定电压和额定电流的乘积为额定功率。通常电气设备或元件的额定值标

在产品的铭牌上。如一白炽灯标有“220V、40W”，表示它的额定电压为220V，额定功率为40W。

例 1.2.2 计算图1.2.6所示各电路的电功率。设图（a）中，（1）$I=1\,\text{A}$，$U=2\,\text{V}$；（2）$I=1\,\text{A}$，$U=-2\,\text{V}$。设图（b）中，（1）$I=-2\,\text{A}$，$U=3\,\text{V}$；（2）$I=-2\,\text{A}$，$U=-3\,\text{V}$。

解 在图1.2.6（a）中 I 和 U 为关联参考方向。

（1）元件吸收的电功率为

$$P=UI=1\times 2=2\,(\text{W})$$

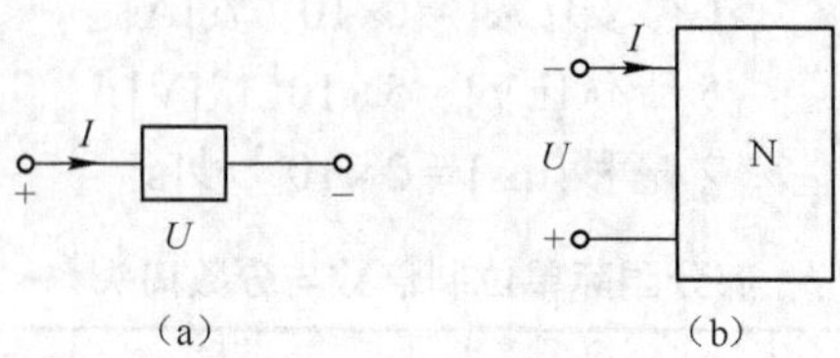

图 1.2.6 例 1.2.2 题图

（2）元件吸收的电功率为

$$P=UI=(-2)\times 1=-2\text{（W）}$$

计算结果为负值，表明该元件向外提供2W电功率。

在图1.2.6（b）中，电压和电流为非关联参考方向，U 与 I 的乘积表示该元件提供的电功率。

（1）元件提供的电功率为

$$P=UI=3\times(-2)=-6\text{（W）}$$

计算结果为负值，表明其实际吸收了6W电功率。

（2）元件提供的电功率为

$$P=UI=(-3)\times(-2)=6\text{（W）}$$

计算结果为正值，表明该元件向外提供6W电功率。

1.3 电路电源

1.3.1 独立电源

电压源和电流源是两个理想化的电路元件，它们的物理原形是实际电源，如干电池、发电机、信号源、光电池等。通常它们在电路中提供电能，是两个电源元件。

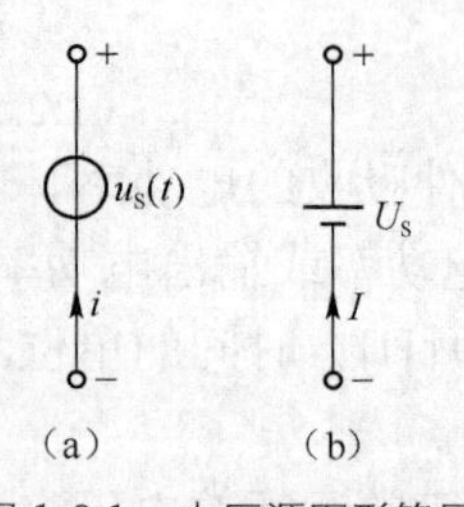

图 1.3.1 电压源图形符号

电压源的定义为：一个理想二端元件，若其端电压 $u(t)$ 总保持为一个确定的值 U_S 或确定的时间函数 $u_S(t)$，而与通过它的电流 $i(t)$ 无关，则这种二端元件称为独立电压源，简称为电压源。电压源的图形符号如图1.3.1（a）所示，用符号 U_S 或 $u_S(t)$ 表示电压值。图中“+”“−”符号表示电压源的方向。当电压源为直流电压源时，用图1.3.1（b）所示的图形符号表示，其中长线段表示电压的正极，短线段表示负极用符号 U_S 表示电压值。

图1.3.2（a）所示的是电压源接外电路的情况，通常取电压源的

电压和电流方向为非关联参考方向。电压源的特点是：端电压 $u(t)$总等于 $u_S(t)$，不受外电路影响；而电压源的电流值由外电路决定，当电压源所连接的外电路不同时，流经电压源的电流也不同。如果 $u_S(t)= U_S$ 为一直流电压，则电压源端电压 $u(t)= U_S \neq 0$，电压源的特性曲线是一条不过原点且平行于电流轴的直线，如图 1.3.2（b）所示。

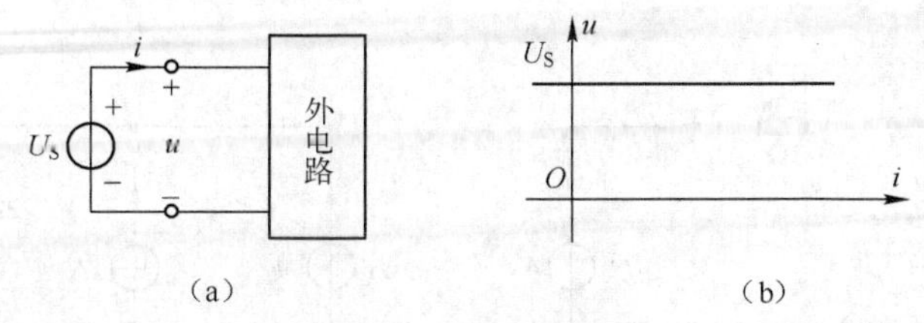

图 1.3.2　电压源外特性

如果电压源 $u_S(t)= 0$ 时，电压源相当于一条短路线，即电压源的伏安特性为 u-i 平面上的电流轴。电压源两端不允许短路，因为电压源短路时端电压 $u = 0$，这与电压源特性不相容。

电压源发出的电功率为

$$p(t) = u(t)\,i(t) \tag{1.3.1}$$

电压源流过的电流不是由它本身所确定的，而是由与之连接的外电路来决定的。电流可以从不同的方向流过电压源，因此电压源既可以对外电路发出电功率，也可以从外电路接收电功率。

电流源定义为：一个理想二端元件，若其提供的电流总保持为一个确定的值 I_S 或确定的时间函数 $i_S(t)$，而与其端电压 $u(t)$无关，电流源端电压 $u(t)$由外电路决定，则这种二端元件称为独立电流源，简称为电流源。电流源的图形符号如图 1.3.3（a）所示，箭头表示电流源的方向。

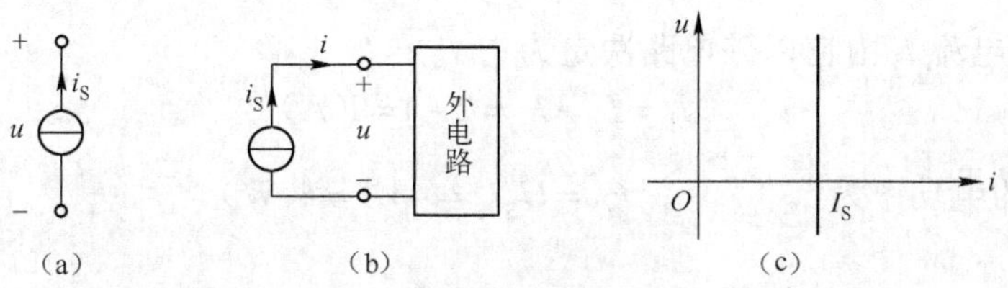

图 1.3.3　电流源及特性

图 1.3.3（b）所示的是电流源与外电路的连接情况，外电路不同使得电流源的端电压不同，其电流总为 $i = i_S$ 而不受外电路影响。如果电流源 $i_S = I_S \neq 0$，则该电流源称为直流电流源，其特性曲线是 u-i 平面上平行于电压轴的一条直线，如图 1.3.3（c）所示。当 $i_S = 0$ 时，该直线与电压轴重合。电流源不允许开路，因为电流源开路时提供的电流为零，这与电流源特性不相容。

电流源发出的电功率为

$$p(t) = u(t)\,i(t) \tag{1.3.2}$$

电流源两端的电压不是由它本身所确定的，而是由与之连接的外电路来决定的。电流源两端电压的极性可以是不同的，因此电流源既可以对外电路发出电功率，也可以从外电路接收电功率。

例 1.3.1 计算图 1.3.4 电路中独立电源所提供的电功率。

解 在图 1.3.4（a）中，假设电流源、电阻的电压U、U_R和电流I的参考方向如图所示。该电路为一个单回路，其电流I等于电流源电流 2A。根据欧姆定律，电阻上的端电压U_R为

$$U_R = 3I = 3\times 2 = 6(\text{V})$$

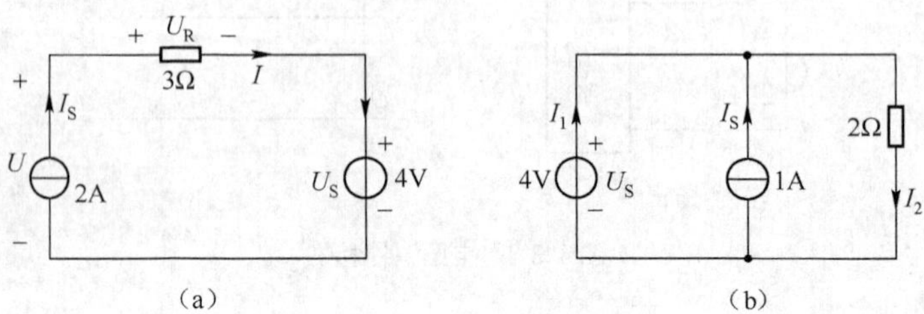

图 1.3.4 例 1.3.1 题图

电流源两端的电压等于电阻上的电压与电压源的电压之和

$$U = U_R + U_S = 6 + 4 = 10(\text{V})$$

电流源提供的电功率为

$$P = UI_S = 10\times 2 = 20(\text{W})$$

因电压源的电流由外电路决定，其值为 2A，所以电压源提供的电功率为

$$P_{U_S} = -U_S I = -4\times 2 = -8(\text{W})$$

在图 1.3.4（b）中，各支路电流如图所示。三个元件并联连接，其电压相同，每个元件上的电压等于电压源的电压$U_S = 4\text{V}$。根据欧姆定律，电阻中通过的电流为

$$I_2 = \frac{U_S}{2} = 2(\text{A})$$

电压源U_S的电流I_1由它以外电路决定为

$$I_1 = I_2 - I_S = 2 - 1 = 1(\text{A})$$

电流源提供的电功率为 $$P_{I_S} = U_S I_S = 4\times 1 = 4(\text{W})$$

电压源提供的电功率为 $$P_{U_S} = U_S I_1 = 4\times 1 = 4(\text{W})$$

1.3.2 受控电源

电源除了有独立电压源和独立电流源外，还有受控电压源和受控电流源。受控源也称为非独立电源。它与独立电源不同，受控电压源的电压和受控电流源的电流并不独立存在，而是受电路中其他支路电压或电流的控制。受控电源模型是一个二端口元件，其中一个端口是电源端口，另一个端口是控制端口。理想受控源的电源端口的电压（或电流）为一个定值或给定的时间函数，与其通过的电流（或电压）无关，其值的大小和函数的形式取决于控制端口的电压或电流。

受控电压源和受控电流源按其控制量的不同可分 4 种形式：

电压控制电压源（Voltage Controlled Voltage Source，VCVS）；

电流控制电压源（Current Controlled Voltage Source，CCVS）；
电压控制电流源（Voltage Controlled Current Source，VCCS）；
电流控制电流源（Current Controlled Current Source，CCCS）。

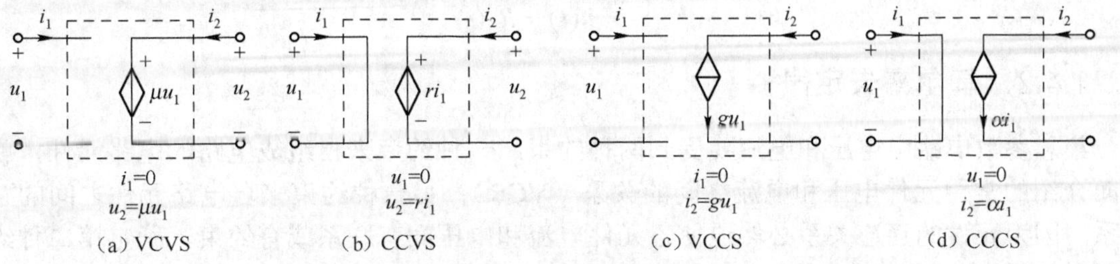

图 1.3.5　受控源电路符号

图 1.3.5 所示为 4 种受控源的电路符号及其特性方程。图中受控源用菱形符号表示，以便与独立源区别。可以看出，受控源元件的特性方程为二维方程。其中，u_1 和 i_1 分别表示受控源的控制电压和控制电流，μ、r、g 和α分别为相应受控源的控制系数，其中 μ 和α无量纲，r 和 g 分别具有电阻和电导的量纲。当这些系数为常数时，被控制量与控制量成正比，这种受控源称为线性受控源。

受电源在电路中的作用与独立电源有所不同。后者是电路的输入，表示外界对电路的作用，电路中的电压和电流是由独立电源起“激励”作用的结果；而受控源则表示电路中一条支路的电压或电流受另一条支路电压或电流的控制，反映了电路中一部分的变量与另一部分变量间的耦合关系，在电路中不起“激励”作用。在进行含受控源电路的分析时，有时将受控源按独立电源处理，但要特别注意源电压或源电流的控制量；有时又将受控源视为电阻对待。

例 1.3.2　在图 1.3.6 所示的电路中求电流 I。

解　电路中含 CCVS，控制量是 I_1，由左边的电路可得

$$I_1 = \frac{10}{5} = 2(\text{A})$$

故有

$$I = \frac{2I_1}{4} = \frac{4}{4} = 1\ (\text{A})$$

受控源是模拟一种实际的源电压和源电流受控的电源。例如，他激直流发电机的感应电压受励磁电流的控制，可以看成是一种电流控制电压源；晶体三极管的集电极电流受基极电流的控制，可以视为电流控制电流源；第 8 章将要介绍的运算放大器的输出电压受输入电压的控制，可用电压控制电压源来表示。这类电路元件的工作特性可用受控源来描述。

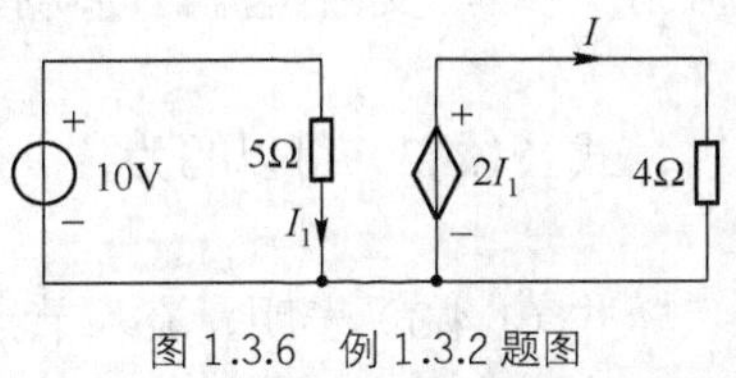

图 1.3.6　例 1.3.2 题图

1.4　电路定律

电路分析的基本依据是电路的基本定律，即欧姆定律和基尔霍夫定律。

1.4.1 欧姆定律

欧姆定律反映了电阻元件上电压和电流的约束关系。当电阻上的电压和电流采用关联参考方向时，表示为

$$u(t) = R\,i(t)$$

1.4.2 基尔霍夫定律

集总参数电路中电压和电流要受到两种约束：一种约束来自组成电路的电路元件，就是前面介绍的常用元件电压和电流之间的关系（VCR）；另一种约束来自电路元件之间的互连关系，因为元件的互连关系必然迫使各元件电流和电压间有联系或有约束。确定第二种约束关系的就是基尔霍夫定律，它表达了电路的基本定律。

为了叙述电路的基本定律，下面先介绍与电路结构有关的常用名词术语。

（1）支路。电路中的每一分支称为支路。一条支路只有一个电流流过，如图 1.4.1 中的 bafe 支路、be 支路和 bcde 支路。

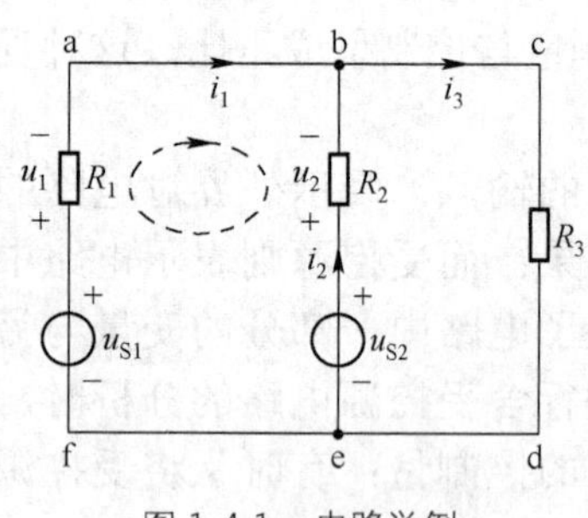

图 1.4.1 电路举例

（2）节点。电路中，三条或三条以上支路的汇交点称为节点。如图 1.4.1 中的 b 点、e 点。

（3）回路。电路中由若干条支路构成的任一闭合路径称为回路。如图 1.4.1 中的 abefa 回路、bcdeb 回路及 abcdefa 回路。

（4）网孔。平面电路中内部不含有其他支路的回路称网孔。如图 1.4.1 中 abefa 回路和 bcdeb 回路都是网孔，而 abcdefa 回路不是网孔。网孔一定是回路，而回路不一定是网孔。

基尔霍夫定律是电路的基本定律，它包括基尔霍夫电流定律和基尔霍夫电压定律。

1. 基尔霍夫电流定律

基尔霍夫电流定律是建立在电荷守恒定律基础上的。基尔霍夫电流定律（Kirchhoff's Current Law，KCL）指出："在集总电路中，任何时刻 t，对任意节点，所有流出该节点的支路电流的代数和恒等于零"。其数学表达式为

$$\sum i(t) = 0 \tag{1.4.1}$$

式中，$i(t)$为流出（或流入）节点的支路电流。若假定流出节点电流为"+"，则流入节点电流为"−"，支路电流方向均按图示参考方向而定。对图 1.4.1 中节点 b 应用 KCL，则有

$$-i_1 - i_2 + i_3 = 0 \tag{1.4.2}$$

式（1.4.2）可以写为

$$i_3 = i_1 + i_2 \tag{1.4.3}$$

式（1.4.3）表明，流入节点 b 的支路电流等于流出节点 b 的支路电流。由此 KCL 又可以理解为：在任何时刻 t，流出任意节点的支路电流等于流入该节点的支路电流。可用数学式表示为

$$\sum i_{出} = \sum i_{入} \tag{1.4.4}$$

KCL 通常用于节点，也可以推广到包围若干节点的封闭面。在图 1.4.2 所示的电路中，用虚线表示的封闭面内包含了①、②和③三个节点，通过分析有

$$-i_1 - i_2 + i_3 = 0 \tag{1.4.5}$$

式（1.4.5）中电流 i_1 和 i_2 流入封闭面，电流 i_3 流出封闭面。所以 KCL 又可以理解为：在任何时刻 t，流出封闭面支路电流的代数和恒等于零，或者说流出封闭面的支路电流等于流入封闭面的支路电流。

KCL 对任意节点所连接的支路电流间施加了线性约束，这种约束关系与支路元件的性质无关，仅与元件之间的相互连接方式有关。

2. 基尔霍夫电压定律

基尔霍夫电压定律是建立在能量守恒定律的基础上，它表征了电路回路中各支路电压之间的关系。基尔霍夫电压定律（Kirchhoff's Voltage Law，KVL）指出：“在集总电路中，任一时刻 t，沿任意回路，所有支路电压的代数和恒等于零”。其数学表达式为

$$\sum u(t)=0 \tag{1.4.6}$$

应用式（1.4.6）时，需要选择一回路的绕行方向，回路的绕行方向可以任意选择。当支路电压的参考方向与回路绕行方向一致时，该支路电压前取“+”号，否则电压前取“-”号。在图 1.4.3 所示的电路中，对支路（1，2，3，4）所构成的回路列写 KVL 方程时，应首先选择回路绕行方向。若选择顺时针方向为回路绕行方向，则支路电压的参考方向如图 1.4.3 所示。根据 KVL，对此回路有

$$u_1+u_2-u_3+u_4=0 \tag{1.4.7}$$

式（1.4.7）可以写为

$$u_1+u_2+u_4=u_3 \tag{1.4.8}$$

式（1.4.8）表明，在任何时刻 t，闭合回路中各支路电压降等于电压升，即 KVL 可写为

$$\sum u_{降}=\sum u_{升} \tag{1.4.9}$$

由式（1.4.9）可以看出，电路中任意两节点间的电压与路径无关。图 1.4.3 中节点④与③之间的电压可以由支路 3 的电压得到，也可以由支路 4、1 和 2 的电压得到，其结果相同。

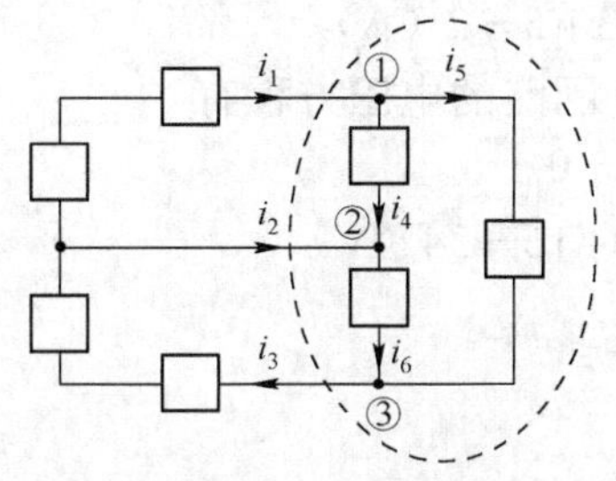

图 1.4.2 KCL 用于封闭面

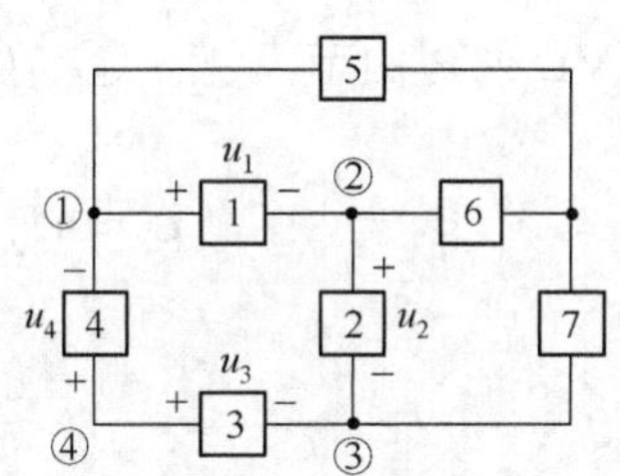

图 1.4.3 KVL 应用实例

KVL 对电路中任意回路的支路电压施加了线性约束，KVL 仅与元件互连方式有关，而与元件性质无关。KVL 的约束是拓扑性质的约束。

例 1.4.1 在如图 1.4.4 所示的电路中，已知 $u_1=-2\text{V}$，$u_2=6\text{V}$，$u_3=12\text{V}$。求电压 u_4、u_5 和 u_6。

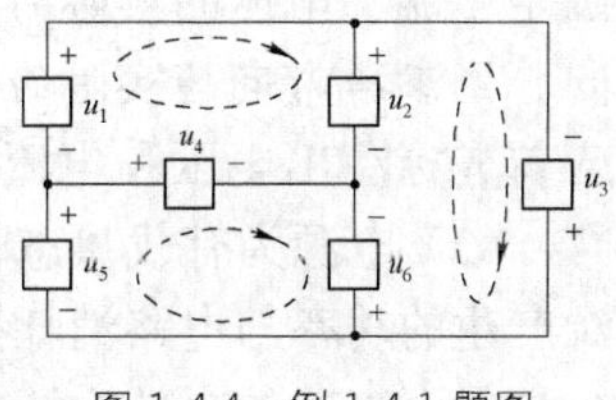

图 1.4.4 例 1.4.1 题图

解 本题已给出电压参考方向，需要先找出只含一个未知电压的回路，然后选择顺时针方向为回路绕行方向，列写 KVL 方程。

对由支路 1、4、2 组成的回路，列写 KVL 方程有

$$-u_1+u_2-u_4=0$$

代入电压的数值得

$$-(-2)+6-u_4=0$$

故

$$u_4=8\text{（V）}$$

对由支路 2、3、6 组成的回路，列写 KVL 方程有

$$-u_2-u_3+u_6=0$$

代入数据有

$$-6-12+u_6=0$$

故

$$u_6=18\text{（V）}$$

对由支路 4、5、6 组成的回路，列写 KVL 方程有

$$u_4-u_6-u_5=0$$

代入数据有

$$8-18-u_5=0$$

故

$$u_5=-10\text{（V）}$$

应用 KVL 时要注意两套符号：一套是支路电压与绕行方向的关系符号；另一套是电压参考方向与实际方向的关系符号。例如，由 1、4、2 组成的回路在应用 KVL 时，u_1 与绕行方向不一致，故电压前面取一个“-”号；又因 $u_1=-2\text{V}$，电压的参考方向与实际方向相反，所以又有一个“-”号。

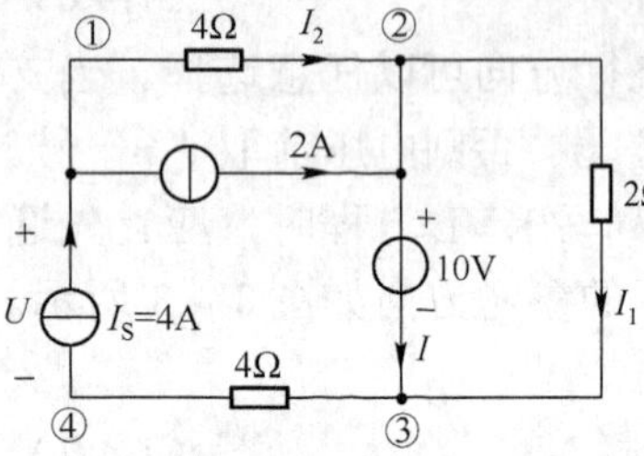

图 1.4.5 例 1.4.2 题图

例 1.4.2 在如图 1.4.5 所示的电路中，求电流 I 和电压 U。

解 2Ω 电阻两端的电压等于 10V 电压源的电压，根据欧姆定律，有

$$I_1=\frac{10}{2}=5\text{（A）}$$

对节点③由 KCL 列写电流方程有 $I_S=I+I_1$

则

$$I=I_S-I_1=4-5=-1\text{（A）}$$

对节点②由 KCL 列写电流方程有

$$-I_2-2+I+I_1=0$$

则

$$I_2=-2+I+I_1=-3+5=2\text{（A）}$$

利用 KVL 列写由节点④、①、②、③、④构成的回路的电压方程有

$$-U+4I_2+10+4I_S=0$$

则

$$U=4I_2+10+4I_S=8+10+16=34\text{（V）}$$

本章小结

（1）电路中电流、电压等物理量既有大小不同，也有方向之分。电流的方向规定为正电荷运动的方向；电压的方向规定为由高电位端指向低电位端，即电位降低的方向；电动势的方向规定为在电源内部由低电位端指向高电位端，即电位升高的方向。电路分析中，在不能确定电流、电压的实际方向时，可任意选定某一方向作为电流、电压的参考方向，称为正方向。当参考方向与实际方向一致时，则电流和电压为正值；反之，则为负值。电路分析时，应首先标注出电压和电流的参考方向，方可进行计算。

（2）电源为有载状态时，电源向负载提供能量。根据能量守恒与转换定律可知，电路中电源产生的功率与电路消耗掉的功率是平衡的，可据此列出功率平衡式，功率平衡式是检验电路分析是否正确的有效方法之一。依据提供能量还是消耗能量可以判断电路中电路元件哪一个是电源哪一个是负载。在电压和电流参考方向相同的情况下，功率为正值的元件消耗能量，功率为负值的元件提供能量。当电源开路时，电路中电流为零，路端电压等于电源电动势电压；而

当电源短路时，路端电压为零，电路中的电流为短路电流，数值很大，应尽量避免。

（3）基尔霍夫电流定律和基尔霍夫电压定律是电路分析与计算的最基本也是最重要的定律。其中电流定律应用于节点，用来确定连接在同一节点上的各条支路电流关系；电压定律应用于回路，用来确定回路中各段电压间的关系。基尔霍夫两个定律具有普遍性，适用于由各种不同元件所构成的电路，也适用于任一瞬间对任何变化的电流和电压。

（4）由于电源电动势的存在，电路中各点的电位不同，某点的电位就是该点相对于参考点的电压。值得注意的是，参考点可任意选定，不同参考点产生的同一点的电位可以不同，但任意两点之间的电位差（即电压）是不变的。

习　题

1.1　求题 1.1 图所示电路中 a、b 两点的电位 V_a 和 V_b。

1.2　在题 1.2 图所示的各元件中，已知元件 A 吸收 66W 功率，元件 B 发出 25W 功率，元件 C 吸收-68W 功率，求 i_A、u_B 和 i_C。

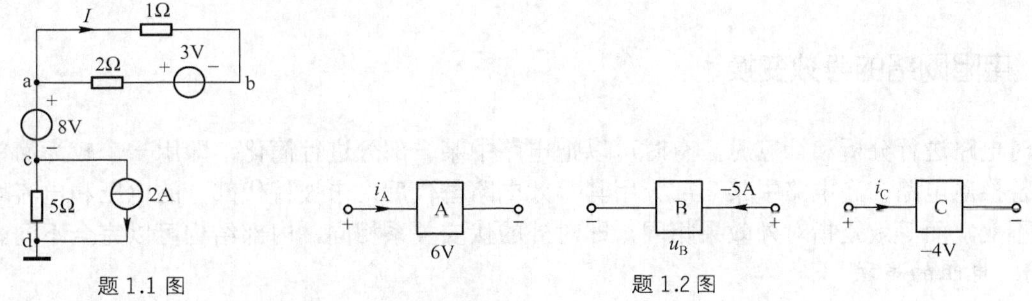

题 1.1 图　　　　题 1.2 图

1.3　试写出题 1.3 图所示电路中 U_{ab} 和电流 I 的关系式。

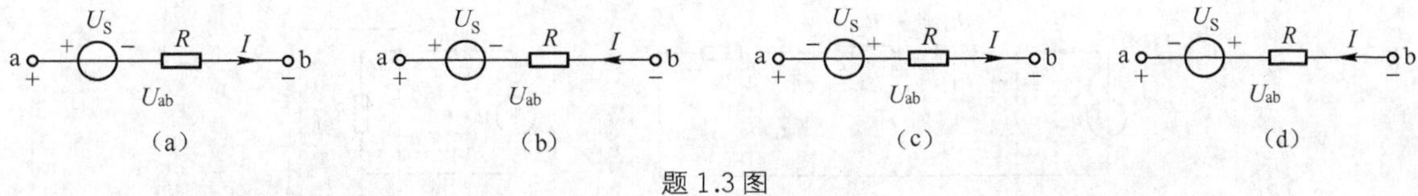

题 1.3 图

1.4　题 1.4 图所示为某电路的一部分，试求 i_x、u_{ab}、u_{ad} 和 u_{de}。

1.5　在题 1.5 图所示电路中，已知电阻 R_2 的功率为 2W，求 R_1、R_2 和 R_3。

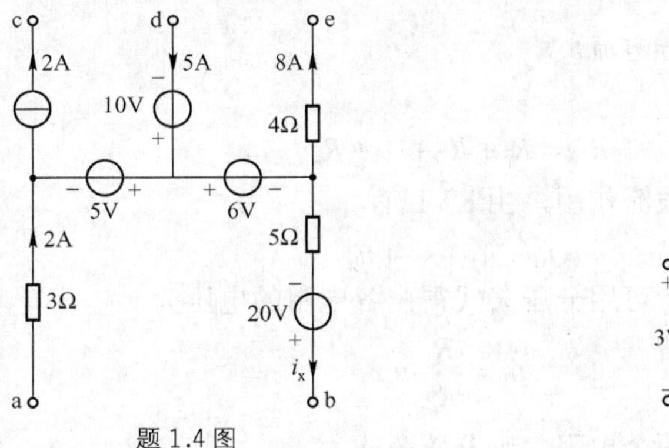

题 1.4 图

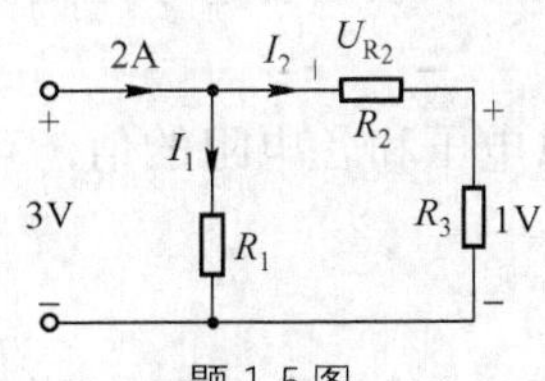

题 1.5 图

第2章 电路的分析方法

本章以电阻电路为例介绍几种常用的电路分析方法，其中包括电源等效变换、支路电流法、节点电压法、叠加定理和等效电源定理等，这些都是分析电路的最基本和最重要的原理和方法。

2.1 电阻网络的等效变换

对电路进行分析和计算时，有时可以把电路中某一部分进行简化，即用一个较为简单的电路替换原电路。当电路中某一部分用其等效电路替代后，未被替代部分的电压和电流均应保持不变。而等效是指对外效果相同，即对外的伏安关系相同，内部结构可以完全不同。

1. 电阻的串联

电路如图 2.1.1 所示，n 个电阻 R_1，R_2，…，R_n 的串联组合。

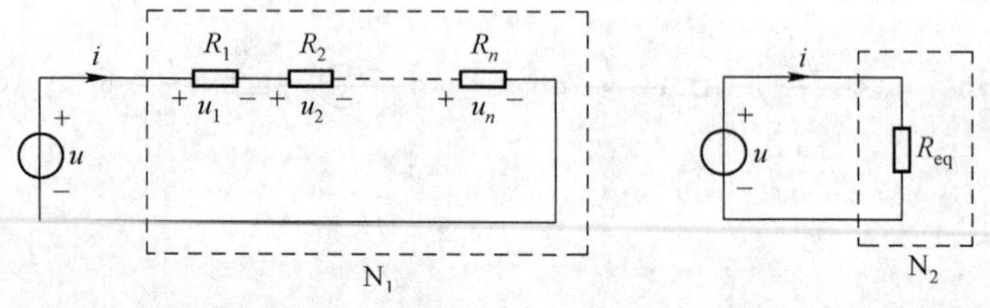

图 2.1.1 电阻的串联

特点：

（1）每个电阻中的电流为同一电流。

（2）等效电阻 R_{eq} 为

$$R_{eq} = R_1 + R_2 + \cdots + R_n \tag{2.1.1}$$

（3）电阻的串联主要起分压限流作用，由 KVL 有

$$u = u_1 + u_2 + \cdots + u_n$$

若已知总电压和各电阻的值，可用分压公式得出各电阻的电压为

$$u_k = \frac{R_k}{R_{eq}} u \tag{2.1.2}$$

在式（2.1.2）中，如果只有两个电阻，则分压公式为

$$u_1 = \frac{R_1}{R_1 + R_2}u \qquad u_2 = \frac{R_2}{R_1 + R_2}u \tag{2.1.3}$$

（4）电路吸收的总功率为

$$p = ui = (u_1 + u_2 + \cdots + u_n)i = p_1 + p_2 + \cdots + p_n = \sum_{k=1}^{n} p_k$$

即电阻串联电路消耗的总功率等于各电阻消耗功率的总和，且电阻值越大，消耗的功率越大。

2. 电阻的并联

电路如图 2.1.2 所示，n 个电阻 R_1，R_2，…，R_n 的并联组合。

特点：

（1）各个电阻元件上的电压相等，均为 u；

（2）等效电导 G_{eq}（电阻倒数）为

$$G_{eq} = G_1 + G_2 + \cdots + G_n$$

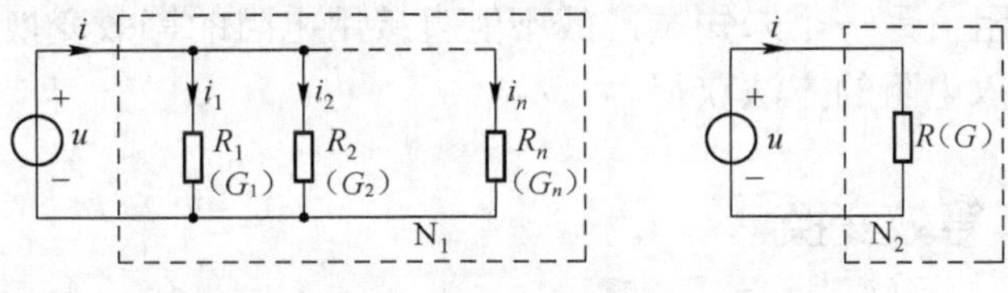

图 2.1.2 电阻的并联

或者
$$\frac{1}{R_{eq}} = \frac{1}{R_1} + \frac{1}{R_2} + \cdots + \frac{1}{R_n} = \sum_{k=1}^{n} \frac{1}{R_k} \tag{2.1.4}$$

（3）电阻的并联主要起分流作用，若已知总电流和各电阻的值，可用分流公式得出各电阻的电流为

$$i_k = \frac{G_k}{G_{eq}} i \tag{2.1.5}$$

由式（2.1.5）可知，电导值小（或电阻值大）的电阻分得的电流小，反之分得的电流大。如果只有两个电阻并联，则等效电阻 R_{eq} 为

$$R_{eq} = \frac{R_1 R_2}{R_1 + R_2}$$

分流公式为
$$i_1 = \frac{R_2}{R_1 + R_2} i \qquad i_2 = \frac{R_1}{R_1 + R_2} i \tag{2.1.6}$$

3. 输入电阻的计算

一个不含有独立电源的电阻一端口 N_R 如图 2.1.3（a）所示，其输入电阻值（或入端电阻）R_{in} 的定义为

$$R_{in} = \frac{u}{i} \tag{2.1.7}$$

式中，u 和 i 为一端口的端口电压和电流，二者为关联参考方向。

通常，输入电阻的计算（或测量）采用外加电源的方法。在图 2.1.3（b）所示一端口的 ab 处，施加一电压为 u 的电压源（或电流为 i 的电流源），求出（或测得）端口的电流 i（或

电压 u），然后计算 u 和 i 的比值，即可得输入电阻。

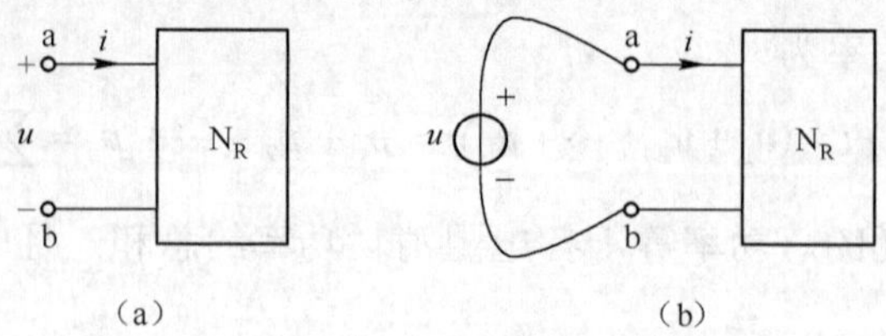

图 2.1.3 一端口及输入电阻

由无源电阻电路的等效变换分析可知，无源电阻一端口可用一个等效电阻 R_{eq} 来表示。由于等效电阻两端电压 u 和电流 i 的关系与一端口两端的电压 u 和电流 i 的关系相同，故等效电阻 R_{eq} 等于输入电阻 R_{in}。所以等效电阻可以通过计算一端口的输入电阻 R_{in} 来获得。

当已知一端口内仅含电阻时，其等效电阻可以直接通过电阻的串、并联连接及接法△-Y等效变换计算得到，也可以通过外加电源法来计算其输入电阻得到。如果一端口内含受控源时，由于受控源的电阻值是一个未知量，故不能直接用电阻的等效变换方法来计算其等效电阻，只能通过计算输入电阻的方法获得。

2.2 电源模型及其等效变换

1. 电压源的串联和电流源的并联

当几个电压源串联时，可以用一个等效电压源替代，如图 2.2.1 所示。这个等效电压源的电压等于各串联电压源电压的代数和，即

$$u_S = u_{S1} - u_{S2} + \cdots + u_{Sn} = \sum_{k=1}^{n} u_{Sk} \tag{2.2.1}$$

等效电压源 u_S 中的电流仍为任意值。

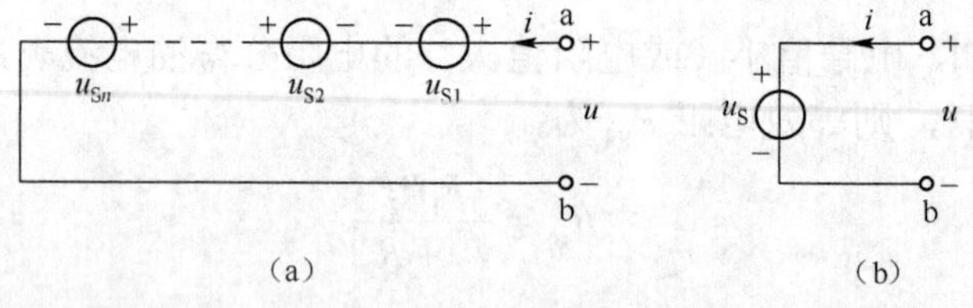

图 2.2.1 电压源串联

在一般情况下，电压源是不允许并联的。因为每个电压源都有一个确定的电压，电压源并联与 KVL 不相容。只有电压大小和方向完全相同的电压源才能并联，并联后等效为一个电压源，此电压源的电压仍为原值，电流为任意值。

当几个电流源并联时，可以用一个等效电流源替代，如图 2.2.2 所示。这个等效电流源的电流等于各并联电流源电流的代数和，即

$$i_S = i_{S1} - i_{S2} + \cdots + i_{Sn} = \sum_{k=1}^{n} i_{Sk} \tag{2.2.2}$$

等效电流源 i_S 的端电压仍为任意值。

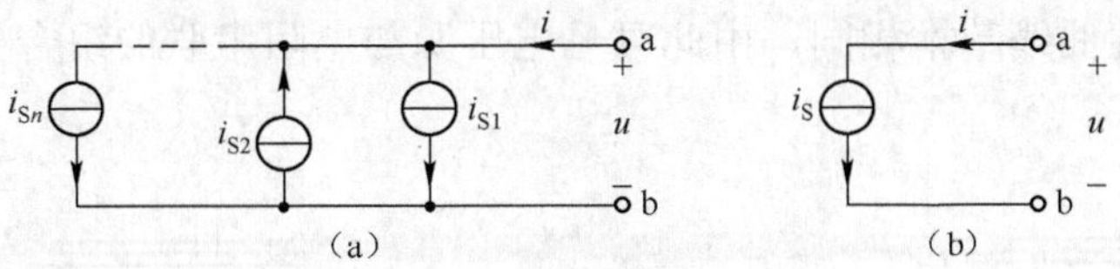

图 2.2.2　电流源并联

在一般情况下，电流源是不允许串联的，因为电流源串联与 KCL 不相容。

任意电路元件与电压源并联，由于并联电路两端的电压相等，因此电路可用一个电压源来等效，如图 2.2.3 所示。

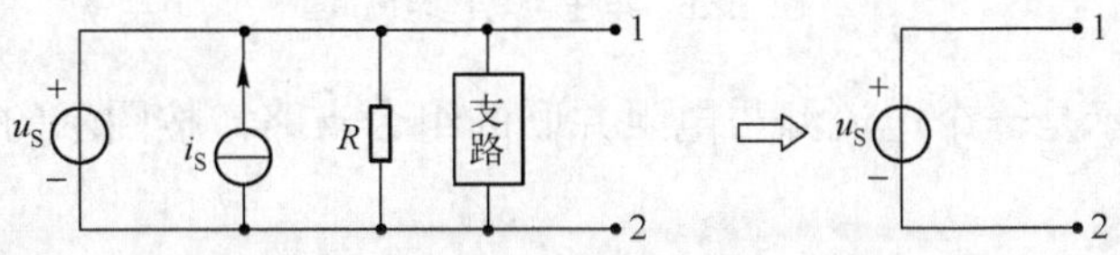

图 2.2.3　任意电路元件与电压源并联

任意电路元件与电流源串联，由于串联电路中流过的电流相等，因此电路可用一个电流源来等效，如图 2.2.4 所示。

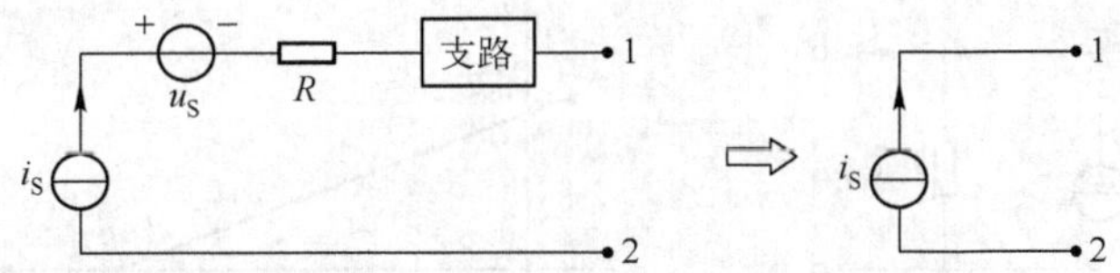

图 2.2.4　任意电路元件与电流源串联

2. 实际电源模型的等效变换

一个实际电源在其内阻不容忽略时，其端电压将随输出电流的增大而下降。在正常工作范围内（其电流不能超过额定值，否则会损害电源），电压和电流的关系如图 2.2.5（b）中实践所示，近似为一条直线。如果把这一段直线加以延长，如图 2.2.5 中虚线所示，它将与 u 轴和 i 轴相交。

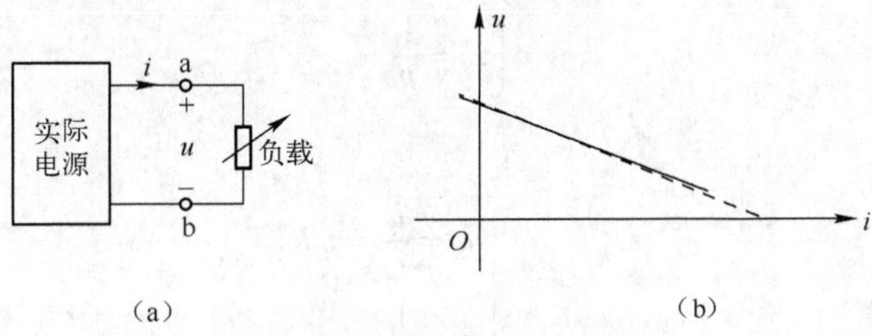

图 2.2.5　实际电源及其伏安特性

现有一个电压源与一个电阻串联的组合支路，如图 2.2.6（a）所示，按图示的电流、电压方向，其外特性方程为

$$u = u_S - iR \tag{2.2.3}$$

图 2.2.6（b）所示是电压源与电阻串联的组合支路端电压 u 和电流 i 的特性曲线。此曲

线与实际电源的特性曲线基本相同，由此可见电压源与电阻串联的组合支路可以作为实际电源的一种电路模型。

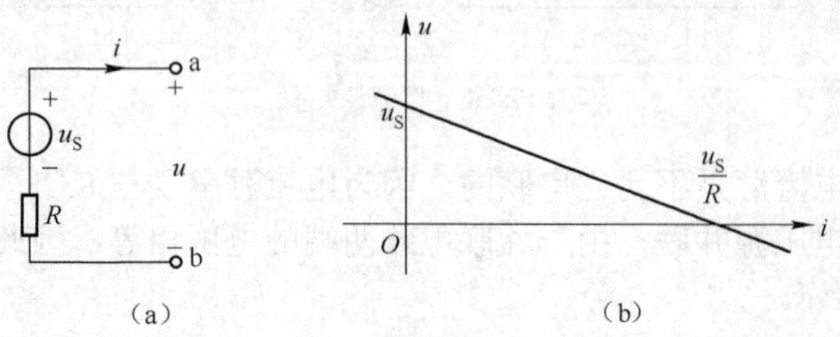

图 2.2.6　电压源与电阻串联

图 2.2.7（a）所示是一个电流源与电阻并联的组合支路，按图示的电压、电流方向，其外特性方程为

$$i = i_S - \frac{u}{R} \text{ 或者 } i = i_S - Gu \tag{2.2.4}$$

图 2.2.7（b）所示是某时刻电流源与电阻并联的组合支路的外特性曲线。可见，实际电源的另一种模型是电流源与电阻并联的组合支路。

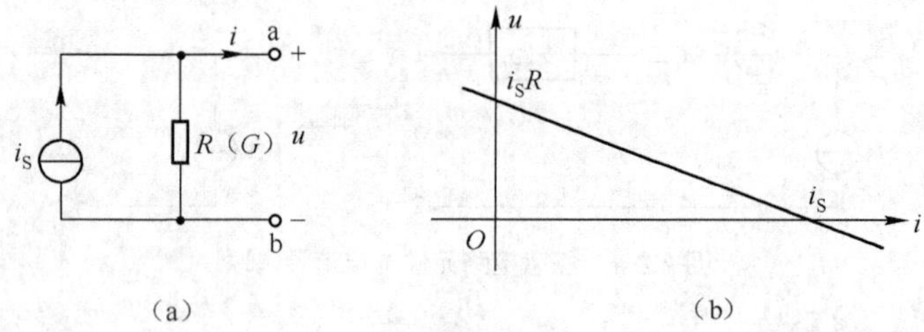

图 2.2.7　电流源与电阻并联

这样，实际电源就有两种不同结构的电路模型。用两种模型来表示同一个实际电源，这两种模型应互为等效电路，即外特性方程应相等。比较式（2.2.3）和式（2.2.4），得

$$\begin{cases} i_S = \dfrac{u_S}{R} \\ G = \dfrac{1}{R} \end{cases} \tag{2.2.5}$$

或

$$\begin{cases} u_S = \dfrac{i_S}{G} = i_S R \\ R = \dfrac{1}{G} \end{cases} \tag{2.2.6}$$

式（2.2.5）和式（2.2.6）为两种电路等效变换的条件。在这种条件下，电压源与电阻串联的组合支路和电流源与电阻并联的组合支路可以相互等效变换。如已知一个电压源 u_S 与一个电阻 R 串联的组合支路，可以用一个电流为 $\frac{u_S}{R}$ 的电流源与一个电阻 R 并联组合的支路替代；反之也成立。

这两种电源模型的等效变换，是指实际电源 ab 端子以外的电路在变换前后电流、电压及电功率不变，而对 ab 端子以内的电路不等效。若 ab 端开路，两种电源电路对外均不发出功率；对内电路来说，电压源与电阻串联的组合支路中的电压源的功率为零，电流源与电阻并联的组合支路中的电流源的发出功率却为 i_S^2R，显然两种电源模型的内电路不等效。

在电源的两种模型中，不论是电压源串电阻的组合形式，还是电流源并电阻的组合形式，均含有电阻，称这种电源为有伴电源，或分别称为有伴电压源和有伴电流源。

受控源和独立源虽有本质不同，但是在电路进行简化时，可以把受控源按独立源进行处理。前面介绍的独立源处理方法对受控源也适用。受控电压源与电阻串联的组合支路和受控电流源与电阻并联的组合支路可以相互等效变换。一个电压控制电压源与电阻串联的组合支路可以等效变换为一个电压控制电流源与电阻并联的组合支路。方法与独立电源变换方法相似，读者可以自行得到有伴受控源的两种模型。

例 2.2.1　在图 2.2.8 所示的电路中，求电流 i。

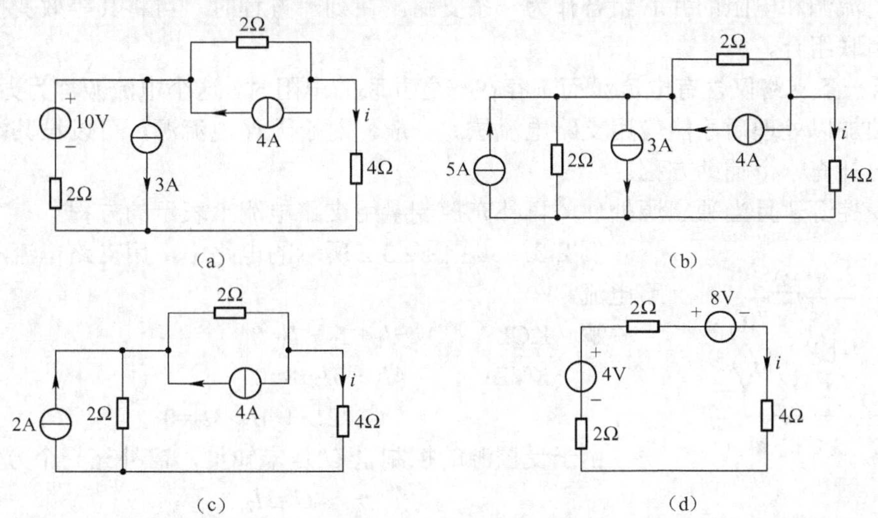

图 2.2.8　例 2.2.1 题图

解　利用电源等效变换，将图 2.2.8（a）中的 10V 和 2Ω 串联支路等效变换为如图 2.2.8（b）所示 5A 和 2Ω 并联支路，再将 5A 和 3A 电流源并联为图 2.2.8（c）所示的 2A 电流源，再将 2Ω 电阻与 4A 电流源并联支路、2Ω 电阻与 2A 电流源并联支路分别等效为电压源串电阻的组合支路，如图 2.2.8（d）所示，最后由图 2.2.8（d）得到电流

$$i = \frac{4-8}{2+2+4} = -0.5\text{（A）}$$

2.3　支路电流法

支路电流法是以支路电流为独立变量，应用基尔霍夫电压和电流定律建立电路方程的一种方法。

基本方法是：对于有 n 个节点、b 条支路的电路，按照 KCL 可以列出（n−1）个独立的节点电流方程，按照 KVL 可以列出（b−n+1）个独立的回路电压方程，联立解出 b 个支路电流。

以图 2.3.1 为例，首先选择各支路电流的参考方向、独立回路及绕行方向，分别列出节点 a 的 KCL 方程和独立回路 1、2 的 KVL 方程如下

$$\begin{cases} -I_1 - I_2 + I_3 = 0 \\ R_1 I_1 - R_2 I_2 = -U_{S2} + U_{S1} \\ R_2 I_2 + R_3 I_3 = U_{S2} \end{cases}$$

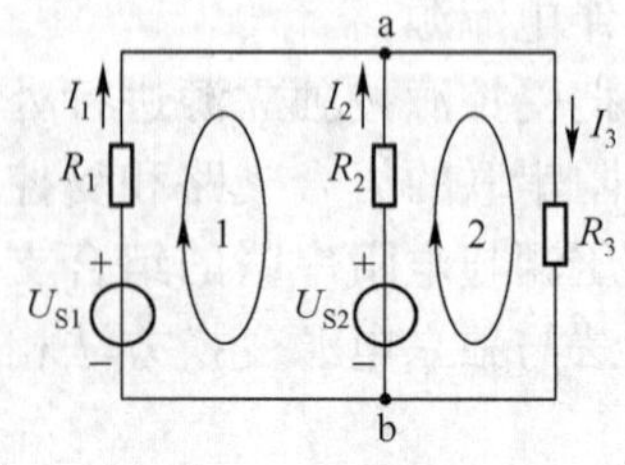

图 2.3.1　支路电流法

联立可解出 3 个支路电流。

列写支路电流法的电路方程的步骤和注意事项如下。

（1）选定各支路电流的参考方向。

（2）列写（n−1）个独立节点的 KCL 方程。

（3）选取（b−n+1）个独立回路（平面电路常选网孔），指定回路的绕行方向（通常取顺时针方向），以各支路电流为待求量列写 KVL 方程。

（4）电流源和电阻的并联组合作为一条支路，在列写方程时，可将其等效变换为电压源和电阻的串联组合。

（5）当一条支路仅含有电流源而不存在与之并联的电阻时，这个电流源称为无伴电流源，该支路必须加以处理后才能应用支路电流法。一般，对于无伴电流源，可以设其端电压为独立变量，再补充一个辅助方程。

（6）受控源暂且当独立源处理，再补充控制量用支路电流来表示的方程。

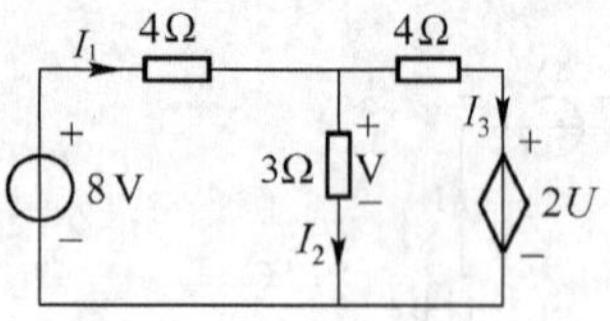

图 2.3.2　例 2.3.1 图

例 2.3.1　在图 2.3.2 所示的电路中，用支路电流法计算各支路电流。

解　KCL:　　$-I_1 + I_2 + I_3 = 0$

KVL:　　$4I_1 + 3I_2 - 8 = 0$

$$2U + 4I_3 - 3I_2 = 0$$

由于受控源的控制量 U 是未知量，需补充一个方程：

$$U = 3I_2$$

联立求解得：

$$I_1 = 0.5\text{A},\ I_2 = 2\text{A},\ I_3 = -1.5\text{A}$$

支路电流法的优点是可以直接求出各支路电流；缺点是必须求解 b 个方程，若支路数 b 较多，那么计算起来就很麻烦。

2.4　节点电压法

节点电压法是以电路中的节点电压为独立变量，对（n−1）个独立节点用 KCL 列写节点电压方程，从而求解电路中其他电量的方法。

基本方法是：任意选择电路中的一个节点作为参考节点，令其电位为零，其他节点到参考节点的电压称为节点电压。一个具有 n 个节点的电路有（n−1）个节点电压。若以（n−1）个节点电压为独立变量，可求出其他支路电压。由于任一支路电压都等于两节点电压之差，因此，对任意回路自动满足 KVL。

例 2.4.1　试列出图 2.4.1 所示电路的节点电压方程。

解法一

$$\begin{cases} u_{n1} = U_{S1} \\ -G_3\ u_{n1} + (G_2 + G_3)\ u_{n2} = I_{S2} \end{cases}$$

解法二　设无伴电压源电流为 i，则

$$\begin{cases} (G_1 + G_3)\ u_{n1} - G_3\ u_{n2} = i \\ -G_3\ u_{n1} + (G_2 + G_3)\ u_{n2} = I_{S2} \end{cases}$$

补充

$$u_{n1} = U_{S1}$$

注意：G_1 对 u_{n1}、u_{n2} 无影响。

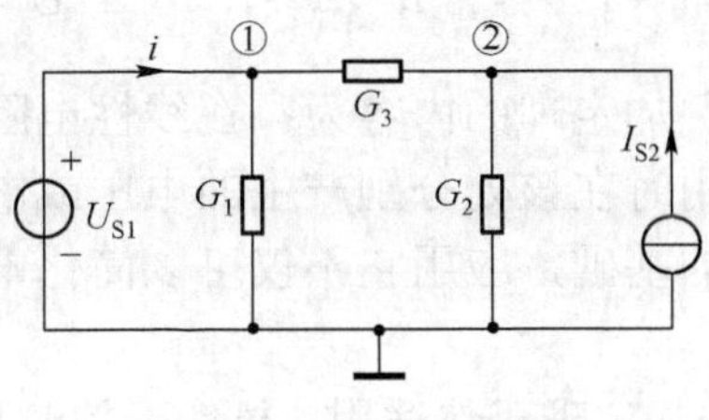

图 2.4.1　例 2.4.1 题图

2.5　叠加定理

叠加定理是线性电路的一个重要定理，是线性电路基本性质的体现。以图 2.5.1 为例，求各支路电流和电压 U。

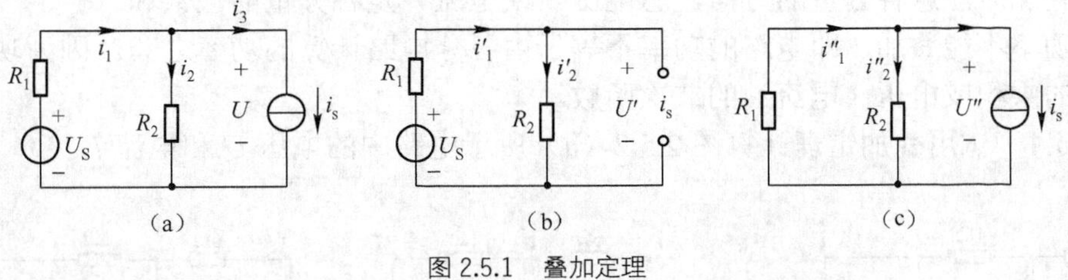

图 2.5.1　叠加定理

在图 2.5.1（a）所示电路中利用 KCL、KVL，电流、电压分别为

$$i_1 = \frac{1}{R_1 + R_2} U_S + \frac{R_2}{R_1 + R_2} i_s = i_1' + i_1''$$

$$i_2 = \frac{U_S}{R_1 + R_2} - \frac{R_1}{R_1 + R_2} i_s = i_2' + i_2''$$

$$U = \frac{R_2}{R_1 + R_2} U_S - \frac{R_1 R_2}{R_1 + R_2} i_s = U' + U''$$

由此可见，在具有两个独立电源的电路中，支路电压和支路电流均由两部分组成，一部分与电压源有关，另一部分与电流源有关。可以证明，该结果等于每一个独立电源单独作用于电路时所产生的响应的叠加。将图 2.5.1（a）分为两个分电路图 2.5.1（b）和图 2.5.1（c）。

（1）当电压源单独作用时，电流源开路。

根据电路结构，电流、电压为

$$i_1' = \frac{1}{R_1 + R_2} U_S \qquad i_2' = \frac{1}{R_1 + R_2} U_S \qquad U' = \frac{R_2}{R_1 + R_2} U_S$$

（2）当电流源单独作用时，电压源短路。

根据电路结构，电流、电压为

$$i_1'' = \frac{R_2}{R_1 + R_2} i_s \qquad i_2'' = -\frac{R_1}{R_1 + R_2} i_s \qquad U'' = -\frac{R_1 R_2}{R_1 + R_2} i_s$$

由此可见 $i_1 = i_1' + i_1''$ $\quad i_2 = i_2' + i_2''$ $\quad U = U' + U''$

这个特例具有普遍意义。叠加定理的内容为：在线性电阻电路中，某处的电压或电流都是电路中各个独立电源单独作用时在该处分别产生的电压或电流的叠加。

叠加定理是线性电路分析的基础，应用它不仅可以简化电路计算，而且可以证明电路的一些定理。

当电路中含有受控源时，叠加定理仍然适用。虽然受控源具有电源性质，但在电路中不起激励的作用。所以在应用叠加定理进行各分电路计算时，可将受控源视为电阻，保留在电路中。

使用叠加定理时要注意以下几个问题。

（1）叠加定理适用于线性电路，而不适用于非线性电路。

（2）在叠加的各个分电路中电压源不作用时，相当于电压源所在处用短路线替代，电流源不作用时相当于电流源所在处用开路替代。电路中电阻不能更动，受控源仍保留在各分电路中。

（3）叠加时注意各分量的方向，总电压（或电流）是各分量的代数和。

（4）功率不能叠加，即电路的功率不等于由各分电路计算的功率之和。因为功率等于电压和电流的乘积或电压（电流）的二次函数。

例 2.5.1 试用叠加定理计算图 2.5.2（a）所示电路中的电压 U 和电流 I。

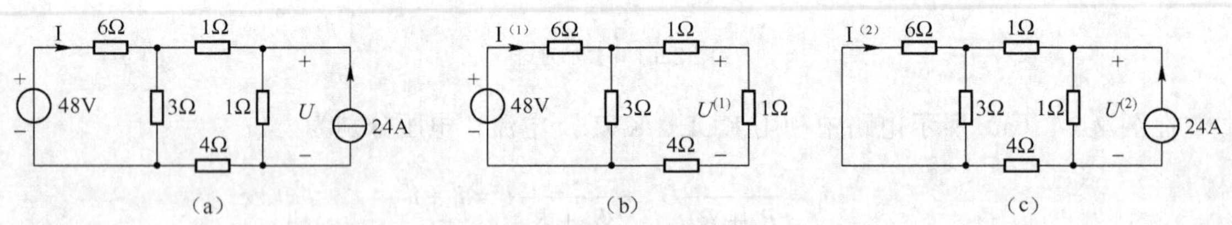

图 2.5.2 例 2.5.1 题图

解 当 48V 电压源单独作用时，如图 2.5.2（b）所示，各支路的电流为

$$I^{(1)} = \frac{48}{\frac{(1+1+4)\times 3}{1+1+4+3}+6} = \frac{48}{8} = 6\text{（A）}$$

$$U^{(1)} = \frac{3\times 1}{3+1+1+4} I^{(1)} = \frac{3}{9}\times 6 = 2\text{（V）}$$

当 24A 电流源单独作用时，如图 2.5.2（c）所示，利用电阻串并联化简，可得

$$U^{(2)} = 21\text{（V）}$$

$$I^{(2)} = -1\text{（A）}$$

原电路的电压 U 和电流 I 为

$$U = U^{(1)} + U^{(2)} = 2 + 21 = 23\text{（V）}$$

$$I = I^{(1)} + I^{(2)} = 6 - 1 = 5\text{（A）}$$

2.6　等效电源定理

由电阻电路等效变换概念可知，对于一个无源的一端口，可以用一个等效电阻来置换；对于一个有源（指含独立电源）的一端口，也可以通过等效变换，简化为一个电源与电阻的组合支路。图 2.6.1（a）所示的有源一端口，可以简化为图 2.6.1（b）所示的等效电路。虽然这种等效变换法在应用上简单易行，但是受到电路结构的限制，它仅适合于上述类型的简单电路。对于任意一个既含有独立电源又含有电阻和受控源的一端口，其等效电路是怎样的？是否也可以用一个独立源与电阻的组合支路等效置换呢？等效电源定理，也就是戴维宁定理和诺顿定理解决了这个问题，提供了求解含源一端口等效电路的普遍方法，并给出了该等效电路普遍的适应形式。

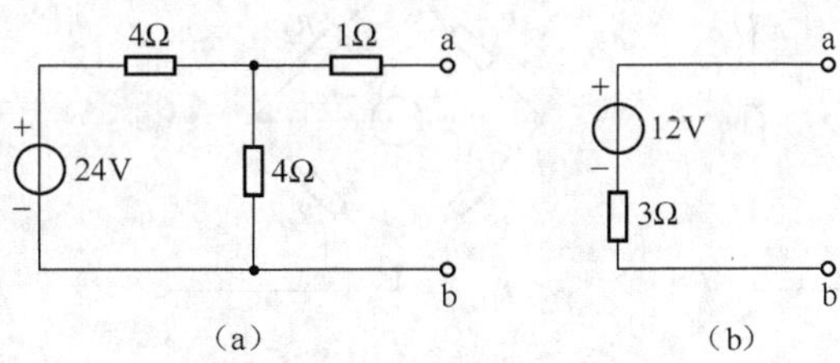

图 2.6.1　戴维宁定理引例

戴维宁定理指出：一个含有独立电源、线性电阻和受控源的一端口 N，对外电路来说，可以用一个电压源与电阻的串联组合来等效置换，此电压源的电压等于这个一端口的开路电压 u_{oc}，电阻等于该一端口内全部独立源置零后的输入电阻 R_{in}，如图 2.6.2 所示。

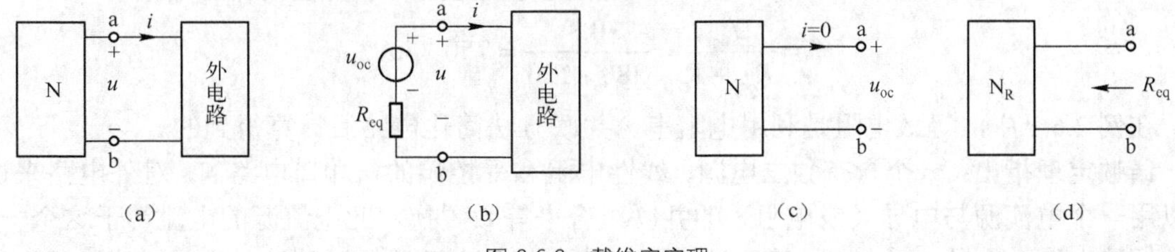

图 2.6.2　戴维宁定理

图 2.6.2（b）中电压源 u_{oc} 与电阻 R_{eq} 串联的组合支路称为戴维宁等效电路，其中 u_{oc} 称为戴维宁等效电压源，R_{eq} 称为戴维宁等效电阻，且 $R_{eq}=R_{in}$。图 2.6.2（d）中 N_R 表示为 N 中所有独立源置零后的一端口，也就是把电压源用短路替代、电流源用开路替代后的一端口。

应用戴维宁定理时，需要求出含源一端口的开路电压 u_{oc} 和等效电阻 R_{eq}。求开路电压 u_{oc}

可运用前面介绍的各种电路分析方法来计算得到；求等效电阻 R_{eq} 有下面 3 种常用的方法。

（1）对于简单电路（不含受控源），可以先将独立源置零后，直接应用电阻的串、并联及 Y-△变换关系计算等效电阻。

（2）外加电源法。将一端口内全部独立源置零后，在无源一端口的端口处施加一电压源（或电流源），求出此端口处的电流（或电压）。当二者为关联参考方向时，电压与电流的比值为输入电阻，即为等效电阻 R_{eq}。

（3）开路电压短路电流法。分别求出含源一端口处的开路电压 u_{oc} 和短路电流 i_{sc}，等效电阻 $R_{eq}=\dfrac{u_{oc}}{i_{sc}}$，注意，$u_{oc}$ 与 i_{sc} 对一端口而言，为非关联参考方向。

例 2.6.1 图 2.6.3（a）所示为一桥式电路，已知 $R_1=300\Omega$，$R_2=200\Omega$，$R_3=800\Omega$，$R_4=200\Omega$，$U_S=1.5V$，检流计的内阻 $R=120\Omega$，求通过检流计的电流 I。

解 利用戴维宁定理求解，先将检流计支路移去，得到一个含源一端口电路如图 2.6.3（b）所示。则一端口的开路电压 U_{oc} 为

$$U_{oc}=R_2I_1-R_4I_2=\frac{U_SR_2}{R_1+R_2}-\frac{U_SR_4}{R_3+R_4}=\frac{1.5\times200}{300+200}-\frac{1.5\times200}{800+200}=0.3\text{（V）}$$

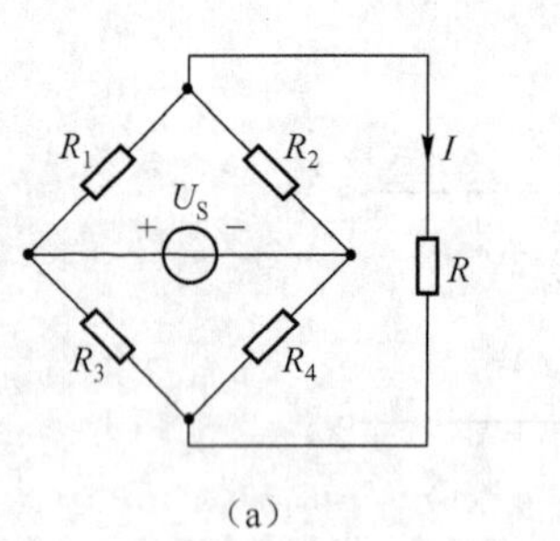

（a）

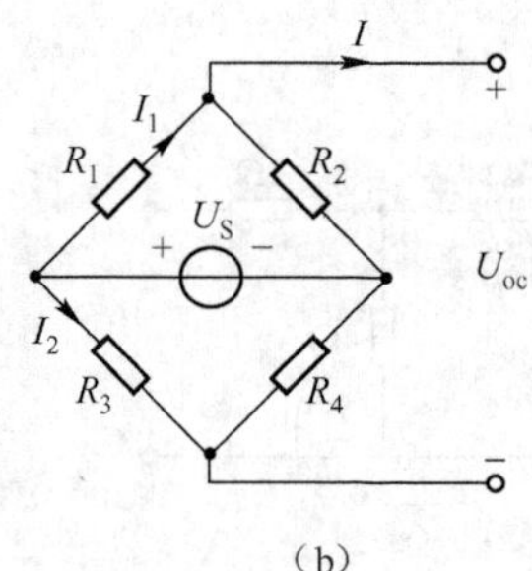

（b）

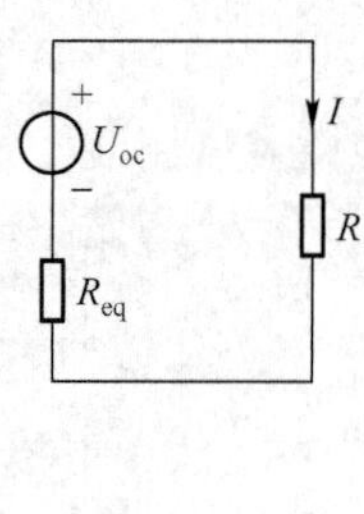

（c）

图 2.6.3 例 2.6.1 题图

再将独立电压源置零，即用一条短路线代替电压源后，无源一端口的等效电阻为

$$R_{eq}=\frac{R_1R_2}{R_1+R_2}+\frac{R_3R_4}{R_3+R_4}=\frac{300\times200}{300+200}+\frac{800\times200}{800+200}=120+160=280\text{（}\Omega\text{）}$$

根据戴维宁定理，可得如图 2.6.3（c）所示的等效电路，求得检流计的电流

$$I=\frac{U_{oc}}{R_{eq}+R}=\frac{0.3}{280+120}=750\text{（}\mu A\text{）}$$

在例 2.6.1 中，等效电阻是利用电阻串、并联方法简化电路后计算得到的。

诺顿定理指出：一个含有独立电源、线性电阻和受控源的一端口电路 N，对外电路来说，可以用一个电流源与电导（或电阻）的并联组合来等效置换，此电流源的电流等于这个一端口的短路电流，电导（或电阻）等于该一端口的全部独立源置零后的输入电导（或电阻）。此电流源与电阻并联的组合电路称为诺顿等效电路，如图 2.6.4 所示。

在诺顿等效电路的基础上应用电源等效变换，可以得到戴维宁等效电路，逆推也是成立的。在对含源一端口电路求其戴维宁等效电路和诺顿等效电路时，通常情况下两种等效电路同时存在。但是当含源一端口内有受控源时，在它内部的独立源置零后，输入电阻或等效电阻有可能为零或无穷大，这时两种等效电路不可能同时存在。

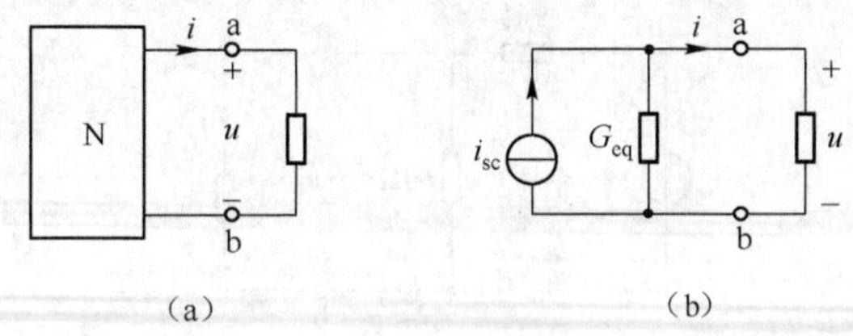

图 2.6.4 诺顿定理

戴维宁定理和诺顿定理在电路分析中的应用很广泛。由上述例题分析可以看出，在求解线性有源电路中某一个支路电压或电流及电功率时，这两个定理尤为适用。例如，分析电路中某一可变电阻获得最大功率的条件时，可以用到戴维宁定理。

给定一线性含源一端口 N，接在其端口 a、b 两端的负载电阻不同，从一端口 N 传递给负载的功率也不同。在什么情况下负载获得的功率最大？可先将线性含源一端口 N 用戴维宁和诺顿等效电路替代，如图 2.6.5 所示。

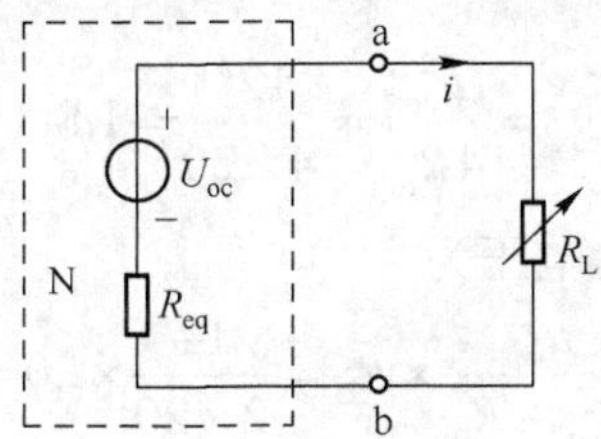

图 2.6.5 最大功率传输定理

设负载电阻值为 R_L，则 R_L 很大时，电流很小，因而 R_L 所得的功率 i^2R_L 很小；如果 R_L 很小，功率同样很小。当 R_L 在 0～∞区间内变化时，将总会有一个 R_L 值使其获得的功率最大。要确定 R_L 值，先计算 R_L 的功率，其功率为

$$P = i^2 R_L = \left(\frac{u_{oc}}{R_{eq} + R_L}\right)^2 R_L \tag{2.6.1}$$

要使 P 最大，对式（2.6.1）求导，应使 $\frac{dP}{dR_L}=0$，则可求得使 P 为最大值时的 R_L 值。通过分析可得

$$R_L = R_{eq} \tag{2.6.2}$$

式（2.6.2）即为 P 获得最大值的条件。因此，由线性一端口传输给可变负载电阻 R_L 的功率最大值的条件是负载电阻值 R_L 与戴维宁（或诺顿）等效电路的等效电阻 R_{eq} 相等。此即最大功率传输定理。满足 $R_L = R_{eq}$ 时，称为 R_L 与一端口输入电阻 R_{eq} 匹配。此时，负载电阻获得的最大功率为

$$P_{Lmax} = \frac{u_{oc}^2}{4R_{eq}} \tag{2.6.3}$$

最大功率传输定理是在负载可变而 R_{eq} 不变的情况下得到的。如果 R_{eq} 可变，而 R_L 不变，则只有在 R_{eq}=0 时，负载电阻才能获得最大功率。

例 2.6.2 在图 2.6.6 所示的电路中，求：（1）R_L 获得最大功率时的 R_L 值；（2）R_L 获得的最大功率 P_{Lmax}；（3）当 R_L 获得最大功率时，求电压源产生的功率传输给 R_L 的百分比。

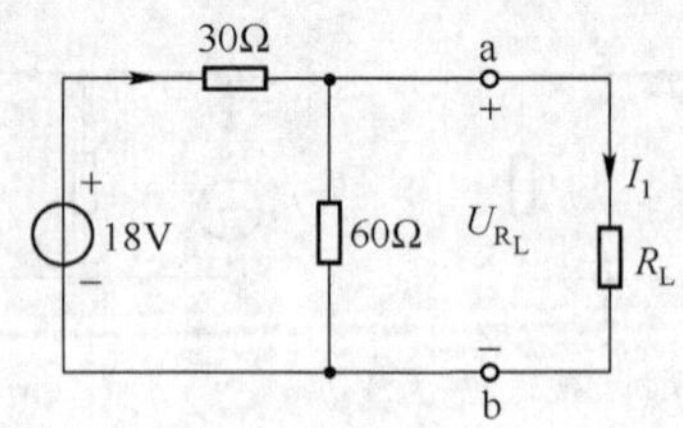

图 2.6.6 例 2.6.2 题图

解 （1）求 ab 左端戴维宁等效电路

$$u_{oc}=\frac{18}{30+60}\times 60=12\text{（V）}$$

$$R_{eq}=\frac{30\times 60}{30+60}=20\text{（Ω）}$$

因此，当 R_L=20Ω 时，其获得的功率最大。

（2）R_L 获得的最大功率为

$$P_{Lmax}=\frac{u_{oc}^2}{4R_{eq}}=\frac{12^2}{4\times 20}=1.8\text{（W）}$$

（3）当 R_L =20Ω 时，其两端的电压为

$$U_{R_L}=\frac{u_{oc}}{R_{eq}+R_L}\times R_L=\frac{12}{2\times 20}\times 20=6\text{（V）}$$

流过电压源的电流 I 为 $$I=\frac{18-6}{30}=0.4\text{（A）}$$

电压源的功率为 $$P_{U_S}=18\times 0.4=7.2\text{（W）}$$

负载获得最大功率的百分比为 $$\eta=\frac{P_{Lmax}}{P_{U_S}}=\frac{1.8}{7.2\times 100}\%=25\%$$

电源传输给负载的功率百分比为 25%，这个百分数称为传递效率。

通过此例题分析可知，含源一端口内电源传输给负载的功率百分比，即传递效率一般小于 50%，原因是含源一端口与其等效电路对外电路而言是等效的，而对内电路来说并不等效。另外，只要在 R_{eq} 实实在在地作为一电压源内阻的情况下，负载获得最大功率时，电源传递给负载的效率为 50%，这时电源内阻和负载电阻消耗的功率相等。

本章小结

（1）任何一个实际电源都可以等效为电压源或电流源这两种电路模型，两者外特性的一致表明两者对外部电路而言是完全等效的。需要注意的是：对电压源和电流源内部而言，它们则是不等效的；理想电压源和理想电流源之间也是不等效的。电压源与电流源的等效变换是简化和分析电路的一种方法。具体做法是，只要是一个电动势为 E 的理想电压源与某个电阻成串联的电路，都可以转换为一个电流为 I_S 的理想电流源与这个电阻并联的电路，两者完全等效，其中

$$I_S=\frac{E}{R}\qquad \text{或}\qquad E=RI_S$$

应当注意的是：电压源和电流源做等效变换时对外电路的电压和电流的大小和方向都不

变，即电流源的电流应从电压源的正极性端流出。若理想电压源与其他元件（电阻或理想电流源）并联时，并联支路的电压只由理想电压源决定；若理想电流源与其他元件（电阻或理想电压源）串联时，串联支路的电流只由理想电流源决定。

（2）支路电流法是计算复杂电路的基本方法，它是以电路中各个支路的电流为未知数，应用基尔霍夫的两个定律列出所需的方程式来求解的方法。和其他方法比较，支路电流法的缺点是所列方程式较多，不便求解，但它是其他计算方法的基础。节点电压法也是计算复杂电路的基本方法，应用在节点数少而支路数多的电路比较方便。

（3）叠加定理应用于线性电路，表示线性电路的可加性。在线性电路中，任一条支路的电流和电压都可以看成是电路中各个电源单独作用时，在这一支路产生的电流和电压的叠加。叠加定理不适用于非线性电路，也不能用来计算线性电路中的功率。叠加定理的重要性不在于计算，而在于它是分析线性电路的普遍原理。

（4）戴维宁定理和诺顿定理是电路分析的两个重要定理，也称为等效电源定理，特别适用于在复杂电路中只求解个别支路参数的情况。任何有源二端线性网络可以简化为一个等效电源，这个等效电源可以是电压源，也可以是电流源。应用这两个定理时，最关键的是如何确定等效电源的两个参数，即电动势和等效内阻。

习　题

2.1　求题 2.1 图所示电路的等效电阻 R_{ab} 和 R_{cd}。

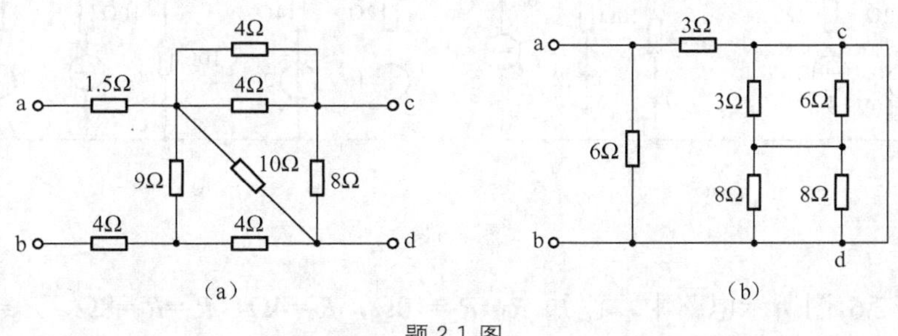

题 2.1 图

2.2　求题 2.2 图所示二端网络的等效电阻 R_{ab}。

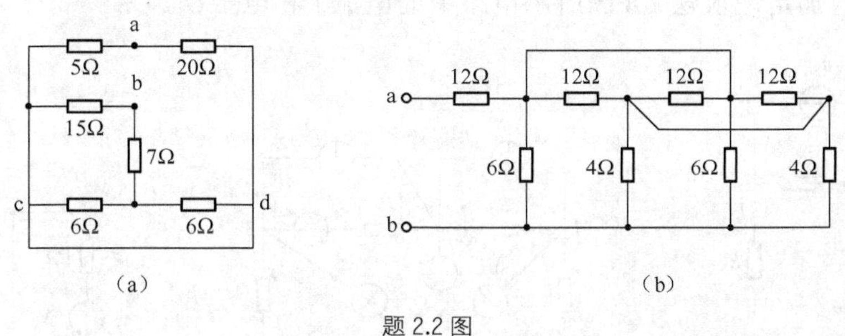

题 2.2 图

2.3　在题 2.3 图（a）、（b）所示的两个电路中，求 a、b 两端的等效电阻。

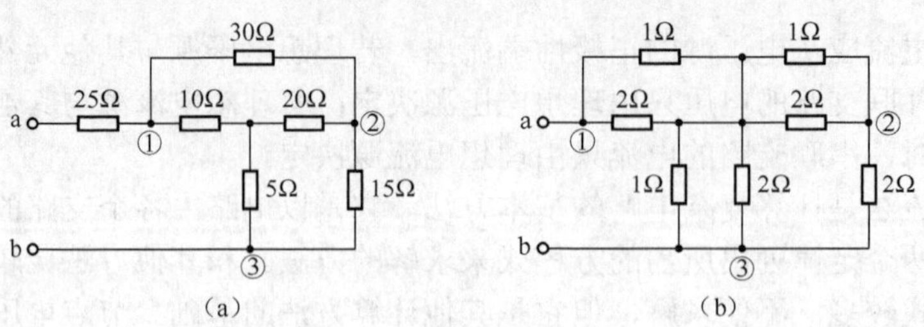

题 2.3 图

2.4 求题 2.4 图（a）、（b）、（c）、（d）所示电路的等效电源模型。

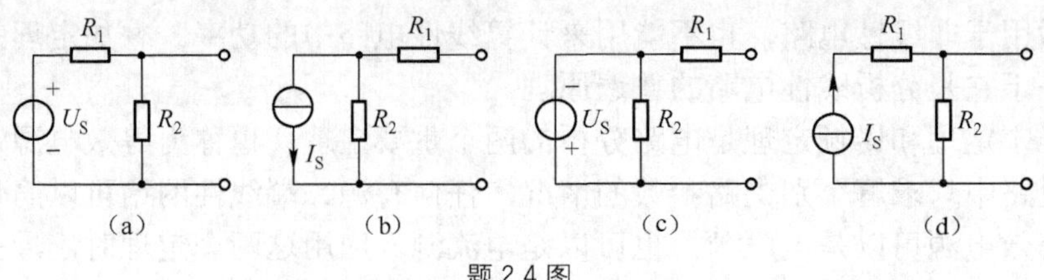

题 2.4 图

2.5 利用电源等效变换，求题 2.5 图（a）、（b）所示电路中的电压 u_{ab} 和 i。

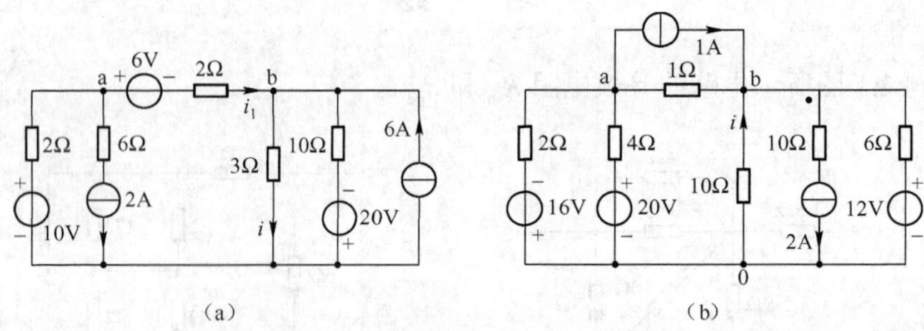

题 2.5 图

2.6 在题 2.6 图所示电路中，已知 $R_1=R_2=10\Omega$，$R_3=4\Omega$，$R_4=R_5=8\Omega$，$R_6=2\Omega$，$i_{S1}=1A$，$u_{S3}=20V$，$u_{S6}=40V$，求各支路电流。

2.7 在题 2.7 图所示电路中，已知 $R_1=10\Omega$，$R_2=R_3=5\Omega$，$R_5=8\Omega$，$i_{S1}=1A$，$i_{S2}=2A$，$i_{S3}=3A$，$i_{S4}=4A$，$i_{S5}=5A$，$u_{S3}=5V$。以节点 0 为参考点，求节点电压 u_{n1}、u_{n2} 和 u_{n3}。

2.8 应用叠加定理求题 2.8 图所示电路中的电流 I 和电压 U 。

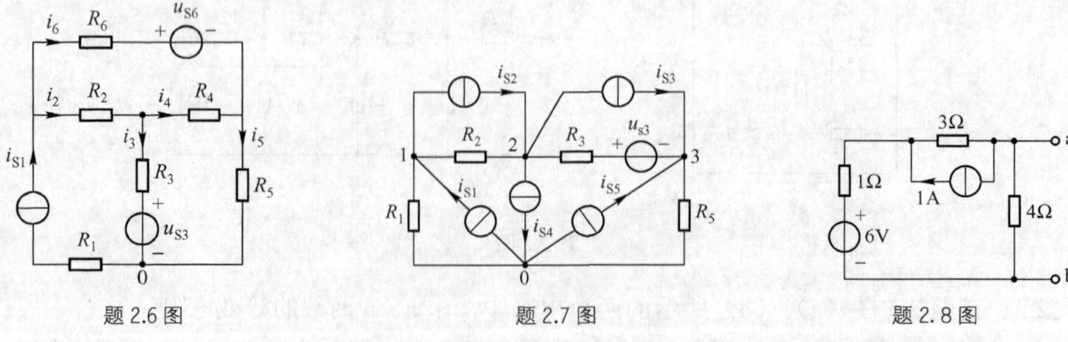

2.9　求题 2.9 图所示电路的戴维宁等效电路和诺顿等效电路。

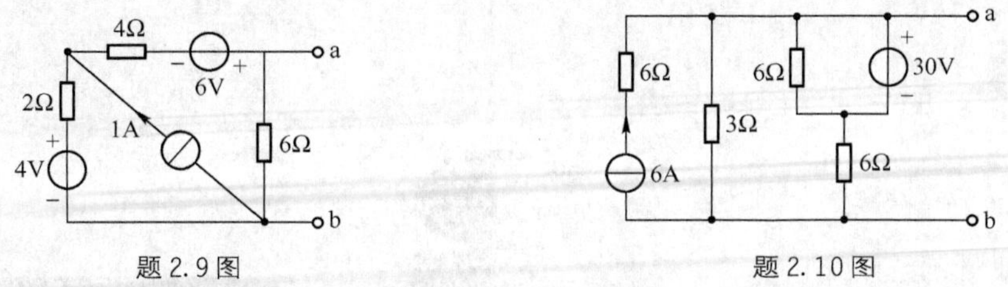

题 2.9 图　　　　题 2.10 图

2.10　求题 2.10 图所示电路的戴维宁等效电路和诺顿等效电路。

2.11　电路如题 2.11 图所示，试用戴维宁定理求支路 ab 的电流 I。

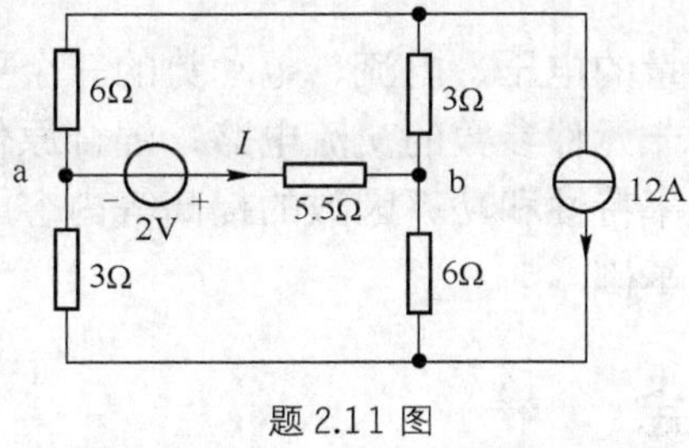

题 2.11 图

2.12　在题 2.12 图所示电路中，当 R 为多大时，电阻 R 可获得最大功率？并求出最大功率 P_{max}。

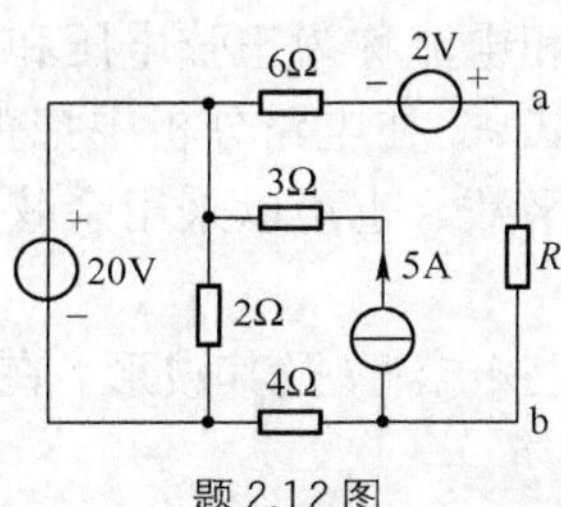

题 2.12 图

第3章 正弦交流电路

本章首先讨论正弦交流电量的电压、电流、电动势的三个要素，及正弦电量的复数表示法。在此基础上，重点分析单一元件参数的交流电路、混合原件参数和不同结构的正弦交流电路，以及正弦交流电路的频率特性和功率因数的提高等内容。本章为以后的电机、电器及电子技术课程的学习打下理论基础。

3.1 正弦交流电的基本概念

3.1.1 正弦交流电

随时间按正弦规律变化的电压和电流称为正弦电压和正弦电流。在工程上常把正弦电流归之为交流（Alternating Current，AC）。在电路分析中把正弦电流、正弦电压统称为正弦量。对正弦量的数学描述可以采用正弦函数，也可以采用余弦函数。本书采用正弦函数。注意二者不要同时混用。

图 3.1.1 所示为一段电路中的正弦电流 i 及其波形。在图示的参考方向下，其瞬时值可表示为

$$i(t) = I_{\mathrm{m}} \sin(\omega t + \theta_i) \tag{3.1.1}$$

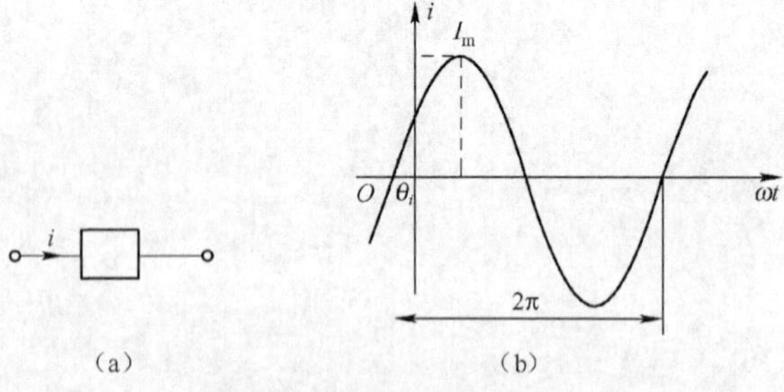

图 3.1.1　正弦电流的波形

式中，三个常数 I_{m}、ω、θ_i 称为正弦量的三要素。其中 I_{m} 称为振幅或幅值（amplitude）。正弦量是一个等幅振荡、正负交替变化的周期函数，振幅是正弦量在整个振荡过程中可达到的最大值，即 $\sin(\omega t + \theta_i) = 1$ 时，有 $i_{\max} = I_{\mathrm{m}}$。

式（3.1.1）中$(\omega t+\theta_i)$为正弦量随时间变化的角度，称为正弦量的相位，或相位角。ω称为正弦量的角频率，它是正弦量的相位随时间变化的角速度，即

$$\omega=\frac{\mathrm{d}(\omega t+\theta_i)}{\mathrm{d}t}$$

单位为弧度/秒[rad/s]。角频率ω与正弦量的周期T和频率f之间的关系为

$$\omega T=2\pi,\quad \omega=2\pi f,\quad f=\frac{1}{T}$$

若T的单位为秒[s]，则频率f的单位为1/s，称为赫兹[Hz]，简称为赫。θ_i是正弦量在$t=0$时刻的相位，称为正弦量的初相位（角），简称为初相，即

$$(\omega t+\theta_i)\big|_{t=0}=\theta_i$$

初相的单位用弧度或度表示，通常在主值范围内取值，即$|\theta_i|\leqslant 180°$。初相与正弦量计时零点的选择有关。如图 3.1.2 所示，图（a）中$\theta_i=0$，图（b）中$\theta_i>0$。对任一正弦量，初相是允许任意指定的，但对于同一个电路中的许多相关正弦量，它们只能相对于一个共同的计时零点确定各自的相位。工程中画波形图时，常把横坐标定为ωt而不是时间t，两者的差别仅在于比例常数ω。

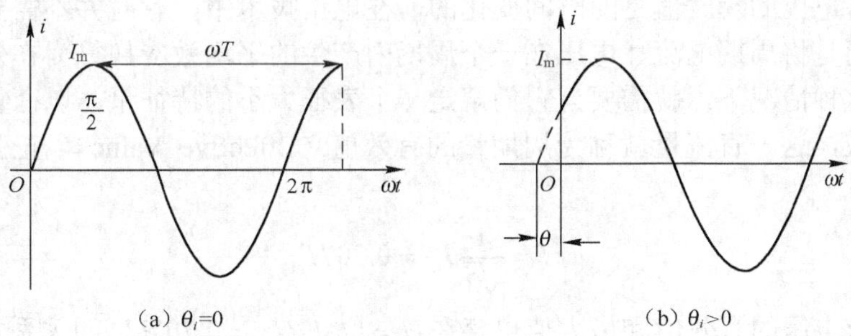

图 3.1.2　正弦波示例

正弦量的三要素是正弦量之间进行比较和区分的依据。而在正弦交流电路中经常遇到同频率的正弦波，它们仅在最大值及初相上可能有所差别。电路中常引用“相位差”的概念来描述两个同频率的正弦量之间的相位关系。例如，设有两个同频率的正弦量

$$u_1=U_{1m}\sin(\omega t+\theta_1)$$
$$u_2=U_{2m}\sin(\omega t+\theta_2)$$

这两个同频率的正弦量的相位差等于它们的相位之差，如设φ_{12}表示电压u_1与电压u_2之间的相位差，则

$$\varphi_{12}=(\omega t+\theta_1)-(\omega t+\theta_2)=\theta_1-\theta_2$$

相位差也是在主值范围之内取值的。上述结果表明：同频率正弦量的相位差等于它们的初相位之差，为一个与时间无关的常数。电路中常采用“超前”和“滞后”来说明两个同频率正弦量相位比较的结果。当$\varphi_{12}>0$时，称电压u_1超前电压u_2；当$\varphi_{12}<0$时，称电压u_1滞后电压u_2；当$\varphi_{12}=0$时，称电压u_1与u_2同相；当$|\varphi_{12}|=\frac{\pi}{2}$时，称电压$u_1$与$u_2$正交；当$|\varphi_{12}|=\pi$时，称电压$u_1$与电压$u_2$彼此反相。图 3.1.3 所示为两个不同相的正弦波。

也可以通过观察波形来确定相位差，如图 3.1.4 所示。在同一周期内两个波形的极大（小）值之间的角度值（≤180°），即为两个正弦量的相位差，先到达极值点的正弦量为超前波。图 3.1.4 中所示为电流 i_1 滞后于电压 u_2。相位差与计时零点的选取和变动无关。在进行相关正弦量的分析时常选取某一正弦量作为参考正弦量，参考正弦量的初相位定义为零。

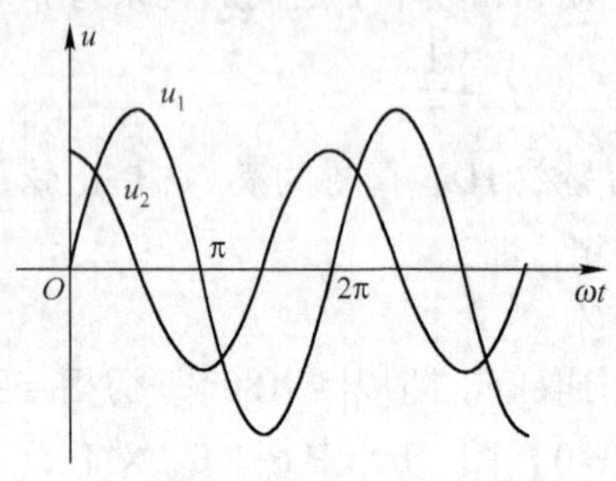

图 3.1.3 不同相的正弦波

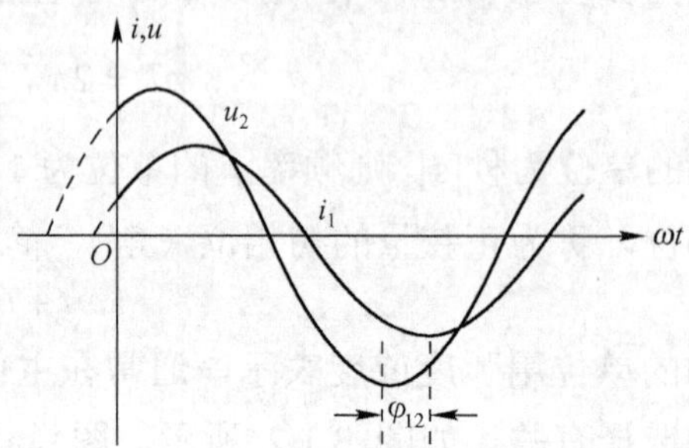

图 3.1.4 同频率正弦量的相位差

3.1.2 正弦交流电的有效值

周期电流、电压的瞬时值是随时间变化的，在电工技术中，有时并不需要知道它们每一瞬间的大小，而是将周期电流、电压在一个周期内产生的平均效应换算为在效应上与之相等的直流量。在这种情况下，就需要为它们规定一个表征大小的特征量，以衡量和比较周期电流或电压的效应，这一直流量就称为周期量的有效值（Effective Value）。正弦量的有效值与幅值的关系为

$$I = \frac{1}{\sqrt{2}} I_{\mathrm{m}} = 0.707 I_{\mathrm{m}} \tag{3.1.2}$$

同样，正弦电压的有效值和最大值也存在 $U = 1/\sqrt{2}U_{\mathrm{m}} = 0.707U_{\mathrm{m}}$ 的关系。由此可见，正弦量的有效值为其振幅的 $1/\sqrt{2}$ 倍，与正弦量的频率和初相无关。根据这一关系，常将正弦量 i 改写成如下形式：

$$i = \sqrt{2} I \sin(\omega t + \theta_i)$$

I、ω、θ_i 也可用来表示正弦量的三要素。工程中使用的交流电气设备铭牌上标出的额定电流、电压的数值，交流电压表、电流表上标出的数字都是指有效值。

3.1.3 正弦量的相量表示法

相量表示法要用到复数，下面先简要地复习一下复数及其运算。

1. 复数的表示形式

（1）代数形式

一个复数有多种表示形式。复数 F 的代数形式为

$$F = a + \mathrm{j}b \tag{3.1.3}$$

式中，$\mathrm{j} = \sqrt{-1}$ 为虚数单位；a 为复数的实部，可以表示为 $a = \mathrm{Re}\,[F]$；b 为复数的虚部，可以表示为 $b = \mathrm{Im}\,[F]$。复数 F 在复平面上是一个坐标点，常用原点至该点的向量表示，如图 3.1.5 所示。

（2）三角形式

根据图 3.1.5 可知，复数 F 的三角形式为

$$F=|F|\ (\cos\theta+\mathrm{j}\sin\theta) \qquad (3.1.4)$$

式中，$|F|$为复数的模；θ 为复数的辐角，θ 的单位可以用度或弧度表示。$|F|$、θ 与 a、b 之间的关系为

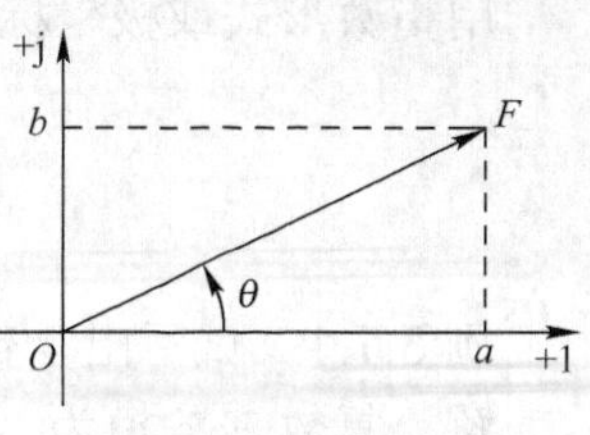

图 3.1.5　复数的表示

$$|F|=\sqrt{a^2+b^2},\quad \theta=\arctan\frac{b}{a}$$

$$a=|F|\cos\theta,\quad b=|F|\sin\theta$$

（3）指数形式

根据欧拉公式

$$\mathrm{e}^{\mathrm{j}\theta}=\cos\theta+\mathrm{j}\sin\theta$$

复数 F 可以表示为

$$F=|F|\mathrm{e}^{\mathrm{j}\theta} \qquad (3.1.5)$$

（4）极坐标形式

电工技术中常将复数的指数形式写成简洁的极坐标形式

$$F=|F|\angle\theta \qquad (3.1.6)$$

复数的上述 4 种表达形式之间是可以相互转换的。

复数 $\mathrm{e}^{\mathrm{j}\theta}=1\angle\theta$ 是一个模为 1，辐角为 θ 的复数。任意复数 F 乘以 $\mathrm{e}^{\mathrm{j}\theta}$ 等于把复数 F 逆时针旋转一个角度 θ，而它的模不变，因此 $\mathrm{e}^{\mathrm{j}\theta}$ 称为旋转因子。$\mathrm{e}^{\mathrm{j}\frac{\pi}{2}}=\mathrm{j}$，$\mathrm{e}^{-\mathrm{j}\frac{\pi}{2}}=-\mathrm{j}$，$\mathrm{e}^{\mathrm{j}\pi}=-1$ 等都可以看成是旋转因子。

此外，两个复数相等，必须同时满足实部与实部相等、虚部与虚部相等的条件，或者要求两个复数的模相等且辐角相等。

2. 复数的基本运算

（1）复数的加法和减法

复数的相加和相减必须用代数形式进行。例如，设两个复数 $F_1=a_1+\mathrm{j}b_1$，$F_2=a_2+\mathrm{j}b_2$，则

$$F_1\pm F_2=(a_1+\mathrm{j}b_1)\pm(a_2+\mathrm{j}b_2)=(a_1\pm a_2)+\mathrm{j}(b_1\pm b_2) \qquad (3.1.7)$$

复数的相加和相减运算也可以按平行四边形法在复平面上用向量的相加和相减求得，如图 3.1.6 所示。

（2）复数的乘法和除法

两个复数相乘，可以用复数的代数形式进行运算，即

$$F_1F_2=(a_1+\mathrm{j}b_1)(a_2+\mathrm{j}b_2)=(a_1a_2-b_1b_2)+\mathrm{j}(a_1b_2+a_2b_1)$$

如果用指数形式或极坐标形式来进行计算，则较为简单，即

$$F_1F_2=|F_1|\ \mathrm{e}^{\mathrm{j}\theta_1}\ |F_2|\ \mathrm{e}^{\mathrm{j}}\theta_2=|F_1||F_2|\ \mathrm{e}^{\mathrm{j}(\theta_1+\theta_2)}=|F_1||F_2|\ \angle(\theta_1+\theta_2) \qquad (3.1.8)$$

两个复数相除时若用代数形式运算则比较复杂，例如

$$\frac{F_1}{F_2}=\frac{a_1+\mathrm{j}b_1}{a_2+\mathrm{j}b_2}=\frac{(a_1+\mathrm{j}b_1)(a_2-\mathrm{j}b_2)}{(a_2+\mathrm{j}b_2)(a_2-\mathrm{j}b_2)}=\frac{a_1a_2+b_1b_2}{{a_2}^2+{b_2}^2}+\mathrm{j}\frac{a_2b_1-a_1b_2}{{a_2}^2+{b_2}^2}$$

式中，$(a_2-\mathrm{j}b_2)$为 F_2 的共轭复数。

用指数形式或极坐标形式来进行复数相除，则有

$$\frac{F_1}{F_2}=\frac{|F_1|\angle\theta_1}{|F_2|\angle\theta_2}=\frac{|F_1|}{|F_2|}\angle(\theta_1-\theta_2) \tag{3.1.9}$$

例 3.1.1 试写出复数 $F=-3+\mathrm{j}4$ 的极坐标形式。

解 复数 F 的模为

$$|F|=\sqrt{(-3)^2+4^2}=5$$

辐角为

$$\theta=\arctan\left(\frac{4}{-3}\right)=126.9°$$

即复数 F 的极坐标形式为

$$F=5\angle126.9°$$

需要注意的是，在将直角坐标形式变换成极坐标形式时，其辐角$|\theta|\leqslant180°$，故要考虑角度所处的象限。对于例 3.1.1 中的复数 F 来说，其辐角处于第二象限，故计算结果应是 126.9°。

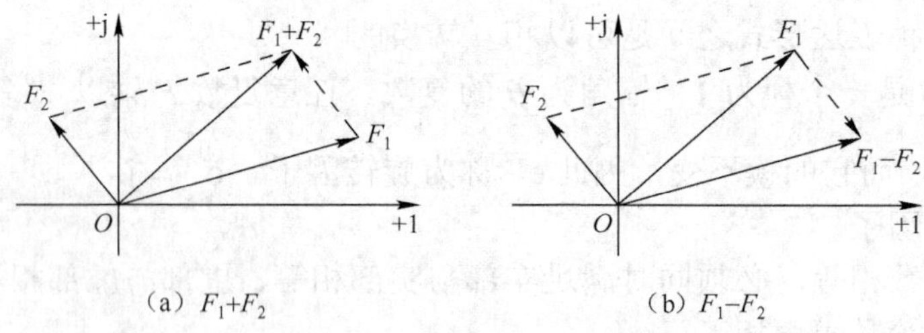

图 3.1.6 复数代数和的图解法

例 3.1.2 设 $F_1=3-\mathrm{j}4$，$F_2=10\angle135°$，求 F_1+F_2 和 $\frac{F_1}{F_2}$。

解：

$$\begin{aligned}F_1+F_2&=3-\mathrm{j}4+10\angle135°=3-\mathrm{j}4+(-5\sqrt{2}+\mathrm{j}5\sqrt{2})\\&=-4.07+\mathrm{j}3.07=5.1\angle143°\end{aligned}$$

$$\frac{F_1}{F_2}=\frac{3-\mathrm{j}4}{10\angle135°}=\frac{5\angle-53.1°}{10\angle135°}=0.5\angle-188.1°=0.5\angle171.9°$$

3. 相量的基本概念

一个正弦量由它的振幅、初相和角频率来确定，其一般表达式为

$$f(t)=F_{\mathrm{m}}\sin(\omega t+\theta) \tag{3.1.10}$$

在正弦稳态电路分析中，各正弦量的角频率都相同，等于交流电源的角频率。在同频率的情况下，正弦量可以用相应的复数来表示，即所谓的相量。复指数函数中的复数 $\dot{F}_{\mathrm{m}}$ 是以正弦量的最大值（振幅）为模，以初相角为辐角的。它是一个与时间无关的复值常数，定义为正弦量的振幅相量，字母 F_{m} 上的小圆点用来表示相量，并与最大值区分，也可以与一般复数区分。由于正弦量有效值与振幅之间有关系 $F_{\mathrm{m}}=\sqrt{2}F$，同样 $\dot{F}=F\mathrm{e}^{\mathrm{j}\theta}=F\angle\theta$ 称为正弦量的有效值相量。今后凡不加声明，所出现的相量均指有效值相量。

若正弦量 $i=\sqrt{2}I\sin(\omega t+\theta_i)$，其对应的相量为 $\dot{I}=I\mathrm{e}^{\mathrm{j}\theta_i}=I\angle\theta_i$。同样有 $\dot{U}=U\mathrm{e}^{\mathrm{j}\theta_u}=U\angle\theta_u$。把在复平面上画出正弦量的大小和相位关系的图形称为相量图，如图 3.1.7 所示。

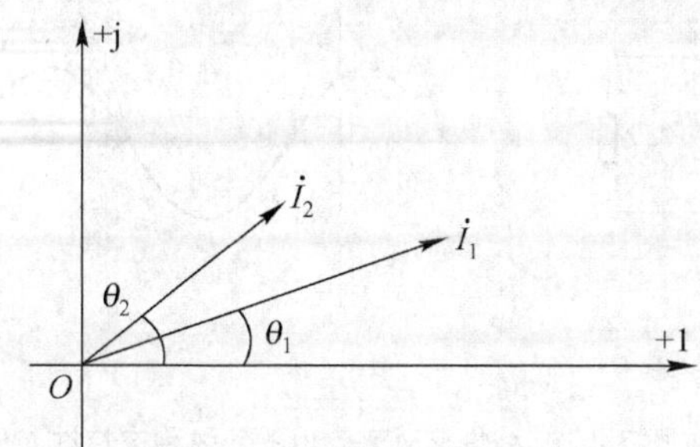

图 3.1.7　正弦量的相量图

正弦量乘以常数及同频率正弦量的代数和，其计算结果仍是一个同频率的正弦量。用相量表示正弦量实质上是一种数学变换，变换的目的是化简运算。

例 3.1.3　分别写出代表 $i_1=3\sin\omega t$（A），$i_2=2\sqrt{2}\sin(\omega t+30°)$（A），$i_3=3\sqrt{2}\sin(\omega t-60°)$（A），$i_4=5\cos(\omega t+40°)$（A），$i_5=-6\sqrt{2}\sin(\omega t+60°)$（A）的相量。

解　由正弦量与相量的对应关系，有

$$\dot{I}_1=\frac{3}{\sqrt{2}}\angle 0°\text{（A）},\quad \dot{I}_2=2\angle 30°\text{（A）},\quad \dot{I}_3=3\angle-60°\text{（A）}$$

$i_4=5\sin(\omega t+40°-90°)=5\sin(\omega t-50°)$（A），则　$\dot{I}_4=\dfrac{5}{\sqrt{2}}\angle-50°$（A）

$i_5=6\sqrt{2}\sin(\omega t+60°+180°)=6\sqrt{2}\sin(\omega t-120°)$（A），则　$\dot{I}_5=6\angle-120°$（A）

3.2　单一参数的正弦交流电路

在关联参考方向下，线性非时变电阻、电容及电感元件的 VCR 分别为

$$u=Ri,\quad i=C\frac{\mathrm{d}u}{\mathrm{d}t},\quad u=L\frac{\mathrm{d}i}{\mathrm{d}t}$$

在正弦稳态电路中，这些元件的电压、电流都是同频率的正弦波。

3.2.1　电阻元件的正弦交流电路

如图 3.2.1（a）所示，设电阻元件通有正弦电流 i_R，电阻两端的电压为 u_R，若

$$i_\mathrm{R}=\sqrt{2}I_\mathrm{R}\sin(\omega t+\theta_i)$$

根据欧姆定律，得

$$u_\mathrm{R}=Ri_\mathrm{R}$$

则有

$$u_\mathrm{R}=\sqrt{2}U_\mathrm{R}\sin(\omega t+\theta_u)=R\sqrt{2}I_\mathrm{R}\sin(\omega t+\theta_i) \tag{3.2.1}$$

式（3.2.1）表明，电阻两端的正弦电压和流过的正弦电流频率相同、初相相等，$\theta_u=\theta_i$，波形如图 3.2.1（b）所示。比较等式两边的振幅关系应有 $\sqrt{2}U_\mathrm{R}=\sqrt{2}RI_\mathrm{R}$ 或 $U_\mathrm{R}=RI_\mathrm{R}$，即电阻

元件的电压有效值和电流有效值应符合欧姆定律。

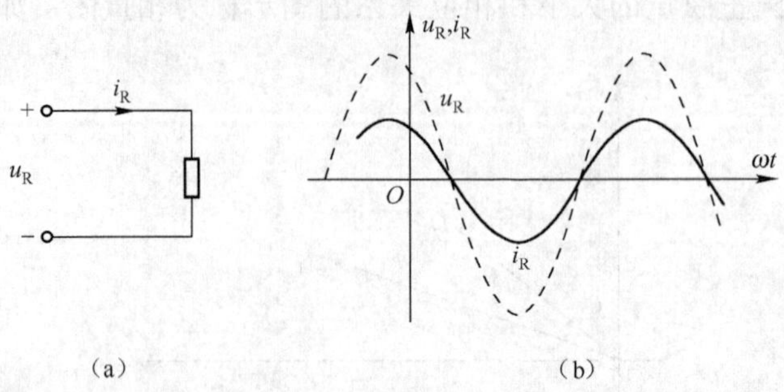

图 3.2.1　线性非时变电阻的正弦稳态特性

令 $\dot{U}_R = U_R\angle\theta_u$，$\dot{I}_R = I_R\angle\theta_i$，则有 $\theta_u = \theta_i$，而 $U_R = RI_R$

所以
$$\dot{U}_R = R\dot{I}_R \quad 或 \quad \dot{I}_R = \frac{\dot{U}_R}{R} \tag{3.2.2}$$

电阻元件的 VCR 也可用式（3.2.2）所示的相量形式表示，其相量模型及相量图如图 3.2.2 所示。显然电阻元件的电压、电流同相位，有效值符合欧姆定律。

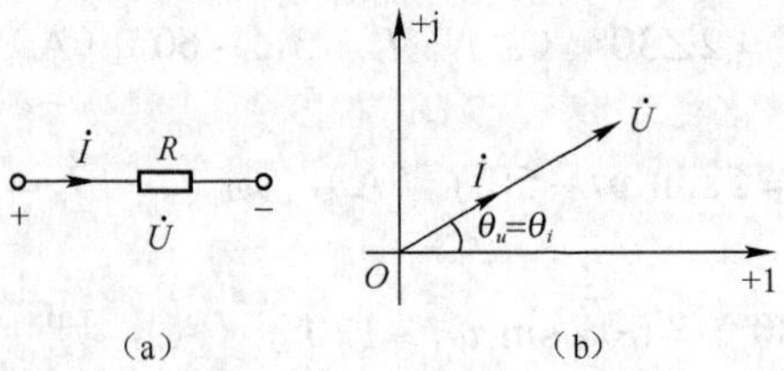

图 3.2.2　电阻元件的电压、电流相量

3.2.2　电感元件的正弦交流电路

对于电感元件来说，若 $i_L = \sqrt{2}I_L\sin(\omega t+\theta_i)$，根据 $u_L = L\dfrac{di_L}{dt}$ 可得

$$u_L = \sqrt{2}I_L\omega C\cos(\omega t+\theta_i)$$

则有
$$u_L = \sqrt{2}U_L\cos(\omega t+\theta_u) = \sqrt{2}\omega LI_L\sin(\omega t+\theta_i+90°) \tag{3.2.3}$$

式（3.2.3）表明，$\theta_u = \theta_i + 90°$，即电感电流的相位滞后电感电压的相位 $\dfrac{\pi}{2}$。电感电流与电压有效值的关系为

$$U_L = \omega LI_L \quad 或 \quad I_L = \frac{U_L}{\omega L} \tag{3.2.4}$$

式中，ωL 具有与电阻相同的量纲。当 $\omega = 0$ 时，$\omega L = 0$，此时电感相当于短路。

若令 $\dot{U}_L = U_L\angle\theta_u$，$\dot{I}_L = I_L\angle\theta_i$，则有

$$\dot{U}_L = j\omega L\dot{I}_L \quad 或 \quad \dot{I}_L = \frac{\dot{U}_L}{j\omega L} \tag{3.2.5}$$

所以，电感元件的 VCR 也可用式（3.2.5）所示的相量形式表示，其相量模型及相量图如图 3.2.3 所示。由图可见，电感电压的相位超前电感电流的相位$\frac{\pi}{2}$。

用相量表示三种基本元件的 VCR 与时域形式用正弦量表示的 VCR 相比，相量形式更为简单、明确。类似的其他电路元件的 VCR 同样可以用相量形式给出。

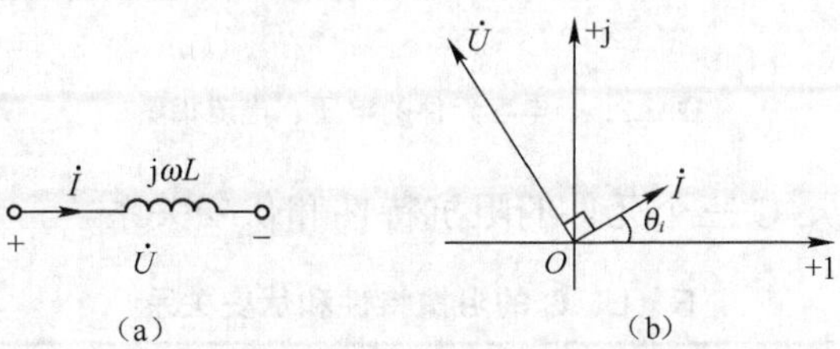

图 3.2.3　电感元件的电压、电流相量

3.2.3　电容元件的正弦交流电路

对于电容元件，若电容两端电压为$u_C = \sqrt{2}U_C\sin(\omega t+\theta_u)$，由$i_C = C\frac{du_C}{dt}$，可得

$$i_C = \sqrt{2}U_C\omega C\cos(\omega t+\theta_u)$$

则
$$i_C = \sqrt{2}I_C\cos(\omega t+\theta_i) = \sqrt{2}U_C\omega C\sin(\omega t+\theta_u+90°) \tag{3.2.6}$$

电容电压、电流的波形如图 3.2.4（b）所示。式（3.2.6）表明，电容电压与电流有效值之间的关系为

$$I_C = \omega C U_C \quad 或 \quad U_C = \frac{I_C}{\omega C} \tag{3.2.7}$$

而电压与电流的相位关系则为$\theta_i = \theta_u + 90°$。由此可见，电容电压的相位滞后电容电流的相位$\frac{\pi}{2}$。式（3.2.7）中的$\frac{1}{\omega C}$具有与电阻相同的量纲。当$\omega = 0$时，$\frac{1}{\omega C} \to \infty$，此时电容相当于开路。

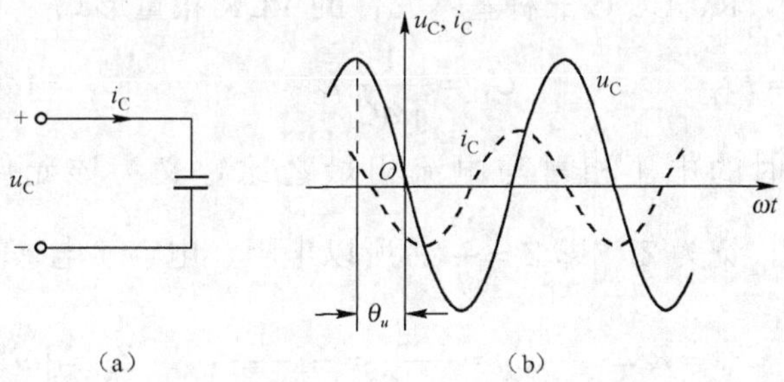

图 3.2.4　线性非时变电容的正弦稳态特性

若令$\dot{I}_C = I_C\angle\theta_i$，$\dot{U}_C = U_C\angle\theta_u$，则有

$$\dot{I}_C = j\omega C\dot{U}_C \quad 或 \quad \dot{U}_C = \frac{\dot{I}_C}{j\omega C} \tag{3.2.8}$$

所以，电容元件的 VCR 也可用式（3.2.8）所示的相量形式表示，其相量模型及相量图

如图 3.2.5 所示。

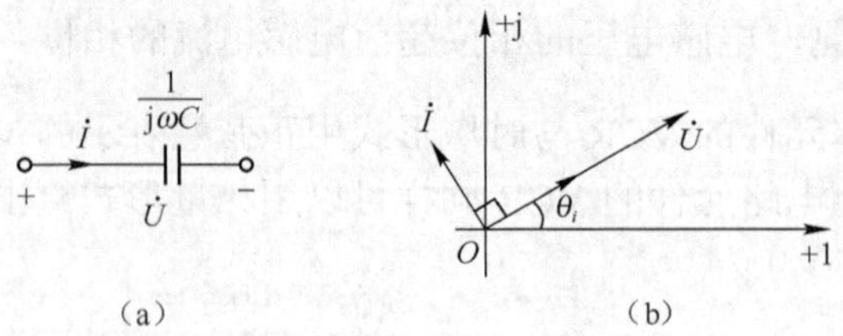

图 3.2.5　电容元件的电压、电流相量

表 3.2.1 给出了 R、L、C 三个元件的阻抗特性和伏安关系。

表 3.2.1　　R、L、C 的阻抗特性和伏安关系

特性名称		电阻 R	电感 L	电容 C
阻抗特性	① 直流特性	呈现一定的阻碍作用	通直流（相当于短路）	隔直流（相当于开路）
	② 交流特性	呈现一定的阻碍作用	通低频，阻高频	通高频，阻低频
伏安关系	① 大小关系	$U_R = RI_R$	$U_L = \omega LI_L$	$U_C = \dfrac{I_C}{\omega C}$
	② 相位关系（电压与电流相位差）	$\varphi_{ui} = 0°$ 同相	$\varphi_{ui} = 90°$ 电压超前电流 90°	$\varphi_{ui} = -90°$ 电压滞后电流 90°

3.3　正弦交流电路的分析

3.3.1　正弦交流电路的阻抗

在正弦稳态电路的分析中，各支路的电压、电流均为与激励同频率的正弦量，并可变换成相应的相量。电路中基本元件的 VCR 以及基本定律均可用相量形式表示，为了分析电路的方便，引入复阻抗、复导纳的概念。

在关联参考方向下，R、L、C 三种基本元件的 VCR 相量形式

$$\dot{U}_R = R\dot{I}_R, \qquad \dot{U}_C = \frac{1}{j\omega C}\dot{I}_C, \qquad \dot{U}_L = j\omega L\dot{I}_L$$

因而把正弦稳态时的电压相量与电流相量之比定义为该元件的复阻抗（Complex Impedance），简称阻抗，记为 Z，即 $Z = \dfrac{\dot{U}}{\dot{I}}$。所以电阻、电容、电感的阻抗分别为

$$Z_R = R, \qquad Z_C = \frac{1}{j\omega C} = -j\frac{1}{\omega C}, \qquad Z_L = j\omega L。$$

这样，三种基本元件的 VCR 相量关系可归结为

$$\dot{U} = Z\dot{I} \tag{3.3.1}$$

式（3.3.1）常称为欧姆定律的相量形式，其中电压、电流相量为关联参考方向。

对于仅含线性电阻、电感、电容等元件，但不含独立源的一端口 N_0，在正弦电源激励下，稳态时可以定义该一端口的复阻抗、复导纳，如图 3.3.1 所示。

定义
$$Z \overset{\text{def}}{=} \frac{\dot{U}}{\dot{I}} = |Z|\angle\varphi_Z \tag{3.3.2}$$

式中，$\dot{U} = U\angle\theta_u$，$\dot{I} = I\angle\theta_i$，分别为端口的电压、电流相量。复阻抗的图形符号如图 3.3.1（b）所示，Z 的模值称为阻抗的模，它的辐角 φ_Z 称为阻抗角。$|Z| = \frac{U}{I}$，$\varphi_Z = \theta_u - \theta_i$。阻抗 Z 的复数形式为 $Z = R + \mathrm{j}X$ 。其实部 $\mathrm{Re}[Z] = |Z|\cos\varphi_Z = R$，称为电阻，虚部 $\mathrm{Im}[Z] = |Z|\sin\varphi_Z = X$ 称为电抗。

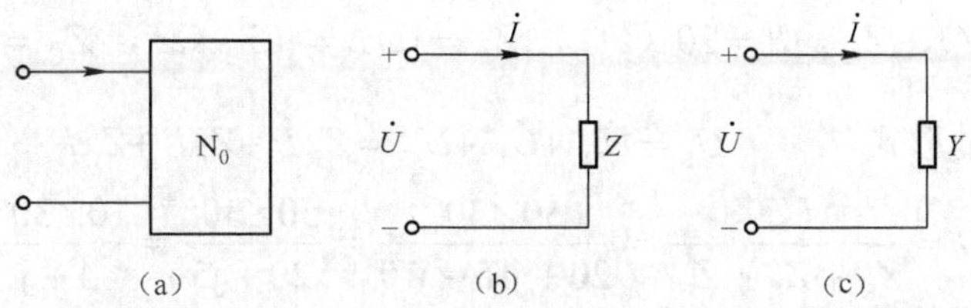

图 3.3.1　一端口的复阻抗、复导纳

对于单个元件，电阻的阻抗虚部为零，实部即为 R；电容的阻抗实部为零，虚部为 $\frac{1}{\omega C}$，用 X_C 表示，即 $X_C = \frac{1}{\omega C}$，称为电容的容抗，简称容抗；电感的阻抗实部也为零，虚部为 ωL，电感的电抗 $X_L = \omega L$，简称感抗。显然阻抗具有电阻的量纲。

虽然阻抗是复数，但它们不是相量，所以不代表任何正弦量。

一般情况下，由式（3.3.3）定义的阻抗 Z 又称为一端口 N_0 的等效阻抗、输入阻抗或驱动点阻抗，它的虚部和实部都将是外施正弦激励角频率 ω 的函数。此时，$Z(\mathrm{j}\omega) = R(\omega) + \mathrm{j}X(\omega)$；$Z(\mathrm{j}\omega)$ 的实部 $R(\omega)$ 称为它的电阻分量，它不一定完全由网络中的电阻所确定，一般来说它是网络中各元件参数和频率的函数。它的虚部 $X(\omega)$ 称为电抗分量，它也是网络中各元件参数和频率的函数。R、X 和 $|Z|$ 之间的关系可以用如图 3.3.2 所示的阻抗三角形表示。

当不同频率的正弦激励作用于 N_0 时，会使 Z 出现下列三种可能的取值。

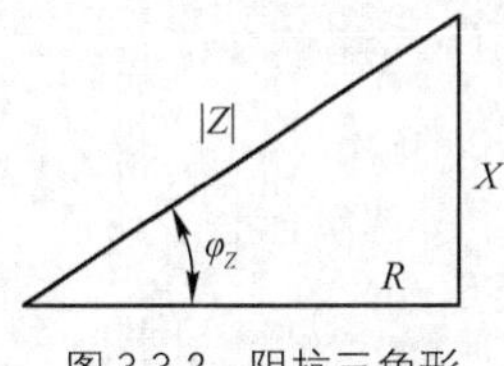

图 3.3.2　阻抗三角形

① $X > 0$，$\varphi_Z > 0$，称阻抗 Z 为感性阻抗，阻抗角大于 0 表明其电流滞后于电压 φ_Z 角。

② $X < 0$，$\varphi_Z < 0$，称阻抗 Z 为容性阻抗，阻抗角小于 0 表明其电流超前于电压 φ_Z 角。

③ $X = 0$，$\varphi_Z = 0$，称阻抗 Z 为电阻性阻抗，阻抗角等于 0 表明其电流与电压同相。

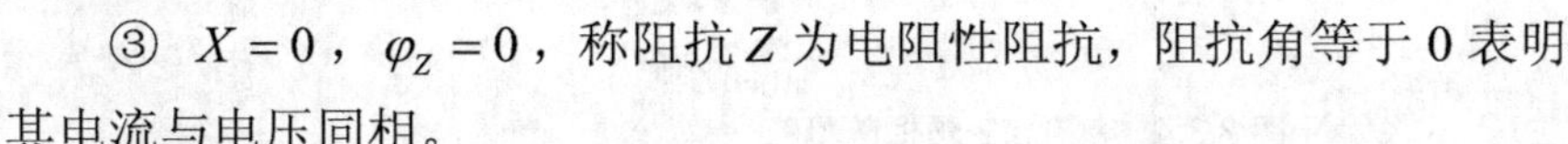

如果 N_0 仅由 R、L、C 元件组成，一定有 $\mathrm{Re}[Z(\mathrm{j}\omega)] \geqslant 0$ 或 $|\varphi_Z| \leqslant 90°$，当一端口 N_0 中有受控源时，可能会有 $\mathrm{Re}[Z(\mathrm{j}\omega)] < 0$ 或 $|\varphi_Z| > 90°$ 的情况发生。

例 3.3.1　电路如图 3.3.3（a）所示，已知电压源的电压 $u_S = 50\sqrt{2}\sin(1000t + 30°)\,\mathrm{V}$，图中 $R = 20\Omega$，L=15 mH，$C = 100\,\mu\mathrm{F}$，求电路中的电流及各元件的电压。

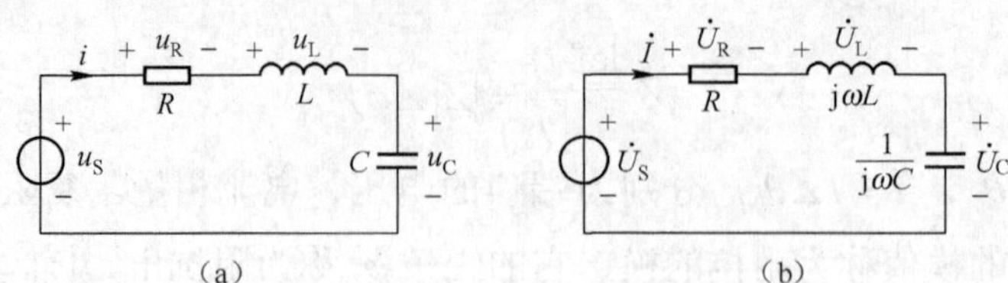

图 3.3.3 例 3.3.1 题图

解 首先将图 3.3.3（a）所示的电路用相量形式的等效电路表示为图 3.3.3（b），则有

$$\dot{U}_S = 50\angle 30°\ (\text{V}),\quad Z_R = R = 20\ (\Omega),\quad Z_L = j\omega L = j15\ (\Omega),\quad Z_C = \frac{1}{j\omega C} = -j10\ (\Omega)$$

根据 KVL 的相量形式 $\dot{U}_S = \dot{U}_R + \dot{U}_L + \dot{U}_C = Z_R\dot{I} + Z_L\dot{I} + Z_C\dot{I}$

$$\dot{I} = \frac{\dot{U}_S}{Z_R + Z_L + Z_C} = \frac{50\angle 30°}{20 + j15 - j10} = \frac{50\angle 30°}{20 + j5} = \frac{10\angle 30°}{4 + j}$$

$$= \frac{10\angle 30°}{\sqrt{17}\angle 14.04°} = 2.43\angle 13.96°\ (\text{A})$$

各元件的电压相量分别为 $\dot{U}_R = R\dot{I} = 48.6\angle 15.96°\ (\text{V})$

$$\dot{U}_L = j\omega L\dot{I} = 36.45\angle 105.96°\ (\text{V})$$

$$\dot{U}_C = -j\frac{1}{\omega C}\dot{I} = 24.3\angle -74.04°\ (\text{V})$$

各电压、电流的相量如图 3.3.4（a）、（b）所示。从图可以一目了然地看出各电压、电流间的相位关系。图 3.3.4(a)和(b)实质上是一样的，但图(b)更清楚地表示了 $\dot{U}_S = \dot{U}_R + \dot{U}_L + \dot{U}_C$ 这一关系，它是由这 4 个相量形成的闭合多边形来反映的。注意，$\dot{U}_R$、$\dot{U}_C$、$\dot{U}_L$ 是依次首尾衔接地画出的，而连接 $\dot{U}_R$ 的箭尾（原点）与 $\dot{U}_L$ 的箭头的有向线段恰为相量 $\dot{U}_S$。

若将 $\dot{U}_S$ 反向画出，则恰好反映的是 $\dot{U}_R + \dot{U}_L + \dot{U}_C - \dot{U}_S = 0$。因此，由任何回路写出来的 KVL 方程，用相量图表示出来都将是一个封闭的多边形，且各相量依次首尾相接，这也是验证电路计算正确的一种方法。同理，电路中任一节点的 KCL 方程在相量图中也将构成一个封闭的多边形。

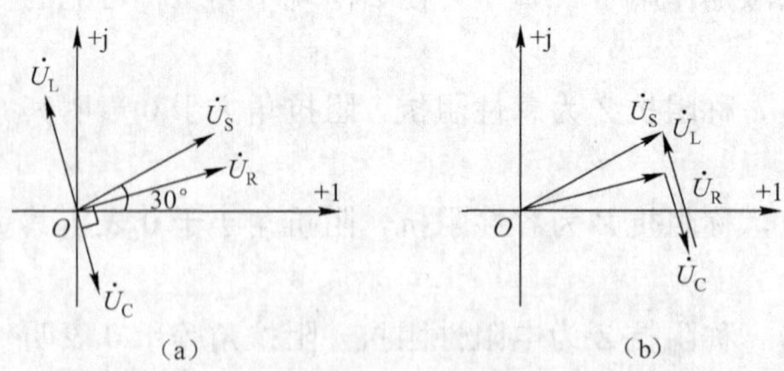

图 3.3.4 例 3.3.1 题相量图

一个时域形式的正弦稳态电路，在用相量模型表示后，与直流电阻电路的形式完全相同，只不过这里出现的是阻抗和用相量表示的电源。阻抗串、并联类似于电阻串、并联。图 3.3.5（a）所示为 n 个阻抗的串联电路。

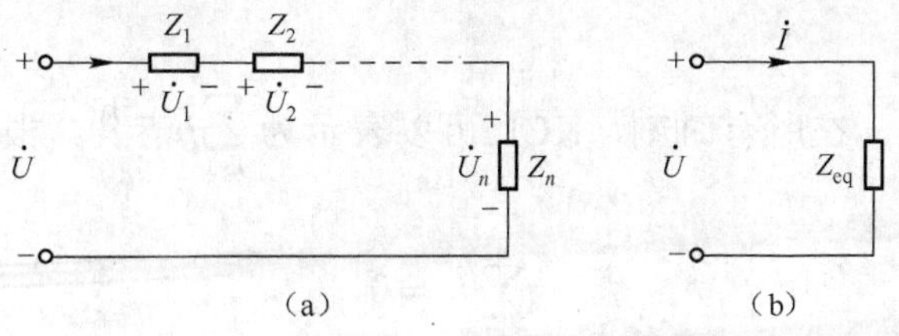

图 3.3.5　阻抗的串联

由图 3.3.5（a）有 $$\dot{U}=Z_1\dot{I}+Z_2\dot{I}+\cdots+Z_n\dot{I}=(Z_1+Z_2+\cdots+Z_n)\dot{I}$$

所以 $$Z_{eq}=Z_1+Z_2+\cdots+Z_n=\sum_{k=1}^{n}Z_k \tag{3.3.3}$$

式（3.3.3）表明，n 个阻抗串联，其等效阻抗为这 n 个阻抗之和。各阻抗的电压分配关系为

$$\dot{U}_k=\frac{Z_k}{\sum_{k=1}^{n}Z_k}\dot{U} \tag{3.3.4}$$

例 3.3.2　电路如图 3.3.6 所示，已知 $Z_1=10\Omega$，$Z_2=5\angle45°\Omega$，$Z_3=6+\mathrm{j}8\Omega$，$\dot{U}_S=100\angle0°\,\mathrm{V}$，求 $\dot{I}_1$，$\dot{I}_2$，$\dot{I}_3$。

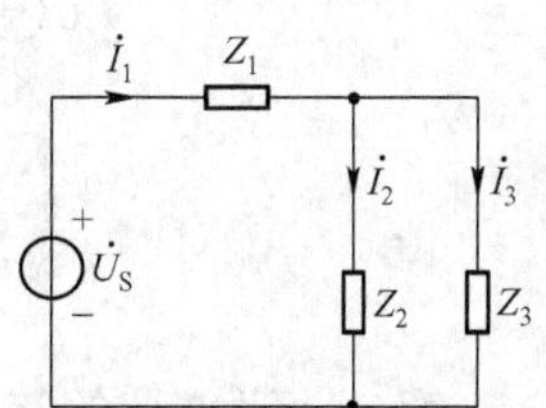

图 3.3.6　例 3.3.2 题图

解　因为 Z_2 与 Z_3 为并联连接，所以

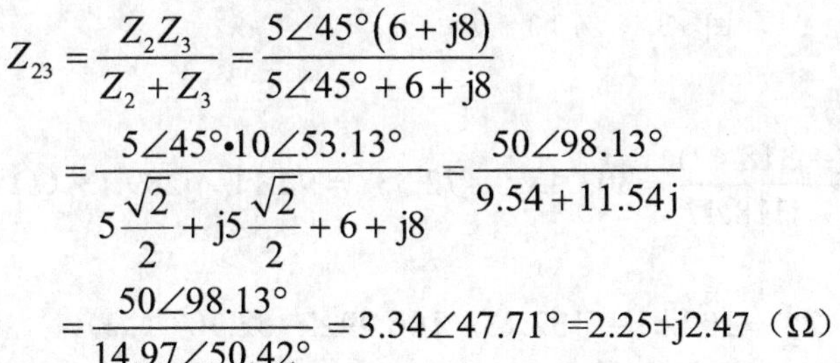

$$Z_{23}=\frac{Z_2Z_3}{Z_2+Z_3}=\frac{5\angle45°(6+\mathrm{j}8)}{5\angle45°+6+\mathrm{j}8}$$

$$=\frac{5\angle45°\cdot10\angle53.13°}{5\frac{\sqrt{2}}{2}+\mathrm{j}5\frac{\sqrt{2}}{2}+6+\mathrm{j}8}=\frac{50\angle98.13°}{9.54+11.54\mathrm{j}}$$

$$=\frac{50\angle98.13°}{14.97\angle50.42°}=3.34\angle47.71°=2.25+\mathrm{j}2.47\ (\Omega)$$

Z_1 与 Z_{23} 为串联连接，所以

$$Z_{123}=Z_1+Z_{23}=10+2.25+\mathrm{j}2.47=12.25+\mathrm{j}2.47=12.50\angle11.40°\ (\Omega)$$

则 $$\dot{I}=\frac{\dot{U}_S}{Z_{123}}=\frac{100\angle0°}{12.50\angle11.40°}=8\angle-11.40°\ (\mathrm{A})$$

由分流公式

$$\dot{I}_3=\frac{Z_2}{Z_2+Z_3}\dot{I}=\frac{5\angle45°}{5\angle45°+6+\mathrm{j}8}\cdot8\angle-11.40°=\frac{40\angle33.60°}{14.97\angle50.42°}=2.67\angle-16.82°\ (\mathrm{A})$$

据 KCL，有 $$\dot{I}_2=\dot{I}_1-\dot{I}_3=8\angle-11.40°-2.67\angle-16.82°=5.35\angle-8.6°\ (\mathrm{A})$$

或 $$\dot{I}_2=\frac{Z_3}{Z_2+Z_3}\dot{I}_1=\frac{6+\mathrm{j}8}{5\angle45°+6+\mathrm{j}8}8\angle-11.40°\ (\mathrm{A})$$

$$=\frac{10\angle53.13°}{14.97\angle50.42°}8\angle-11.40°=5.35\angle-8.6°\ (\mathrm{A})$$

3.3.2　基尔霍夫定律的相量形式

正弦电流电路中的各支路电流和支路电压都是同频率的正弦量，所以可将 KCL 和 KVL

转换为相量形式。

对电路中任一节点，在所有时刻，KCL 可以表示为$\sum_{k=1}^{n} i_k = 0$。根据正弦量的运算，故其相量形式为

$$\sum_{k=1}^{n} \dot{I}_k = 0 \tag{3.3.5}$$

同理，沿电路中任一回路，KVL 的相量形式为

$$\sum_{k=1}^{n} \dot{U}_k = 0 \tag{3.3.6}$$

因此，在正弦稳态电路中，基尔霍夫定律可直接用电流相量和电压相量写出。

例 3.3.3 在图 3.3.7（a）所示的电路中，$R_1 = 10\Omega$，$L = 0.5\,\text{H}$，$R_2 = 1000\Omega$，$C = 10\mu\text{F}$，$U = 100\text{V}$，$\omega = 314\,\text{rad/s}$，求各支路电流。

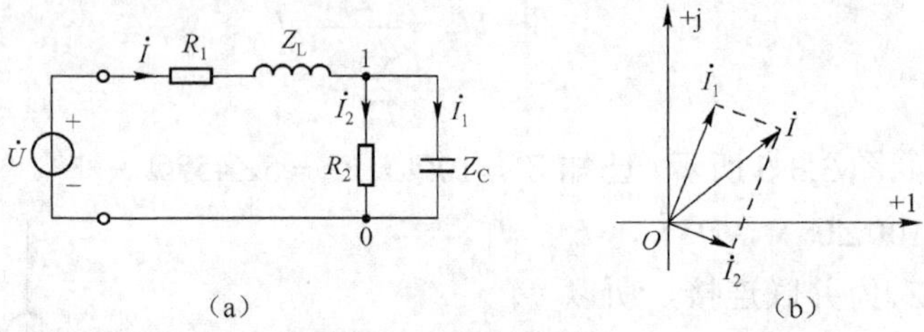

图 3.3.7 例 3.3.7 题图

解 并联部分的等效阻抗为

$$Z_{eq} = \frac{R_2 Z_C}{R_2 + Z_C} = \frac{1000(-j318.47)}{1000 - j318.47} = 303.45\angle -72.33° = 92.11 - j289.13\ (\Omega)$$

总的输入阻抗为

$$Z_i = (R_1 + Z_L) + Z_{eq} = 102.11 - j132.13 = 166.99\angle -52.30°\ (\Omega)$$

令$\dot{U} = 100\angle 0°\,\text{V}$，则各支路电流为

$$\dot{I} = \frac{\dot{U}}{Z_i} = 0.60\angle 52.30°\ (\text{A})$$

$$\dot{I}_1 = \frac{R_2}{R_2 + Z_C}\dot{I} = 0.57\angle 69.97°\ (\text{A})$$

$$\dot{I}_2 = \frac{Z_C}{R_2 + Z_C}\dot{I} = 0.18\angle -20.03°\ (\text{A})$$

根据所求结果可以画出该混联电路的相量图如图 3.3.7（b）所示。

3.4 正弦交流电路的功率

3.4.1 正弦交流电路的功率

1. 瞬时功率（Instantaneous Power）

图 3.4.1（a）所示的无源一端口网络 N_0 是由电阻、电容、电感等无源元件组成的，在正弦稳态情况下，设端口电压、电流分别为

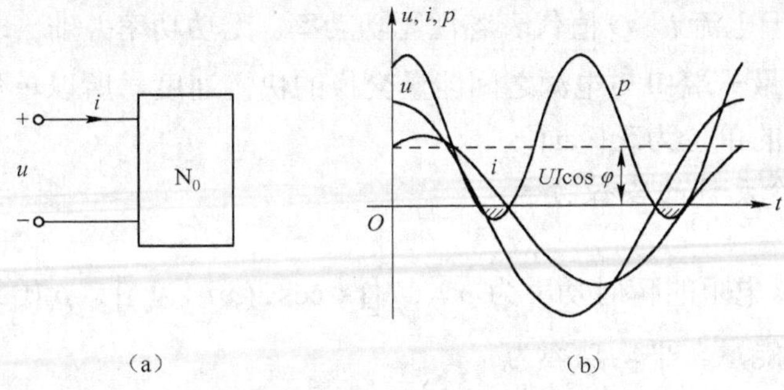

图 3.4.1　一端口网络的功率

$$u = \sqrt{2}U\sin(\omega t + \varphi)$$
$$i = \sqrt{2}I\sin(\omega t)$$

N_0 所吸收的功率

$$p = ui = 2UI\sin(\omega t + \varphi)\sin(\omega t) \tag{3.4.1}$$

根据三角公式

$$2\sin\alpha\sin\beta = \cos(\alpha - \beta) - \cos(\alpha + \beta)$$

则

$$p - UI\cos\varphi - UI\cos(2\omega t + \varphi) \tag{3.4.2}$$

图 3.4.1（b）所示是瞬时功率的波形图。可以看出瞬时功率有两个分量，第一个为恒定分量，第二个为正弦量，其频率为电压或电流频率的两倍。

2. 平均功率、功率因数、视在功率

瞬时功率不便于测量，且有时为正，有时为负，在工程中实际意义不大。通常引入平均功率的概念来衡量功率的大小。

平均功率又称为有功功率（Active Power），是瞬时功率在一个周期（T）内的平均值，用大写字母 P 表示。

$$P \overset{\text{def}}{=\!=} \frac{1}{T}\int_0^T p\mathrm{d}t = \frac{1}{T}\int_0^T UI[\cos\varphi - \cos(2\omega t + \varphi)]\mathrm{d}t = UI\cos\varphi \tag{3.4.3}$$

有功功率代表一端口网络实际消耗的功率，是式（3.4.2）的恒定分量，单位为瓦特[W]。它不仅与电压、电流有效值的乘积有关，还与它们之间的相位差有关。定义 $\cos\varphi$ 为功率因数（Power Factor），并用 λ 表示，则

$$\lambda = \cos\varphi \tag{3.4.4}$$

式中，φ 也称为功率因数角。对于不含独立源的网络，$\varphi = \varphi_z$。

由此可见，平均功率并不等于电压、电流有效值的乘积，而是要乘以一个小于等于 1 的系数。通常工程上用这一电压、电流有效值的乘积来表示某些电气设备的容量，称为视在功率（Apparent Power），用 S 表示，即

$$S \overset{\text{def}}{=\!=} UI \tag{3.4.5}$$

为了与平均功率相区别，视在功率直接用伏安[V·A]做单位。

3. 无功功率

无功功率（Reactive Power）用 Q 表示，即

$$Q = UI\sin\varphi \tag{3.4.6}$$

当电压 u 超前于电流 i 时，复阻抗为感性的，Q 值代表感性无功功率。反之，复阻抗为

容性时，电压 u 滞后于电流 i，Q 值代表容性无功功率。无功功率并非一端口实际所消耗的功率，而仅仅是为了衡量一端口与电源之间能量交换的快慢速度，所以单位上也应与有功功率有所区别，无功功率的单位为乏[var]。

4. R、L、C 单个元件的各种功率

（1）电阻元件 R

因为 $\varphi=0$，所以电阻的瞬时功率为 $p=UI\left[1+\cos 2(\omega t+\theta_u)\right]$。$p$ 始终大于或等于零，这说明电阻一直在吸收能量。平均功率为

$$P_R=UI=RI^2=GU^2$$

P_R 表示电阻所消耗的功率。电阻的无功功率 Q_R 为零。

（2）电感元件 L

因为 $\varphi=\dfrac{\pi}{2}$，所以电感的平均功率 P_L 为零，不消耗能量，但是有能量的往返交换。电感的无功功率为

$$Q_L=UI\sin\varphi=UI=\omega LI^2$$

（3）电容元件 C

因为 $\varphi=-\dfrac{\pi}{2}$，所以电容的平均功率 P_C 为零，也不消耗能量，但有能量的往返交换。电容的无功功率为

$$Q_C=UI\sin\varphi=-UI=-\frac{1}{\omega C}I^2=-\omega CU^2$$

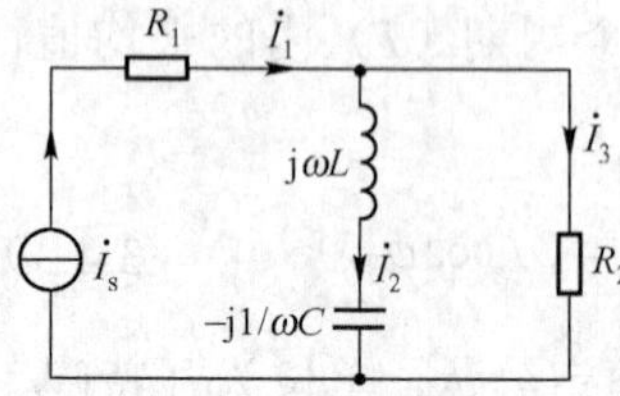

例 3.4.1 求图 3.4.2 所示各支路的平均功率、无功功率和视在功率。已知 $I_S=10$ A，$\omega=10$ rad/s，$R_1=10\Omega$，$j\omega L=j20\Omega$，$-j\dfrac{1}{\omega C}=-j10\Omega$，$R_2=10\Omega$。

R_1 $\dot I_1$ $j\omega L$ $\dot I_3$ $\dot I_s$ $\dot I_2$ R_2 $-j1/\omega C$

图 3.4.2 例 3.4.1 题图

解 令 $\dot I_S=10\angle 0°$ A，由分流公式可得各支路电流分别为

$$\dot I_2=\frac{R_2}{R_2+j\omega L-j\dfrac{1}{\omega C}}\dot I_S=\frac{10}{10+j20-j10}\times 10\angle 0°$$

$$=\frac{100}{10+j10}=5\sqrt{2}\angle-45°=5-j5\text{（A）}$$

$$\dot I_3=\frac{j\omega L-j\dfrac{1}{\omega C}}{R_2+j\omega L-j\dfrac{1}{\omega C}}\dot I_S=\frac{j20-j10}{10+j10}\times 10\angle 0°=\frac{j10(10-j10)}{200}\times 10\angle 0°=5+j5=5\sqrt{2}\angle 45°\text{（A）}$$

$$\dot I_1=\dot I_S=10\angle 0°\text{（A）}$$

相应的其他功率为

$$P_1=1000\text{ W},\quad Q_1=0,\quad P_2=0,\quad Q_2=500\text{ var}$$

$$P_3=500\text{ W},\quad P_S=-1500\text{ W},\quad Q_S=-500\text{ var}$$

3.4.2　功率因数的提高

平均功率的计算公式为 $P = UI\cos\varphi = UI\lambda$，可见在同样的额定电压、电流情况下，功率因数 λ 越高，即 φ 越小，则一端口网络所得到的有功功率越大。工业中常用的感应电动机是电感性负载，功率因数较低，带动这样负载的电源设备的利用率也较低。为减少电源与负载间徒劳往返的能量交换，减少线路损耗，提高负载的功率因数，可在负载两端并联大小适当的电容器。由于电容并在负载两端，所以不会影响负载支路的复功率。电容本身不消耗有功功率，因而电源提供的平均功率不改变。但是并联电容后，电容的无功功率“补偿”了负载中电感需要的无功功率，减少了电源的无功功率，从而提高了电路的功率因数。

例 3.4.2　如图 3.4.3（a）所示电路外加 50Hz，380V 的正弦电压，感性负载吸收的功率 P_L=30kW，功率因数 λ=0.6。若要使电路的功率因数提高到 λ=0.9，求在负载两端并接的电容值，并求出此时电源提供的电流是多少。

解　并联电容前：$\lambda_1 = \cos\varphi_L$，$\varphi_L = 53.13°$

并联电容后，要求：$\lambda = 0.9$，即 $\cos\varphi = 0.9$，$\varphi = \pm 25.84°$，但有功功率不变。从经济的角度出发，取较小的电容为好，所以根据图 3.4.3（b）所示的相量图，电容的电流为

$$I_2 = I_1\sin\varphi_1 - I\sin\varphi = \frac{P}{U\cos\varphi_1}\sin\varphi_1 - \frac{P}{U\cos\varphi_2}\sin\varphi = \frac{P}{U}(\tan\varphi_1 - \tan\varphi)$$

而电容上 $I_2 = \omega CU$，则有

$$\omega CU = \frac{P}{U}(\tan\varphi_1 - \tan\varphi)$$

$$C = \frac{P}{\omega U^2}(\tan\varphi_1 - \tan\varphi)$$

代入数据得

$$C = 561.74\ (\mu\text{F})$$

从图 3.4.3（b）的相量图中可以看出，经补偿后电源电流由原来的 I_L 值减小到图中的 I 值。

$$I_L = \frac{P_L}{U\cos\varphi_L} = \frac{30\times 10^3}{380\times 0.6} = 131.58\ (\text{A})$$

并联电容后

$$I = \frac{P_L}{U\cos\varphi} = \frac{30\times 10^3}{380\times 0.9} = 87.72\ (\text{A})$$

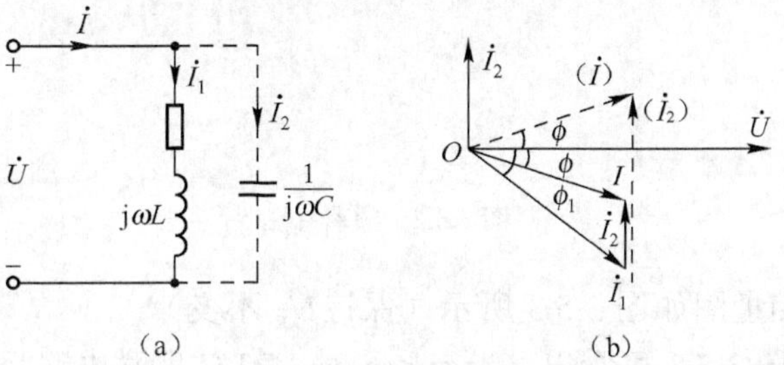

（a）　　（b）

图 3.4.3　例 3.4.2 题图

可见电源提供的电流大大降低。并联电容后减少了电源的无功输出，提高了电源设备的利用率，也减少了传输线上的损耗。

3.5 正弦交流电路的频率特性

为了便于对无源一端口网络做进一步的研究，引入正弦稳态网络函数的概念。其定义为响应相量（某一支路电压或电流）与激励相量（端口所加电压源的电压或电流源的电流）之比，记为 $H(\mathrm{j}\omega)$，即

$$H(\mathrm{j}\omega) \stackrel{\mathrm{def}}{=\!=} \frac{\text{响应相量}}{\text{激励相量}}$$

图 3.5.1 所示的 RLC 串联电路，若以电压 $\dot{U}$ 为响应，输入电流 $\dot{I}$ 为激励，则其网络函数为

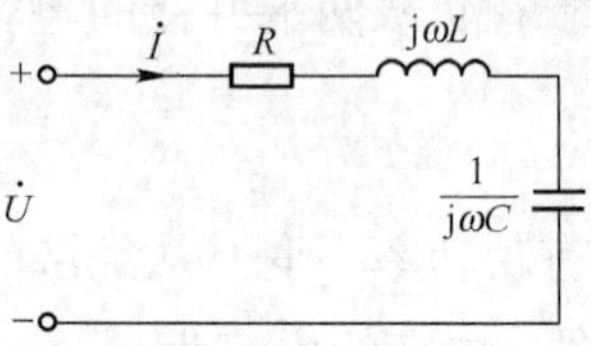

$$H(\mathrm{j}\omega) = \frac{\dot{U}}{\dot{I}} = R + \mathrm{j}\omega L - \mathrm{j}\frac{1}{\omega C}$$

图 3.5.1 RLC 串联电路

从数值上看

$$H(\mathrm{j}\omega) = Z(\mathrm{j}\omega) = \frac{1}{Y(\mathrm{j}\omega)}$$

$H(\mathrm{j}\omega)$ 的极坐标形式为

$$H(\mathrm{j}\omega) = |H(\mathrm{j}\omega)|\angle\varphi(\omega)$$

其模值 $|H(\mathrm{j}\omega)|$ 称为网络函数的幅频特性（Amplitude Frequency Characteristic），其辐角称为网络函数的相频特性（Phase Frequency Characteristic），网络函数的幅频特性和相频特性总称为频率特性。$|Z|$、$\varphi(\omega)$、$|Y|$ 的频率特性如图 3.5.2（a）、（b）、（c）所示。

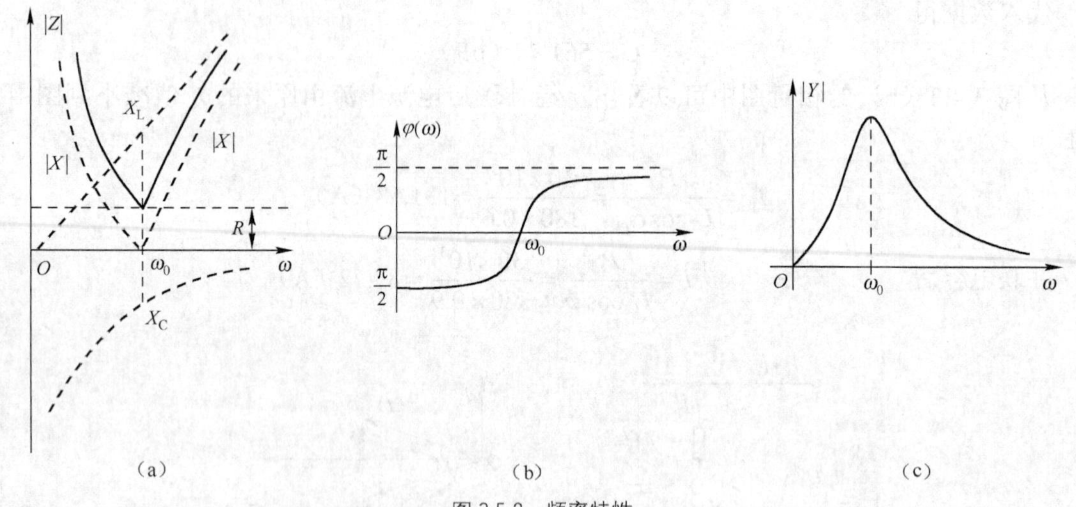

图 3.5.2 频率特性

RLC 串联电路的相量图如图 3.5.3 所示（保持 $\dot{U}_{\mathrm{R}}$ 不变）。

由图 3.5.2（b）及图 3.5.3 可看出，当 $\omega < \omega_0$ 时，RLC 串联电路呈容性，电流超前于电压 φ 角；当 $\omega > \omega_0$ 时，电路呈电感性，电流滞后于电压 φ 角；当 $\omega = \omega_0$ 时，电路呈电阻性，$\varphi = 0$；当 $\omega = 0$ 时，$\varphi = -\frac{\pi}{2}$；$\omega \to \infty$ 时，$\varphi \to \frac{\pi}{2}$。

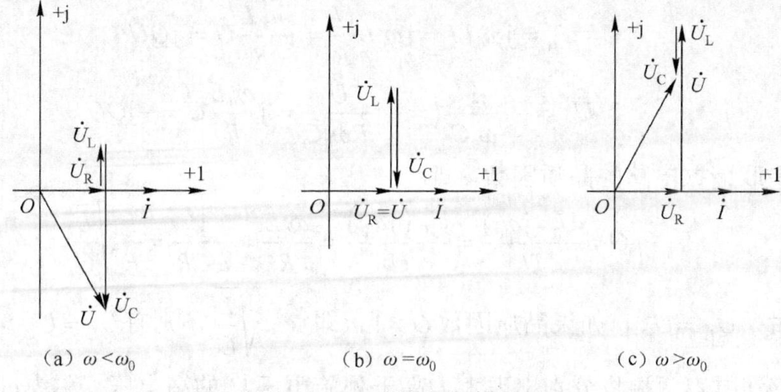

图 3.5.3　RLC 串联电路的相量图

3.5.1　串联谐振

图 3.5.1 所示的 RLC 串联电路的输入阻抗 $Z(\mathrm{j}\omega)=R+\mathrm{j}\left(\omega L-\dfrac{1}{\omega C}\right)$，其中电抗分量 $X(\omega)=\omega L-\dfrac{1}{\omega C}$，显然感抗和容抗起互相抵消的作用。当 $\omega=\omega_0$，出现 $X(\omega_0)=0$ 时，这时，$\varphi=0$，端口上的电压与电流同相，工程上将电路的这种工作状态称为谐振，由于 RLC 电路为串联电路，所以称为串联谐振。因此串联谐振的条件为

$$\mathrm{Im}[Z(\mathrm{j}\omega)]=0$$

对于 RLC 串联电路，谐振时

$$\omega_0 L-\frac{1}{\omega_0 C}=0$$

所以

$$\omega_0=\frac{1}{\sqrt{LC}}\qquad f_0=\frac{1}{2\pi\sqrt{LC}}\tag{3.5.1}$$

电路发生谐振时的角频率 ω_0 和频率 f_0 分别称为谐振角频率和谐振频率，又称为电路的固有频率，它由电路的结构和 L、C 参数决定，与 R 无关。改变 L 或 C 都能改变电路的固有频率，使电路在某一频率下发生谐振或避免谐振。

RLC 串联电路发生谐振时的主要特点如下。

（1）阻抗为最小。

$$Z(\mathrm{j}\omega_0)=R+\mathrm{j}\left(\omega_0 L-\frac{1}{\omega_0 C}\right)=R$$

（2）在输入电压 U 不变的情况下，电路电流 I 和电阻端电压 U_R 为最大。即

$$I=\frac{U}{|Z|}=\frac{U}{R},\quad U_R=RI=U$$

谐振时电阻上的电压有效值与端口电压有效值相同。实际工程中在做实验时，常以此来判定串联电路是否发生谐振。

（3）谐振时 $\dot{U}_L+\dot{U}_C=0$，所以串联谐振又称为电压谐振。同时 L 和 C 段的等效阻抗为零，LC 相当于短路。

电感电压 $$\dot{U}_{\mathrm{L}}=\mathrm{j}\omega_0 L\dot{I}=\mathrm{j}\omega_0 L\frac{\dot{U}}{R}=\mathrm{j}\frac{\omega_0 L}{R}\dot{U}=\mathrm{j}Q\dot{U}$$

电容电压 $$\dot{U}_{\mathrm{C}}=-\mathrm{j}\frac{1}{\omega_0 C}\dot{I}=-\mathrm{j}\frac{\dot{U}}{R\omega_0 C}=\mathrm{j}\frac{\omega_0 L}{R}\dot{U}=-\mathrm{j}Q\dot{U}$$

式中，Q 称为串联谐振电路的品质因数，即

$$Q=\frac{U_{\mathrm{L}}(\mathrm{j}\omega_0)}{U}=\frac{U_{\mathrm{C}}(\mathrm{j}\omega_0)}{U}=\frac{\omega_0 L}{R}=\frac{1}{\omega CR}=\frac{1}{R}\sqrt{\frac{L}{C}} \tag{3.5.2}$$

串联谐振时，$U_{\mathrm{L}}=U_{\mathrm{C}}$，如果品质因数 $Q>1$，即 $R<\sqrt{\frac{L}{C}}$，则有 $U_{\mathrm{L}}=U_{\mathrm{C}}>U$。特别是当 $Q>>1$ 时，电感和电容两端将分别出现大大高于外施电压 $\dot{U}$ 的高电压，称为过电压现象。这种过电压往往会造成元件的损坏。

下面讨论频率特性与 Q 值的关系。

对于任意的 RLC 串联谐振电路，有

$$Z(\mathrm{j}\omega)=R+\mathrm{j}\left(\omega L-\frac{1}{\omega C}\right)=R\left[1+\mathrm{j}Q\left(\eta-\frac{1}{\eta}\right)\right]$$

式中，$\eta=\frac{\omega}{\omega_0}$。

电阻电压为 $$U_{\mathrm{R}}(\eta)=\frac{U}{\sqrt{1+Q^2\left(\eta-\frac{1}{\eta}\right)^2}}$$

其幅频特性为

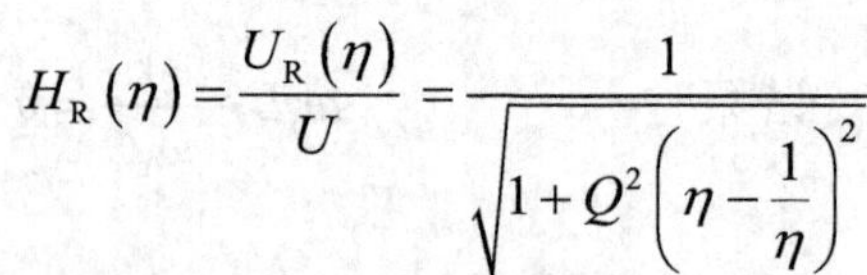

$$H_{\mathrm{R}}(\eta)=\frac{U_{\mathrm{R}}(\eta)}{U}=\frac{1}{\sqrt{1+Q^2\left(\eta-\frac{1}{\eta}\right)^2}}$$

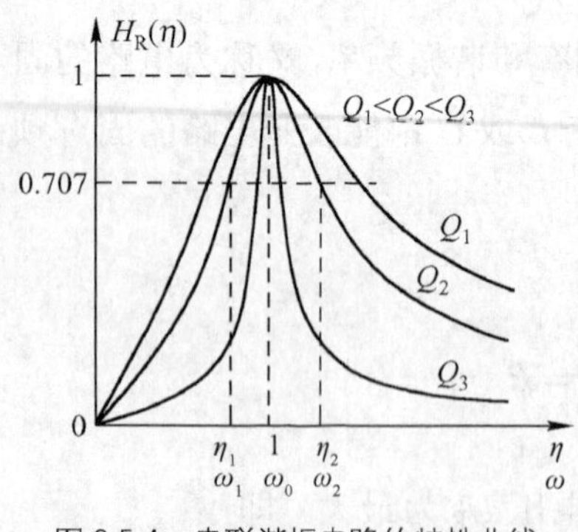

图 3.5.4 串联谐振电路的特性曲线

在同一相对坐标 η 下，作出 $H_{\mathrm{R}}(\eta)$ 特性曲线如图 3.5.4 所示。从图中可以看出 Q 值对谐振曲线形状的影响，Q 值越大，曲线的陡度越大，具有明显的选择性能。在 $\eta=1$（谐振点）时，曲线出现峰值，响应电压达到了最大值 $U_{\mathrm{R}}=U_0$。当 $\eta<1$ 或 $\eta>1$（偏离谐振点）时，U_{R} 逐渐下降至零。只有在谐振点附近的频率范围内，即 $\eta=1+\Delta\eta$ 时，U_{R} 才有较大的输出幅度，电路的这种性能称为选择性。电路选择性的优劣取决于对非谐振频率的输入信号的抑制能力，与品质因数有直接关系。

工程中为了定量地衡量选择性，常用 $H_{\mathrm{R}}=\frac{1}{\sqrt{2}}=0.707$ 时的两个频率 ω_2 和 ω_1 之间的差加以说明。$\omega_2-\omega_1$ 称为通频带，用 BW 表示，即 $BW=\omega_2-\omega_1\ (\omega_1<\omega_0<\omega_2)$，其中 ω_2、ω_1 分别称为上半功率点频率和下半功率点频率。通过分析可得

$$\eta_2-\eta_1=\frac{1}{Q} \qquad \omega_2-\omega_1=\frac{\omega_0}{Q}=\frac{R}{L} \qquad Q=\frac{\omega_0}{\omega_2-\omega_1} \tag{3.5.3}$$

可见 Q 值越大，通频带越窄，选择性就好。

3.5.2 并联谐振

设 RLC 并联电路如图 3.5.5（a）所示，输入为正弦电流 $\dot{I}_S$。

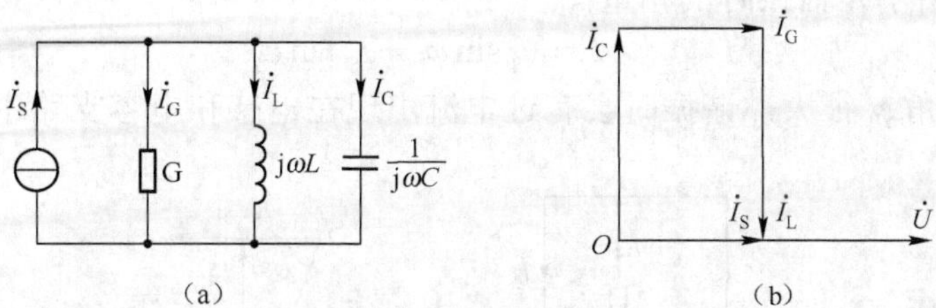

图 3.5.5 RLC 并联电路

并联谐振的定义与串联谐振的定义相同，为端口上的电压 $\dot{U}$ 与端口电流 $\dot{I}$ 同相时的工作状态。由于谐振发生在并联电路，所以称为并联谐振。并联谐振的条件为

$$\mathrm{Im}[Y(\mathrm{j}\omega_0)] = 0$$

电阻 R 的导纳为 G，因为 $Y(\mathrm{j}\omega_0) = G + \mathrm{j}\left(\omega_0 C - \frac{1}{\omega_0 L}\right)$，所以谐振角频率 ω_0 和谐振频率 f_0 分别为

$$\omega_0 = \frac{1}{\sqrt{LC}}, \quad f_0 = \frac{1}{2\pi\sqrt{LC}} \tag{3.5.4}$$

并联谐振时，端口的导纳和阻抗为

$$Y(\mathrm{j}\omega_0) = G + \mathrm{j}\left(\omega_0 C - \frac{1}{\omega_0 L}\right) = G \qquad Z(\mathrm{j}\omega_0) = R$$

所以并联谐振时的输入导纳 $Y(\mathrm{j}\omega)$ 最小，输入阻抗最大。端电压 $U(\omega_0) = |Z(\mathrm{j}\omega_0)| I_S = RI_S$ 达到最大值，这是工程中判断并联电路是否发生谐振的依据。

并联谐振时，$\dot{I}_L + \dot{I}_C = 0$，所以又称为电流谐振。从 L、C 两端看进去的等效导纳等于零，即电抗为无穷大，LC 相当于开路。并联谐振时的电流相量图如图 3.5.5（b）所示。

由

$$\dot{I}_L(\omega_0) = -\mathrm{j}\frac{1}{\omega_0 L}\dot{U} = -\mathrm{j}\frac{1}{\omega_0 LG}\dot{I}_S = -\mathrm{j}Q\dot{I}_S$$

$$\dot{I}_C(\omega_0) = \mathrm{j}\omega C\dot{U} = \mathrm{j}\frac{\omega_0 C}{G}\dot{I}_S = \mathrm{j}Q\dot{I}_S$$

式中，Q 称为并联谐振电路的品质因数。

则

$$Q = \frac{I_C(\omega_0)}{I_S} = \frac{I_L(\omega_0)}{I_S} = \frac{1}{\omega_0 LG} = \frac{\omega_0 C}{G} = \frac{1}{G}\sqrt{\frac{C}{L}} \tag{3.5.5}$$

若 $Q >> 1$，则谐振时在电感和电容中会出现过电流。

工程实际中常用电感线圈与电容元件并联（RL–C）组成谐振电路，如图 3.5.6（a）所示。通过分析可求得谐振角频率 ω_0 为

$$\omega_0 = \frac{1}{\sqrt{LC}}\sqrt{1 - \frac{CR^2}{L}} < \frac{1}{\sqrt{LC}}$$

显然，只有当$1-\dfrac{CR^2}{L}>0$，即$R<\sqrt{\dfrac{L}{C}}$时，ω_0才是实数，电路才会发生谐振。

当$R<<\sqrt{\dfrac{L}{C}}$时，RL−C 发生谐振时的特点才与 RLC 并联谐振电路的特点相近。

图 3.5.6（b）所示是谐振时的相量图，可得

$$I_2 = I_1 \sin\varphi_1 = I_S \tan\varphi_1$$

若线圈的阻抗角φ_1很大，谐振时会有过电流出现在电感和电容支路中。

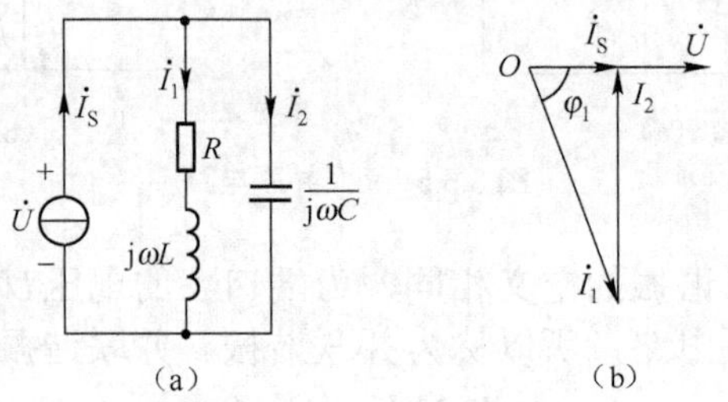

图 3.5.6　一种实际的并联谐振电路

例 3.5.1　试设计一个 RLC 串联谐振电路，谐振频率为10^4 Hz，通频带为 200 Hz，串联电阻及负载电阻分别为10Ω和20Ω。

解　电路中的总电阻为　　$R = 10 + 20 = 30$（Ω）

$$Q = \frac{\omega_0}{\omega_2 - \omega_1} = \frac{f_0}{f_2 - f_1} = \frac{f_0}{BW} = \frac{10^4}{200} = 50$$

所需电感值为

$$L = \frac{QR}{\omega_0} = \frac{50\times 30}{2\pi\times 10^4} = 23.87 \text{（mH）}$$

所需电容值为

$$C = \frac{1}{\omega_0 RQ} = \frac{1}{2\pi\times 10^4\times 30\times 50}\text{（F）} = 10\,610\text{（pF）}$$

3.6 三相电路

3.6.1 三相电路的电压（电流）

目前世界各国电力系统在发电、输电和配电方面大多采用三相制。三相制是由三相电源供电的体系。对称三相电源是由 3 个等幅值、同频率、相位依次相差 120°的正弦电压源组成的，它们的电压为

$$u_A = \sqrt{2}\, U_P \sin\omega t$$
$$u_B = \sqrt{2}\, U_P \sin(\omega t - 120°)$$
$$u_C = \sqrt{2}\, U_P \sin(\omega t + 120°)$$

式中，U_P为每相电源电压的有效值。

三个电源依次称为 A 相、B 相和 C 相。三相电压相位依次滞后 120°的相序（次序）A、B、C 称为正序或顺序。与此相反，若相位依次超前 120°，即 B 超前于 A，C 超前于 B，这种相序称为负序或逆序。若以 A 相电压u_A作为参考，则三相电压的相量形式为

$$\dot{U}_A = U_P\angle 0°,$$
$$\dot{U}_B = U_P\angle -120° = \alpha^2\dot{U}_A$$
$$\dot{U}_C = U_P\angle 120° = \alpha\dot{U}_A$$

式中，$\alpha = 1\angle 120°$，称为相量因子。

对称三相电压的时域波形和相量图如图 3.6.1（a）、（b）所示。对称三相电压满足

$$u_A + u_B + u_C = 0 \text{ 或 } \dot{U}_A + \dot{U}_B + \dot{U}_C = 0$$

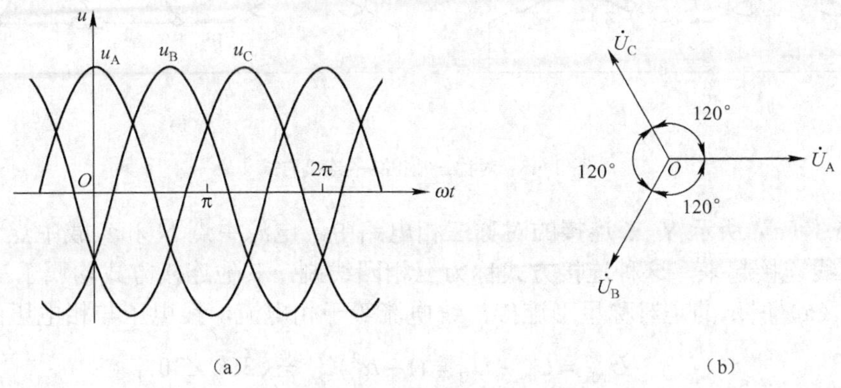

图 3.6.1 对称三相电压的时域波形及相量图

对称三相电源有两种连接方式，星形（Y 形）和三角形（△形）分别如图 3.6.2（a）、（b）所示。

图 3.6.2（a）所示是把三相电源的负极接在一起，形成一个中（性）点 N，从三个正极端子引出三条导线，这种星形连接方式的三相电源简称星形或 Y 形电源。从中点引出的导线称为中线，从端点 A、B、C 引出的三根导线称为端线或火线。图 3.6.2（b）所示是把三相电源依次按正负极连接成一个回路，再从端子 A、B、C 引出导线，称其为三角形或△形电源。

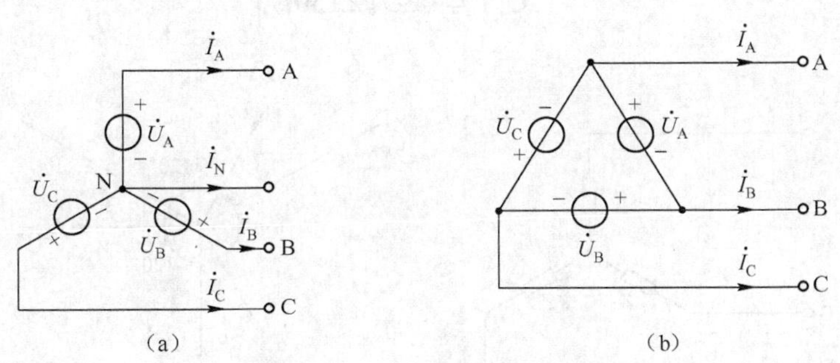

图 3.6.2 三相电源的的种连接方式

三相电路的负载也是由三个阻抗连接成星形（Y）或三角形（△）组成的。当这三个阻抗相等时，称为对称三相负载。将对称三相电源与对称三相负载进行适当的连接就形成了对称三相电路。根据三相电源与负载的不同连接方式可以组成 Y-Y、Y-△、△-Y、△-△连接的三相电路。图 3.6.3（a）、（b）所示为 Y-Y 连接方式和 Y-△连接方式。

三相电路中的相、线电压及相、线电流的定义为：端线之间的电压称为线电压，分别用 $\dot{U}_{AB}$、$\dot{U}_{BC}$、$\dot{U}_{CA}$ 表示；每一相的电压称为相电压，分别为 $\dot{U}_A$、$\dot{U}_B$、$\dot{U}_C$；端线中的电流称

为线电流，分别为$\dot{I}_A$、$\dot{I}_B$、$\dot{I}_C$；各相中的电流称为相电流。显然在星形（Y）连接中，线电流等于相电流，在三角形（△）连接中，相电压等于线电压。

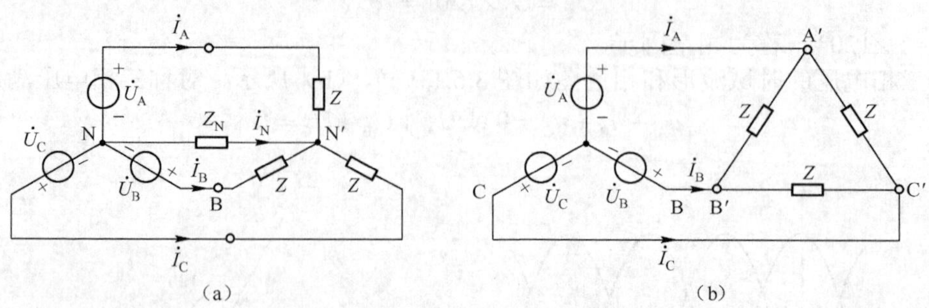

图 3.6.3　对称三相电路的连接方式

在图 3.6.3（a）所示 Y-Y 连接的对称三相电路中，电源中点 N 和负载中点 N′用一条阻抗为 Z_N 的中线连接起来，这种连接方式称为三相四线制，其他连接方式均属于三相三线制。

图 3.6.4（a）所示的是对称星形连接，线电流等于相电流，线电压与相电压的关系为

$$\left.\begin{aligned}\dot{U}_{AB}&=\dot{U}_A-\dot{U}_B=(1-\alpha^2)\dot{U}_A=\sqrt{3}\dot{U}_A\angle 30^\circ\\ \dot{U}_{BC}&=\dot{U}_B-\dot{U}_C=(1-\alpha^2)\dot{U}_B=\sqrt{3}\dot{U}_B\angle 30^\circ\\ \dot{U}_{CA}&=\dot{U}_C-\dot{U}_A=(1-\alpha^2)\dot{U}_C=\sqrt{3}\dot{U}_C\angle 30^\circ\end{aligned}\right\}\tag{3.6.1}$$

若设$\dot{U}_A=U_P\angle 0^\circ$，则 Y 形连接的线电压与相电压的相量关系可以用图 3.6.4（b）所示的相量图表示。由相量图及式（3.6.1）可得

$$\left.\begin{aligned}\dot{U}_{AB}&=\sqrt{3}U_P\angle 30^\circ\\ \dot{U}_{BC}&=\sqrt{3}U_P\angle -90^\circ\\ \dot{U}_{CA}&=\sqrt{3}U_P\angle 150^\circ\end{aligned}\right\}\tag{3.6.2}$$

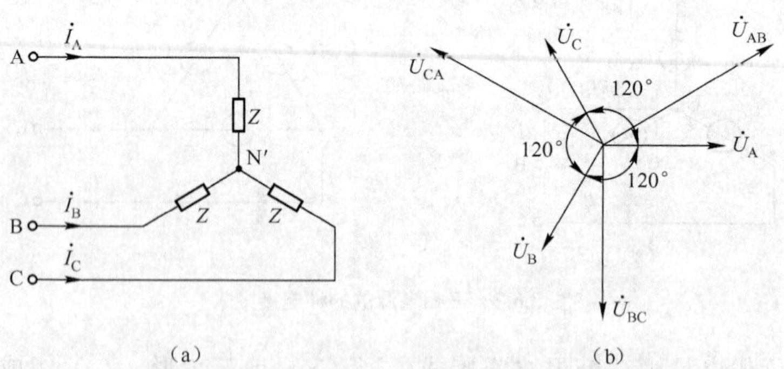

图 3.6.4　对称星形连接负载及相、线电压相量图

由此可见，当相电压对称时，线电压也一定对称，Y 形连接的线电压的有效值是相电压有效值的$\sqrt{3}$倍，相位依次超前$\dot{U}_A$、$\dot{U}_B$、$\dot{U}_C$为 30°，计算时只要算出$\dot{U}_{AB}$就可依次写出$\dot{U}_{BC}$、$\dot{U}_{CA}$。

对于图 3.6.5(a)所示的三角形连接，线电压等于相电压。设每相负载中的电流分别为$\dot{I}_{AB}$、

$\dot{I}_{BC}$、$\dot{I}_{CA}$ 且为对称的，线电流为 $\dot{I}_A$、$\dot{I}_B$、$\dot{I}_C$，则由 KCL 得

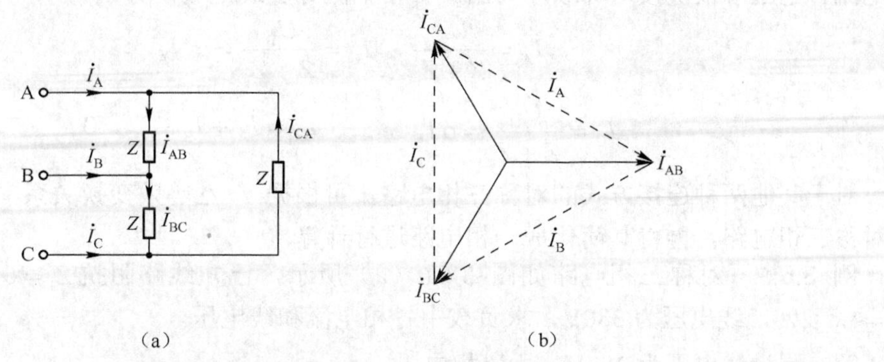

图 3.6.5　对称三角形连接负载及相、线电压相量图

$$\left.\begin{aligned}\dot{I}_A &= \dot{I}_{AB} - \dot{I}_{CA} = (1-\alpha)\dot{I}_{AB} = \sqrt{3}\dot{I}_{AB}\angle -30° \\ \dot{I}_B &= \dot{I}_{BC} - \dot{I}_{AB} = (1-\alpha)\dot{I}_{BC} = \sqrt{3}\dot{I}_{BC}\angle -30° \\ \dot{I}_C &= \dot{I}_{CA} - \dot{I}_{BC} = (1-\alpha)\dot{I}_{CA} = \sqrt{3}\dot{I}_{CA}\angle -30°\end{aligned}\right\} \tag{3.6.3}$$

三角形连接相、线电流的相量图如图 3.6.5（b）所示。由于相电流是对称的，所以线电流也是对称的。只要求出一个线电流，其他两个就可以依次写出。线电流有效值是相电流有效值的 $\sqrt{3}$ 倍，相位依次滞后 $\dot{I}_{AB}$、$\dot{I}_{BC}$、$\dot{I}_{CA}$ 的相位为 30°。

对称三相电路的计算属于正弦稳态电路的计算，在前面章节中所用的相量法也可用于对称三相电路的分析。图 3.6.6（a）所示为一对称 Y-Y 连接的三相电路。

图中 Z_1 为端线阻抗，Z_N 为中线阻抗。应用节点分析法，设 N 为参考节点，可以写出节点电压方程为

$$\left(\frac{3}{Z+Z_1}+\frac{1}{Z_N}\right)\dot{U}_{N'N} = \frac{\dot{U}_A}{Z+Z_1}+\frac{\dot{U}_B}{Z+Z_1}+\frac{\dot{U}_C}{Z+Z_1}$$

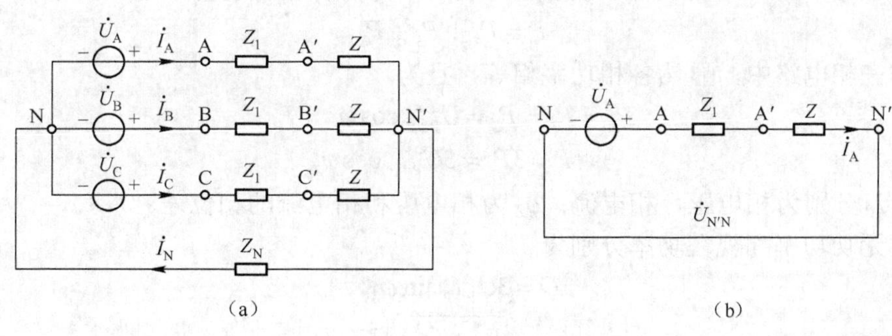

图 3.6.6　对称三相电路及简化电路

由于 $\dot{U}_A + \dot{U}_B + \dot{U}_C = 0$，所以可解得 $\dot{U}_{N'N} = 0$，中线电流 $\dot{I}_N = 0$。

由此可见，对称 Y-Y 连接的三相电路中，无论中线阻抗为何值（包括 $Z_N = 0$ 或 ∞），负载中性点和电源中性点之间的电压恒为 0。各相独立，彼此无关，并且相电流是对称的。根据这一特点，可将对称 Y-Y 连接的三相电路简化成一相进行计算，如图 3.6.6（b）所示。此

时 N 和 N′用短路线连接，与原三相电路中 Z_N 的取值无关。求出任一线电流、电压后，其他两电流、电压可依次按对称顺序写出。各相电流等于线电流，分别为

$$\dot{I}_A = \frac{\dot{U}_A}{Z+Z_1}，\quad \dot{I}_B = \frac{\dot{U}_B}{Z+Z_1} = \alpha^2 \dot{I}_A$$

$$\dot{I}_C = \frac{\dot{U}_C}{Z+Z_1} = \alpha \dot{I}_A \qquad \dot{I}_N = \dot{I}_A + \dot{I}_B + \dot{I}_C = 0$$

对于其他两种连接方式的对称三相电路，可根据 Y-△等效变换关系，转化为 Y-Y 连接的对称三相电路，再将其简化成一相电路进行计算。

例 3.6.1 对称三相电路如图 3.6.6（a）所示，已知线路阻抗 $Z_1 = 6 + \mathrm{j}8\Omega$，负载阻抗 $Z = 4 + \mathrm{j}2\Omega$，线电压为 380V，求负载中各相电流和线电压。

解 因为线电压为 380V，所以相电压

$$U_P = U_L/\sqrt{3} = 380/\sqrt{3} = 220 \text{（V）}$$

设 $\dot{U}_A = 220\angle 0°\ \mathrm{V}$，则由图 3.6.6（b）可得

$$\dot{I}_A = \frac{\dot{U}_A}{Z_1+Z} = \frac{220\angle 0°}{10+\mathrm{j}10} = 15.56\angle -45° \text{（A）}$$

$$\dot{I}_B = \dot{I}_A\angle -120° = 15.56\angle -165° \text{（A）}$$

$$\dot{I}_C = \dot{I}_A\angle 120° = 15.56\angle 75° \text{（A）}$$

$$\dot{U}_{A'N'} = \dot{I}_A \cdot Z = 15.56\angle -45° \times (4+\mathrm{j}2) = 69.59\angle -18.43° \text{（V）}$$

$$\dot{U}_{A'B'} = \sqrt{3}\dot{U}_{A'N'}\angle 30° = 120.53\angle 11.57° \text{（V）}$$

$$\dot{U}_{B'C'} = a^2\dot{U}_{A'B'} = 120.53\angle -108.43° \text{（V）}$$

$$\dot{U}_{C'A'} = a\dot{U}_{A'B'} = 120.53\angle 131.57° \text{（V）}$$

3.6.2 三相电路的功率

在三相电路中，三相负载所吸收的总有功功率等于各相有功功率之和，即

$$P = P_A + P_B + P_C$$

在对称三相电路中，显然各相功率相等，且为

$$P_A = P_B = P_C = U_P I_P \cos\varphi_Z = P_P$$

$$P = 3P_P = 3U_P I_P \cos\varphi_Z \tag{3.6.4}$$

式中，U_P、I_P 分别为相电压、相电流；φ_Z 为相电压和相电流的相位差。

同理，无功功率和视在功率分别为

$$Q = 3U_P I_P \sin\varphi_Z \tag{3.6.5}$$

$$S = \sqrt{P^2 + Q^2} = 3U_P I_P \tag{3.6.6}$$

根据前面所讨论的相电流与线电流、相电压与线电压的关系，式（3.6.4）、式（3.6.5）和式（3.6.6）可以转化成三相功率的另一种表达方式为

$$\begin{cases} P = \sqrt{3}U_L I_L \cos\varphi_Z \\ Q = \sqrt{3}U_L I_L \sin\varphi_Z \\ S = \sqrt{3}U_L I_L \end{cases} \tag{3.6.7}$$

3.7 安全用电技术

电能可以为人类服务，为人类造福，但若不能安全地使用电器，违反电气操作规程或疏忽大意，就可能造成设备损坏，引起火灾，甚至造成人身伤亡等严重事故。因此，懂得一些安全用电常识和防触电的安全技术是必要的。

3.7.1 安全用电常识

1. 安全电流与电压

当通过人体的电流达 5mA 时，人就会有感觉，达十几毫安时人就会失去感觉乃至死亡。触电的后果还与触电持续的时间有关，触电时间越长越危险。通过人体的电流一般不能超过 7mA。人体电阻在一般情况下为 1000Ω 左右，若不慎接触 220V 的市电，人体中将会通过 220mA 的电流，这是非常危险的。

频率为 20～300Hz 的交流电，包括 50Hz 工频交流电，对人体的危害最为严重。10Hz 以下和 1000Hz 以上的交流电对人体的伤害明显减轻。

为了减少触电危险，规定凡工作人员经常接触的电气设备，一般使用 36V 以下的安全电压。在特别潮湿的场所，应采用 12V 以下的电压。

2. 几种触电方式

（1）人体同时接触两根相线，承受线电压，此种触电方式最危险。

（2）电源中线接地时，人体接触单相相线，此时，人体承受的是相电压，仍然非常危险。

（3）电源中线不接地时，人体接触单相相线，因相线与大地间存在分布电容，使电流形成回路，也是很危险的。

3.7.2 防触电的安全技术

1. 接零保护

把电气设备的外壳和电源的零线连接起来，称为接零保护。此法适用于低压供电系统中变压器中性点接地的情况。如三相交流电动机接零保护后，当电动机某相绕组碰壳时，电流便会从接零保护线流向零线，使熔断器熔断，切断电源，从而避免了人身触电的危险。

2. 接地保护

把电气设备的金属外壳与接地线连接起来，称为接地保护。此法适用于三相电源的中性点不接地的情况。如三相交流电动机接地保护后，由于每相相线与地之间存在分布电容，当电动机某相绕组碰壳时，将出现通过电容的电流。人体电阻比接地电阻（约为 4Ω）大得多，所以几乎没有电流流过人体，人身就没有危险。若机壳不接地，则碰壳的一相和人体及分布电容形成回路，人体中将有较大的电流流过，人就有触电危险。

3. 三孔插座和三极插头

单相电气设备使用三孔插座和二极插头，能够保证人身安全。因为外壳和保护零线相连，人体就不会有触电危险。

4. 漏电保护器

在没有独立保护中线的场所，应安装漏电保护器。

3.7.3 静电防护和电气防火、防爆常识

1. 静电防护

首先，应设法不产生静电。为此，可在材料选择、工艺设计等方面采取措施。其次，在产生了静电后，应设法使静电的积累不超过安全限度，方法有泄漏法、中和法等。泄漏法包括接地、增加绝缘表面的湿度、涂导电涂剂等，使积累的静电荷尽快泄漏掉；中和法包括使用感电中和器、高压中和器等，使积累的静电荷被中和掉。

2. 电气防火、防爆

引起电气火灾和爆炸的原因是电气设备过热和电火花、电弧等。为此，不要使电气设备长期超载运行；要保持必要的防火间距及良好的通风；要有过热、过电流保护装置；在易爆的场地如矿井、化学车间等，要采用防爆电器。

出现电气火灾怎么办？

（1）首先切断电源，注意拉闸时最好用绝缘工具。

（2）来不及切断电源时或在不允许断电的场合，可采用不导电的灭火剂带电灭火，如 1211 灭火剂、二氧化碳灭火剂等。若用普通水枪灭火，最好穿上绝缘套靴。

最后，还应强调指出，在安装和使用电气设备时，应事先仔细阅读有关说明书，按照操作规程操作。

按触电事故发生频率看，一年当中 6～9 月是事故高峰月。当有人发生触电事故时，脱离低压电源的主要方法有：切断电源，割断电源线，挑拉电源线，拉开触电者，采取相应救护措施等。

任何电气设备在未验明无电时，一律认为有电，不能盲目触及。

进行电气维修时，严格遵循挂牌、上锁程序。当有人检修时，严禁闭合电气开关。

本章小结

（1）正弦交流电量是以确定的角频率 ω，随着时间 t 按正弦规律变化的周期性函数。其基本特征可以用以下三个参数来表示：表示正弦量变化快慢的频率（周期）；表示正弦量变化大小的幅值（或有效值）；表示正弦量变化进程的初相位角。

（2）为了解决正弦量运算的繁琐过程，可以用正弦量的相量表示法来简化幅值和相位的运算。由于同频率的正弦量参与运算后其频率仍不变，所以可暂不考虑频率而用相应的相量进行运算。相量就是表示正弦量的复数，相量的运算就是复数的运算。相量图是表示同频率正弦量的一个集合。

（3）电阻、电感和电容元件是组成电路模型的理想化无源元件。电阻元件在各种电路中均具有阻碍电流和消耗电能的作用，称为耗能元件。电感元件在交流电路中则具有阻碍电流变化的作用，而在直流电路中可视作短路。理想电感元件不消耗电能，而具有储存能量（磁场能）的功能。电容元件在交流电路中具有阻碍电压变化的作用，而在直流电路中可视为开路。电容元件同样不消耗电能，具有储存能量（电）的功能。因而电感和电容都被称为储能元件。在正弦交流电路中，电阻、电感、电容元件各自表现出不同的特性。电阻元件具有耗能特性，电阻中的电流和电压之间没有相位差。电阻电路中电压与电流的幅值、有效值及瞬时值均满足欧姆定律关系，电阻性电路的平均功率大于零。电感、电容元

件具有储能特性，在交流电路中具有电抗的作用，电感对电流的作用称为感抗 X_L，电容对电流的作用称为容抗 X_C。感抗和容抗都与频率有关；电感电流是电压的积分，电容电流是电压的微分；电感电压的相位超前其电流 90°，电容电压的相位滞后其电流 90°。理想的电感和电容元件的平均功率为 0，但它们与电源有能量交换，所以用无功功率 Q 表示它们交换程度的大小。

（4）在电阻、电感、电容同时存在的混合元件电路中，由于电抗元件的作用，引入了阻抗的概念。在正弦交流电路中阻抗是一个复数，电阻为其实部，感抗与容抗为虚部；电压与电流的关系是由电路阻抗参数决定的。当电路的感抗大于容抗时，电压的相位超前电流的相位，称为感性电路；当感抗小于容抗时，电压的相位滞后电流的相位，称为容性电路。在 RLC 串联电路中，总的电压与各个阻抗上的电压关系，可用电压三角形表示。斜边长度表示总电压大小，两个直角边长度分别表示电阻和电抗电压的大小。复数阻抗的特性可以用阻抗三角形表示，其中斜边表示阻抗模的大小，两个直角边分别为电阻和电抗的大小。交流电路的功率分为有功功率 P、无功功率 Q 和视在功率 S 三种。有功功率即电路的平均功率，是电阻消耗的功率；无功功率是电抗的交换功率；视在功率表示电源的额定功率容量。三者也可用功率三角形表示，斜边表示视在功率，两个直角边分别表示有功功率和无功功率。电压、阻抗和功率这三个三角形为相似三角形。

（5）电路获得的有功功率占视在功率的比值称为电路的功率因数，也等于阻抗角的余弦值。由于感性元件的存在，有功功率一般小于电源提供的功率，即功率因数比较小。为了充分发挥设备的能力，可并联电容元件，以改变感性负载与电源之间无功功率的交换量，也就是提高了系统的功率因数。

（6）正弦交流电路中，电压、电流与阻抗有关，而阻抗与频率有关，所以电路中电压、电流也就是频率的函数，这就是交流电路的频率特性。最简单的频率特性表现在不同频率的滤波电路和串、并联谐振电路中。串联谐振又称为电压谐振，并联谐振又称为电流借振。

（7）相位相差为 120° 的三个电压称为三相对称电压。具有三相对称电压的电源称为三相对称电源。通常使用的三相电源均为三相对称电源。

（8）理解火线、零线、相电压、线电压、相电流、线电流、三相负载对称等基本概念。掌握三相负载的两种接线方式：三相四线制和三相三线制。在负载 Y 形连接时，当三相负载处于不对称的情况下，为了保证负载能正常工作，通常采用三相四线制：三根相线，一根中线。为了保证每相负载正常工作，中性线不能断开，所以中性线是不允许接入开关或保险丝的。只有在三相负载完全对称时，采用三相三线制。在负载△形连接时，采用三相三线制。

（9）熟悉对称三相电力系统的基本特点，重点掌握对称三相负载不同连接的参数分析和计算方法，以及各个参数之间的相互关系。

（10）理解安全用电的概念，熟悉安全电压和电流，以及预防触电的基本措施，掌握电气设备用电安全的常用保护方法。

本章的重点是理解单一元件参数的交流电路的基本概念；分析电路中阻抗的特性，掌握交流复阻抗及其阻抗串、并联电路中电压与电流的计算方法；熟悉提高功率因数的方法；理解交流电路串、并联谐振现象和特征；掌握三相电源的原理和使用方法。

习　题

3.1　已知正弦电流 $i = 20\sin(314t + 60°)$ A，电压 $u = 10\sqrt{2}\sin(314t - 30°)$ V。试分别画出它们的波形图，求出它们的有效值、频率及相位差。

3.2　在题 3.2 图所示相量图中，已知 $I_1 = 10\text{A}$，$I_2 = 5\text{A}$，$U = 110\text{V}$，$f = 50\text{Hz}$。试分别写出它们的相量表达式和瞬时值表达式。

3.3　将下列复数写成极坐标式。

（1）3+j4；（2）−4+j3；（3）−10−j10；（4）6−j8；（5）10j。

3.4　将下列复数写成代数形式。

（1）$10\angle 60°$；（2）$10\angle 90°$；（3）$10\angle 0°$；（4）$220\angle -120°$。

3.5　实际电感线圈可以用 RL 串联电路等效，现有一线圈接在 56V 直流电源上时，电流为 7A；将它改接于 50Hz、220V 的交流电源上时，电流为 22A。试求线圈的电阻和电感。

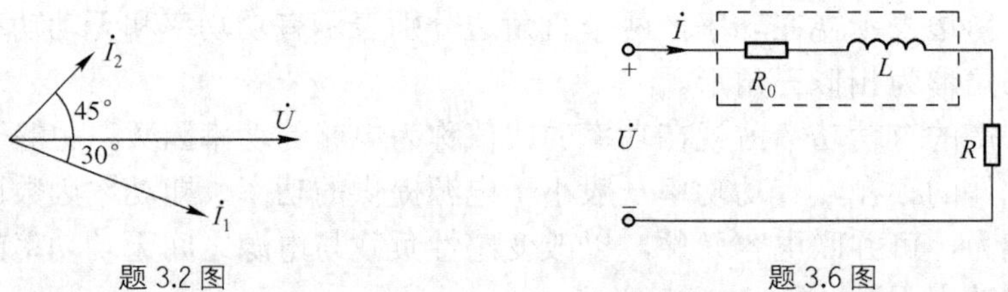

题 3.2 图　　　　题 3.6 图

3.6　题 3.6 图所示为日光灯电路示意图，已知灯管电阻 R=530Ω，镇流器电感 L=1.9H，镇流器电阻 $R_0 = 120\Omega$，电源电压为 220V。求电路的电流、镇流器两端的电压和灯管两端的电压。

3.7　在题 3.7 图所示电路中，$u = 220\sqrt{2}\sin(\omega t + 60°)\text{V}$，$Z_1 = (1 + \text{j}2)\Omega$，$Z_2 = (2 + \text{j}3)\Omega$，$Z_3 = (3 + \text{j}4)\Omega$。求：（1）$i$、$u_1$、$u_2$ 和 u_3 的瞬时值表达式；（2）画出相量图。

3.8　在题 3.8 图所示电路中，已知 $\dot{I} = 10\angle -30°\text{A}$，$Z_1 = (3.16 + \text{j}6)\Omega$，$Z_2 = (2.5 - \text{j}4)\Omega$。求：（1）$u$、$i_1$ 及 i_2；（2）画出相量图。

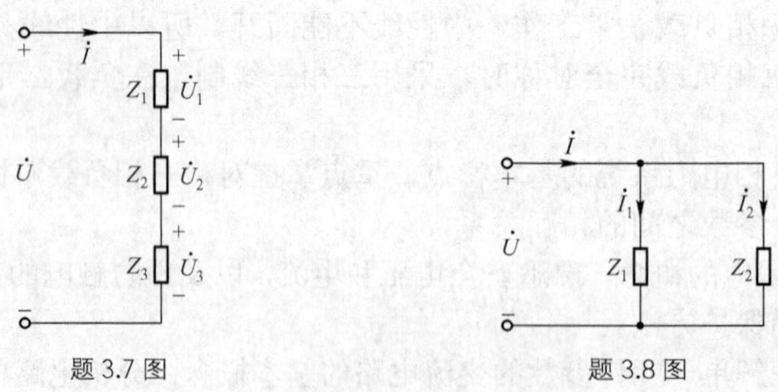

题 3.7 图　　　　题 3.8 图

3.9　在题 3.9 图所示电路中，已知 $I_1 = I_2 = 10\text{A}$，$U = 100\text{V}$，$\dot{U}$ 与 $\dot{I}$ 同相，求：I、X_C、X_L 及 R_2。

3.10 在题 3.10 图所示电路中，已知 $u = 2\sqrt{2}\sin\omega t$（V），$R = \omega L = \dfrac{1}{\omega C}$，求电压表的读数。

题 3.9 图　　题 3.10 图

3.11 一个线圈接到 $f = 50\text{Hz}$，$U = 100\text{V}$ 的电源上时，流过的电流为 6A，消耗的功率为 200W。另一个线圈接到同一个电源上时，流过的电流为 8A，消耗的功率为 600W。现将两个线圈串联接到 $f = 50\text{Hz}$，$U = 200\text{V}$ 的电源上，试求：（1）电流 I；（2）消耗的功率 P；（3）电路的功率因数。

3.12 若将上题中的两个线圈并联接在 $f = 50\text{Hz}$，$U = 100\text{V}$ 的电源上，试求：（1）总电流 I；（2）消耗的功率 P；（3）电路的功率因数。

3.13 在题 3.13 图所示电路中，已知 $\omega = 10\,\text{rad/s}$，$U = 12\text{V}$，$I = 5\text{A}$，电路功率为 P=48W，求 R 和 C。

3.14 在题 3.14 图所示电路中，已知 $u_{S_1} = 5\sin t$ V，$u_{S_2} = 3\sin(t + 30°)$V，求电流 i 和电路消耗的功率 P。

3.15 在题 3.15 图示电路中，已知 $u = 220\sqrt{2}\sin(314t)$V，$i_1 = 22\sin(314t - 45°)$ A，$i_2 = 11\sqrt{2}\sin(314t + 90°)$A。试求各仪表的读数及电路参数 R、L 和 C。

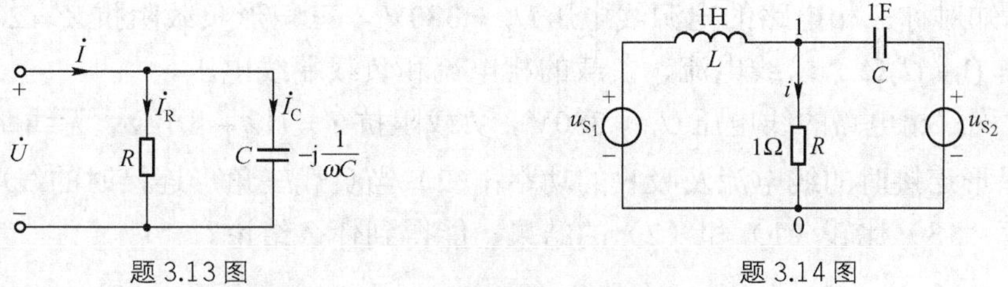

题 3.13 图　　题 3.14 图

3.16 三个负载 Z_A、Z_B、Z_C 并联接在 $U = 100\text{V}$ 的交流电源上。已知负载 Z_A 的电流为 10A，功率因数为 0.8（滞后）；负载 Z_B 的电流为 2A，功率因数为 0.6（超前）；负载 Z_C 的电流为 4A，功率因数为 1。试求整个电路的有功功率、无功功率、视在功率及电路的总电流。

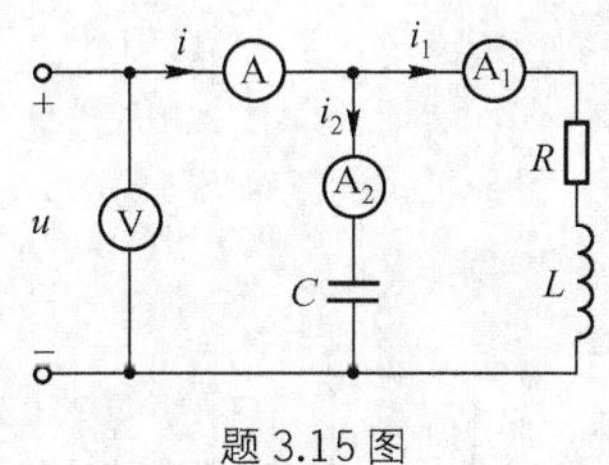

题 3.15 图

3.17 一个负载由电压源供电，已知视在功率为 6V·A 时，负载的功率因数为 0.8（滞后）。现在并联上一个电阻负载，其吸收功率为 4W。求并联电阻后，电路的总视在功率和功率因数。

3.18 在 RLC 串联电路中，谐振时测得 $U_R = 20\text{V}$，$U_C = 200\text{V}$。求电源电压 U_S 及电路

的品质因数 Q。

3.19 在 RLC 串联电路中，已知端电压 $u = 5\sqrt{2}\sin(2500t)$ V，当电容 $C = 10\mu\text{F}$ 时，电路吸收的功率 P 达到最大值 $P_{max} = 150$ W。求电感 L 和电阻 R 的值，以及电路的品质因数 Q。

3.20 在 RLC 串联电路中，已知电源电压 $U_S = 2\text{mV}$，$f = 1.59\text{MHz}$，调整电容 C 使电路达到谐振，此时测得电路电流 $I_0 = 0.2\text{mA}$，电感电压 $U_{L0} = 100\text{mV}$，求电路参数 R、L、C 及电路的品质因数 Q。

3.21 在题 3.21 图所示 RLC 并联电路中，$i_S = 5\sqrt{2}\ \sin(2500t + 60^\circ)\text{A}$，$R = 5\Omega$，$L = 30\text{mH}$。问电容 C 取何值时，电流表的读数为零？求此时的 $\dot{U}$、$\dot{I}_R$、$\dot{I}_L$ 及 $\dot{I}_C$。

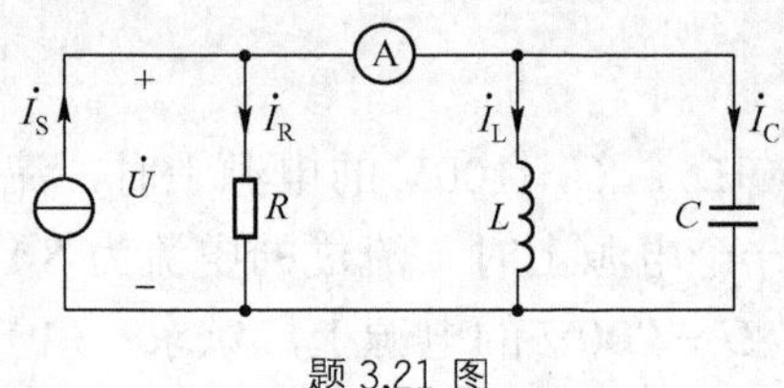

题 3.21 图

3.22 什么是对称三相电压？下列三个电压 $\dot{U}_1 = (50\sqrt{3} + \text{j}50)\text{V}$、$\dot{U}_2 = -\text{j}100\dot{\text{V}}$、$\dot{U}_3 = (-50\sqrt{3} + \text{j}50)\text{V}$ 是否为对称三相电压？

3.23 已知对称三相电路的星形负载每相阻抗 $Z=(160+\text{j}80)\,\Omega$，线电压 $U_L = 380\text{V}$，端线阻抗可以忽略不计，无中线。求负载电流，并作电路的相量图。

3.24 已知对称三相电路的三角形负载每相阻抗 $Z=(50+\text{j}36)\,\Omega$，线电压 $U_L = 380\text{V}$，端线阻抗可以忽略不计。求线电流和相电流，并作电路的相量图。

3.25 已知对称三相电路的星形负载阻抗 $Z = 68\angle 53.13^\circ\,\Omega$，端线阻抗 $Z_L = (2 + \text{j})\Omega$，中线阻抗 $Z_N = (1 + \text{j})\Omega$，电源线电压 $U_L = 380\text{V}$，求负载电流和线电压。

3.26 已知对称三相电路的电源线电压 $U_L = 380\text{V}$，三角形负载阻抗 $Z = 20\angle 36.87^\circ\,\Omega$，端线阻抗 $Z_L = (1 + \text{j}2)\Omega$。求线电流、负载的相电流和负载端线电压。

3.27 对称三相电路的线电压 $U_L = 380\text{V}$，负载阻抗 $Z = (12 + \text{j}16)\Omega$，无线路阻抗，试求：（1）当负载星形连接时的线电流及吸收的功率；（2）当负载三角形连接时的线电流、相电流和吸收的功率；（3）比较（1）和（2）的结果，能得到什么结论？

第4章 一阶线性电路的暂态分析

本章首先介绍暂态的基本概念及换路定则；接着讨论电路暂态过程中电压与电流变化的规律和影响暂态过程快慢的时间常数；然后分析电阻和电容及电感串联电路的零输入响应、零状态响应、全响应情况；最后归纳一阶线性电路的暂态分析的三要素法。

4.1 换路定律及初始值的确定

4.1.1 换路定律

电路中的暂态过程是由电路电源的接通、断开或电路中的参数的突然改变等原因引起的。电路状态的改变统称为换路。并不是所有的电路在换路时都产生暂态过程，电路状态的改变是产生暂态过程的外在原因，而电路中含有储能元件（电容或电感）是产生暂态过程的内因。

假设 t=0 时进行换路，$t=0_-$ 表示换路前的终了瞬间，$t=0_+$ 表示换路后的初始瞬间。

换路定律：在 $t=0_-$ 到 $t=0_+$ 的换路瞬间，电容元件的电压和电感元件的电流不能突变。用公式表示为

$$u_C(0_+)=u_C(0_-) \tag{4.1.1}$$

$$i_L(0_+)=i_L(0_-) \tag{4.1.2}$$

由于换路瞬间电容元件和电感元件所储存的能量 $\frac{1}{2}Cu_C^2$ 和 $\frac{1}{2}Li_L^2$ 不能突变，因此电容电压 u_C 和电感电流 i_L 只能连续变化，而不能突变。由此可见，含有储能元件的电路在换路时产生暂态过程的根本原因是能量不能突变。由于电阻不是储能元件，因而纯电阻电路不存在暂态过程。

4.1.2 动态电路初始值的确定

电路从原来的稳定状态过渡到新的稳定状态，要分析暂态过程的变化规律，首先要确定电路中待求量的初始值。电路初始值的确定可按照以下步骤进行。

（1）由 t=0_时的电路求 $u_C(0_-)$或 $i_L(0_-)$。在直流电源激励下电路稳态时，电容元件视为开路，电感元件视为短路。

（2）由换路定律，有 $u_C(0_+)=u_C(0_-)$；$i_L(0_+)=i_L(0_-)$。

（3）由 t=0₊的电路及 $u_C(0_+)$或 $i_L(0_+)$求其他待求电压、电流的初始值。此时求解电路，电容 C 可用源电压 $U_S=u_C(0_+)$的电压源代替，电感 L 可用源电流 $I_S=i_L(0_+)$的电流源代替。

在换路瞬间，电容元件的电压和电感元件的电流不能突变，但电路中其他电压和电流（如 i_C、u_L、u_R、i_R 等）的初始值是可以发生突变的。

例 4.1.1 在图 4.1.1（a）所示电路中，在 t=0 时刻开关 S 闭合，求换路后各电流和电压的初始值。

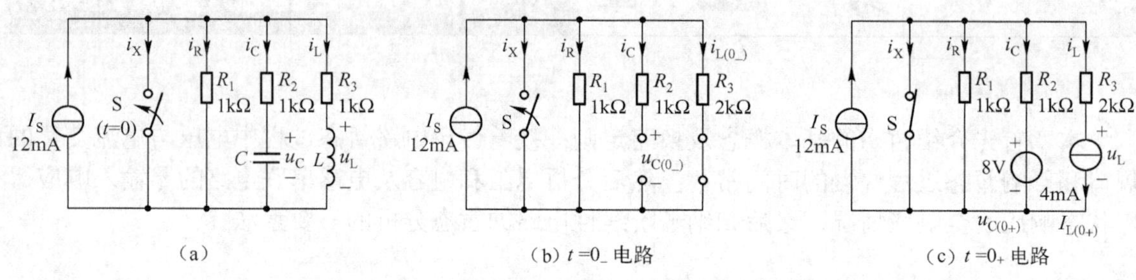

图 4.1.1 例 4.1.1 题图

解：（1）求 $u_C(0_-)$和 $i_L(0_-)$。

$t=0_-$ 时电路为直流稳态电路，电容元件视为开路，电感元件视为短路。作 $t=0_-$ 时的电路，如图 4.1.1（b）所示。

$$i_L(0_-)=\frac{1}{3}I_S=4\text{（mA）}$$

$$u_C(0_-)=i_L(0_-)R_3=4\times2=8\text{（V）}$$

（2）求 t=0₊时的初始值。

由换路定律得

$$i_L(0_+)=i_L(0_-)=4\text{（mA）}$$

$$u_C(0_+)=u_C(0_-)=8\text{（V）}$$

作 t=0₊时的电路，电容 C 用电压源代替，电感 L 用电流源代替，如图 4.1.1（c）所示。则有

$$i_R(0_+)=0$$

$$i_C(0_+)=-\frac{u_C(0_+)}{R_2}=-\frac{8}{1}=-8\text{（mA）}$$

由 KCL 有

$$i_S(0_+)=I_S-i_R(0_+)-i_C(0_+)-i_L(0_+)=12-0-(-8)-4=16\text{（mA）}$$

$$u_L(0_+)=-i_L(0_+)R_3=-4\times2=-8\text{（V）}$$

例 4.1.1 说明，$t=0_-$ 时的电路只计算 $u_C(0_-)$和 $i_L(0_-)$，而其他的电压和电流在 $t=0_+$ 的电路中计算。

例 4.1.2 某一线圈外加电压 U=20V，已知线圈的电阻 R=1kΩ，电感 L=1H，电压表的内阻 R_V=500kΩ。设开关 S 在 t=0 时打开，求 S 打开瞬间，电压表两端的电压。

解：（1）t=0₋时，由换路前电路图 4.1.2（a）得

$$i_L(0_-)=\frac{U}{R}=\frac{20}{1000}=20\text{（mA）}$$

（2）$t=0_+$时，开关 S 打开，由换路定律

$$i_L(0_+)=i_L(0_-)=20\text{（mA）（大小、方向都不变）}$$

由图 4.1.2（b）知，$i_L(0_+)$经电压表形成放电回路，则有

$$u_V(0_+)=-i_L(0_+)R_V=-20\times10^{-3}\times500\times10^3=-10000\text{（V）}$$

此例说明，当线圈断电时，线圈两端可能产生高电压，因此在实际使用中要考虑加保护措施（如续流二极管）。

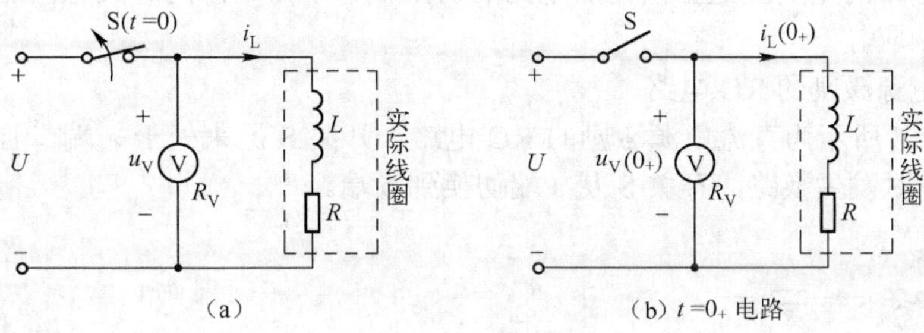

图 4.1.2　例 4.1.2 题图

例 4.1.3　在图 4.1.3 所示电路中，已知$t<0$时，原电路已稳定，$t=0$时，打开开关 S。求 i、i_1 的初始值。

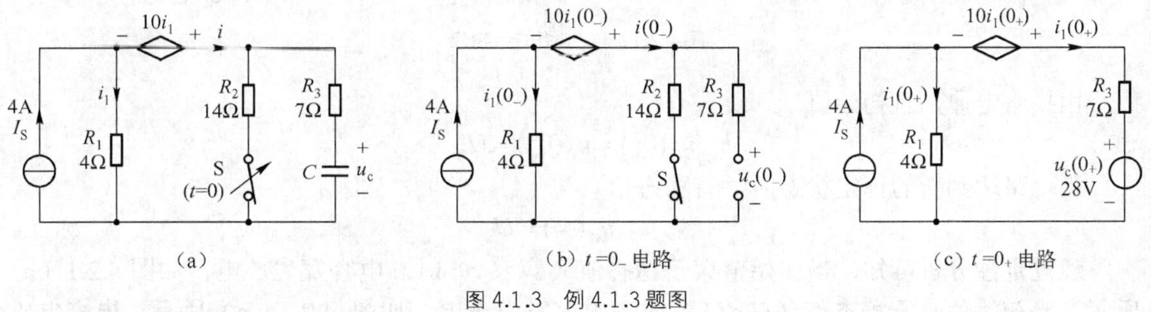

图 4.1.3　例 4.1.3 题图

解：（1）求$u_C(0_-)$。

$t=0_-$ 时的电路如图 4.1.3（b）所示，由 KVL、KCL 得

$$u_C(0_-)=R_2 i(0_-)=10i_1(0_-)+R_1 i_1(0_-)$$

$$i_1(0_-)+i(0_-)=I_S$$

代入数据有

$$u_C(0_-)=14i(0_-)=10i_1(0_-)+4i_1(0_-)$$

$$i_1(0_-)+i(0_-)=4$$

解得

$$u_C(0_-)=28\text{（V）}$$

（2）求 $i(0_+)$、$i_1(0_+)$。

作$t=0_+$ 时的等效电路如图 4.1.3（c）所示，由$t=0_+$ 时

$$\begin{cases}i_1(0_+)+i(0_+)=4\\14i_1(0_+)=7\,i(0_+)+28\end{cases}$$

解得

$$i_1(0_+)=\frac{8}{3}\text{（A）},\quad i(0_+)=\frac{4}{3}\text{（A）}$$

4.2　一阶线性动态电路的分析

4.2.1　动态电路的响应

1. 一阶动态电路的全响应

一阶动态电路的全响应是指换路后电路的初始状态不为零，同时又有外加激励源作用时电路中产生的响应。

（1）直流电源激励的 RC 电路

图 4.2.1（a）所示为直流电源激励的 RC 电路，开关 S 原来处于 a 端，且电路已处于稳定状态。在 t=0 时发生换路，开关 S 从 a 端切换到 b 端。

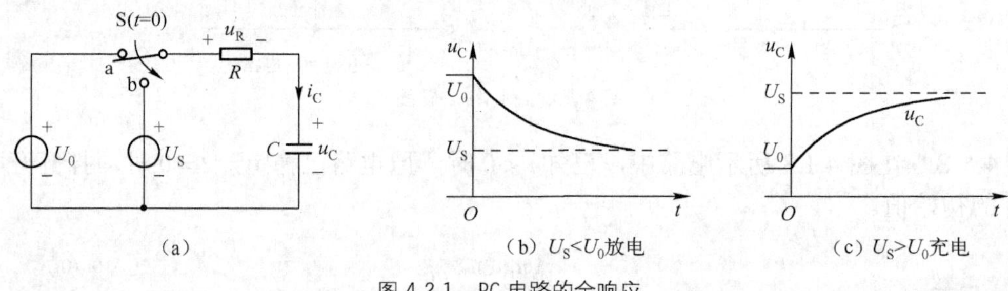

图 4.2.1　RC 电路的全响应

由换路定律，有初始值

$$u_C(0_+) = u_C(0_-) = U_0$$

当电路达到新的稳定状态时，有稳态值

$$u_C(\infty) = U_S$$

通过定性分析可知，当初始值大于稳态值（U_0>U_S）时，电容发生放电，如图 4.2.1（b）所示；当初始值小于稳态值（U_0<U_S）时，电容发生充电，如图 4.2.1（c）所示。电容电压 u_C（t）按一定的规律由初始值变化到稳态值。

由图 4.2.1（a）所示电路，t>0 时列写 KVL 方程，有

$$u_R + u_C = U_S$$

而电阻元件和电容元件的伏安关系为

$$u_R = Ri_C\ ,\quad i_C = C\frac{du_C}{dt}$$

则有

$$RC\frac{du_C}{dt} + u_C = U_S \tag{4.2.1}$$

式（4.2.1）为一阶常系数线性非齐次微分方程。此方程的解由两部分组成：对应于非齐次微分方程的特解 u'_C 和对应于齐次微分方程的通解 u''_C，即

$$u_C(t) = u'_C + u''_C \tag{4.2.2}$$

① 特解。特解和外加激励信号具有相同的形式。取换路后的新稳态值为特解（稳态分量、强制分量）。由图 4.2.1（a）所示电路可知

$$u'_C = u_C(\infty) = U_S \tag{4.2.3}$$

② 通解。为暂态分量。对应式（4.2.1）的齐次微分方程为

$$RC\frac{du_C}{dt} + u_C = 0 \tag{4.2.4}$$

根据线性微分方程解的理论，式（4.2.2）的通解为

$$u''_C = Ae^{-\frac{t}{\tau}} \tag{4.2.5}$$

其中
$$\tau = RC \tag{4.2.6}$$

将式（4.2.3）、式（4.2.5）代入式（4.2.2），同时由$u_C(0_+) = u_C(0_-) = U_0$，则有全响应的表达式为

$$\begin{aligned} u_C(t) &= u_C(\infty) + [u_C(0_+) - u_C(\infty)]e^{-\frac{t}{\tau}} \\ &= U_S + (U_0 - U_S)e^{-\frac{t}{\tau}} \end{aligned} \tag{4.2.7}$$

由式（4.2.7）可得出，全响应=稳态响应+暂态响应。

（2）直流电源激励的 RL 电路

图 4.2.2 所示的是直流电源激励的 RL 电路，开关 S 原来处于 a 端，且电路已处于稳定状态。在 t=0 时发生换路，开关 S 从 a 端切换到 b 端。

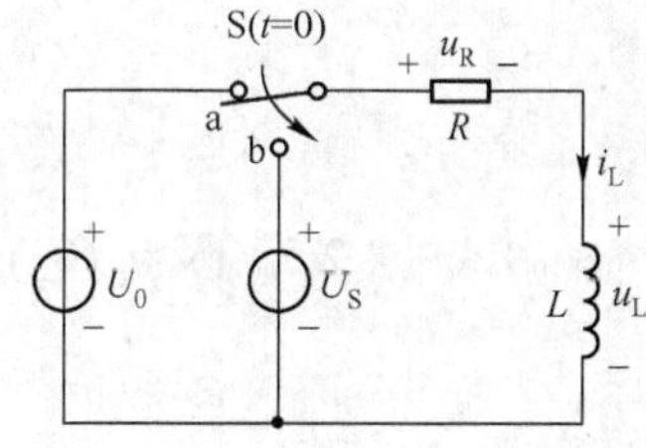

图 4.2.2　RL 电路的全响应

由初始值$i_L(0_+) = i_L(0_-) = \frac{U_0}{R}$，稳态值$i_L(\infty) = \frac{U_S}{R}$及电感元件的伏安关系 $u_L = L\frac{di_L}{dt}$，可得全响应的表达式为

$$\begin{aligned} i_L(t) &= i_L(\infty) + [i_L(0_+) - i_L(\infty)]e^{-\frac{t}{\tau}} \\ &= \frac{U_S}{R} + \left(\frac{U_0}{R} - \frac{U_S}{R}\right)e^{-\frac{t}{\tau}} \end{aligned} \tag{4.2.8}$$

其中
$$\tau = \frac{L}{R} \tag{4.2.9}$$

（3）时间常数τ

时间常数：$\tau = RC$（秒）或$\tau = \frac{L}{R}$（秒）。

由式（4.2.7）、式（4.2.8）可知，时间常数τ影响动态电路的变化过程，反映了电路暂态过程时间的长短。τ越大，则动态电路达到新的稳态所需的时间就越长，即过渡过程时间越长；τ越小，则过渡过程时间短，如图 4.2.3 所示。

2. 一阶动态电路的零输入响应

动态电路在无外加激励电源时，仅由动态元件初始储能所产生的响应，称作零输入响应。

图 4.2.4（a）所示是直流电源激励的 RC 电路，开关 S 原来处于 a 端，且电路已处于稳定状态。在 t=0 时发生换路，开关 S 从 a 端切换到 b 端，电容由初始储能通过电阻 R 进行放电，最终电容储能全部放完，可得到图 4.2.4（b）所示的 $u_C(t)$放电曲线。

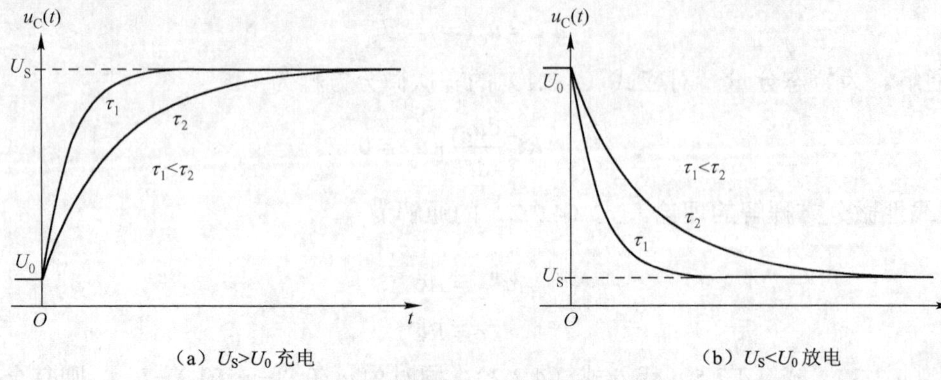

图 4.2.3 时间常数对 RC 电路全响应的影响

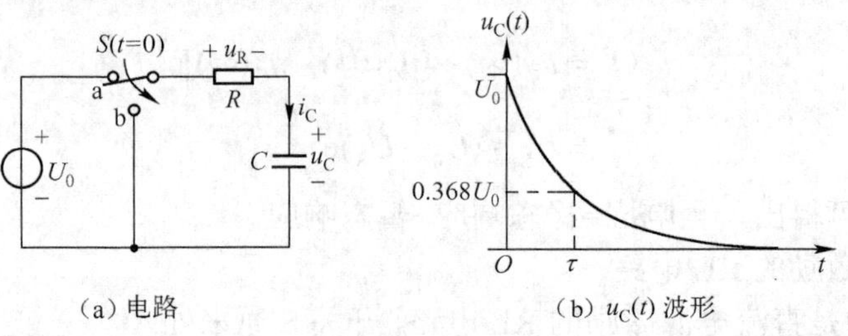

图 4.2.4 RC 电路的零输入响应

由式（4.2.7）及 $u_C(0_+)=u_C(0_-)=U_0$ 和 $u_C(\infty)=0$，可得零输入响应的表达式为

$$u_C(t)=u_C(0_+)\ e^{-\frac{t}{\tau}}=U_0e^{-\frac{t}{\tau}} \tag{4.2.10}$$

表 4.2.1 给出了在 $t=\tau$，$t=2\tau$，$t=3\tau$，…时刻的电容电压值。表中的数据表明，经过一个时间常数τ，电容电压衰减到原来电压的 36.8%。

表 4.2.1　　不同时刻的电容电压值

t	0	τ	2τ	3τ	4τ	5τ	…	∞
$u_C(t)$	U_0	$0.368\ U_0$	$0.135\ U_0$	$0.05\ U_0$	$0.018\ U_0$	$0.0067\ U_0$	…	0

从表 4.2.1 可以看出，在理论上要经过无限长的时间（$t=\infty$），$u_C(t)$才能衰减到 0。但工程上一般认为换路后，经过 3～5τ的时间，过渡过程即结束。

3. 一阶动态电路的零状态响应

动态元件的初始储能为零，动态电路在零初始状态下由外加激励电源所引起的响应，称作零状态响应。

图 4.2.5（a）所示是直流电源激励的 RC 电路，开关 S 原来处于 a 端，且电路已处于稳定状态。在 $t=0$ 时发生换路，开关 S 从 a 端切换到 b 端，电源通过电阻 R 对电容进行充电，最终达到稳定值，可得到图 4.2.5（b）所示的 $u_C(t)$充电曲线。

由式（4.2.7）及 $u_C(0_+)=u_C(0_-)=0$ 和 $u_C(\infty)=U_S$，可得零状态响应的表达式为

$$u_C(t)=u_C(\infty)(1-e^{-\frac{t}{\tau}})=U_S(1-e^{-\frac{t}{\tau}}) \tag{4.2.11}$$

如图 4.2.5（b）所示，经过一个时间常数τ，电容电压 $u_C(t)$从 0 增加到稳态电压的 63.2%。

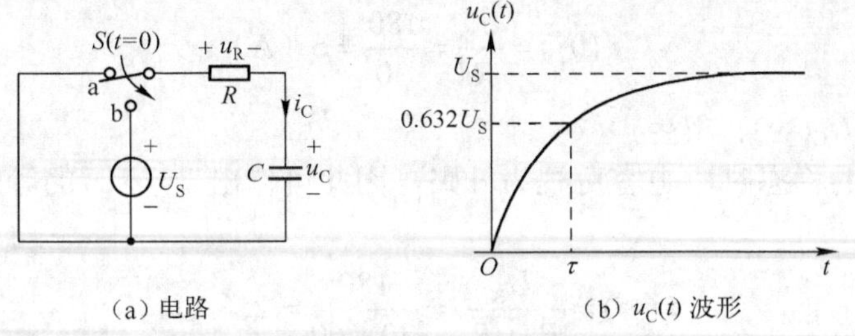

图 4.2.5 RC 电路的零状态响应

4.2.2 一阶动态电路暂态分析的三要素法

通过前面的分析可知，零输入响应和零状态响应可看成是全响应的特例。直流电源激励下的一阶动态电路中的电压或电流，其全响应总是由初始值开始，按指数规律变化而接近于稳态值。则全响应 $f(t)$ 可表示为

$$f(t)=f(\infty)+[f(0_+)-f(\infty)]\mathrm{e}^{-\frac{t}{\tau}} \qquad (4.2.12)$$

只要知道了初始值 $f(0_+)$、稳态值 $f(\infty)$ 和时间常数 τ 这三个要素，就可以通过式（4.2.12）直接写出直流电源激励下的一阶动态电路的全响应，这种方法称为三要素法。

时间常数 $\tau=RC\left(\text{或 } \tau=\dfrac{L}{R}\right)$，其中 R 为等效电阻，是换路后从储能元件 C（或 L）两端看进去的除源网络外的入端电阻，即戴维宁或诺顿等效电路的等效电阻。

三要素法具有方便、实用和物理概念清楚等特点，是求解一阶电路常用的方法。

例 4.2.1 在图 4.2.6（a）所示的电路中，U_S=180 V，R_1=30Ω，R_2=60Ω，C=100μF，电容初始电压为 0，t=0 时开关 S 合上。试求换路后的 $u_C(t)$、$i_1(t)$。

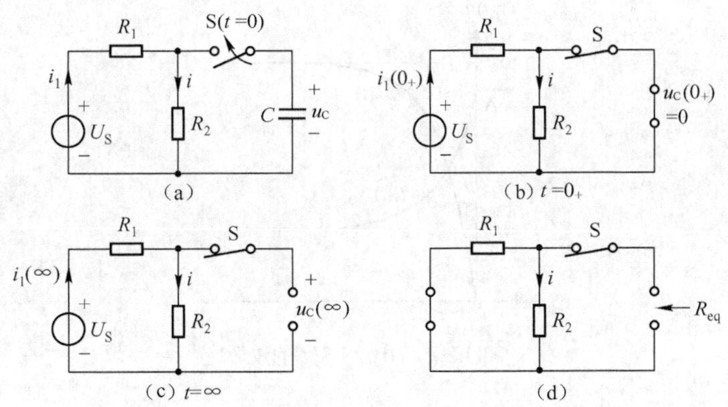

图 4.2.6 例 4.2.1 题图

解： 利用三要素法求解。

（1）求初始值 $u_C(0_+)$、$i_1(0_+)$

由换路定律知

$$u_C(0_+)=u_C(0_-)=0$$

由于 $u_C(0_+)=0$，此时电容可视为短路，因此有换路后 $t=0_+$ 时的等效电路，如图 4.2.6（b）所示。则有

$$i_1(0_+)=\frac{U_S}{R_1}=\frac{180}{30}=6\text{（A）}$$

（2）求稳态值 $U_C(\infty)$、$i_1(\infty)$

当电路达到新的稳态时，电容可视为开路，因此可作出 $t=\infty$ 时的等效电路，如图 4.2.6（c）所示。则有

$$i_1(\infty)=\frac{U_S}{R_1+R_2}=\frac{180}{30+60}=2\text{（A）}$$

$$u_C(\infty)=R_2 i_1(\infty)=60\times 2=120\text{（V）}$$

（3）求时间常数 τ

将网络中的电源置零（电压源短路、电流源开路），由储能元件 C 两端看进去的除源网络外的入端电阻，如图 4.2.6（d）所示。则有

$$R_{eq}=\frac{R_1R_2}{R_1+R_2}=\frac{30\times 60}{30+60}=20\text{（Ω）}$$

则时间常数 $\tau=R_{eq}C=20\times 100\times 10^{-6}=2\times 10^{-3}$（s）

（4）由式（4.2.12），根据三要素法公式可得

$$u_C(t)=u_C(\infty)+[u_C(0_+)-u_C(\infty)]e^{-\frac{t}{\tau}}$$
$$=120+(0-120)e^{-500t}=120(1-e^{-500t})\text{（V）}$$
$$i_1(t)=i_1(\infty)+[i_1(0_+)-i_1(\infty)]e^{-\frac{t}{\tau}}$$
$$=2+(6-2)e^{-500t}=2+4e^{-500t}\text{（A）}$$

$u_C(t)$和 $i_1(t)$的波形如图 4.2.7 所示。$u_C(t)$为零状态响应，而 $i_1(t)$为全响应。

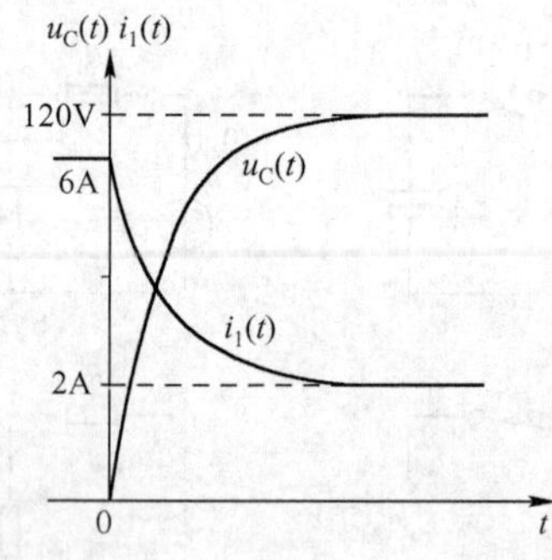

图 4.2.7 $u_C(t)$和 $i_1(t)$的波形

例 4.2.2 图 4.2.8（a）所示的电路原处于稳定状态，在 $t=0$ 时将开关 S 闭合。试求换路后电路中所示的电压和电流，并画出其变化曲线。

解：（1）用三要素法求电容电压 $u_C(t)$

① 求初始值 $u_C(0_+)$。

电路原已稳定，电容视为开路，则有 $t=0_-$时的等效电路如图 4.2.8（b）所示，由换路定律可得

$$u_C(0_+)=u_C(0_-)=U_S=12\text{（V）}$$

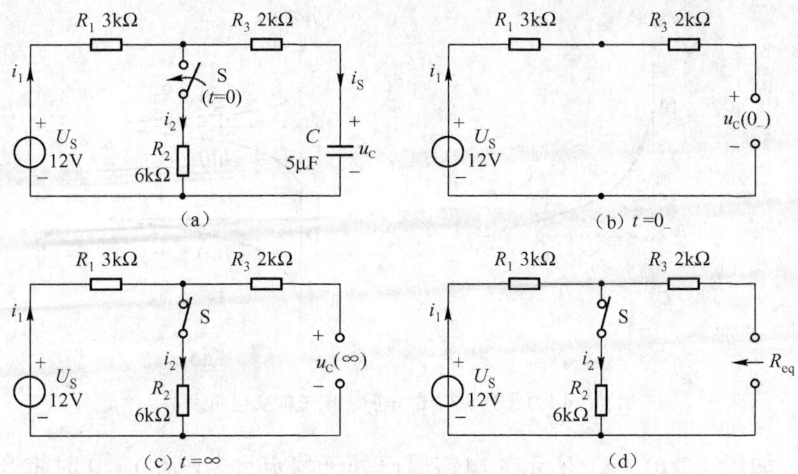

图 4.2.8　例 4.2.2 题图

② 求稳态值 $u_C(\infty)$。

电路达到新的稳态时，电容仍视为开路，因此有 $t=\infty$ 时的等效电路如图 4.2.8（c）所示。则有

$$u_C(\infty)=\frac{R_2}{R_1+R_2}U_S=\frac{6}{3+6}\times 12=8\ (\text{V})$$

③ 求时间常数 τ。

R_{eq} 应为换路后电容两端的除源网络外的等效电阻，由图 4.2.8（d）可得

$$R_{eq}=R_1//R_2+R_3=\frac{3\times 6}{3+6}+2=4\ (\text{k}\Omega)$$

$$\tau=R_{eq}C=4\times 10^3\times 5\times 10^{-6}=2\times 10^{-2}\ (\text{s})$$

根据三要素法公式，可得电容电压

$$\begin{aligned}u_C(t)&=u_C(\infty)+\left[u_C(0_+)-u_C(\infty)\right]e^{-\frac{t}{\tau}}\\&=8+(12-8)e^{-50t}\\&=8+4e^{-50t}\ (\text{V})\end{aligned}$$

（2）求电流 $i_C(t)$、$i_1(t)$、$i_2(t)$

电流 $i_C(t)$、$i_1(t)$、$i_2(t)$可用三要素法来求解，也可用其他方法求解。

由电容元件的端口特性，有

$$i_C(t)=C\frac{du_C}{dt}=5\times 10^{-6}\times 4\times(-50)e^{-50t}=-e^{-50t}\ (\text{mA})$$

而

$$i_2(t)=\frac{i_C R_3+u_C}{R_2}=\frac{-e^{-50t}\times 10^{-3}\times 2\times 10^3+8+4e^{-50t}}{6\times 10^3}=\frac{4}{3}+\frac{1}{3}e^{-50t}\ (\text{mA})$$

$$i_1(t)=i_2+i_C=\frac{4}{3}+\frac{1}{3}e^{-50t}-e^{-50t}=\frac{4}{3}-\frac{2}{3}e^{-50t}\ (\text{mA})$$

$u_C(t)$、$i_C(t)$、$i_1(t)$和 $i_2(t)$的变化曲线如图 4.2.9 所示，其中 $i_C(t)$为零输入响应，其他的为全响应。

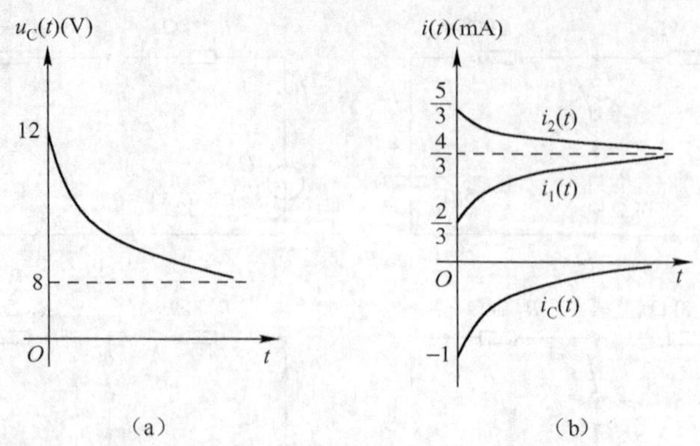

图 4.2.9 例 4.2.2 的电压、电流的变化曲线

例 4.2.3 如图 4.2.10（a）所示的电路原已处于稳定状态，在 $t=0$ 时将开关 S 闭合。试求 $t \geqslant 0$ 时的 i_L、i_1 及 i_2，并画出变化曲线。

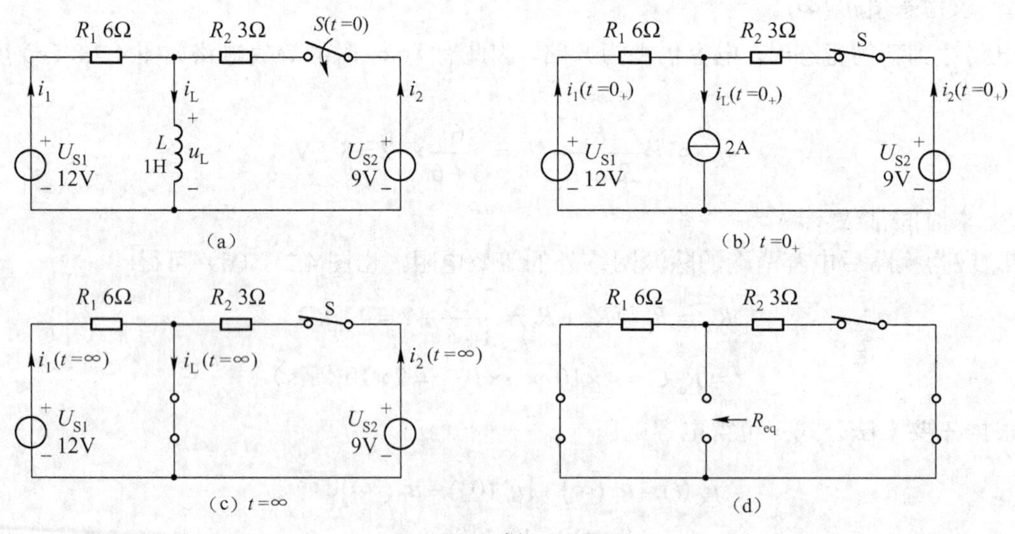

图 4.2.10 例 4.2.3 题图

解：用三要素法求解。

（1）求初始值

如图 4.2.10（a）所示的电路在 $t=0_-$ 时已处于稳定状态，电感可视为短路。由电路及换路定律，可得

$$i_L(0_+)=i_L(0_-)=\frac{U_{S1}}{R_1}=\frac{12}{6}=2(\text{A})$$

由 $i_L(0_+)$=2A，将电感用电流源代替，作 $t=0_+$ 时的等效电路如图 4.2.10（b）所示。则有

$$i_1(0_+)=\frac{U_{S1}-U_{S2}}{R_1+R_2}+\frac{R_2}{R_1+R_2}i_L(0_+)=\frac{12-9}{6+3}+\frac{3\times 2}{6+3}=1(\text{A})$$

$$i_2(0_+)=\frac{U_{S2}-U_{S1}}{R_1+R_2}+\frac{R_1}{R_1+R_2}i_L(0_+)=\frac{9-12}{6+3}+\frac{6\times 2}{6+3}=1(\text{A})$$

（2）求稳态值

$t=\infty$ 时电路处于新的稳定状态，电感可视为短路，其等效电路如图 4.2.10（c）所示。则有

$$i_1(\infty)=\frac{U_{S1}}{R_1}=\frac{12}{6}=2\text{（A）}$$

$$i_2(\infty)=\frac{U_{S2}}{R_2}=\frac{9}{3}=3\text{（A）}$$

由 KCL 得

$$i_L(\infty)=i_1(\infty)+i_2(\infty)=2+3=5\text{（A）}$$

（3）求时间常数

先求等效电阻 R_{eq}，其为换路后电感两端的除源网络外的入端电阻。由图 4.2.10（d）可得

$$R_{eq}=R_1//R_2=\frac{3\times6}{3+6}\Omega=2\text{（Ω）}$$

则时间常数

$$\tau=\frac{L}{R_{eq}}=\frac{1}{2}\text{（s）}$$

（4）根据三要素法公式（4.2.12）可得

$$i_L(t)=i_L(\infty)+\left[i_L(0_+)-i_L(\infty)\right]\mathrm{e}^{-\frac{t}{\tau}}=5+(2-5)\mathrm{e}^{-2t}=5-3\mathrm{e}^{-2t}\text{（A）}$$

$$i_1(t)=i_1(\infty)+\left[i_1(0_+)-i_1(\infty)\right]\mathrm{e}^{-\frac{t}{\tau}}=2+(1-2)\mathrm{e}^{-2t}=2-\mathrm{e}^{-2t}\text{（A）}$$

$$i_2(t)=i_2(\infty)+\left[i_2(0_+)-i_2(\infty)\right]\mathrm{e}^{-\frac{t}{\tau}}=3+(1-3)\mathrm{e}^{-2t}=3-2\mathrm{e}^{-2t}\text{（A）}$$

另外，也可以用三要素法只求电感电流 i_L，而电流 i_1 和 i_2 利用电感两端的电压 u_L 来求出。由电感元件的端口特性，可有

$$u_L(t)=L\frac{\mathrm{d}i_L}{\mathrm{d}t}=1\times(-3)\times(-2)\mathrm{e}^{-2t}=6\mathrm{e}^{-2t}\text{（V）}$$

则电流

$$i_1(t)=\frac{U_{S1}-u_L}{R_1}=\frac{12-6\mathrm{e}^{-2t}}{6}=2-\mathrm{e}^{-2t}\text{（A）}$$

$$i_2(t)=\frac{U_{S2}-u_L}{R_2}=\frac{9-6\mathrm{e}^{-2t}}{3}=3-2\mathrm{e}^{-2t}\text{（A）}$$

电流 i_L、i_1 及 i_2 的变化曲线如图 4.2.11 所示。

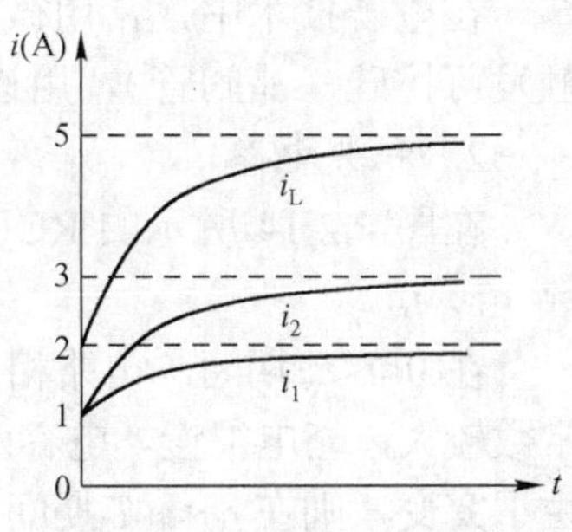

图 4.2.11　例 4.2.3 的电流曲线

4.2.3　微分电路与积分电路

RC 一阶动态电路在周期性矩形脉冲信号（脉冲序列信号）作用下的电路是一种常见的应用电路。

1. 微分电路

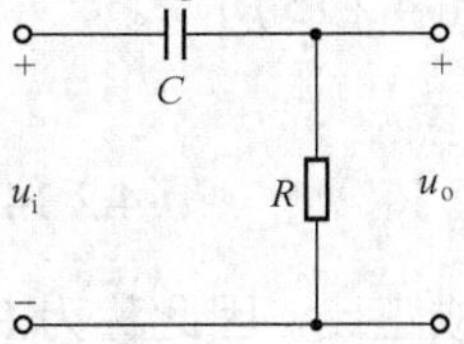

图 4.2.12　RC 微分电路

在图 4.2.12 所示的 RC 电路中，电阻两端电压作为响应输出 u_o，激励源 u_i 为矩形脉冲信号。波形如图 4.2.13 所示，其中 t_w 是脉冲持续时间（脉冲宽度），T 是周期。选择 RC 电路的时间常数 $\tau<<t_w$（一般取 $\tau<0.2\,t_w$）。

在 $0<t<t_w$ 期间，电路相当于接入了一个恒压源 $u_i=U_S$，对电容进行充电。由于电路的时间常数较小，电容的充电很快完成，而输

出电压 $u_o=u_i-u_C$，因而输出 u_o 得到一个峰值为 U_S 的正尖脉冲。在 $t_w<t<T$ 期间，输入信号 u_i 为零，输入端相当于短路，电容通过电阻迅速放电，在电阻两端就输出一个负的尖脉冲，波形如图 4.2.13 所示。

通过分析可知，当 $\tau<<t_w$ 时，有 $u_i=u_C+u_0\approx u_C$，因此有

$$u_o=iR=RC\frac{du_C}{dt}\approx RC\frac{du_i}{dt} \tag{4.2.13}$$

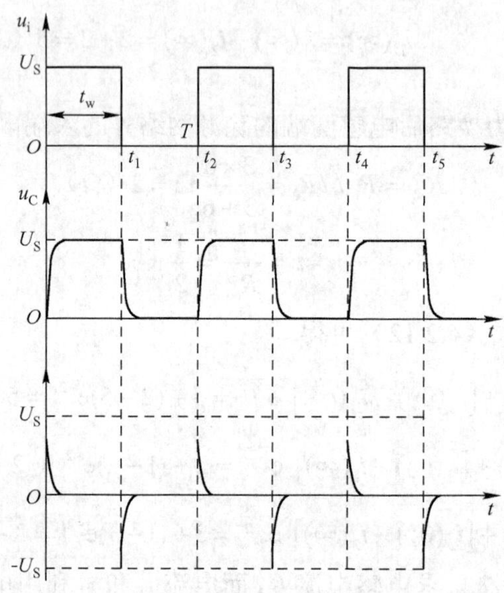

图 4.2.13　RC 微分电路的电压波形

式（4.2.13）表明，当 $\tau<<t_w$ 时，输出电压 u_o 近似地与输入电压 u_i 的微分成正比，因此习惯上称这种电路为微分电路。

在电子技术中，常用微分电路把矩形波变换成尖脉冲，作为触发器的触发信号，或用来触发可控硅（晶闸管），用途非常广泛。

2. 积分电路

在图 4.2.14 所示的 RC 电路中，电容两端电压作为响应输出 u_o。选择 RC 电路的时间常数 $\tau>>t_w$。

在 $0<t<t_w$ 期间，电路相当于接入了一个恒压源 $u_i=U_S$，对电容进行充电。由于电路的时间常数较大，充电很慢，电容两端的电压缓慢增长。当电容还远未充电至稳态值时，输入信号发生了突变，则在 $t_w<t<T$ 期间，输入信号 u_i 为零，输入端相当于短路，电容通过电阻缓慢放电，输出电压 u_o（即电容电压 u_C）缓慢衰减。电容电压 u_C 的充放电仍按指数规律变化，由于 $\tau>>t_w$，其变化曲线尚处于指数曲线的初始阶段，近似为直线段。则在脉冲序列作用下，达到稳定状态时，输出电压 u_o 将是和时间 t 基本上成直线关系的三角波电压，波形如图 4.2.15 所示。

通过分析可知，当 $\tau>>t_w$ 时，有

$$u_o\approx\frac{1}{RC}\int u_i dt \tag{4.2.14}$$

式（4.2.14）表明，输出电压 u_o 近似地与输入电压 u_i 对时间的积分成正比，因此称为 RC 积分电路。积分电路在电子技术中也被广泛应用。

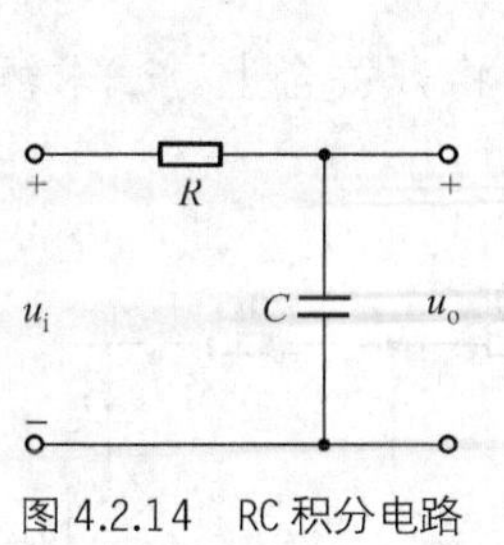

图 4.2.14 RC 积分电路

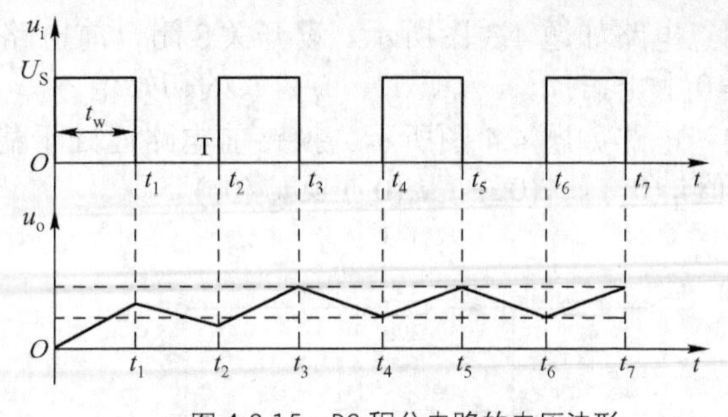

图 4.2.15 RC 积分电路的电压波形

本章小结

本章分析了暂态过程产生的原因，并用经典法求解一阶电路的零输入响应、零状态响应和全响应。在此基础上给出了一阶电路暂态过程的简便求法——三要素法，最后介绍了对暂态过程的一些应用。其重点如下。

（1）储能元件的存储能量的大小：电感元件储存磁场能量 $W_L=\frac{1}{2}Li_L^2$；电容元件储存电场能量 $W_C=\frac{1}{2}Cu_C^2$。

（2）换路定则：电容元件的电压和电感元件的电流不能突变。用公式表示为

$$u_C(0_+)=u_C(0_-)，i_L(0_+)=i_L(0_-)。$$

（3）三要素法：只要知道了初始值 $f(0_+)$、稳态值 $f(\infty)$和时间常数 τ这三个要素，就可以通过三要素法直接写出直流电源激励下的一阶动态电路的全响应，这种方法称为三要素法，即

$$f(t)=f(\infty)+[f(0_+)-f(\infty)]e^{-\frac{t}{\tau}}。$$

习　题

4.1　在题 4.1 图所示电路中，t=0 时，开关 S 打开。求开关 S 打开瞬间各元件在 t=0、t=0_+ 时刻的电压、电流值。

4.2　在题 4.2 图所示电路中，开关 S 在 t=0 时闭合，S 闭合前电路已处于稳态。试求开关 S 闭合后各元件电压、电流的初始值。

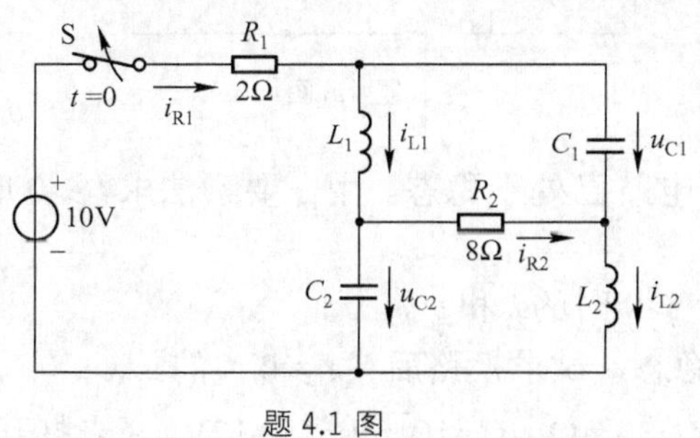

题 4.1 图

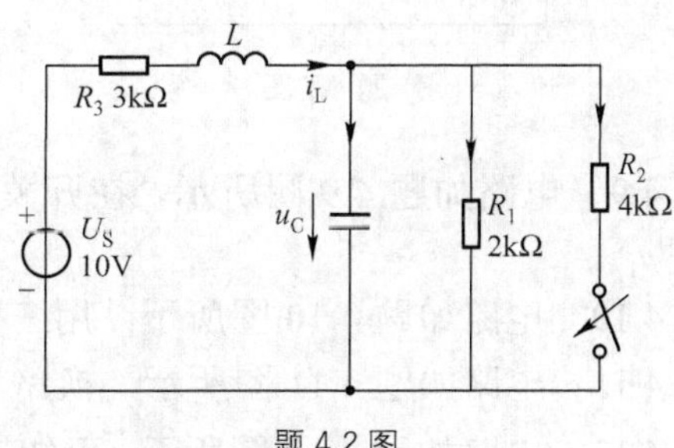

题 4.2 图

4.3　电路如题 4.3 图所示。设开关 S 闭合前电路已处于稳态。在 $t=0$ 时，将开关 S 闭合，试求 $t=0_+$ 瞬间的 u_C、i_1、i_2、i_3、i_C 的初始值。

4.4　电路如题 4.4 图所示。换路前电路已处于稳态，$t=0$ 时将开关合上。试求暂态过程的初始值 $i_L(0_+)$、$i(0_+)$、$i_S(0_+)$ 及 $u_L(0_+)$。

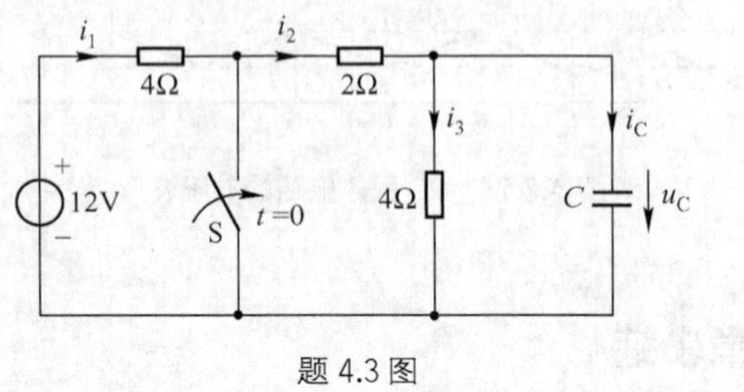

题 4.3 图

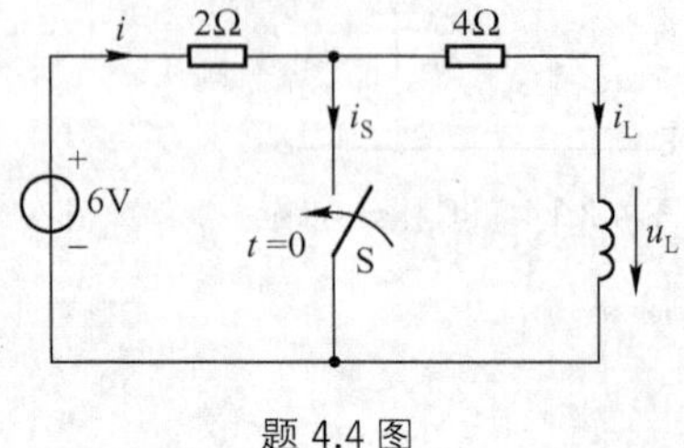

题 4.4 图

4.5　电路如题 4.5 图所示，S 在 $t=0$ 时合上，求时间常数 τ。

4.6　电路如题 4.6 图所示，S 在 $t=0$ 时断开，求时间常数 τ。

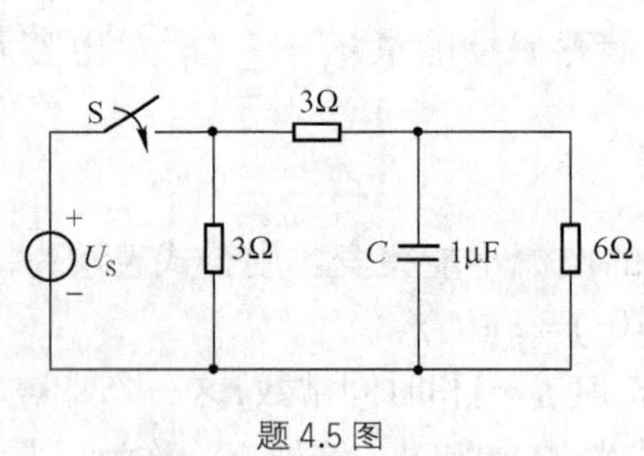

题 4.5 图

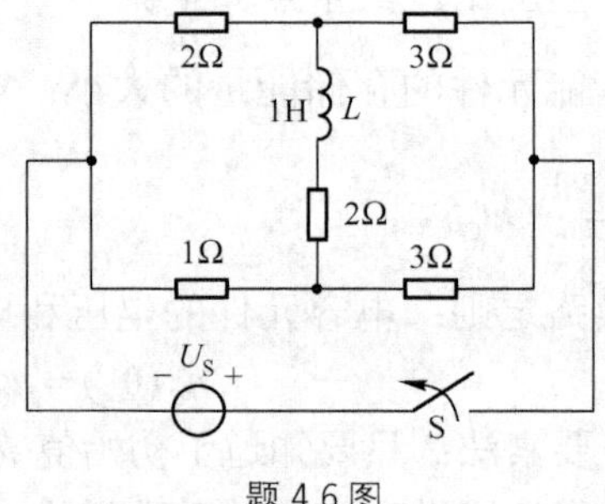

题 4.6 图

4.7　电路如题 4.7 图所示，S 原已合在 a 位置上，试求当开关 S 在 $t=0$ 时合到 b 位置后，电容元件端电压 u_C。

4.8　电路如题 4.8 图所示，S 闭合前电路已处于稳态。当 $t=0$ 时 S 闭合，求 $t\geqslant 0$ 时的 u_C。

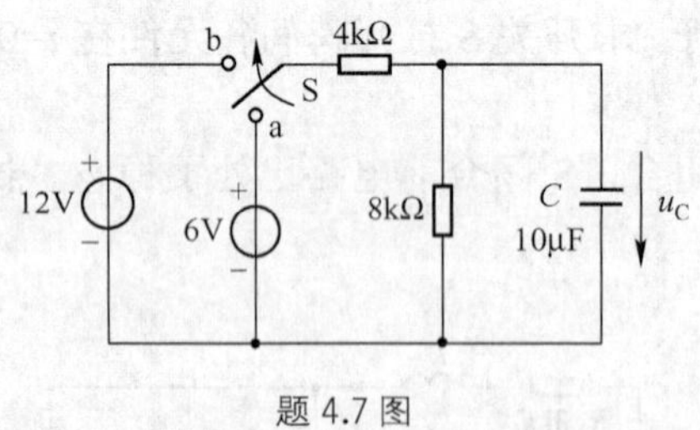

题 4.7 图

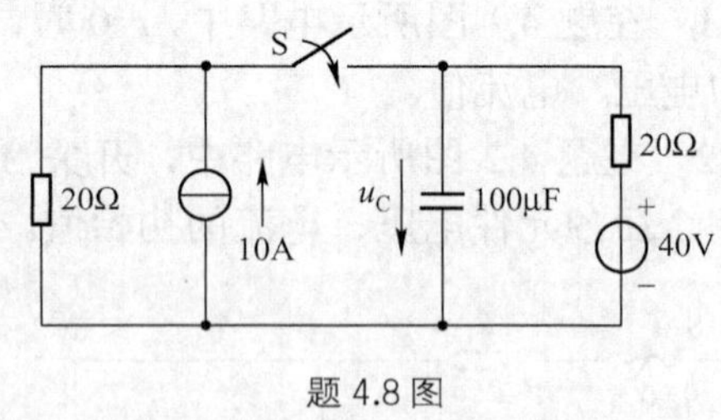

题 4.8 图

4.9　电路如题 4.9 图所示，在开关 S 闭合前电路已处于稳态。用三要素法求 $t\geqslant 0$ 时的 u_C 和 i_1。

4.10　电路如题 4.10 图所示，用三要素法求 $t\geqslant 0$ 时的 i_1 和 i_2。

4.11　电路如题 4.11 图所示，换路前已处于稳态，试求换路后（$t\geqslant 0$）的 u_C。

4.12　电路如题 4.12 图所示。已知 $R_1=R_2=R_3=3\,\text{k}\Omega$，C=$10^3$ pF，U_S=12V，S 未打开时，

$u_C(0_-)=0$，$t=0$ 时打开开关 S，求 $t\geqslant 0$ 后的 u_{R3}。

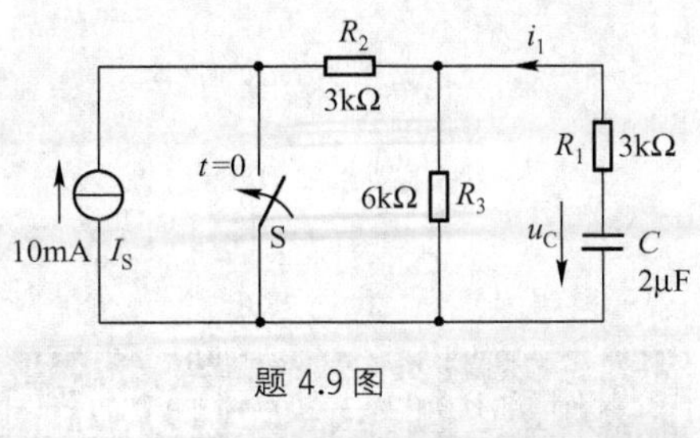

题 4.9 图

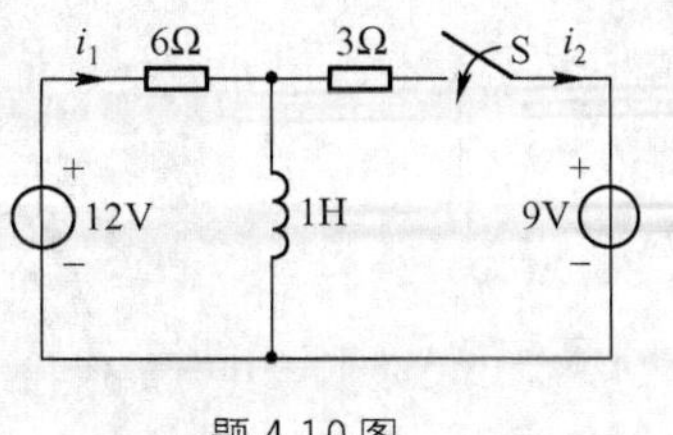

题 4.10 图

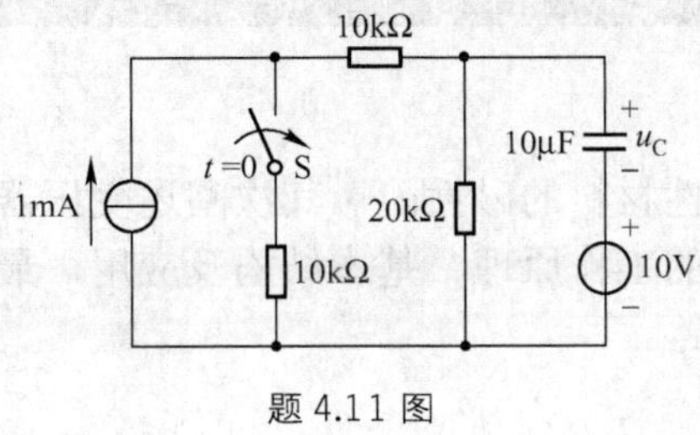

题 4.11 图

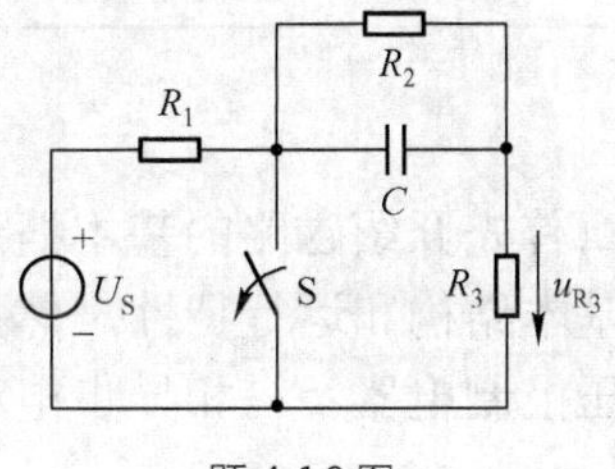

题 4.12 图

第5章 变压器与电动机

本章首先介绍磁路的基本概念、基本定律和磁性材料的磁性能，其次阐述变压器的工作原理、基本结构和运行特性，然后分析异步电动机的工作原理、基本结构及应用，最后介绍常用低压控制电器及三相异步电动机的电气控制电路。

5.1 变压器

变压器是一种常见的电气设备。在输电方面，当线路输送功率 $P=UI\cos\varphi$ 及功率因数 $\cos\varphi$ 一定时，电压 U 越高，则线路电流 I 越小。这样既可减小输电线的截面积，节省材料，又可减小线路的功率损耗，达到减小投资和降低运行费用的目的。因此可以采用高电压输电，利用升压变压器将电压升高后送入输电线路。当电能输送到用电区后，为了用电安全，又必须用降压变压器将输电线路上的高电压降为配电系统的配电电压，然后再经过降压变压器将电压降低到适合用电设备的电压水平，然后供电给用户。电力系统的多次升压和降压，使得变压器的应用相当广泛。另外，变压器还在测量系统中得到应用。在电子线路中，除了电源变压器外，变压器还用来耦合电路、传递信号、实现阻抗匹配等。

5.1.1 磁性材料的磁性能

自然界的物质按其导磁特性，大体上分为铁磁性材料和非铁磁性材料两大类，铁磁性习惯上也称为磁性。非磁性材料（如水、金、银、铜、铝、空气、木材等）对磁场强弱的影响很小，其磁导率 μ 与真空的磁导率 μ_0 近似相等，且为常数。磁性材料（如铁、镍、钴及其合金）的磁导率很高，是制造变压器、电机和各类电器铁芯的主要材料。磁性材料具有以下特点。

1. 高导磁性

磁性材料的磁导率很高，其相对磁导率 $\mu_r >> 1$，可高达数万，这是因为磁性材料具有很强的被磁化特性。在磁性材料内部存在着许多很小的天然磁化区，称为磁畴。如图 5.1.1 所示，在没有外磁场的作用时，磁畴呈现杂乱无章的排列，磁场相互抵消，对外不呈现磁性；当外加磁场时，磁畴在外磁场的作用下，其方向逐渐与外磁场一致，产生远大于外磁场的附加磁场，从而增强了原来的磁场，磁性材料也就呈现出较高的磁导率。非磁性材料由于没有磁畴结构，因此不会被磁化，磁导率较小。

因此，变压器、电机和各类电器都采用磁性材料做铁芯，这样就可以用较小的电流来产生较强的磁场，使线圈的体积、质量都大为减小。

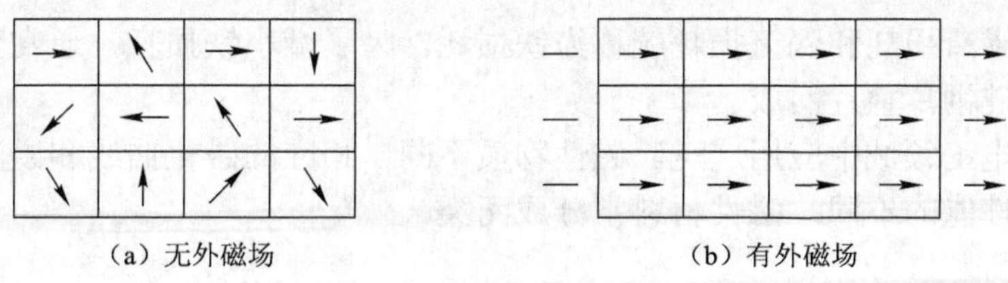

图 5.1.1 磁性材料的高导磁性

2. 磁饱和性

磁性材料由于磁化而磁场增强，但不会随着外磁场的增强而无限地增强。当外磁场增大到一定程度时，磁性材料中的磁畴已全部排列整齐，这时磁性材料中的磁感应强度趋向于某一定值，称此为磁饱和性。

磁性材料的磁化特性用磁化曲线（B–H 曲线）来表示，如图 5.1.2 所示。由曲线可以看出，当磁场强度 H 比较小时，磁感应强度 B 与 H 近似成比例地增加；当 H 增大到一定值后，B 的增加缓慢下来，最后趋于磁饱和。因此磁性材料的 B 与 H 为非线性关系。为方便与磁性材料的磁化曲线比较，图中还画出了真空的磁化曲线（B_0–H 曲线），B_0 与 H 为正比关系。

由于磁导率 $\mu=\dfrac{B}{H}$，因此磁性材料的磁导率μ不是常数，如图 5.1.2 中μ–H 曲线所示。

3. 磁滞性

磁性材料在交变磁场中被反复磁化，磁感应强度 B 随磁场强度 H 变化的关系为一条闭合曲线，称为磁滞回线，如图 5.1.3 所示。由图可见，当 H 由 H_m 减小到 0 时，B 并未回到 0。这种磁感应强度滞后于磁场强度变化的性质称为磁性材料的磁滞性。

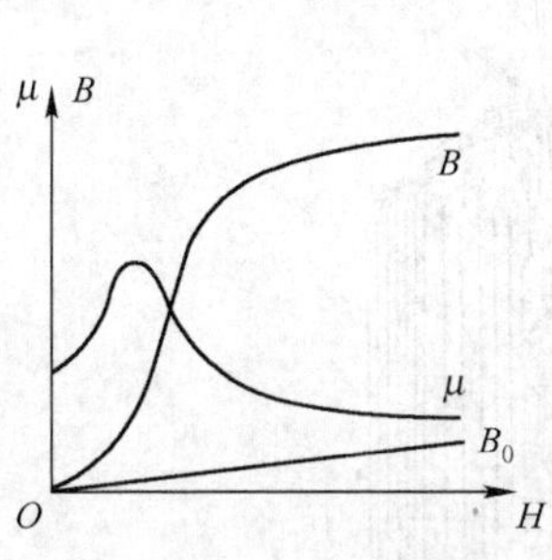

图 5.1.2 B-H和μ-H曲线

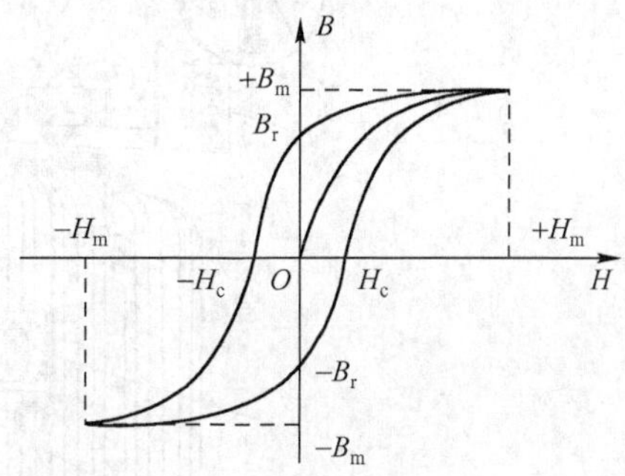

图 5.1.3 磁滞回线

当磁场强度 H=0 时，磁性材料在磁化时所获得的磁性还未完全消失，此时磁性材料中所保留的磁感应强度称为剩磁感应强度 B_r（剩磁）。永久磁铁的磁性就是剩磁产生的。如果要消除剩磁，则要进行反向磁化。当反方向磁化的磁场强度达到$-H_c$时，B=0，剩磁完全除掉，H_c称为矫顽磁力。

磁性材料在交变磁化过程中，由于磁滞现象的存在而产生的能量损耗，称为磁滞损耗。磁滞损耗的大小与磁滞回线的面积成正比。同时在交变磁场作用下，在垂直于磁力线方向的铁芯截面上还会产生旋涡状的电流，称为涡流，如图 5.1.4 所示，在铁芯内产生的能量损耗称为涡流损耗。

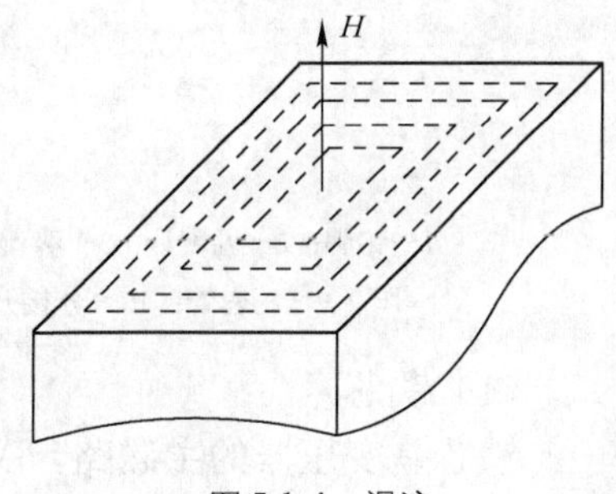

图 5.1.4 涡流

磁性材料的磁滞损耗和涡流损耗统称为铁损耗。为了减小铁损耗，通常变压器和交流电机的铁芯都采用硅钢片叠片而成。

磁性材料在电工领域中应用广泛。磁性物质不同，相应的磁化曲线和磁滞回线就不同。按磁性材料的磁性能的不同，磁性材料常分成两类。

（1）软磁材料

软磁材料的磁滞回线较窄，剩磁较小，矫顽磁力较小。常用来制造变压器、电机和电器等的铁芯。软磁材料主要有铸铁、硅钢、坡莫合金及铁氧体等。

（2）硬磁材料

硬磁材料的磁滞回线较宽，剩磁较大，矫顽磁力较大。常用来制造永久磁铁。硬磁材料主要有碳钢、镍铝钴合金和钕铁硼合金等。

5.1.2 变压器的基本结构及工作原理

1. 变压器的基本结构

变压器的主要组成部分是铁芯和绕组（俗称器身）。为了保证变压器的安全、可靠运行，电力变压器多采用油浸式和干式结构，将铁芯和绕组浸入盛满变压器油的封闭油箱中，或用环氧树脂等浇注，起着机械支撑、冷却散热和保护的作用。图 5.1.5 所示为油浸式电力变压器的结构图。

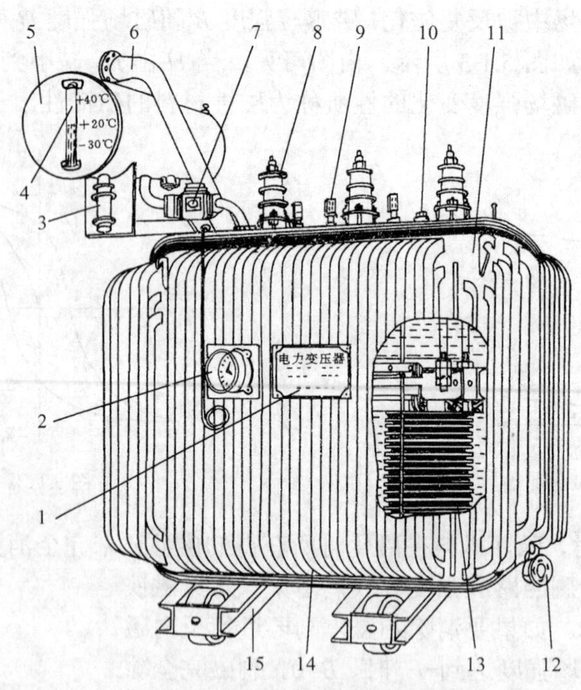

图 5.1.5 油浸式电力变压器的结构

1—铭牌；2—温度计；3—吸湿计；4—油表；5—储油柜；6—安全气道；7—气体继电器；8—高压套管
9—低压套管；10—分接开关；11—油箱；12—放油阀门；13—器身；14—接地板；15—小车

（1）铁芯

铁芯是变压器的主磁路，又是绕组的支撑骨架。铁芯分为铁芯柱和铁轭两部分，铁芯柱上装有绕组，铁轭是连接两个铁芯柱的部分，其作用是使磁路闭合，如图 5.1.6 所示。铁芯的基本结构形式有心式和壳式两种，如图 5.1.7 所示。心式结构的特点是绕组包围铁芯，这种结构比较简单，绕组的装配及绝缘也比较容易，适用于容量大而电压高的变压器，国产电力变压器大多采用心式结构；壳式结构的特点是铁芯包围绕组，这种结构的机械强度较好，铁芯容易散热，但外层绕组的铜线用量较多，制造工艺又复杂，多用于小型干式变压器中。

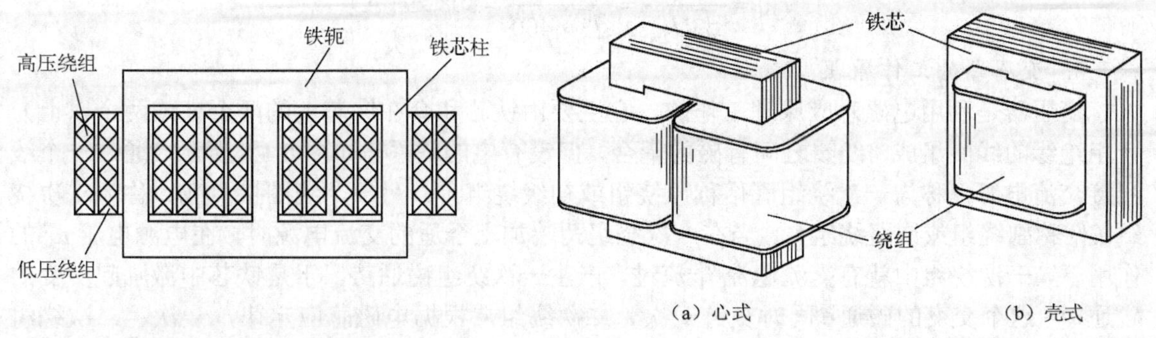

图 5.1.6　铁芯柱式变压器的铁芯和绕组

图 5.1.7　心式和壳式变压器

（2）绕组

绕组是变压器的电路部分，常用绝缘铜线或铝线绕制而成，近年来还有用铝箔绕制的。为了使绕组便于制造和在电磁力作用下受力均匀以及机械性能良好，一般电力变压器都把绕组绕制成圆形的。在变压器中，工作电压高的绕组称为高压绕组，工作电压低的绕组称为低压绕组。为了便于绕组与铁芯之间的绝缘，通常将低压绕组装在里面，而把高压绕组装在外面，在高、低压绕组之间及绕组与铁芯之间都加有绝缘。

2. 变压器的额定值

为了使变压器安全、经济、合理地运行，同时让用户对变压器的性能有所了解，制造厂家给每一台变压器都安装了一块铭牌，上面标明了变压器型号及正常运行状态时的各种额定数据，称为铭牌数据（额定值）。只有理解铭牌上的各种数据的含义，才能正确地使用变压器。铭牌数据主要包括以下几个。

（1）额定电压 U_{1N} 和 U_{2N}

一次绕组的额定电压 U_{1N}（kV）是根据变压器的绝缘强度和容许发热条件规定的一次绕组正常工作时的电压值。二次绕组的额定电压 U_{2N} 指一次绕组加上额定电压，分接开关位于额定分接头时，二次绕组的空载电压值。对于三相变压器，额定电压指线电压。

（2）额定电流 I_{1N} 和 I_{2N}

额定电流 I_{1N} 和 I_{2N}（A）是根据容许发热条件而规定的绕组长期容许通过的最大电流值。对于三相变压器，额定电流指线电流。

（3）额定容量 S_N

额定容量 S_N（kV・A）指额定工作条件下变压器输出能力（视在功率）的保证值。三相变压器的额定容量是指三相容量之和。由于电力变压器的效率很高，忽略压降损耗时有

对单相变压器
$$S_N = U_{2N}I_{2N} \approx U_{1N}I_{1N} \tag{5.1.1}$$

对三相变压器
$$S_N = \sqrt{3}U_{2N}I_{2N} \approx \sqrt{3}U_{1N}I_{1N} \tag{5.1.2}$$

当已知一台变压器的相数、额定容量和额定电压时，可选用上面两式之一来计算该变压器的额定电流。

例 5.1.1 一台三相油浸自冷式变压器，已知 S_N=560kV·A，U_{1N}/U_{2N}=10kV/400V。试求一次、二次绕组的额定电流 I_{1N}、I_{2N} 各为多少。

解
$$I_{1N}=\frac{S_N}{\sqrt{3}U_{1N}}=\frac{560\times10^3}{3\times10\,000}=32.33\text{（A）}$$
$$I_{2N}=\frac{S_N}{\sqrt{3}U_{2N}}=\frac{560\times10^3}{\sqrt{3}\times400}=808.29\text{（A）}$$

3. 变压器的工作原理

变压器是利用电磁感应原理工作的，它主要由铁芯和套在铁芯上的两个（或两个以上）互相绝缘的线圈组成，线圈之间有磁的耦合，但没有电的联系，如图 5.1.8 所示。通常一个线圈接交流电源，称为一次绕组（俗称原绕组或初级绕组）；另一个线圈接负载，称为二次绕组（俗称副绕组或次级绕组）。当在一次绕组两端加上合适的交流电源时，在电源电压 u_1 的作用下，一次绕组中就有交流电流 i_1 流过，产生一次绕组磁通势，于是铁芯中激励起交变的磁通 Φ，这个交变的磁通 Φ 同时交链一次、二次绕组，根据电磁感应定律，一次、二次绕组中便产生感应电动势 e_1 和 e_2。二次绕组在感应电动势 e_2 的作用下，便向负载 Z_L 供电，实现了能量传递。

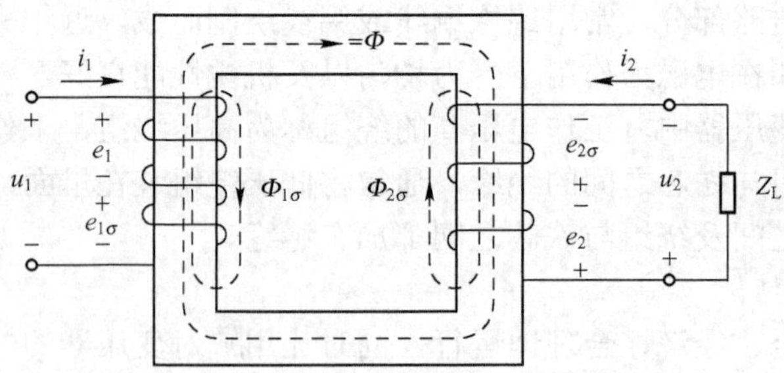

图 5.1.8 变压器的工作原理图

（1）电压变换作用

当变压器的一次绕组加上交流电源电压 u_1 而二次绕组开路时，变压器为空载运行，此时一次绕组中的电流为空载电流 i_0。由 i_0 产生空载磁通势 $F_0=N_1i_0$，并建立空载时的磁场。由于铁芯的磁导率比空气（或变压器油）的磁导率大得多，所以绝大部分磁通通过铁芯闭合，同时交链一次、二次绕组，这部分磁通起着传递能量的媒介作用，因此称为主磁通 Φ；另有一小部分磁通（约为主磁通的 0.25%）主要经非磁性材料（空气或变压器油等）形成闭路，只与一次绕组交链，不参于能量传递，称为一次绕组的漏磁通 $\Phi_{1\sigma}$，它在一次绕组中产生漏磁电动势 $e_{1\sigma}$。

由于变压器中电压、电流、磁通及电动势的大小和方向都随时间做周期性变化，为了能正确表明各量之间的关系，一般采用电工惯例来规定其正方向（如图 5.1.8 所示）：

① 同一条支路中，电压 u 的正方向与电流 i 的正方向一致；

② 由电流 i 产生的磁通势所建立的磁通 Φ，其二者的正方向符合右手螺旋法则；

③ 由磁通 Φ 产生的感应电动势 e，其正方向与产生该磁通的电流 i 的正方向一致。

在变压器的一次绕组加上正弦交流电压 u_1 时，主磁通 Φ 也按正弦规律变化。假设主磁通 $\Phi=\Phi_m\sin\omega t$，根据电磁感应定律，则一次绕组的感应电动势为

$$e_1=-N_1\frac{\mathrm{d}\Phi}{\mathrm{d}t}=-\omega N_1\Phi_m\cos\omega t=\omega N_1\Phi_m\sin(\omega t-90°)=E_{1m}\sin(\omega t-90°) \tag{5.1.3}$$

其有效值为

$$E_1 = \frac{E_{1m}}{\sqrt{2}} = \frac{\omega N_1 \Phi_m}{\sqrt{2}} = \frac{2\pi f N_1 \Phi_m}{\sqrt{2}} = \sqrt{2}\pi f N_1 \Phi_m = 4.44 f N_1 \Phi_m \tag{5.1.4}$$

同理，二次绕组感应电动势的有效值为

$$E_2 = \sqrt{2}\pi f N_2 \Phi_m = 4.44 f N_2 \Phi_m \tag{5.1.5}$$

由于一次绕组的电阻和漏磁感抗（由漏磁通$\Phi_{1\sigma}$产生）较小，其阻抗压降也较小，因此当忽略不计时，可近似地认为

$$\dot{U}_1 \approx \dot{E}_1 \tag{5.1.6}$$

空载时的二次绕组开路电压

$$\dot{U}_{20} \approx \dot{E}_2 \tag{5.1.7}$$

其有效值的关系

$$\frac{U_1}{U_{20}} \approx \frac{E_1}{E_2} = \frac{N_1}{N_2} = k \tag{5.1.8}$$

式中，k 称为匝数比；U_{20} 为空载时二次绕组的端电压。

式（5.1.8）表明，一次、二次绕组的电压之比与一次、二次绕组的匝数比 k 成正比。只要改变匝数比 k，即可达到改变输出电压 U_2 的目的，即将一种电压等级的交流电源转换成同频率的另一种电压等级的交流电源。

如果 $N_1>N_2$，$k>1$，则 $U_1>U_{20}$，变压器起降压作用，为降压变压器；反之，$N_1<N_2$，$k<1$，则 $U_1<U_{20}$，为升压变压器。

（2）电流变换作用

变压器负载运行时，二次绕组接上负载阻抗 Z_L，二次绕组流过负载电流 i_2，并产生二次绕组磁通势 $F_2=N_2 i_2$，一次绕组电流由空载电流 i_0 变为负载时电流 i_1，因此负载时的主磁通Φ由一、二次绕组的磁通势共同建立。

由于 $U_1\approx E_1=4.44fN_1\Phi_m$，故当电源电压 U_1 和电源频率 f_s 不变时，产生 E_1 的主磁通Φ也应基本不变，即从空载到负载的稳定状态，主磁通Φ基本不变，所以负载时建立主磁通Φ所需的合成磁通势与空载时所需的磁通势也应基本不变，即有磁通势平衡方程

$$N_1\dot{I}_1 + N_2\dot{I}_2 = N_1\dot{I}_0 \tag{5.1.9}$$

由于变压器空载电流 I_0 很小（一般 $I_0<0.1I_{1N}$），因此负载运行时常可忽略不计，则有

$$N_1\dot{I}_1 \approx -N_2\dot{I}_2 \tag{5.1.10}$$

由此可得变压器一次、二次绕组中电流有效值的关系

$$\frac{I_1}{I_2} \approx \frac{N_1}{N_2} = \frac{1}{k} \tag{5.1.11}$$

式（5.1.11）表明，变压器负载运行时，其一次侧与二次侧的电流之比，在数值上近似地与一、二次绕组的匝数成反比。

综合式（5.1.8）和式（5.1.11）可以看出，变压器的绕组电压高的，其工作电流小；绕组电压低的，其工作电流大。

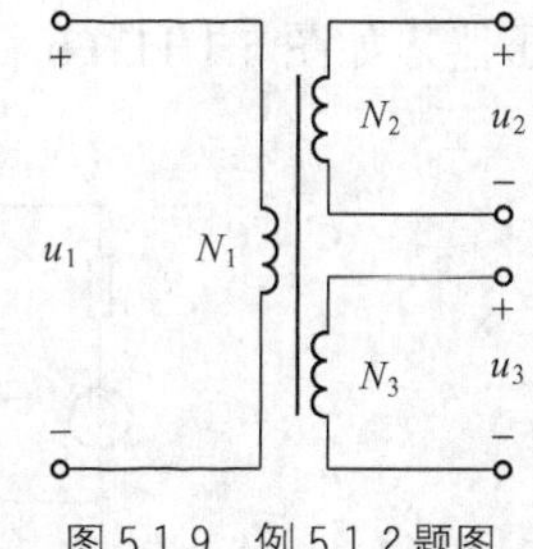

图 5.1.9 例 5.1.2 题图

例 5.1.2 有一台变压器，已知额定容量 S_N＝500V·A，一次绕组匝数 N_1=800 匝，二次绕组有两个，额定电压为 $U_{1N}/U_{2N}/U_{3N}$＝220V / 110V / 36V，如图 5.1.9 所示。（1）求二次绕组匝数 N_2 和 N_3；（2）如果两个二次绕组分别接阻性负载，绕组电流 I_2=2A，I_3=3A，求一次绕组电流及绕组的功率。

解 （1）有两个二次绕组，仍按式（5.1.8）分别计算。

$$N_2 = \frac{U_{20}}{U_1} N_1 = \frac{110}{220} \times 800 = 400（匝）$$

$$N_3 = \frac{U_{30}}{U_1} N_1 = \frac{36}{220} \times 800 = 131（匝）$$

（2）按式（5.1.9）有

$$N_1 I_1 \approx N_2 I_2 + N_3 I_3$$

则有

$$I_1 \approx \frac{N_2 I_2 + N_3 I_3}{N_1} = \frac{400 \times 2 + 131 \times 3}{800} = 1.491(\text{A})$$

一次、二次绕组的功率为

$$P_1 = U_1 I_1 = 220 \times 1.491 = 328（\text{W}）$$

或

$$P_2 = U_2 I_2 = 110 \times 2 = 220（\text{W}）$$

$$P_3 = U_3 I_3 = 36 \times 3 = 108（\text{W}）$$

有

$$P_1 \approx P_2 + P_3 = 220 + 108 = 328（\text{W}）$$

（3）阻抗变换作用

负载阻抗 Z_L 接在变压器的二次侧，是变压器的负载，而变压器和 Z_L 一起是电源的负载，如图 5.1.10（a）所示。根据等效变换原则，在保证端口特性不变的情况下，虚线框中的电路可用等效阻抗 Z_L' 来代替，如图 5.1.10（b）所示，则有

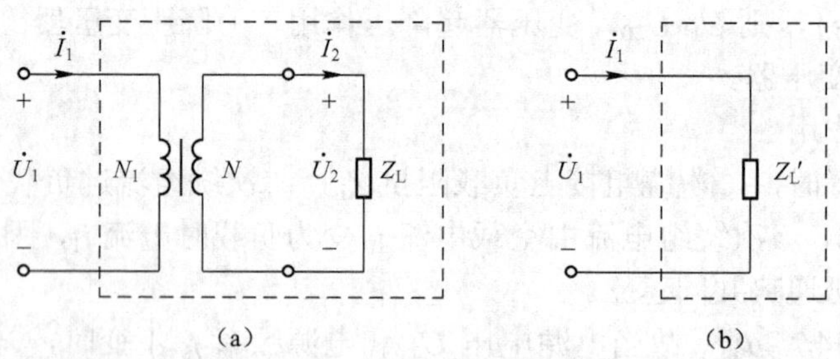

图 5.1.10 变压器的阻抗变换

$$Z_L' = \frac{\dot{U}_1}{\dot{I}_1} \approx \frac{-k\dot{U}_2}{-\frac{1}{2}\dot{I}_2} = k^2 \frac{\dot{U}_2}{\dot{I}_2} = k^2 Z^L \tag{5.1.12}$$

式（5.1.12）表明，当变压器二次侧接阻抗 Z_L 时，对一次侧来说，相当于在一次侧接一个 $k^2 Z_L$ 的阻抗，即变压器有变换阻抗的作用。

例 5.1.3 已知信号源电压 U_S=12V，内阻 R_0=600Ω，负载电阻 R_L=8Ω。（1）若将负载直接接在信号源上，如图 5.1.11（a）所示，求负载获得的功率；（2）在信号源与负载之间接入变压器，如图 5.1.11（b）所示，为使负载获得最大功率，求变压器的匝数比及负载获得的功率。

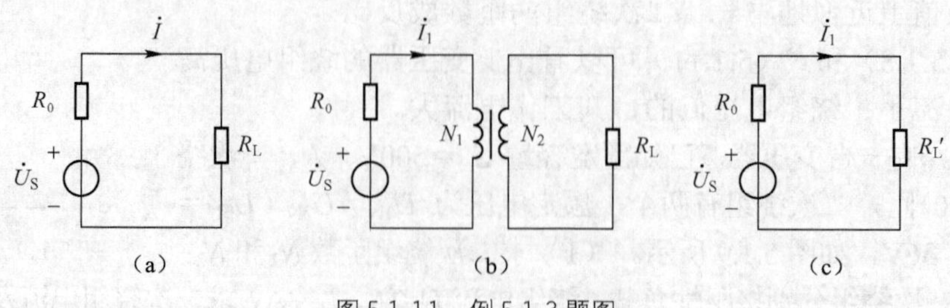

图 5.1.11 例 5.1.3 题图

解 （1）当负载直接接在信号源上时，负载获得的功率

$$P=\left(\frac{U_S}{R_0+R_L}\right)^2 R_L=\left(\frac{12}{600+8}\right)^2\times 8=3.12\times 10^{-3}\text{（W）}$$

（2）为使负载电阻获得最大功率，其等效电阻 R_L' 应等于信号源内阻 R_0，如图 5.1.11（c）所示，即

$$R_L'=k^2 R_L=R_0$$

则变压器的匝数比

$$k=\sqrt{\frac{R_0}{R_L}}=\sqrt{\frac{600}{8}}=8.66$$

等效电阻获得的功率即为负载电阻获得的功率，有

$$P=\left(\frac{U_S}{R_0+R_L'}\right)^2 R_L'=\left(\frac{12}{600+600}\right)^2\times 600=60\times 10^{-3}\text{（W）}$$

可见，经过变压器的阻抗变换，负载电阻获得的功率显著增加。

4. 变压器绕组的极性

具有磁耦合的两个线圈，当电流分别从两绕组各自的某端点同时流入（或流出）时，若两者产生的磁通相助，则这两端点称做同名端，用黑点“·”或星号“*”做标记，如图 5.1.12 所示。在同一变化磁通的作用下，同名端的感应电压极性相同，故同名端也称做同极性端。而感应电压极性相反的端点称做异名端。

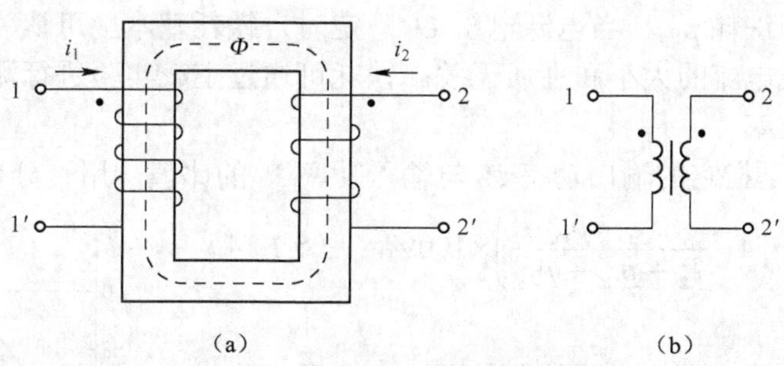

图 5.1.12 变压器绕组的同名端及表示

绕组连接时，一般应使两个绕组在铁芯中产生的磁通相助，如在图 5.1.12 中将端点 1'与 2 相连，端点 1 与 2'接电源。如果连接错误，将端点 1'与 2'相连，端点 1 与 2 接电源，则两个绕组在铁芯中产生的磁通相互抵消，绕组感应电动势也相互抵消，绕组中将流过较大的电流，变压器可能会烧毁。

因此必须按照绕组的同名端正确连接。在实际使用时，绕组的同名端可通过直流法或交流法进行判别。

5.1.3 变压器的运行特性

对于负载来讲，变压器的二次侧相当于一个电源。对于电源，我们所关心的运行性能是它的输出电压与负载电流之间的关系，即一般所说的外特性，以及变压器运行时的效率特性。

1. 变压器的外特性

当变压器的一次侧接在额定频率和额定电压的电网上时，负载功率因数一定，负载运行

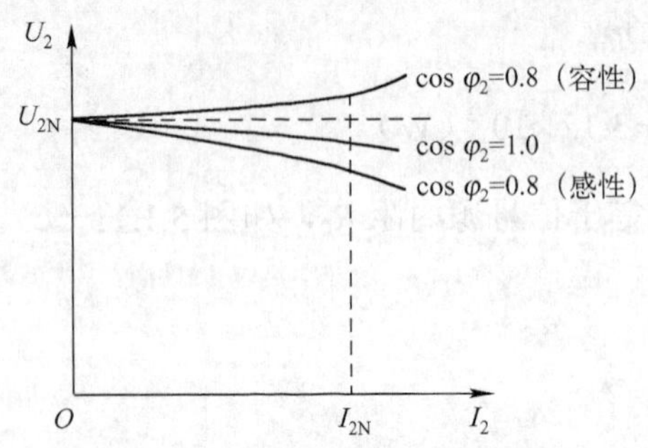

图 5.1.13　变压器的外特性

时电流流过二次侧绕组，由于变压器内部存在阻抗压降，二次侧端电压随负载电流的变化而变化，这种变化关系可用变压器的外特性来描述，即 $U_2=f(I_2)$，如图 5.1.13 所示。从空载到负载运行时二次侧端电压的变化量用电压变化率 $\Delta U\%$表示，即

$$\Delta U\%=\frac{U_{2N}-U_2}{U_{2N}}\times 100\% \qquad (5.1.13)$$

图 5.1.13 表明，在纯电阻负载时，$\Delta U\%$很小，负载增大时，U_2 下降得很小；在感性负载时，$\Delta U\%$较大，在相同负载电流 I_2 下，感性负载时 U_2 的下降比纯电阻负载时 U_2 的下降来得大；在容性负载时，二次侧端电压 U_2 可能比空载时高，即随 I_2 的增大而升高。

2. 变压器的效率特性

（1）变压器的损耗

变压器在能量传递的过程中会产生损耗，由于变压器是静止的电器，因此变压器的损耗仅有绕组铜损耗 p_{Cu} 和铁芯损耗 p_{Fe} 两大类。

变压器的绕组都有一定的电阻，当电流流过绕组时就要产生绕组损耗，称为铜损耗，即铜耗 p_{Cu}。铜耗的大小取决于负载电流和绕组电阻的大小，因而是随负载的变化而变化的，故称为可变损耗。铜耗可通过降压后的短路实验进行测算。

由于变压器铁芯中的磁通是交变的，因此在铁芯和结构件中要产生磁滞损耗和涡流损耗，统称为铁芯损耗，即铁耗 p_{Fe}。当电源电压 U_1 一定时，铁耗基本上可认为是恒定的，故称为不变损耗，它与负载电流的大小和性质无关。铁耗可通过空载实验进行测算。

（2）变压器的效率

变压器的效率η是指它的输出功率 P_2 与输入功率 P_1 的比值，用百分数表示，即

$$\eta=\frac{P_2}{P_1}\times 100\%=\left(1-\frac{p_{Cu}+p_{Fe}}{P_2+p_{Cu}+p_{Fe}}\right)\times 100\% \qquad (5.1.14)$$

（3）效率特性

在负载功率因数 $\cos\varphi_2$ 为常值的条件下，变压器工作时的效率η与负载系数β（$\beta=I_2/I_{2N}$）之间的关系，即$\eta=f(\beta)$曲线，称为变压器的效率特性。变压器效率特性曲线如图 5.1.14 所示。

通过数学分析可知，当可变损耗与不变损耗相等时，效率将达最大值η_{max}。一般电力变压器的最大效率η_{max} 发生在β=0.5～0.7 的范围内。

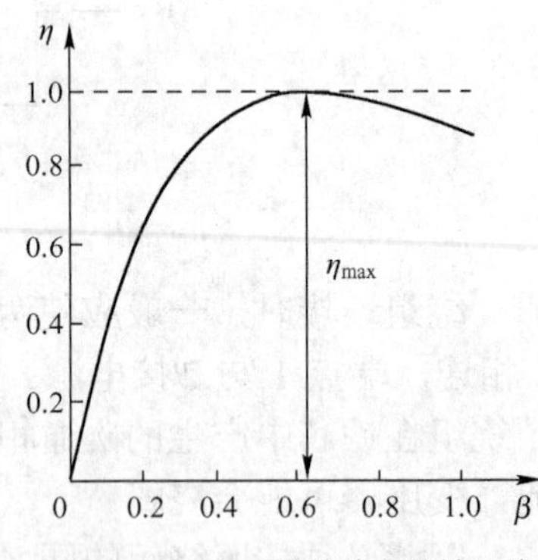

图 5.1.14　变压器的效率特性曲线

5.2　三相异步电动机

三相异步电动机用来拖动生产机械，它是生产机械的原动机。三相异步电动机具有结构简单、运行可靠、维护方便、效率较高等特点，广泛应用在各种工业生产、农业机械化、交通运输、国防工业等领域的电力拖动装置中。但三相异步电动机也有不足之处，最主要的是不能经济地实现范围较广的平滑调速，必须从电网吸取滞后的无功励磁电流，使电网的功率

因数降低。但一般的生产机械并不要求大范围的平滑调速，而电网的功率因数又可采取其他办法补偿。现在广泛采用的变频电源装置，使三相异步电动机的应用更加广泛。

本节先叙述三相异步电动机的基本结构、转动原理、旋转磁场和机械特性，再分析三相异步电动机的启动、反转、调速和制动的原理和方法。

5.2.1　三相异步电动机的基本结构和工作原理

1. 三相异步电动机的基本结构

三相异步电动机的品种很多，按电动机转子绕组的结构形式的不同，可分为笼型（即鼠笼型）和绕线转子两类，而笼型转子又可分为单笼型（即普通的笼型）、双笼型和深槽型等；按电动机外壳的防护形式的不同，可分为开启式、防护式、封闭式和全封闭式等，如图 5.2.1 所示；按电动机的冷却方式的不同，可分为自冷式、自扇冷式、他扇冷式和管道通风式等。

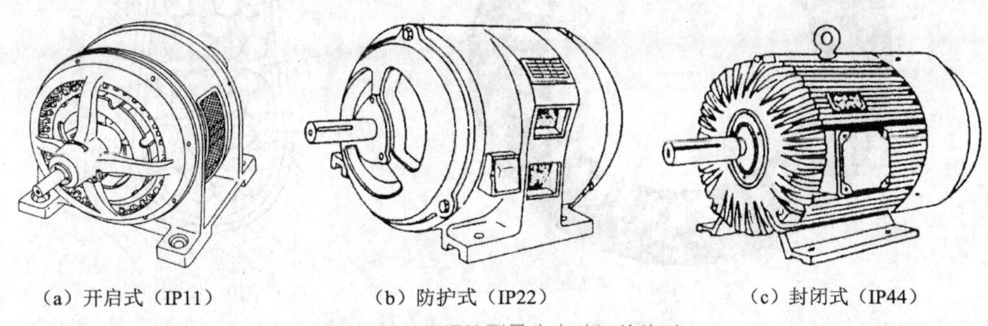

（a）开启式（IP11）　（b）防护式（IP22）　（c）封闭式（IP44）

图 5.2.1　三相笼型异步电动机的外形

三相异步电动机均由定子和转子两大部分组成，定子、转子之间为气隙。三相异步电动机的气隙比其他类型的电动机小很多，一般为 0.25～2.0mm。气隙的大小对异步电动机的性能影响很大。图 5.2.2 所示为封闭式三相笼型异步电动机的组成图。下面介绍各主要零部件的结构和作用。

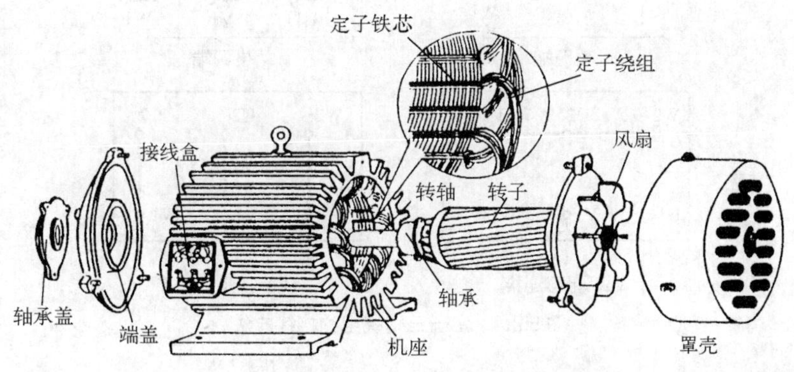

图 5.2.2　封闭式三相笼型异步电动机组成图

（1）定子

电动机的静止部分称作定子，主要包括定子铁芯、定子绕组和机座等部件。

定子铁芯一般由厚 0.5mm 的硅钢片冲片叠压而成，它是电动机磁路的一部分，其上嵌有定子绕组。冲片表面涂有绝缘漆或具有氧化膜的绝缘层，作为冲片间绝缘，以减小涡流损耗。

定子铁芯的内圆冲有均匀分布的槽，用以嵌放定子绕组，如图 5.2.3（a）所示。目前我国生产的 100kW 以下的 Y 系列小型异步电动机均采用半闭口槽。

三相异步电动机的定子绕组是三相对称绕组，由 3 个完全相同的绕组组成。小型三相异步电动机的定子绕组通常用高强度的漆包线绕制成各种线圈，然后再嵌放在定子铁芯槽内，它可以是单层的，也可以是双层的，如图 5.2.3（b）所示。定子三相绕组的 6 个出线端引到电动机机座的接线盒内，可根据需要将三相绕组接成星形或三角形接法。图 5.2.4 所示为三相绕组接法及三相异步电动机接线盒内绕组连接示意图。

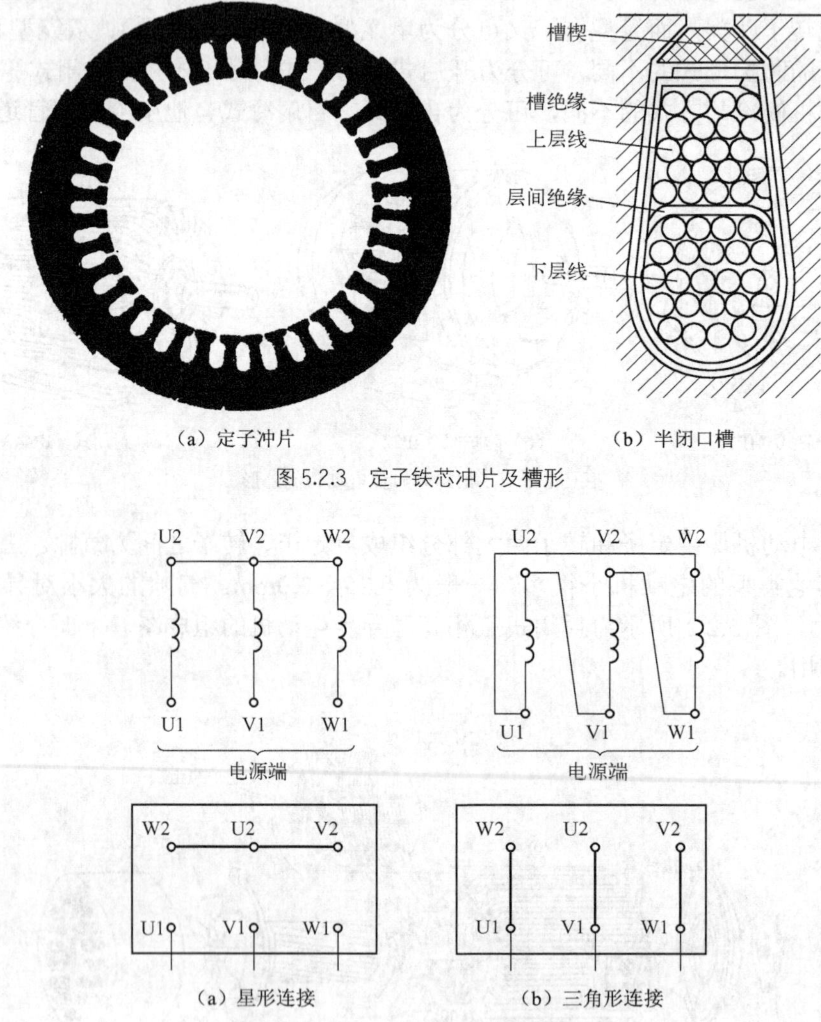

（a）定子冲片　（b）半闭口槽

图 5.2.3　定子铁芯冲片及槽形

（a）星形连接　（b）三角形连接

图 5.2.4　定子三相绕组的接线方法

三相异步电动机的机座通常用铸铁铸造而成，主要用来固定定子铁芯和定子绕组，同时通过两个端盖支承转子，起保护整台电动机电磁部分的作用。封闭式电动机的机座外面有散热筋，以增加散热面积；防护式和开启式电动机的机座开有通风孔，使电动机内外的空气可直接对流，以利于散热。

（2）转子

转子是电动机的旋转部分，包括转子铁芯、转子绕组和转轴等部件。

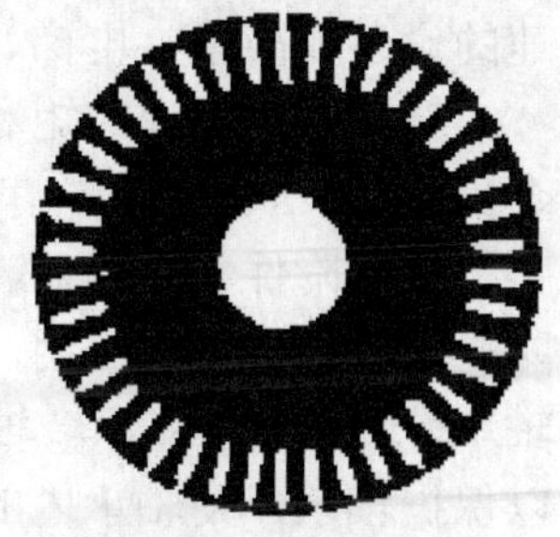
图 5.2.5 转子铁芯冲片

转子铁芯的作用和定子铁芯相同，既作为电动机磁路的一部分，又用来安放转子绕组。转子铁芯也是用 0.5mm 厚的硅钢片冲片叠压而成，如图 5.2.5 所示。

为了改善三相异步电动机的启动及运行性能，三相笼型异步电动机的转子铁芯一般都采用斜槽结构，即转子槽与电动机转轴的轴线不在同一平面上，而是扭斜了一个角度，如图 5.2.2 所示。

三相异步电动机的转子绕组分为笼型和绕线型两种。笼型转子绕组有的在转子铁芯的每个槽中插入一根铜条（称为导条），铜条两端各用一个铜环（称为端环或短路环）焊接，此称为铜条转子。绕组的形状像个笼子，故称为笼型转子，如图 5.2.6（a）、（b）所示。为了简化制造工艺，也常用铸铝方法把转子导条和端环、风扇叶片用铝液一次浇铸而成，称为铸铝转子，如图 5.2.6（c）、（d）所示。

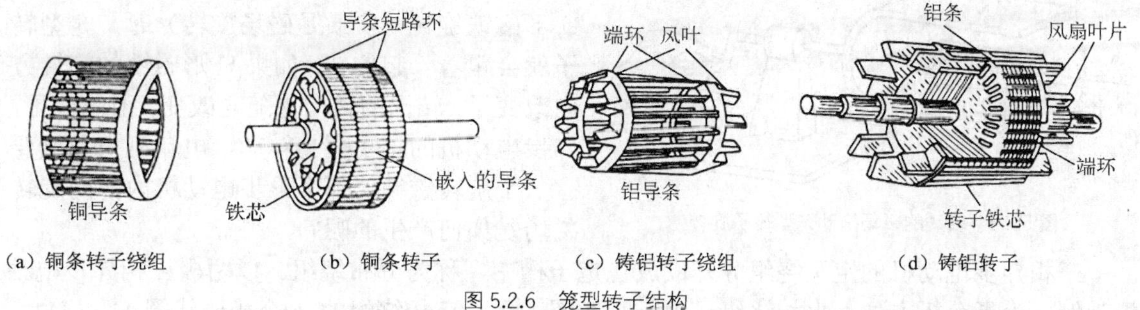

图 5.2.6 笼型转子结构

绕线型转子如图 5.2.7 所示。绕线型转子绕组与定子绕组一样也是三相对称绕组，它的极对数与定子绕组的相同。绕线型转子绕组一般都接成星形，3 根引出线分别接到转轴上 3 个彼此绝缘的铜质滑环（集电环）上，通过电刷装置与外电路相连，以便在转子电路中串接变阻器，如图 5.2.8 所示，以改善电动机的启动和运行性能。

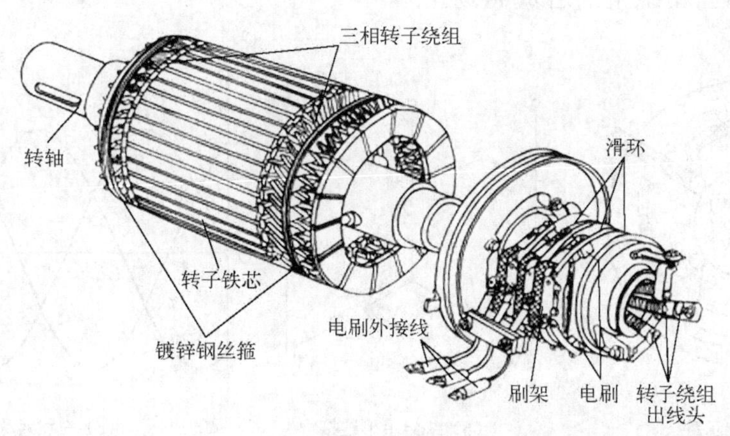

图 5.2.7 绕线型转子和电刷装置

笼型转子因结构简单、制造方便、运行可靠，所以得到广泛应用。而铸铝转子应用更广，100kW 以下的三相异步电动机一般采用铸铝转子。绕线型转子结构较笼型转子复杂，应用不如笼型异步电动机那样广泛。但其启动及调速性能较好，故在要求一定范围内能进行平滑调速的设备如吊车、电梯、空气压缩机等上被采用。

转轴用来传递转矩和支承转子重量，一般由中碳钢或合金钢制成。

其他附件包括端盖、风扇等。端盖装在机座的两侧，起防护和支承转子的作用，一般采用铸铁件。在端盖上还装有轴承，通过轴承支承转轴，减小摩擦。另外还装有轴承端盖，以保护轴承，使轴承内的润滑脂不致溢出。风扇则用来通风冷却。

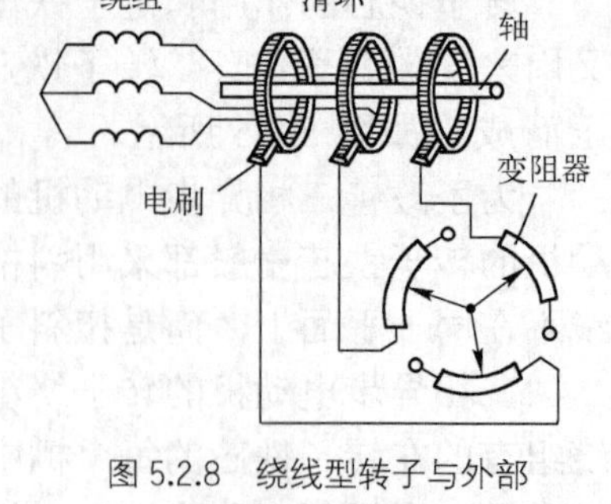

图 5.2.8 绕线型转子与外部变阻器的连接

2. 三相交流电的旋转磁场

（1）旋转磁场的产生

如图 5.2.9 所示，在一个装有手柄的 U 形磁铁中间放一个可自由转动的笼型转子，转子与 U 形磁铁之间没有机械联系。当摇动手柄使 U 形磁铁旋转（实质是磁场旋转）时，笼型转子就会跟着一起旋转。如果 U 形磁铁的旋转方向改变了，转子的转向也随之改变。由此可见，异步电动机的转子要想转动，电动机内部就要有一个旋转磁场，那么异步电动机内部的旋转磁场是如何产生的呢？

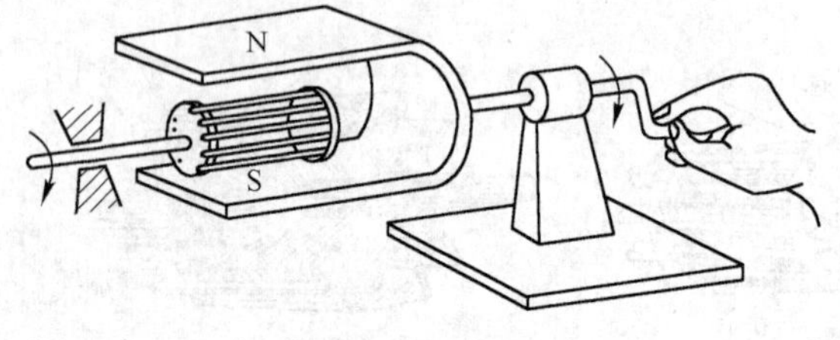

图 5.2.9 转动的磁场拖动笼型转子旋转

三相异步电动机的定子绕组分开嵌放在定子槽中，称为分布绕组。以两极三相异步电动机为例，为了分析方便，每相绕组只画一个线圈表示，三相绕组的 3 个相同线圈 U1—U2、V1—V2、Wl—W2 在空间彼此相差 120°的角度，分别嵌放在定子槽中，如图 5.2.10（a）所示。如将绕组接成星形连接，则将 3 个绕组的末端接在一起，如图 5.2.10（b）所示。当三相对称绕组中接入三相对称电源时，定子绕组中便有三相对称电流流过，其波形如图 5.2.10（c）所示。电流通过绕组时，在绕组周围就会产生磁场，由每相绕组在同一时刻各自产生的磁场叠加可得到三相绕组的合成磁场。

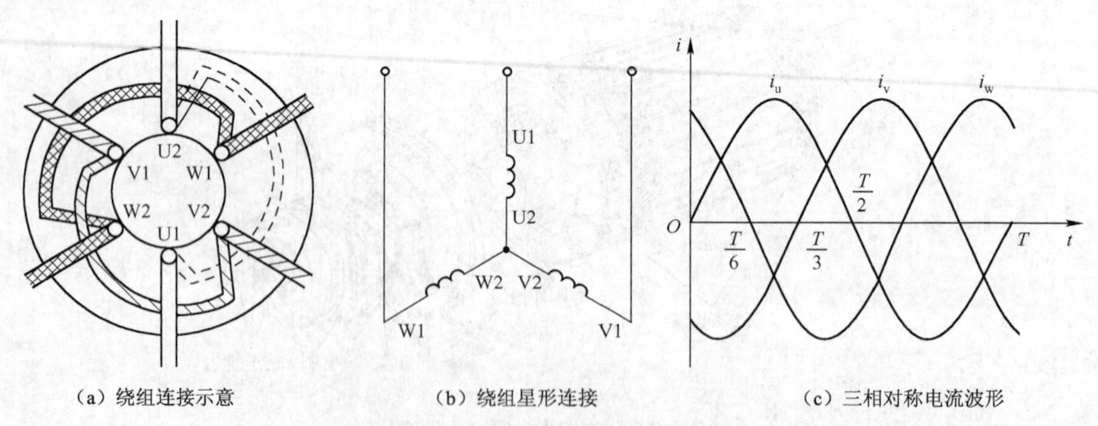

（a）绕组连接示意 （b）绕组星形连接 （c）三相对称电流波形

图 5.2.10 定子三相绕组及三相对称电流

由图 5.2.10 可以看出，如果将电流 i_u 通入 U 相绕组、i_v 通入 V 相绕组、i_w 通入 W 相绕组，不同时刻产生的合成磁场的轴线在空间转动，即在电动机的气隙中产生了旋转磁场。绕组按 U1—W2—V1—U2—Wl—V2 排列一个循环，则产生一对磁极。如果要增加磁极数，只要在圆周上增加绕组排列循环即可。

如果将接到电动机接线端子的三相电源线的任意两根线对调，如将电流 i_u 通入 U 相绕组，而 i_v 通入 W 相绕组、i_w 通入 V 相绕组，则旋转磁场的转向改变，读者可自行分析。

（2）旋转磁场的同步转速

由图 5.2.11 所示的三相两极旋转磁场可以看出，如果电流变化一个周期，则旋转磁场也变化一个周期，在空间上转过一周。旋转磁场转速（即同步转速）与磁场极对数及电源频率的关系如下：

$$n_1 = \frac{60 f_1}{p} \tag{5.2.1}$$

式中，n_1 为旋转磁场转速，r / min；f_1 为电源频率，Hz；p 为磁极对数。

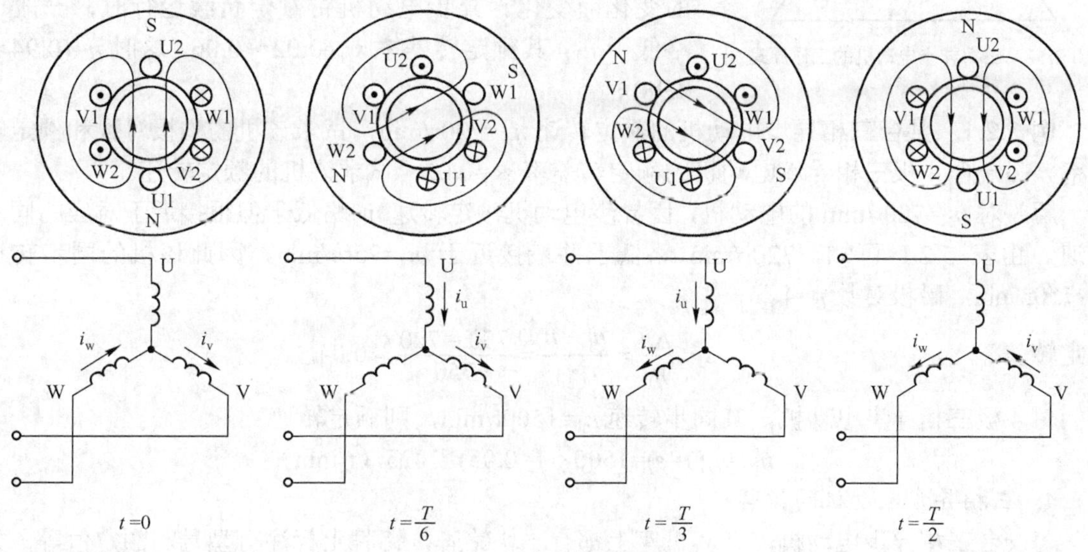

图 5.2.11　三相两极旋转磁场

由式（5.2.1）可得，磁极对数越多，旋转磁场的转速就越慢，成反比关系；电源频率越高，即每秒钟电流变化的周期越多，则旋转磁场的转速就越快，成正比关系。

我国的电源频率为 50Hz，所以磁极数与旋转磁场的转速关系如表 5.2.1 所示。

表 5.2.1　磁极数与同步转速的关系（f_1=50Hz）

磁极数(2p)	2	4	6	8	10	12
n_1（r/min）	3000	1500	1000	750	600	500

3. 三相异步电动机的工作原理

当定子三相对称绕组通入三相交流电流时，电动机内部产生一个以同步转速 n_1 旋转的旋转磁场。转子导体与旋转磁场之间产生相对运动，在转子导体中产生感应电动势、感应电流（转子绕组闭合），而有感应电流的转子导体在旋转磁场中将产生电磁力、电磁转矩，克服阻力矩后，促使转子沿着旋转磁场的方向转动起来，最终进入稳定运行状态，如图 5.2.12 所示。

由于异步电动机工作在电动状态时，其转子转向与旋转磁场的转向相同，但转子转速 n 总是低于旋转磁场的同步转速 n_1，二者转速不相同，所以这种电动机称做异步电动机。又由于产

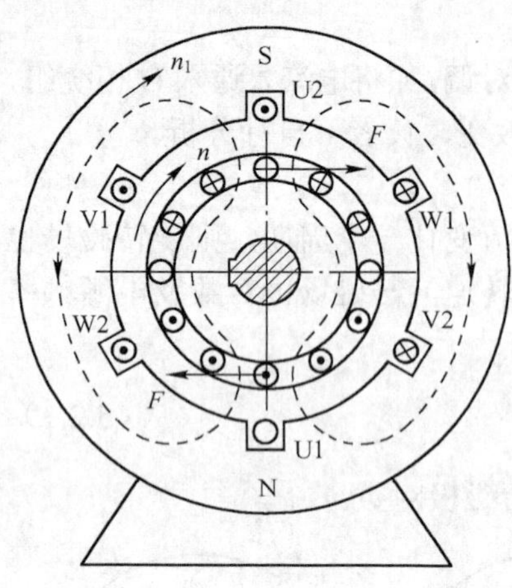

图 5.2.12　三相异步电动机的工作原理图

生电磁转矩的转子电流是靠感应而产生的，因此异步电动机也称做感应电动机。

通常将旋转磁场的同步转速 n_1 与转速 n 之差称为转差 Δn，而转差Δn 与同步转速 n_1 的比值称为异步电动机的转差率 s，即

$$s=\frac{\Delta n}{n_1}=\frac{n_1-n}{n_1} \tag{5.2.2}$$

转子转速　$$n=n_1(1-s) \tag{5.2.3}$$

异步电动机运行时，$0\leqslant n<n_1$，故有 $0<s\leqslant 1$。由于转速 n 随着负载的变化而变化，所以转差率 s 也随着负载的变化而变化。异步电动机带额定负载运行时，一般 n 略低于 n_1，其额定转差率 s_N=0.02～0.06，这时 n=(0.94～0.98)n_1。

例 5.2.1　某台三相异步电动机的额定转速 n_N=720r/min，试求该机的磁极对数和额定转差率。另一台 4 极三相异步电动机的额定转差率 s_N=0.05，试求该机的额定转速。

解　对 n_N=720r/min 的电动机，因异步电动机额定转速 n_N 略低于但很接近于对应的同步转速。由表 5.2.1 可知，720r/min 略低于并最接近于 n_1=750r/min，因此该机的同步转速 n_1=750r/min，磁极对数 p=4。

额定转差率　$$s=\frac{\Delta n}{n_1}=\frac{n_1-n}{n_1}=\frac{750-720}{750}=0.04$$

对 4 极三相异步电动机，其同步转速 n_1=1500r/min，则额定转速

$$n_N=n_1(1-s)=1500\times(1-0.05)=1425\ \text{（r/min）}$$

4. 三相异步电动机的铭牌

每一台三相异步电动机，在其机座上都有一块铭牌，铭牌上标注有型号、额定值等，如表 5.2.2 所示。

表 5.2.2　　**三相异步电动机的铭牌**

<table>
<tr><td colspan="4">三相异步电动机</td></tr>
<tr><td colspan="2">型号　Y112M-2</td><td colspan="2">编号××××</td></tr>
<tr><td colspan="2">4kW</td><td colspan="2">8.2A</td></tr>
<tr><td>380V</td><td>2890 r/min</td><td colspan="2">LW　79dB　（A）</td></tr>
<tr><td>接法　△</td><td>防护等级 IP44</td><td>50Hz</td><td>××kg</td></tr>
<tr><td>ZBK 2007-88</td><td>工作制 S1</td><td>B 级绝缘</td><td>××年××月</td></tr>
<tr><td colspan="4">××电机厂</td></tr>
</table>

（1）型号

三相异步电动机的型号一般由汉语拼音的大写字母和阿拉伯数字组成，表示电动机的种类、规格和用途等，下面举例说明。

Y 112M-2

112M-2——规格代号，表示中心高112mm，中机座，2极

Y——产品代号，表示三相异步电动机

YR 160S2-4 WF

- WF — 特殊环境代号，W表示户外用，F表示化工防腐用
- 160S2-4 — 规格代号，表示中心高160mm，短机座，2号铁芯（长），4极
- YR — 产品代号，Y表示三相异步电动机，R表示绕线转子

三相异步电动机的中心高越大，电动机容量越大。中心高范围为 80～315mm 的为小型电动机，315～630mm 的为中型电动机，630mm 以上的为大型电动机。在同样的中心高下，机座长，则容量大，机座长度用 S、M、L 分别表示短、中、长机座。铁芯长度按由短至长顺序用数字 1，2，3…表示。

（2）额定值

额定值规定了电动机的正常运行状态和条件，它是选用、安装和维修电动机时的依据。三相异步电动机铭牌上标注的主要额定值有以下几个。

① 额定功率 P_N：指电动机在额定运行时，轴上输出的机械功率（千瓦，kW）。

② 额定电压 U_N：指电动机在额定运行时，加在定子绕组出线端的线电压（伏，V）。

③ 额定电流 I_N：指电动机在额定运行时，定子绕组中的线电流（安，A），也就是电动机长期运行时所允许的定子的线电流。

对三相异步电动机的额定功率与其他额定数据之间有如下关系。

$$P_N = \sqrt{3}U_N I_N \cos\varphi_N \eta_N \tag{5.2.4}$$

式中，$\cos\varphi_N$ 为额定功率因数；η_N 为额定效率。

④ 额定频率 f_N：指电动机在额定运行时所接的交流电源频率。我国电力网的频率（即工频）规定为 50Hz。

⑤ 额定转速 n_N：指电动机在额定运行时的转子转速（转/分，r/min）。

通过铭牌数据，可以求得额定转矩

$$T_N = 9550\frac{P_N}{n_N} \tag{5.2.5}$$

此外，铭牌上还标明了绕组接法、绝缘等级及工作制等。对于三相绕线转子异步电动机，还标明转子绕组的额定电压（指定子加额定频率的额定电压而转子绕组开路时集电环间的电压）和转子的额定电流，以作为配用启动变阻器等的依据。

例 5.2.2 一台 Y160M2-2 三相异步电动机的额定数据如下：P_N=15kW，U_N=380V，n_N=2930r/min，$\cos\varphi_N$=0.88，η_N=88.2%，定子绕组△接法。试求该机的额定电流、额定相电流和额定转矩。

解 该机的额定电流为

$$I_N = \frac{P_N}{\sqrt{3}U_N \cos\varphi_N \eta_N} = \frac{15000}{\sqrt{3}\times 380\times 0.88\times 0.882} = 29.4\text{(A)}$$

额定相电流为

$$I_{N\varphi} = \frac{I_N}{\sqrt{3}} = \frac{29.4}{\sqrt{3}} \approx 17\text{(A)}$$

额定转矩为

$$T_N = 9550\frac{P_N}{n_N} = 9550\times\frac{15}{2930} = 48.89\text{(N·m)}$$

从例 5.2.2 可以看出，$I_N \approx 2P_N$，这也是额定电压为 380V 的三相异步电动机的一般规律。今后在实际中，可以对三相异步电动机的额定电流进行粗略估算，即每 kW 按 2A 电流估算。

5.2.2 三相异步电动机的机械特性

1. 三相异步电动机的电磁转矩

三相异步电动机在运行时，有感应电流的转子导体在旋转磁场中产生电磁力、电磁转矩，克服阻力矩后，促使转子沿着旋转磁场的方向转动起来。通过分析可得电磁转矩 T 的物理表达式为

$$T = C_{\mathrm{T}}\Phi_{\mathrm{m}}I_2\cos\varphi_2 \tag{5.2.6}$$

式中，C_{T} 为转矩常数。

式（5.2.6）表明三相异步电动机的电磁转矩 T 与主磁通 Φ_{m} 成正比，与转子电流的有功分量 $I_2\cos\varphi_2$ 成正比。进一步分析，可得电磁转矩 T 的参数表达式

$$T = K_{\mathrm{T}}\frac{sR_2U_1^2}{R_2^2+(sX_{20})^2} \tag{5.2.7}$$

式中，K_{T} 为常数；R_2 为电动机转子绕组的每相电阻；X_{20} 为电动机转子静止时的等效电抗；U_1 为电动机定子绕组的相电压。

式（5.2.7）表明，当三相异步电动机的参数一定时，$T \propto U_1^2$，所以电源电压的波动对电动机的影响很大。另外，电磁转矩还受转子电阻 R_2 的影响。

2. 固有机械特性

固有机械特性是指三相异步电动机工作在额定电压和额定频率下，由电动机本身固有的参数所决定的机械特性。由式（5.2.7）可以看出，当电源及电动机的参数一定时，电磁转矩 T 仅与转差率 s 有关。对应于电动状态（$0<s\leqslant 1$）的不同 s 的值，有不同的 T 值，将这些数据绘成曲线，则得 T-s 转矩特性曲线，如图 5.2.13 所示。将转差率 s 转换为转速，则得 n-T 机械特性曲线，如图 5.2.14 所示。通常三相异步电动机都工作在图 5.2.14 所示曲线的 ab 段，只有通风机型负载可以在 bc 段稳定运行。

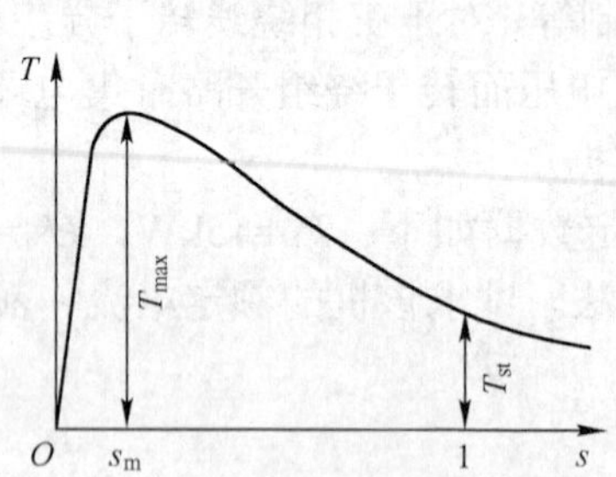

图 5.2.13 三相异步电动机 T-s 曲线

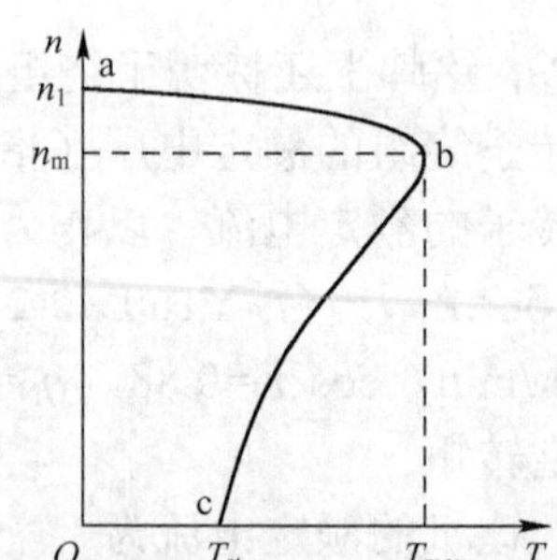

图 5.2.14 三相异步电动机 n-T 曲线

由图 5.2.13 可以看出，当转差率 s=0 时，T=0；s 增大但在 $s\approx 0$ 区间时，有电磁转矩正比于转差率，即 $T\propto s$；当 s 继续增大至 $s\approx 1$ 区间时，有电磁转矩反比于转差率，即 $T\propto 1/s$。根据数学知识，电磁转矩 T 从正比于 s 到反比于 s，中间必有一最大转矩 $T_{\max}$，而产生 $T_{\max}$ 时的转差率为临界转差率 s_{m}，对应的转速为 n_{m}。

（1）最大转矩 $T_{\max}$

在额定电压、额定频率及电动机固有参数的条件下，三相异步电动机能够产生的最大转矩 $T_{\max}$。为使电动机在运行过程中不会因可能出现的短时过载（过载是指负载转矩超过额定

转矩）而停机，要求其额定转矩 T_N 小于 T_{max}，因而具有一定的过载能力。最大转矩 T_{max} 与额定转矩 T_N 之比称为最大转矩倍数，或过载能力，用 λ_m 表示，即

$$\lambda_m = \frac{T_{max}}{T_N} \tag{5.2.8}$$

λ_m 是三相异步电动机的一个重要性能指标，它表明了电动机短时过载的极限。一般 Y 系列三相异步电动机的 λ_m 范围为 2.0～2.2。电动机稳定运行时，其负载转矩应小于最大转矩；当负载转矩超过最大转矩时，电动机因带不动负载而停机，绕组电流迅速上升，以致烧毁。

（2）启动转矩 T_{st}

在额定电压、额定频率及电机固有参数的条件下，三相异步电动机启动（n=0，s=1）时能够产生的转矩 T_{st}。将 s=1 代入式（5.2.7）中即可求三相异步电动机的启动转矩。

在额定电压、额定频率及电动机固有参数的条件下的启动转矩 T_{st} 与额定转矩 T_N 的比值，称为电动机的启动转矩倍数 λ_{st}，即

$$\lambda_{st} = \frac{T_{st}}{T_N} \tag{5.2.9}$$

T_{st} 也是三相异步电动机的一个重要性能指标。启动转矩大一些好，特别是重载启动可以缩短启动时间，减少损耗，提高生产效率。一般 Y 系列三相异步电动机的 λ_{st} 范围为 1.8～2.0。显然，只有启动转矩 T_{st} 大于负载转矩时，电动机才允许启动；但一般只有启动转矩 T_{st} 大于 1.1 倍的负载转矩时才能顺利启动。

5.2.3 三相异步电动机的启动

衡量三相异步电动机启动性能好坏的最主要的指标是启动电流和启动转矩，我们总是希望在启动电流较小的情况下能获得较大的启动转矩。

1. 全压启动存在的问题

全压启动就是利用开关或接触器将电动机的定子绕组直接接到具有额定电压的电网上，也称为直接启动。这种启动方法的优点是操作简便，启动设备简单，但存在着以下问题。

（1）全压启动电流很大

三相异步电动机在启动瞬间 n=0，旋转磁场以很大的相对速度 n_1 切割转子导体，故转子电动势和转子电流都很大，因而定子电流即启动电流 I_{st} 也很大：$I_{st} \approx (4 \sim 7) I_N$。

（2）全压启动转矩不是很大

三相异步电动机的全压启动电流很大，但启动时功率因数很低，同时启动时主磁通 Φ_1 减小，由电磁转矩的物理表达式 $T = C_T \Phi_m I_2 \cos\varphi_2$ 可知，全压启动转矩不是很大。启动转矩倍数 λ_{st} 范围为 1.8～2.0。

全压启动时的大电流会使电源和供电线路上的压降增大，引起电网电压波动，影响并联在同一电网上的其他负载的正常工作。例如，附近照明灯亮度减弱，正在工作的电动机速度下降，甚至拖不动负载而停车等。特别对较小容量的供电变压器或电网系统影响更甚。对电动机本身来说，虽然启动电流大，但持续的时间不长，因而不致起破坏作用（启动频繁和惯性较大、启动时间较长的电动机除外）。

2. 三相笼型异步电动机的全压启动

由于全压启动操作简便，启动设备简单，现代设计的三相笼型异步电动机本身都允许全压启动，因此对于三相笼型异步电动机而言，能否采用全压启动的方法主要受电网容量的限

制。对于容量在 7.5kW 以下的三相笼型异步电动机，一般均可全压启动。

对于一般小容量的三相笼型异步电动机，如果电网容量足够大，应尽量用此方法。如果全压启动时的启动电流在电网中引起的电压降不超过 10%～15%（对经常启动的电动机取 10%，对不经常启动的电动机取 15%），一般就允许全压启动。另外也可用经验公式来确定，如果三相笼型异步电动机满足如下要求，就可以允许全压启动，即

$$\frac{I_{st}}{I_N} \leqslant \frac{3}{4} + \frac{\text{电源总容量（kV•A）}}{4\times\text{电动机容量（kW）}} \tag{5.2.10}$$

式（5.2.10）的左边为电动机的启动电流倍数，右边为电源允许的启动电流倍数。所以只有当电动机的全压启动电流倍数小于电源允许的启动电流倍数时才能全压启动。如果不能满足上述要求，则一般采用降压启动，限制启动电流。

例 5.2.3 一台 Y180M-4 三相笼型异步电动机，已知 P_N=18.5kW，$\frac{I_{st}}{I_N}=7$，其电源变压器的容量为 560kV · A，问能否全压启动？另有一台 Y225S-4 三相笼型异步电动机，已知 P_N=37kW，$\frac{I_{st}}{I_N}=7$，问能否全压启动？

解 对 18.5kW 的电动机

根据经验公式 $\frac{3}{4} + \frac{\text{电源总容量（kV•A）}}{4\times\text{电动机容量（kW）}} = \frac{3}{4} + \frac{560}{4\times 18.5} = 8.32 > 6.5$

该机的全压启动电流倍数小于电网允许的启动电流倍数，所以允许全压启动。

对 45 kW 的电动机

根据经验公式 $\frac{3}{4} + \frac{\text{电源总容量（kV•A）}}{4\times\text{电动机容量（kW）}} = \frac{3}{4} + \frac{560}{4\times 37} = 4.53 < 6.5$

该机的全压启动电流倍数大于电网允许的启动电流倍数，所以不允许全压启动。

3. 三相笼型异步电动机的降压启动

降压启动不改变电源电压，只是采用某种方法使加在电动机定子绕组上的电压降低。降压启动的目的是减小启动电流，但同时使电动机的启动转矩减小（$T \propto U_1^2$），故适用于轻负载启动。降压启动常有以下几种方法。

（1）星-三角（Y-△）降压启动

这种启动方法只适用于定子绕组在正常工作时为三角形（△）接法的三相笼型异步电动机。电动机定子绕组的 6 个端头都引出来接到换接开关 QS2 上，如图 5.2.15 所示。启动时，将定子绕组接成星形（Y）接法，使相电压降为额定电压的$\frac{1}{\sqrt{3}}$，待转速上升到额定转速的 75%～85%时，再将定子绕组换接成三角形（△）接法，使电动机在额定电压下正常运行。

由于电动机在 Y 接启动时绕组相电压降为△接启动时绕组相电压的$\frac{1}{\sqrt{3}}$，因此绕组相电流也降为$\frac{1}{\sqrt{3}}$，则有

$$I_{stY} = I_{stY\varphi} = \frac{I_{st\triangle\varphi}}{\sqrt{3}} = \frac{1}{\sqrt{3}} \times \frac{I_{st\triangle}}{\sqrt{3}} = \frac{I_{st\triangle}}{3} \tag{5.2.11}$$

即 Y 接降压启动时的启动电流 I_{stY}，只有△接全压启动时启动电流 $I_{st\triangle}$的$\frac{1}{3}$。

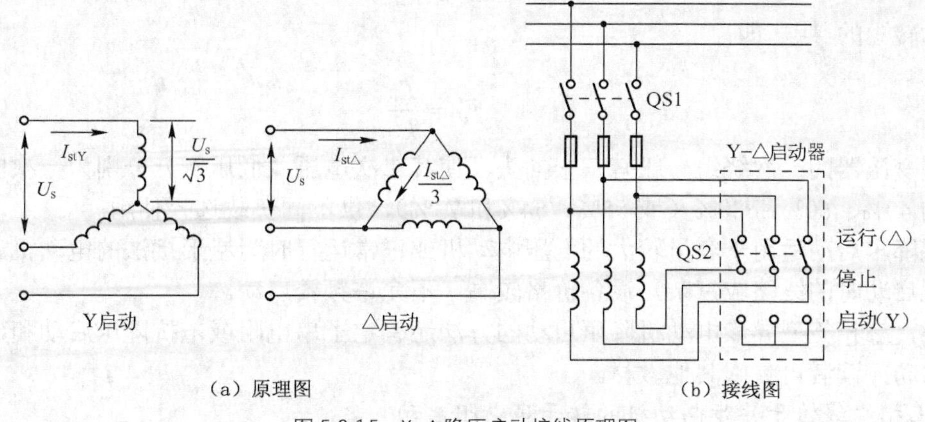

（a）原理图　　　　（b）接线图

图 5.2.15　Y-△降压启动接线原理图

由于启动转矩与定子绕组的相电压平方成正比，而 Y 接启动时绕组相电压降为△接启动时绕组相电压的 $\frac{1}{\sqrt{3}}$，故 Y 接时的启动转矩降为

$$T_{stY}=\frac{T_{st\triangle}}{3}=\frac{T_{st}}{3} \tag{5.2.12}$$

即这种启动方法的启动转矩也只有全压启动时启动转矩的 1/3。

可见，星-三角（Y-△）降压启动的启动电流和启动转矩都只有全压启动时的 1/3，这种启动方法的优点是启动设备比较简单、成本低、运行比较可靠，缺点是只适用于空载或轻载启动。Y 系列容量等级在 4kW 及以上的小型三相笼型异步电动机，正常运行时都是△接法，以便可以采用 Y-△启动。

（2）三相笼型异步电动机的自耦变压器降压启动

自耦变压器降压启动就是利用三相自耦变压器降低加在电动机定子绕组上的电压，以减小启动电流的启动方法。采用自耦变压器降压启动时，自耦变压器的一次侧（高压边）接电网，二次侧（低压边）接到电动机的定子绕组上。启动完毕，去除自耦变压器，再把电动机直接接到额定电压的电网上正常运行，接线图如图 5.2.16 所示。

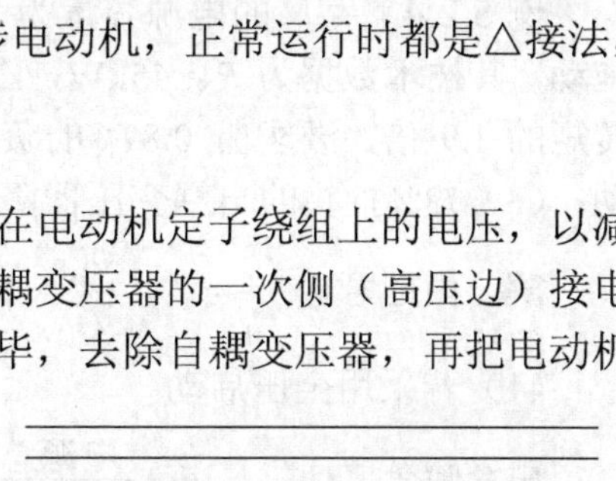

自耦变压器降压启动时，加在电动机定子绕组上的电压为 $U_{st}=\frac{U_N}{k}$（变比 k>1），下降为 $1/k$，因此电动机的启动电流（自耦变压器的二次侧电流）也下降为 $\frac{1}{k}$，即 $\frac{I_{st}}{k}$。电网提供给电动机的启动电流（自耦变压器的一次侧电流）又下降为 $\frac{1}{k}$，因此自耦变压器降压启动的启动电流降为全压启动电流的 $\frac{1}{k^2}$，即

图 5.2.16　自耦变压器降压启动接线图

$$I'_{st}=\frac{I_{st}}{k^2} \tag{5.2.13}$$

由于启动转矩与定子绕组的相电压平方成正比，而相电压下降为 $\frac{1}{k}$，因此启动转矩降为

全压启动转矩的 $\frac{1}{k^2}$，即

$$T'_{\mathrm{st}} = \frac{T_{\mathrm{st}}}{k^2} \tag{5.2.14}$$

自耦变压器的二次绕组一般有三个抽头，使其二次电压（低压侧）分别为一次电压（高压侧）的 40%、60%和 80%（或 55%、64%和 73%），供不同负载选择使用。

自耦降压启动适用于容量较大的低压电动机或正常运行时为星形接法的电动机。自耦变压器降压启动时的线路较复杂，设备价格较高，不允许频繁启动。

另外，三相笼型异步电动机降压启动的方法还有定子串电阻或电抗降压启动和延边三角形降压启动，读者可参阅其他教材。

4. 三相绕线转子异步电动机的转子串电阻启动

对于需要大、中容量电动机带动重载启动的生产机械或需要频繁启动的电力拖动系统，不仅要限制启动电流而且还要有足够大的启动转矩，则可采用三相绕线转子异步电动机转子串电阻的方法来改善启动性能。

采用三相绕线转子异步电动机的转子串电阻，可限制启动时的转子及定子电流；同时通过前面的如图 5.2.16 所示的转子回路串入电阻人为机械特性的分析中已知，绕线转子回路串入适当的电阻还能增大启动转矩。因此，三相绕线转子电动机转子串电阻启动，可以得到比普通笼型电动机优越得多的启动性能，适用于容量较大的重载启动。缺点是结构比较复杂、造价高。

例 5.2.4 某厂的电源容量为 560kVA，一皮带运输机采用 Y225M-4 三相笼型异步电动机拖动，其技术数据为 P_{N}=45kW，△接法，全压启动电流为额定电流的 7 倍，启动转矩为额定转矩的 1.9 倍，要求带 $0.8T_{\mathrm{N}}$ 的负载启动，试问能否采用：（1）全压启动；（2）Y-△降压启动；（3）73%抽头的自耦变压器降压启动。

解 由题意，$\frac{I_{\mathrm{st}}}{I_{\mathrm{N}}}=7$，$\frac{T_{\mathrm{st}}}{T_{\mathrm{N}}}=1.9$

（1）若采用全压启动

由经验公式 $$\frac{3}{4}+\frac{\text{电源总容量（kV·A）}}{4\times\text{电动机容量（kW）}}=\frac{3}{4}+\frac{560}{4\times 45}=3.86<7$$

可见电网容许的启动电流倍数为 3.86，小于全压启动电流倍数 7，故不能采用全压启动。

（2）若采用 Y-△降压启动

因电动机正常运行时是△接法，则 Y 接法启动时

$$I'_{\mathrm{st}}=\frac{I_{\mathrm{st}}}{3}=\frac{7\times I_{\mathrm{N}}}{3}=2.33I_{\mathrm{N}}<4.25I_{\mathrm{N}}$$

$$T'_{\mathrm{st}}=\frac{T_{\mathrm{st}}}{3}=\frac{1.9\times T_{\mathrm{N}}}{3}=0.63T_{\mathrm{N}}<0.8T_{\mathrm{N}}$$

可见，虽然启动电流小于电网容许值，但启动转矩不符合要求，不能采用。

（3）若采用自耦变压器降压启动

启动电流 $$I'_{\mathrm{st}}=\frac{T_{\mathrm{st}}}{k^2}=0.73^2\times 7\times I_{\mathrm{N}}=3.73I_{\mathrm{N}}<4.25I_{\mathrm{N}}$$

启动转矩 $$T'_{st}=\frac{T_{st}}{k^2}=0.73^2\times 1.9\times T_{\mathrm{N}}=1.01T_{\mathrm{N}}>0.8T_{\mathrm{N}}$$

可见，用73%抽头的自耦变压器降压启动，启动电流和启动转矩均符合电网和负载的要求，可以采用。

5.2.4 三相异步电动机的反转

三相异步电动机的反转是很容易的。由三相异步电动机的工作原理可知，只要将接到电动机接线端子的三相电源线的任意两根线对调，就可改变旋转磁场的转向，也就改变了电动机的转向，如图5.2.17所示。

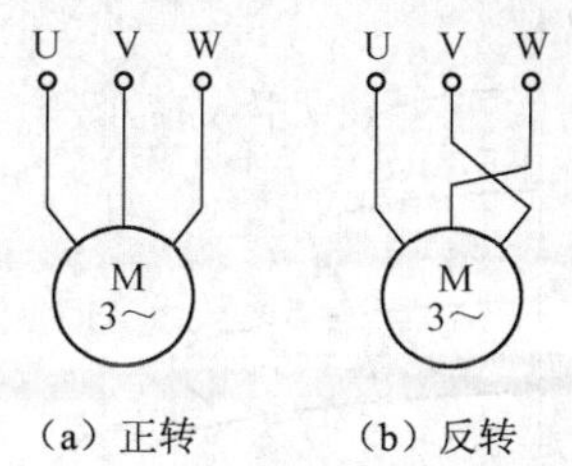

图5.2.17 三相异步电动机的正反转

5.2.5 三相异步电动机的调速

随着电力电子技术和数控技术的不断发展，三相异步电动机的交流调速性能不断提高，扩大了三相异步电动机在工、农业生产中的应用范围。

根据三相异步电动机的转速公式

$$n = n_1(1-s) = \frac{60f}{p}(1-s) \tag{5.2.15}$$

可见，要调节三相异步电动机的转速，可采用改变电源频率 f、改变磁极对数 p 和改变转差率 s 的方法来实现，其中改变转差率的方法中又有改变定子电压、转子电阻等。下面分别介绍各种调速方法的基本原理、运行特点和调速性能。

1. 变极调速

由于一般异步电动机正常运行时的转差率很小，电动机的转速 $n = n_1(1-s)$ 主要取决于同步转速 n_1。从 $n_1 = \dfrac{60f_1}{p}$ 可知，在电源频率 f_1 保持不变的情况下，改变定子绕组的极对数 p，即可改变电动机的同步转速 n_1，从而使电动机的转速也随之改变，这就是变极调速的基本原理。

只有当定转子极数相等时才能稳定运行，实现机电能量转换。对于绕线转子异步电动机，在改变定子绕组接线来改变磁极数时，必须同时改变转子绕组的接线，以保持定转子极数相等，这使变极接线及控制显得复杂。而笼型异步电动机当定子极数变化时，其转子极数能自动跟随保持相等。所以变极调速一般只用于笼型异步电动机，这种电动机就称为多速电动机。

变极调速的方法有：①在定子铁芯槽内嵌放两套不同磁极数且完全独立的三相绕组，从制造的角度看这种方法不经济；②单绕组反向变极法，采用一套特殊的变极绕组，通过改变定子绕组的接法来改变异步电动机的磁极数，故又称为单绕组变极电动机。

变极调速具有操作简单、成本低、效率高、机械特性硬等优点，而且还可采用不同的接线方式。既可适用于恒转矩调速也可适用于恒功率调速。但是，它是一种有级调速，而且只能是有限的几挡速度，因而适用于对调速要求不高且不需要平滑调速的场合。

2. 变频调速

从异步电动机的转速公式可知，$f_1\uparrow \to n_1\uparrow \to n\uparrow$，所以改变电源频率可平滑地调节异步电动机的转速。变频调速具有调速范围大、平滑性好等特点，随着电力电子技术的发展，许多简单可靠、性能优异、价格便宜的变频调速装置已得到广泛应用，是异步电动机最有发展前途的一种调速方法。

当在基频（额定频率）以下进行调速时，要求变频电源的输出电压大小与其频率能够成正比例地调节（即 $\dfrac{U_1}{f_1}=$常数），适用于恒转矩负载。当 f_1 变到很低时，为保持电动机有足够

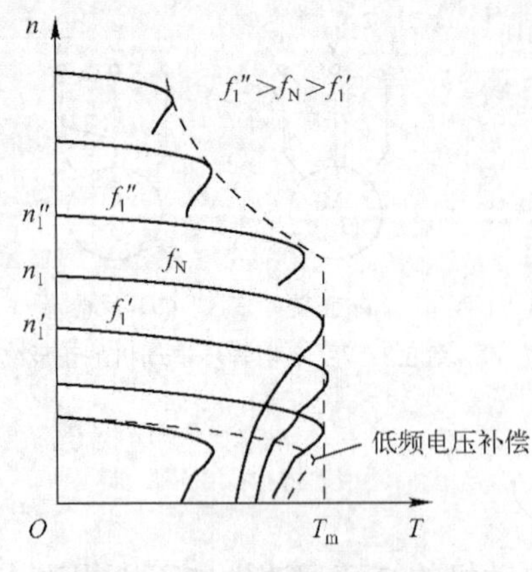

图 5.2.18　变频调速的机械特性

大的转矩，可以人为地使定子电压 U_1 提高一些来进行补偿。当在基频（额定频率）以上进行调速时，保持定子电压不变（即 U_1=常数），适用于恒功率负载。对应的变频调速时的机械特性如图 5.2.18 所示。

3. 改变转差率调速

由电动机的转速 $n=n_1(1-s)$可知，通过改变转差率也可调节电动机的转速。通过改变转差率实现转速的方法较多，主要有改变定子电压调速法、转子电路串接电阻调速法等。

（1）改变定子电压调速

改变定子电压调速只能在定子端电压 $U_1 \leqslant U_N$ 的范围内进行。稳定运行时 $U_1\downarrow \rightarrow n\downarrow$。调压调速应用于通风机型负载。

（2）绕线转子异步电动机转子串电阻调速

对于绕线转子三相异步电动机，稳定运行时 $R_p\uparrow \rightarrow n\downarrow$。这种调速方法适用于带恒转矩负载调速，调速电阻还可以兼作启动与制动电阻使用，因而在起重机械的拖动系统中得到应用。

5.2.6　三相异步电动机的制动

若要使三相异步电动机在运行中快速停车、反向或限速，可采用电磁制动。在处于制动状态时，电动机的电磁转矩方向与转子转动方向相反，起着制止转子转动的作用。制动的方法主要有能耗制动、电源反接制动和回馈制动三种。

1. 能耗制动

制动方法：能耗制动时，KM1 断开后将 KM2 闭合，即断开异步电动机的三相交流电源，同时将直流电流通入定子绕组，如图 5.2.19（a）所示。

制动原理：设电动机原来接在电网上，运行在电动状态，其转速为 n。电源切换后，流过定子绕组的直流电流在空间建立一个静止的磁场，而转子由于惯性继续按原方向在静止磁场中转动。根据右手定则和左手定则可以判断此时产生的电磁转矩 T 为制动性质的，则系统减速，如图 5.2.19（b）所示。因为这种方法是将转子动能转换为电能，并消耗在转子回路的电阻上，动能耗尽，系统停车，所以称为能耗制动。

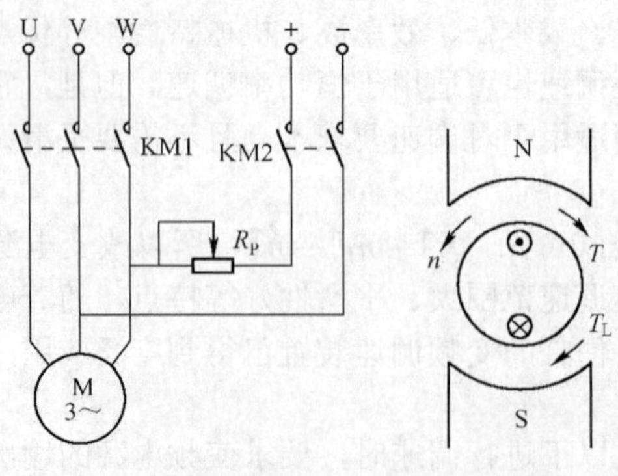

（a）原理接线图　　（b）制动原理图

图 5.2.19　三相异步电动机的能耗制动

2. 电源反接制动

制动方法：电源反接制动时，KM1 断开后将 KM2 闭合，即断开异步电动机的三相交流电源，两相对调后再通入电动机，如图 5.2.20（a）所示。

制动原理：由于电源两相对调，使旋转磁场反向，对应的电磁转矩 T 也反向，而转子由于惯性继续按原方向转动，则电磁转矩 T 为制动性质的，因此 n 迅速下降，如图 5.2.20（b）所示。当 n 接近 0 时，应快速切断电源，否则电动机会反向旋转。

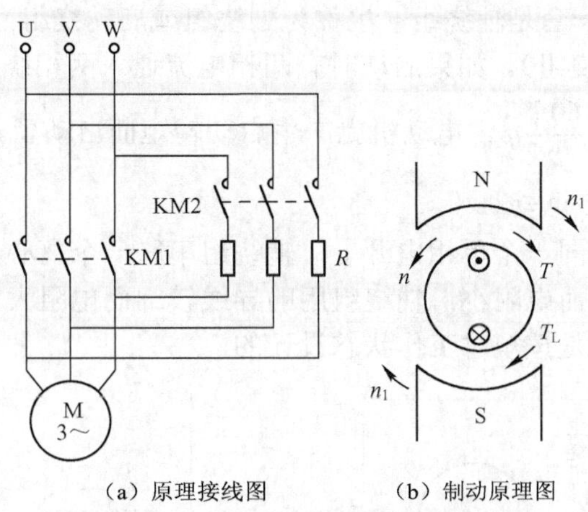

（a）原理接线图　　（b）制动原理图

图 5.2.20　三相异步电动机的电源反接制动

由于制动瞬间的制动电流太大，因此要串制动电阻 R 进行限制。电源反接制动适用于反抗性负载的快速停车和快速反转。

3. 回馈制动（再生发电制动）

制动方法：异步电动机工作在电动状态时，由于某种原因，在转向不变的条件下，使转速 n 大于同步转速 n_1，则进入回馈制动（再生发电制动）状态。

制动原理：当 $n>n_1$ 时，转子导条相对切割旋转磁场的方向与电动状态（$n<n_1$=时的方向相反，电磁转矩 T 也反向，成为制动性质的转矩，此时电机处于稳定的回馈制动运行状态，如图 5.2.21 所示。此时电动机从轴上吸取机械能转换为电能，反馈回电网，成异步发电机工作状态。

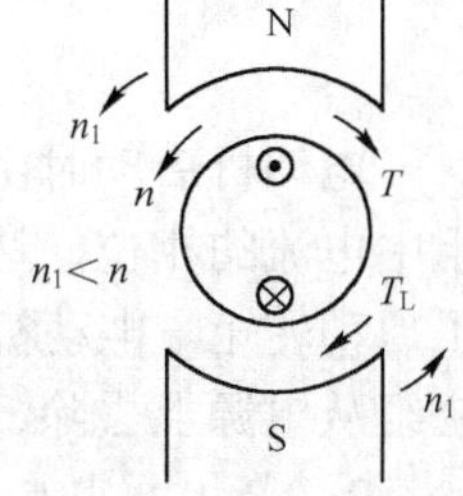

图 5.2.21　三相异步电动机的回馈制动原理图

回馈制动可用于电车下坡时的限速或变极调速时的降速过程。

5.3 单相异步电动机

单相异步电动机是由单相交流电源供电的异步电动机，具有用电电源方便、结构简单、成本低等特点，所以被广泛应用于工农业生产、电子仪器、医疗设备、小型电气设备及家用电器中，如用于电风扇、洗衣机、电冰箱、吸尘器、电动缝纫机、水泵、风机、小型机床等设备中。

单相异步电动机的结构与三相笼型异步电动机结构相似，转子也采用笼型，定子只安装单相绕组或两相绕组，但是与同容量的三相异步电动机相比，单相异步电动机的体积较大，运行性能较差，所以单相异步电动机只制成小功率的。

单相异步电动机定子上的主绕组是单相绕组。当单相绕组外加单相正弦交流电源时，在电动机气隙中建立脉振磁场（脉动磁场），其磁场大小、方向随时间按正弦规律变化，但磁场轴线位置在空间保持不变。由于脉振磁场不产生启动转矩，电动机无法自行启动，因此要使单相异步电动机像三相异步电动机那样能自行启动，启动时就必须在气隙中建立一个旋转磁场，常用的方法有分相式和罩极式两种。

5.3.1 分相式异步电动机

单相分相式异步电动机在电动机定子铁芯槽内放置两套绕组，一套是主绕组（也称为运行绕组或工作绕组），另一套是辅绕组（也称为副绕组或启动绕组）。两套绕组的轴线在空间相位上相差 90°（为两相绕组）。如果启动时有两相电流通入两相绕组，则产生旋转磁场，其旋转磁场的同步转速 $n_1=\frac{60f_1}{p}/p$，电动机就产生启动转矩而启动了。

1. 单相电阻启动异步电动机

定子的两相绕组接在同一个单相电源上，辅绕组串联一个离心开关 S，如图 5.3.1 所示。一般主绕组用的导线较粗而电阻小，辅绕组用的导线较细而电阻大，或串电阻以增大辅绕组支路的电阻。辅绕组一般是按短时工作状态设计的。

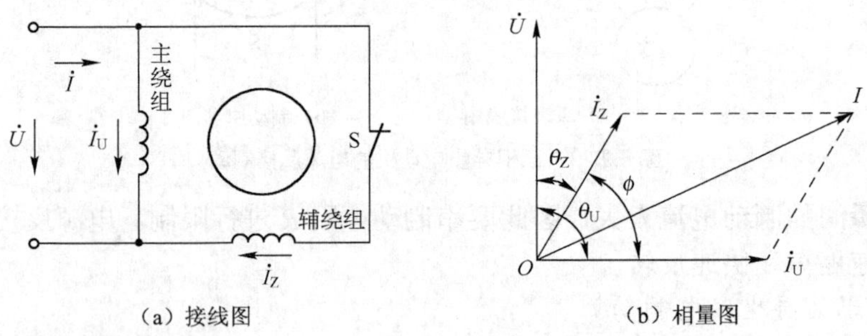

（a）接线图　　（b）相量图

图 5.3.1 单相电阻启动电动机

电动机启动时由于主绕组和辅绕组两个支路的阻抗不同，辅绕组中电流的相位超前主绕组中电流的相位，达到分相的目的，形成两相电流，因此启动时产生了旋转磁场，从而产生了启动转矩。电动机启动后，当转速达到额定转速的 70%～80%时，离心开关 S 断开，将辅绕组从电源上去除，剩下主绕组进入稳定运行。

2. 单相电容启动异步电动机

为了增大启动转矩，可在辅绕组支路中串联一个电容，如图 5.3.2 所示。同样，当电动机转速达到额定转速的 70%～80%时，离心开关 S 将辅绕组从电源上自动断开，靠主绕组单独进入稳定运行。辅绕组也是按短时工作状态设计的。

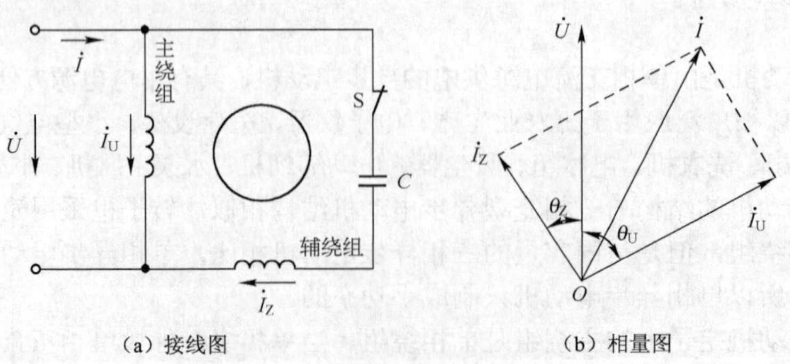

（a）接线图　　（b）相量图

图 5.3.2 单相电容启动电动机

3. 单相电容运转异步电动机

在单相电容运转异步电动机中，辅绕组不仅在启动时起作用，而且在电动机运转时也起作用，长期处于工作状态，因而实质上是一台两相电动机，如图 5.3.3 所示。电动机的功率因数、效率、过载能力等运行性能有较大的改善，运行也比较平稳。300mm 以上的电风扇、空调器压缩机等均采用这种单相电容运转电动机。

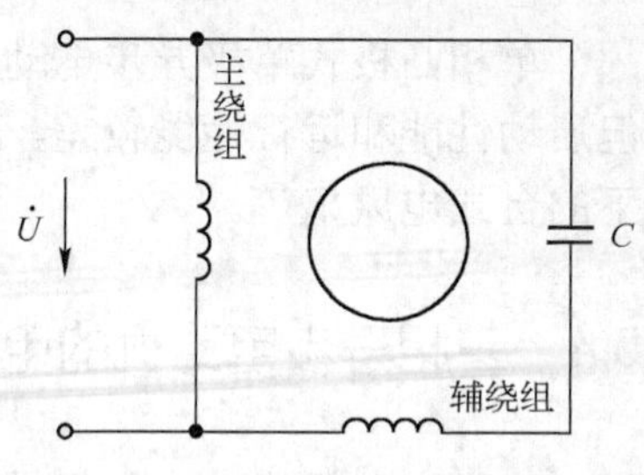

图 5.3.3　单相电容运转电动机

单相电容运转电动机的电容器电容量的大小，对电动机的启动性能和运行性能影响较大。如果电容量取大些，则启动转矩也大，运行性能下降；如果电容量取小些，则启动转矩也小，但运行性能较好，所以综合考虑，为了保证有较好的运行性能，单相电容运转电动机的电容器电容量比同容量的单相电容启动电动机的电容器电容量要小，启动性能不如单相电容启动电动机。

4. 单相双值电容异步电动机（单相电容启动及运转异步电动机）

为了使电动机在启动和运转时都能得到比较好的性能，可采用两个电容器并联后再与辅绕组串联，称这种电动机为单相电容启动及运转电动机（或称为单相双值电容电动机），如图 5.3.4 所示，其中电容器 C_1 为运行电容器，容量较小，C_2 的容量较大。启动时，C_1 和 C_2 两个电容并联，共同作为启动电容，总容量大，所以电动机有较大的启动转矩；启动后，当电动机转速达到额定转速的 70%～80% 时，通过离心开关 S 将电容 C_2 去除，容量较小的 C_1 参加运行，因此电动机又有较好的运行性能，所以，它是单相异步电动机中最理想的一种。这种电动机常用在家用电器、泵和小型机械等场合。

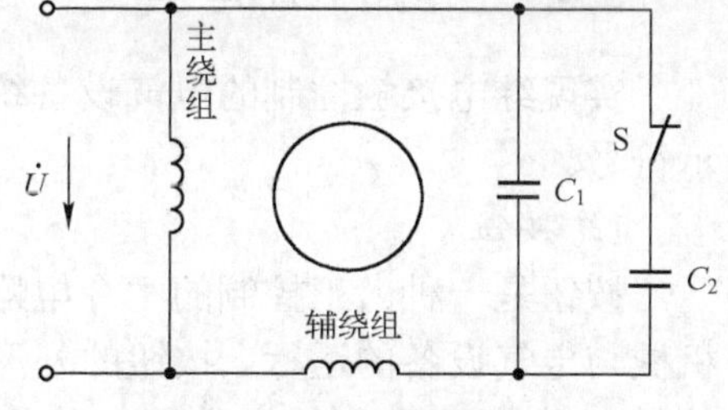

图 5.3.4　单相双值电容电动机

对于单相分相式异步电动机，如果对调主绕组或辅绕组的两个接线端，就可改变电动机的旋转方向，也就是反转了。

5.3.2　罩极式异步电动机

单相罩极式异步电动机的定子铁芯多制成凸极式，由硅钢片叠压而成，凸极上装有集中式的主绕组，在每个磁极极靴的 $\frac{1}{4}\sim\frac{1}{3}$ 处开有小槽，槽中嵌入的短路铜环将小的部分极靴罩住，如图 5.3.5 所示。由于短路铜环的作用，磁场的中心线发生移动，电动机内部产生了移动磁场，因此电动机就产生了一定的启动转矩，从而旋转起来。

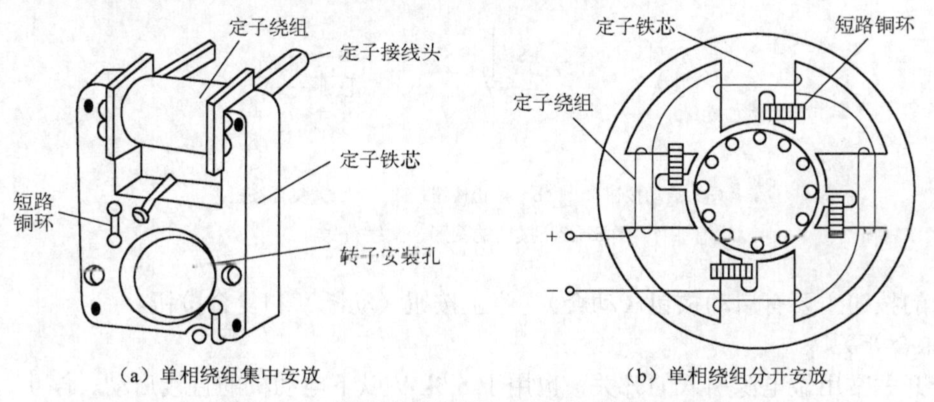

图 5.3.5　单相凸极式罩极异步电动机的结构示意图

单相凸极式罩极异步电动机的主要优点是结构简单、制造方便、成本低、维护方便等，但启动性能和运行性能较差，所以主要用于小功率电动机的空载启动场合，如 250mm 及以下的台式电风扇等。

5.4 三相异步电动机的电气控制系统

应用电动机拖动生产机械，称为电力拖动。利用继电器、接触器实现对电动机和生产设备的控制和保护，称为继电接触控制。

在电工技术中所绘制的控制线路图为原理图，它不考虑电器的结构和实际位置，突出的是电气原理。控制线路由主电路和控制电路组成，所有电器的图形符号均按无电压、无外力作用下的正常状态画出，即按通电前的状态进行绘制。

5.4.1 常用低压电器

实现继电接触控制的电气设备统称为控制电器。下面介绍常用控制电器的用途及电工表示符号。

1. 按钮

按钮是一种人工控制的主令电器，主要用来发布操作命令、接通或断开控制电路、控制机械与电气设备的运行。按钮的外形和结构如图 5.4.1 所示，形状通常是圆形或方形，它由按键、动作触头、复位弹簧、按钮盒等组成。按钮的符号如图 5.4.2 所示。

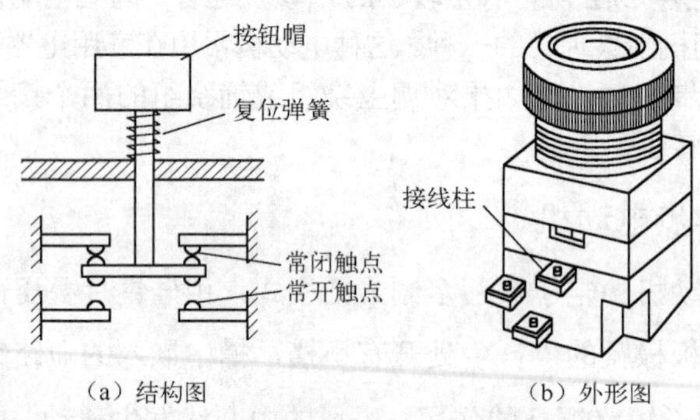

图 5.4.1 按钮结构及外形图

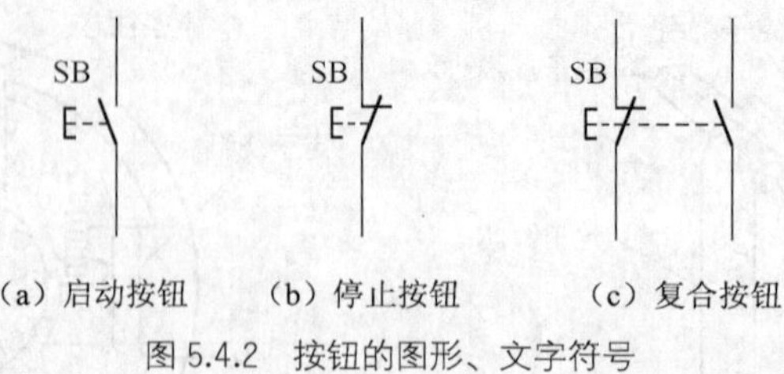

图 5.4.2 按钮的图形、文字符号

常见的按钮主要有启动按钮（动合）、停止按钮（动断）和复合按钮。

2. 组合开关

组合开关常用做电源引入的开关，也用于 5.5kW 以下电动机的直接启动、停止、反转和调速控制。

图 5.4.3 所示为常用的三极组合开关。每一极有一对静触片与盒外接线柱相接，动触片受手柄控制可以转动，以达到线路的通、断控制。

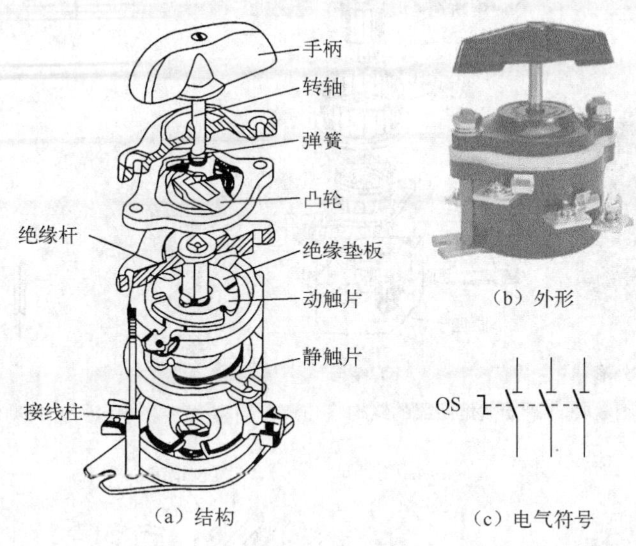

图 5.4.3 组合开关

3. 闸刀开关

闸刀开关又称为胶盖闸刀开关或隔离开关，它是手控电器中简单而使用又较广泛的一种低压电器，它由瓷座、刀片、刀座及胶木盖等组成，如图 5.4.4 所示。根据刀片数的多少，闸刀开关分单极（单刀）、双极（双刀）、三极（三刀）。刀片下端装有熔丝，起保护作用。

闸刀开关通常用做隔离电源的开关，以便能安全地对电气设备进行检修或更换熔丝，也可用做照明电路和小容量（5.5kW 及以下）电动机直接启动的电源开关。

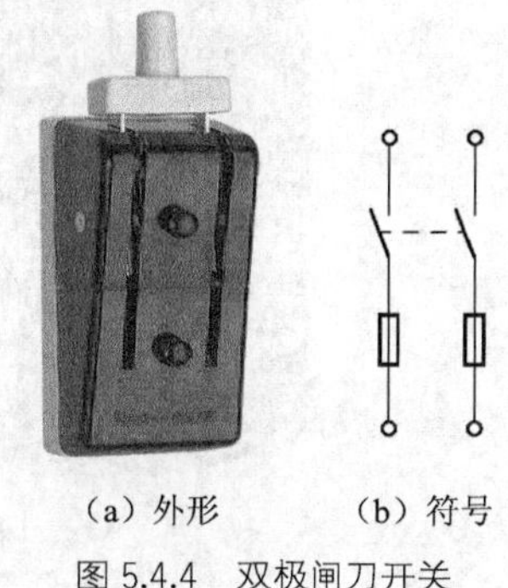

图 5.4.4 双极闸刀开关

4. 熔断器

熔断器是一种当电流超过规定值一定时间后，以它本身产生的热量使熔体熔化而分断电路的电器，广泛应用于短路保护和过电流保护。

常用的熔断器有插入式熔断器、螺旋式熔断器、管式熔断器和有填料式熔断器等。熔断器主要由熔体、外壳和支座等组成，图 5.4.5 所示为螺旋式熔断器的结构图，图 5.4.6 所示为熔断器电气符号。

在熔断器使用时，要按要求使用相配合的熔体，不允许随意加大熔体或用其他导体代替熔体。

5. 热继电器

热继电器是电流通过发热元件加热使双金属片弯曲，推动执行机构动作的电器。它由热元件、主双金属片、触头系统、动作机构、复位按钮和整定电流装置、温度补偿元件等组成。由于结构不同，热继电器采用的热元件有用 2 个的或 3 个的，图 5.4.7 所示为采用 2 个热元件的热继电器。

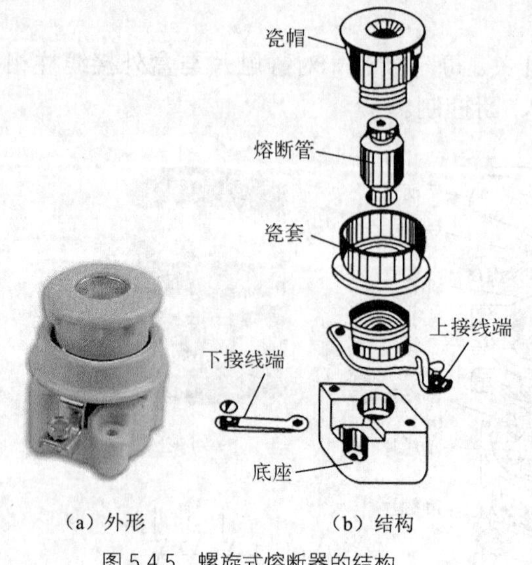

（a）外形　（b）结构

图 5.4.5 螺旋式熔断器的结构

图 5.4.6 熔断器电气符号

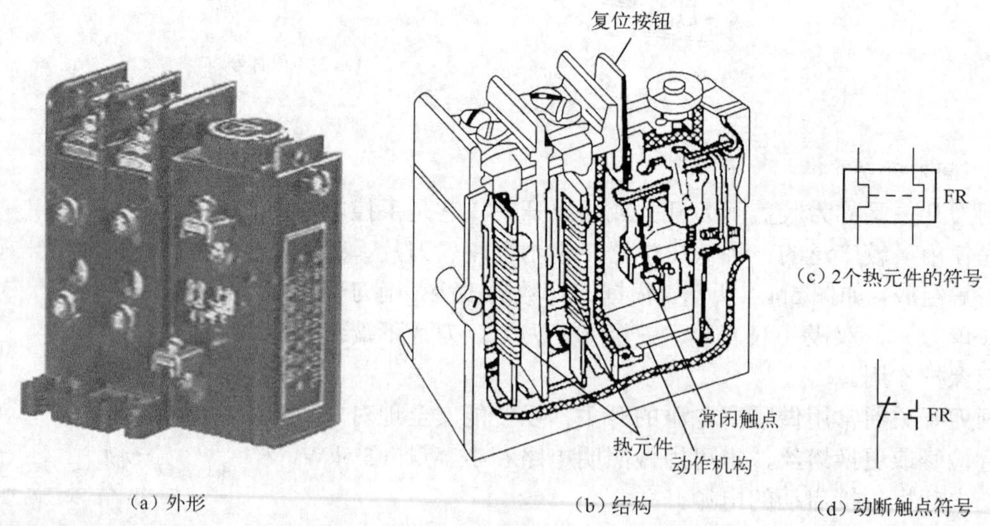

（a）外形　（b）结构　（c）2个热元件的符号　（d）动断触点符号

图 5.4.7 热继电器

在使用热继电器时，将发热元件接入电机主电路，若长时间过载，双金属片被加热，使其弯曲，通过动作机构促使动断触点断开，达到过载保护的目的。因此，热继电器主要用来保护电动机或其他负载免于过载以及作为三相电动机的断相保护。

热继电器动作后，双金属片经过一段时间冷却，按下复位按钮即可将触点复位。

6. 低压断路器

低压断路器又称为自动空气开关，可用来接通和分断负载电路，也可用来控制不频繁启动的电动机。它相当于闸刀开关、熔断器、热继电器和欠电压继电器的组合，是一种既具有手动开关作用又能自动进行欠压、失压、过载和短路保护的电器，所以目前被广泛应用。

低压断路器一般由操作机构、触点、保护装置（各种脱扣器）、灭弧系统、外壳等组成，图 5.4.8 所示为低压断路器的结构原理示意图，图 5.4.9 所示为低压断路器的电气符号。

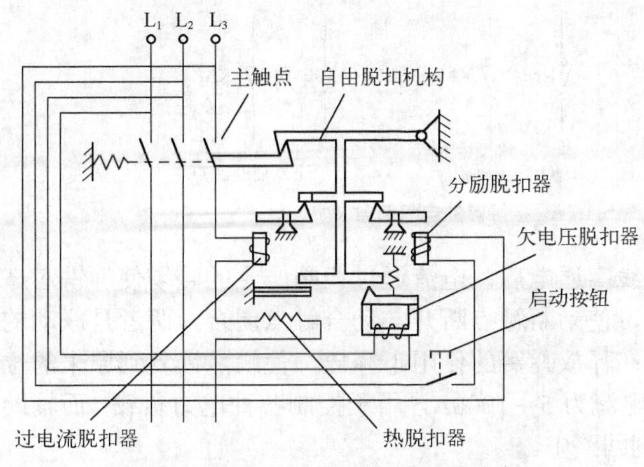

图 5.4.8 低压断路器的结构原理示意图

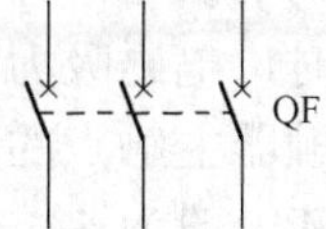

图 5.4.9 低压断路器的电气符号

下面通过图 5.4.8 说明低压断路器的工作原理。低压断路器的主触点闭合后，自由脱扣机构将主触点锁在合闸位置上。过电流脱扣器的线圈和热脱扣器的热元件与主电路串联，欠电压脱扣器的线圈与电源并联。当电路发生短路或严重过载时，过电流脱扣器的衔铁吸合，使自由脱扣机构动作，主触点断开主电路。当电路过载时，热脱扣器的热元件发热使双金属片向上弯曲，推动自由脱扣机构动作。当电路欠电压时，欠电压脱扣器的衔铁释放，也使自由脱扣机构动作。分励脱扣器则作为远距离控制用，在正常工作时，其线圈是断电的，在需要距离控制时，按下启动按钮，使线圈通电，衔铁带动自由脱扣机构动作，使主触点断开。

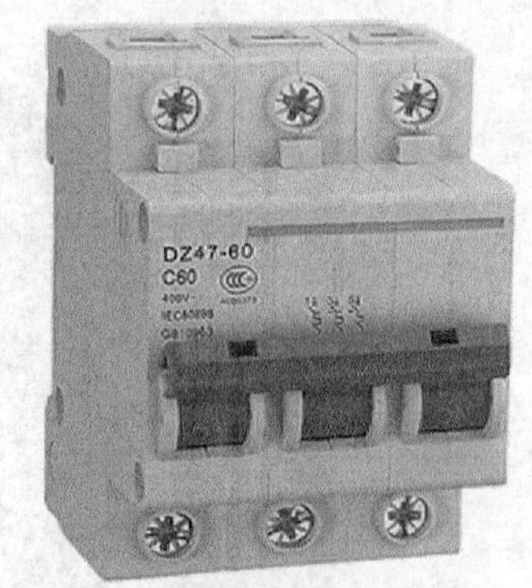

图 5.4.10 塑壳式低压断路器外形

图 5.4.10 所示为三极塑壳式小型断路器的外形，另有单极、二极和四极等，广泛应用于照明配电系统和电动机的配电系统中。可以在正常情况下不频繁地通断电器装置和照明线路，在线路中起过载、短路保护作用。

7. 接触器

接触器是一种用于中远距离频繁地接通和断开大电流电路的开关电器。它主要由电磁系统（动铁芯、静铁芯、电磁线圈）、触头系统（动合触点和动断触点）、灭弧装置等组成，如图 5.4.11 所示，图 5.4.12 所示为电气符号。

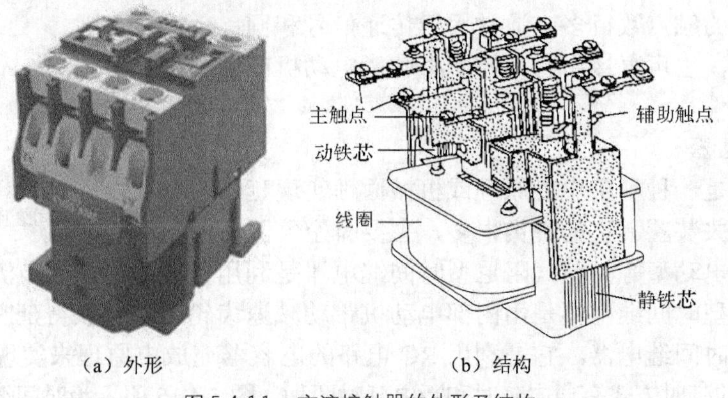

（a）外形 （b）结构

图 5.4.11 交流接触器的外形及结构

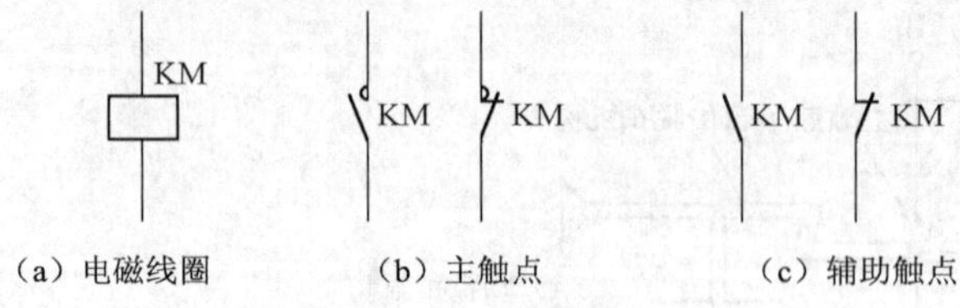

（a）电磁线圈　（b）主触点　（c）辅助触点

图 5.4.12　接触器的电气符号

接触器的工作原理：当接触器线圈通电后，电流通过线圈产生的磁场使静铁芯产生电磁吸力吸引动铁芯，并带动触点动作，使动断触点断开，动合触点闭合，两者是联动的。当线圈断电时，电磁吸力消失，动铁芯在释放弹簧的作用下释放，使触点恢复到原来的位置。

接触器主触点的容量大，额定电流为 5～1000A，用于控制各种电力负载；而辅助触点的额定电流一般为 5A，主要用于控制回路中。

8. 中间继电器

中间继电器的结构和原理与小型交流接触器基本相同，但触点没有主、辅之分，每对触点允许通过的电流大小相同，其额定电流一般为 5A。图 5.4.13 所示为中间继电器的外形及结构，图 5.4.14 所示为电气符号。

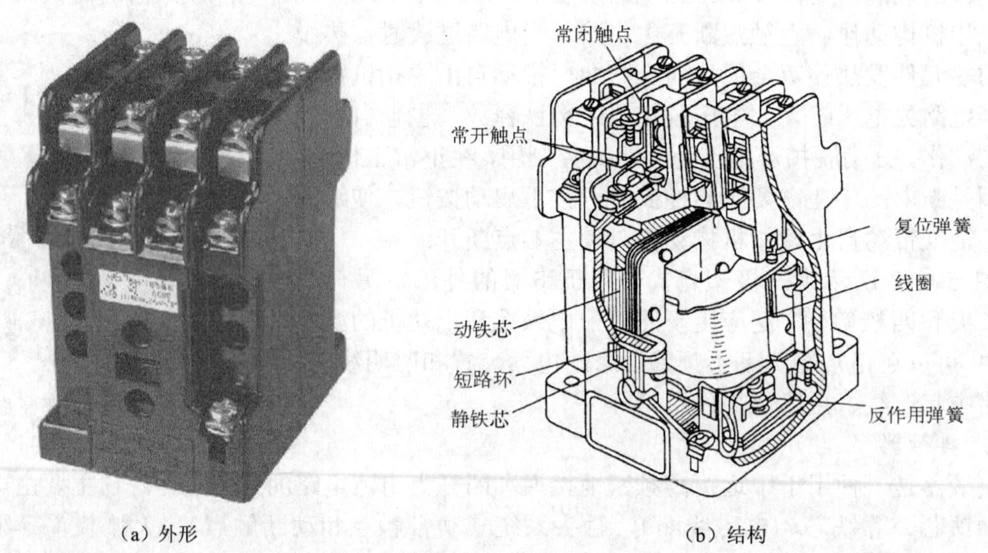

（a）外形　（b）结构

图 5.4.13　JZ7 系列中间继电器的外形及结构

中间继电器的触点数目多，通常用于传递信号和同时控制多个电路，也可直接用它来控制小容量电动机或其他电气执行元件。

KA　KA　KA

（a）电磁线圈　（b）动合触点　（c）动断触点

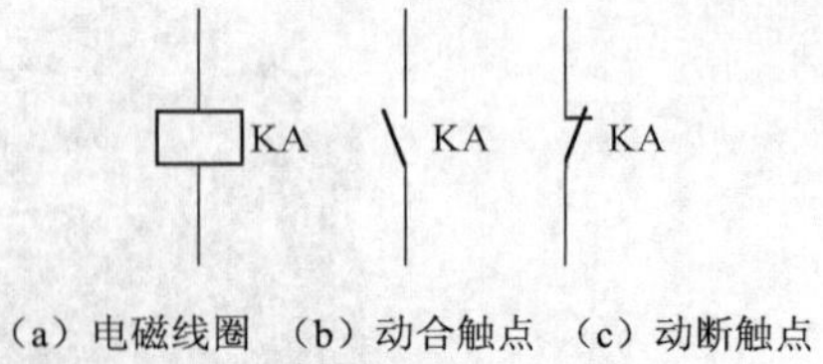

图 5.4.14　中间继电器的图形、文字符号

9. 时间继电器

时间继电器是一种利用电磁原理或机械原理实现延时控制的自动开关装置。它的种类很多，主要有空气阻尼型、电子型和电动型等。空气阻尼型时间继电器是利用空气通过小孔节流的原理来获得延时动作的；电动型时间继电器是由内部电动机带动减速齿轮转动而获得延时动作的；而目前最常用的电子型时间继电器，它是利用 RC 电路的电容器充放电原理来实现延时动作的。

时间继电器的延时方式有通电延时和断电延时两种，图 5.4.15 所示为时间继电器的电气符号。

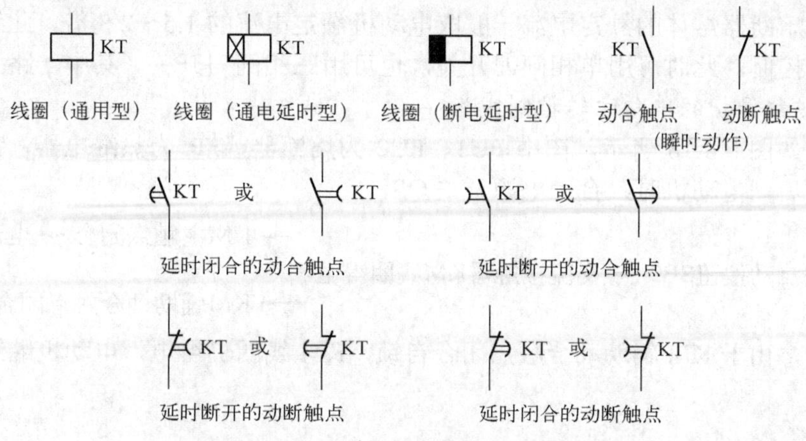

图 5.4.15 时间继电器的电气符号

10. *行程开关（限位开关）*

行程开关（又称为位置开关、限位开关）是一种常用的小电流主令电器。利用生产机械运动部件的碰撞使其触点动作来实现接通或分断控制电路，达到一定的控制目的。它的作用原理与按钮类似，但其动作要由机械撞击产生。其结构主要由操作头、触点系统和外壳组成。按结构分为直动式、滚动式，如图 5.4.16 所示。

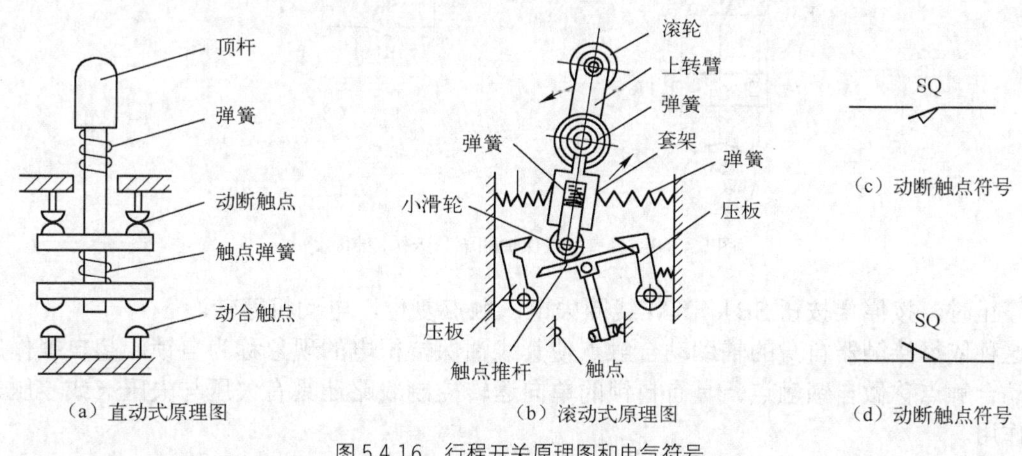

图 5.4.16 行程开关原理图和电气符号

在电气控制系统中，行程开关被用来限制机械运动的行程或位置，使运动机械按一定行程或位置自动停止、反向运动、变速运动或自动往返运动等，实现顺序控制、定位控制和位置状态的检测。

5.4.2 三相异步电动机的基本控制线路

1. *刀开关单向运转控制线路*

一般工厂使用的三相电风扇及砂轮机等小容量、启动不频繁的设备，常用图 5.4.17 所示的控制线路。图中的电源开关 QS 可采用胶盖瓷底闸刀开关、转换开关或空气开关，FU 为熔断器，起短路保护作用。

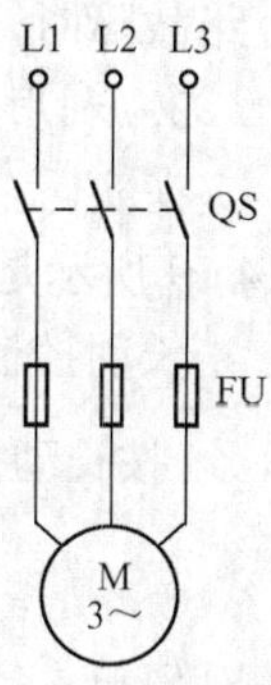

L1 L2 L3
QS
FU
M
3～

图 5.4.17 刀开关单向运转控制线路

合上或断开 QS，就能控制电动机运转或停止，从而带动负载工作。当线路发生短路故障或长时间严重过载时，熔断器 FU 的熔体熔断，切断电源，以保证安全。熔断器熔体的额定电流一般取电动机额定电流的 1.5～2.5 倍。此线路也可用于单相电动机的控制，此时可用单相闸刀开关，也可用三相闸刀开关（其中一路不用）。

2. 具有过载保护的单向运转控制线路

控制线路如图 5.4.18 所示，图中 FU1、FU2 为熔断器，FR 为热继电器，其热元件串联在主电路中。启动电动机时，合上电源开关 QS，

启动：按启动按钮SB2 → 交流接触器KM线圈得电 → KM主触点闭合 → 电动机运转；→ KM辅助动合触点闭合 → 自锁

松开 SB2，由于 KM 辅助动合触点闭合自锁，KM 线圈仍得电，电动机继续运转。

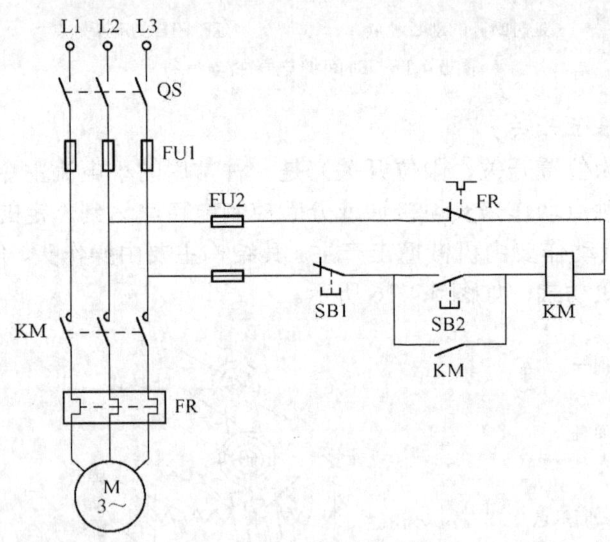

图 5.4.18 具有过载保护的单向运转控制线路

停止时，按停止按钮 SB1，KM 线圈失电，触点复位，电动机停转。

这种依靠接触器自身的辅助动合触点使其线圈保持得电的现象称为自锁，起自锁作用的辅助动合触点称做自锁触点。具有自锁的单向运转控制线路还具有欠压与失压（或零压）的保护作用。

当电动机过载，电流超过整定电流（电动机的额定电流值）时，FR 动断触点动作，断开控制线路，使 KM 线圈断电、触点复位，电动机便脱离电源，起过载保护作用。当线路发生短路故障时，熔断器 FU 的熔体熔断，切断电源，起短路保护作用。

3. 利用复合按钮的点动、长动控制线路

在实际生产中，有时需要点动操作电动机，而有时需要电动机长时间运行（长动）。图 5.4.19 所示是利用复合按钮的点动、长动控制线路，线路中 FR 为热继电器。合上电源开关 QS，

长动控制：

按长动按钮SB2 → 交流接触器KM线圈得电 → KM主触点闭合 → 电动机运转；→ KM辅助动合触点闭合 → 自锁

停机：

按下 SB1，控制线路断电，接触器释放，触点复位，电动机停转。

点动控制：

按点动按钮SB3 → SB3动断触点分断 → 断开自锁回路

→ SB3动合触点闭合 → KM线圈得电 → KM主触点闭合 → 电动机运转

松开点动按钮 SB3，KM 线圈失电，KM 主触点复位，电动机停转。

应用该线路时，点动控制的 SB3 复合按钮松开的速度不应太快，应使其触点复位时间大于点动按钮的恢复时间，否则会造成点动控制失效。

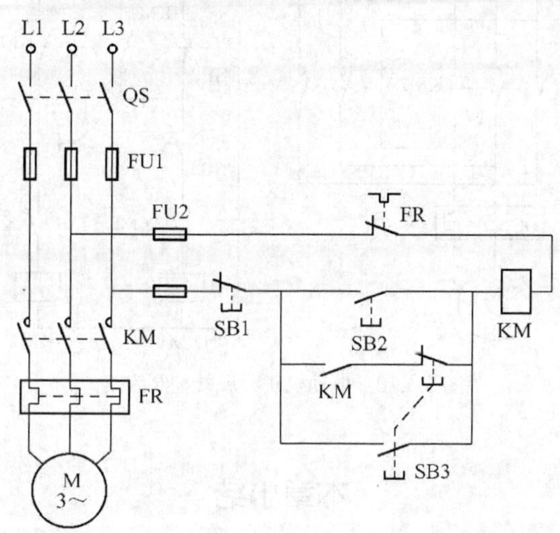

图 5.4.19 利用复合按钮的点动、长动控制线路

4. 电动机正、反转控制线路

图 5.4.20 所示为按钮、接触器双重联锁的正、反转控制线路。合上电源开关 QS，

按下正转按钮SB2 → SB2动断触点分断 → 接触器KM2线圈不得电 → 实现按钮联锁

→ SB2动合触点闭合 ┐
接触器KM2辅助动断触点复位 ┘ → 接触器KM1线圈得电自锁 → KM1主触点闭合 → 电动机正转启动、运行

→ KM1辅助动断触点分断 → KM2线圈不得电，实现触点联锁

需要直接反转运行时，

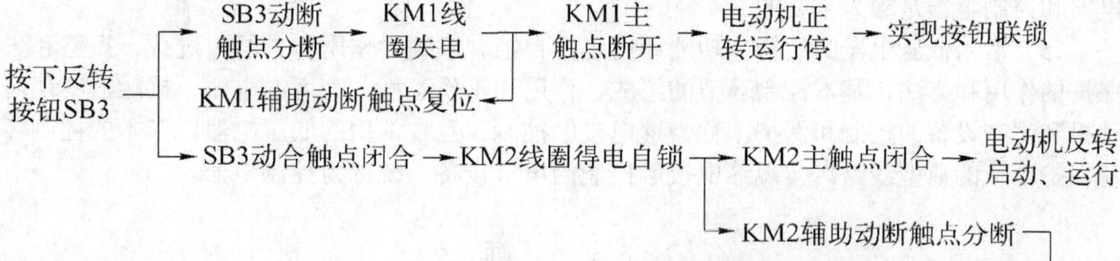

停机时，按下停机按钮 SB1，控制线路断电，接触器释放，电动机停转。

这种双重联锁的正、反转控制线路，集中了按钮联锁、触点联锁的优点，安全可靠，操作方便，是常用的电动机正、反转控制线路。

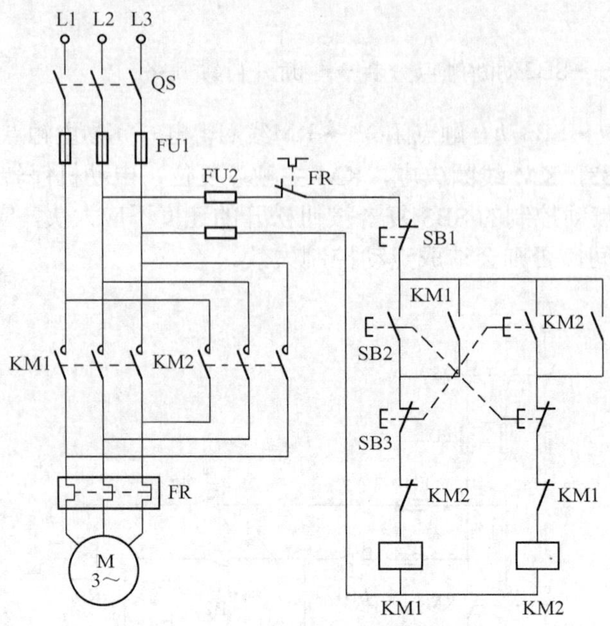

图 5.4.20 电动机正、反转控制线路

本章小结

（1）磁路的基本物理量和基本定理；磁性材料；直流磁路的简单计算。

（2）变压器的基本结构；变压器的工作原理；变压器的作用；变换电压、电流、变换阻抗。

$$\frac{U_1}{U_{20}} \approx \frac{N_1}{N_2} = k, \frac{I_1}{I_2} \approx \frac{N_2}{N_1} = \frac{1}{k}, |Z'| = k^2 |Z|$$

（3）变压器的外特性和效率。电力变压器在额定负载时的效率可达 99%。

（4）三相异步电动机结构；工作原理；转矩与机械特性、启动、调速和制动的方法；单相异步电动机的结构、原理；电动机的应用场合。电动机是一个能量转换装置，电动机的作用是将电能转换为机械能。各种生产机械常用电动机来驱动。电动机驱动生产机械的优点：简化生产机械的结构；提高生产率和产品质量；能实现自动控制和远距离操纵；减轻繁重的体力劳动。根据不同生产机械的要求，正确选择电动机的功率、种类、形式，以及它的保护电器和控制电器是极为重要的。

（5）常用低压电器的结构、功能和用途。自锁、联锁的作用和方法。过载、短路和失压保护的作用和方法。基本控制环节的组成、作用和工作过程。利用继电器、接触器实现对电动机和生产设备的控制和保护，称为继电接触控制。几种常用的低压电器，基本的控制环节和保护环节的典型线路。实现继电接触控制的电气设备，统称为控制电器。

习　题

5.1 在研究变压器时，对正弦量电压、电流、电动势和磁通等为什么要规定正方向？是按什么惯例来规定正方向的？

5.2　在变压器空载运行时，一次侧加额定电压，为什么空载电流 I_0 很小？如果一次侧加额定电压的直流电源，这时一次侧电流、铁芯中磁通会有什么变化？二次绕组开路和短路对一次绕组的电流有无影响？

5.3　一台用于 50Hz 电源的单相变压器接在 60Hz 电网上运行，如果额定电压不变，则空载电流、铁芯损耗有何变化？

5.4　一台单相变压器，额定电压为 220V/110V，若：（1）低压侧接到 110V 的电源上，高压侧是否可带 220V 的负载？（2）不慎将低压侧误接到 220V 的电源上，对变压器有何影响？高压侧是否会输出 440V？（3）高压侧接到 220V 的直流电源上，低压侧是否会输出 110V？

5.5　一台单相变压器，额定容量为 5kV·A，高、低压侧绕组均为两个匝数相同的线圈，高、低压侧每个线圈的额定电压为 1100V 和 110V。现将它们进行不同方式的连接，每种连接的高、低压侧额定电流为多少？可得几种不同的电压比？

5.6　如果电网电压波动很大，是高于额定电压对异步电动机不利还是低于额定电压对电动机不利，还是两者都不利？为什么？

5.7　与普通双绕组变压器相比，自耦变压器有哪些优、缺点？

5.8　电压互感器和电流互感器的功能是什么？使用时必须注意什么？

5.9　题 5.9 图所示为直流法判别同名端的电路。将线圈 1 通过开关 S 接到直流电源 U_S，线圈 2 接一个直流电压表或直流电流表。在开关 S 闭合瞬间，如果电表的指针正向摆动，则 a、c 端钮为______端；若指针反向摆动，则 a、c 端钮为______端。

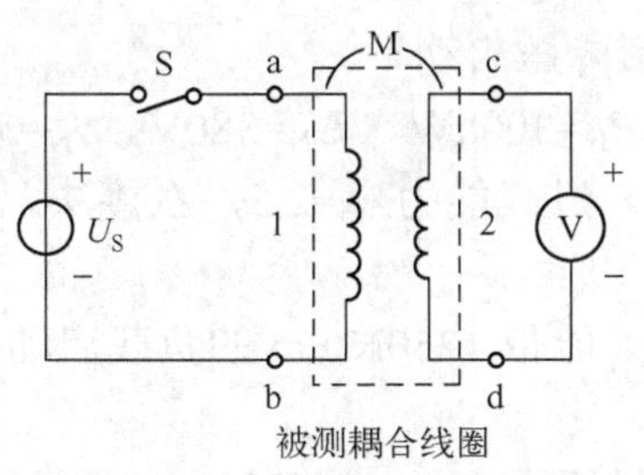

题 5.9 图　直流法判别同名端

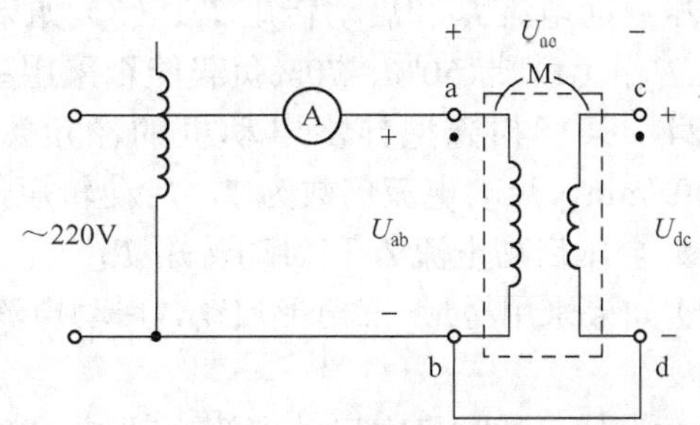

题 5.10 图　交流法判别同名端

5.10　题 5.10 图所示为交流法判别同名端的电路。将被测耦合线圈的任意两端（如 b、d 端）连在一起，在其中一个线圈两端（如 a、b 端）加低压交流电源，控制线圈中的电流不超过额定电流，用交流电压表分别测量电压 U_{ab}、U_{cd} 和 U_{ac}。若测量值满足 $U_{ac}=U_{ab}-U_{cd}$，则 a、c 端钮为______端；若测量值满足 $U_{ac}=U_{ab}+U_{cd}$，则 a、c 端钮为______端。

5.11　三相异步电动机的最大转矩点与转子电阻是否有关系？

5.12　三相异步电动机的电磁转矩与电源电压大小有什么关系？如果电源电压下降 20%，电动机的最大转矩和启动转矩将变为多大？若电动机拖动额定负载转矩不变，电压下降后电动机的主磁通、转速、转子电流、定子电流各有什么变化？

5.13　已知三相异步电动机的铭牌上标明“电压 380/220V，Y/△连接”，如何接用电动机？

5.14　为什么绕线转子异步电动机转子串入合适电阻既能减小启动电流，又能增大启动转矩？

5.15　为什么说变频调速是笼型三相异步电动机的调速方展方向？

5.16　三相异步电动机，Y 接法，如果启动时电源断了一相能否启动？

5.17　熔断器与断路器有什么区别？接触器与断路器有什么区别？接触器与继电器有什

么区别？

5.18 有一台三相变压器，已知额定数据 S_N＝100kV·A，U_{1N}/U_{2N}＝6000V/400V，求一、二次侧绕组的额定电流。

5.19 有一台单相变压器，已知额定数据 S_N=10kV·A，U_{2N}=220V。问在额定负载运行时：（1）二次侧可接 60W/220V 的白炽灯几盏；（2）二次侧改接 40W/220V，$\cos\varphi$=0.44 的日光灯，可接几盏；（3）若二次侧已接 60W/220V 的白炽灯 50 盏，则还可接 40W/220V，$\cos\varphi$=0.44 的日光灯几盏（设每灯镇流器的损耗为 8W）。

5.20 有一交流信号源，已知信号源的电动势 E＝120V，内阻 R_0＝600Ω，负载电阻 R_L＝8Ω。（1）如果负载 R_L 经变压器接至信号源，如使等效电阻 R'_L＝R_0，求变压器的电压比和负载上获得的功率；（2）如果负载直接接至信号源，求负载上获得的功率。

5.21 某收音机的输出变压器，N_1=230 匝，N_2=80 匝，原配接 8Ω的扬声器，现改用 4Ω的扬声器，问二次绕组的匝数应改为多少？

5.22 某三相异步电动机，其额定数据如下 P_N=45kW，U_N=380V，η_N=92.3%，$\cos\varphi_N$=0.88，n_N=1480r/min，启动电流倍数为 7，启动转矩倍数 λ_{st}=1.9，过载能力 λ_m=2.2。试求：（1）额定电流 I_N；（2）额定转差率 s_N；（3）额定转矩 T_N；（4）启动转矩 T_{st}；（5）最大转矩 T_{max}；（6）额定输入功率。

5.23 某三相异步电动机的额定数据如下：P_N=11kW，U_N=380V，I_N=527A，n_N=1450r/min，$\cos\varphi_N$=0.84，η_N=0.87，I_{st}/I_N=7，T_{st}/T_N=1.9，△接法。试求：（1）额定电流 I_N 和额定转矩 T_N；（2）全压启动电流 I_{st} 和启动转矩 T_{st}；（3）如果采用星形-三角形降压启动，启动电流 I'_{st} 和启动转矩 T'_{st}；（4）带 50%、70%负载能否采用星形-三角形降压启动？

5.24 某三相笼型异步电动机的额定数据如下：P_N=300kW，U_N=380V，I_N=527A，n_N=1450r/min，启动电流倍数为 7，启动转矩倍数 λ_{st}=1.8，过载能力 λ_m=2.5，△接法。试求：

（1）全压启动电流 I_{st} 和启动转矩 T_{st}；

（2）如果采用星形-三角形启动，启动电流降为多少？能带 1250N·m 的负载启动吗？为什么？

（3）为使启动时最大启动电流不超过 1800A，启动转矩不小于 1250N·m，而采用自耦变压器减压启动。已知启动用自耦变压器抽头分别为 55%、64%、73%三挡，则应选择哪一挡抽头电压？这时对应的启动电流和启动转矩各为多大？

5.25 某三相 2 极笼型异步电动机额定数据如下：P_N=11kW，U_N=380V，I_N=21.8A，n_N=2910r/min，电动机轴上是 T_2=0.8T_N 的恒转矩负载，若保持 U_1/f_1=常数，求降低频率到 0.8f_N 时的转速。

5.26 题 5.26 图所示为定子绕组串电阻降压启动的自动控制线路，分析其工作原理。

5.27 题 5.27 图所示为用中间继电器延长转换时间的正、反转控制线路，分析其工作原理。

5.28 设计一个控制电动机运转的线路，要求能在两个地点控制电动机的启动和停止。

5.29 今有 3 台三相笼型异步电动机 M_1、M_2、M_3，要求按一定顺序启动，即 M_1 启动后 M_2 才可启动，M_2 启动后 M_3 才可启动，3 台电动机可同时停机。试设计控制线路。

5.30 有一运货小车在 A、B 两地间往返装卸货，试设计控制线路，要求电动机：（1）A、B 两地都可启动、停止；（2）到达 A 地或 B 地后自动停转，停 5min 装货或卸货，然后自动返回，如此在两地间自动往返；（3）有零压、过载和短路保护。

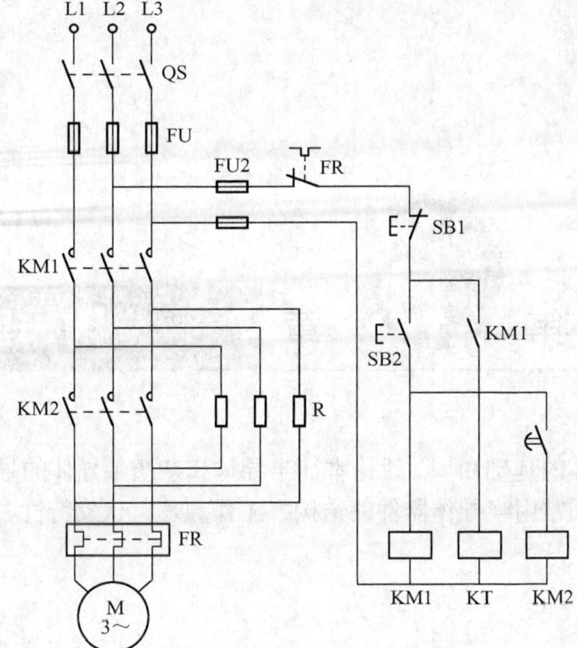
L1 L2 L3
QS
FU
FU2
FR
SB1
KM1
KM1
SB2
KM2
R
FR
M
3～
KM1 KT KM2

题 5.26 图

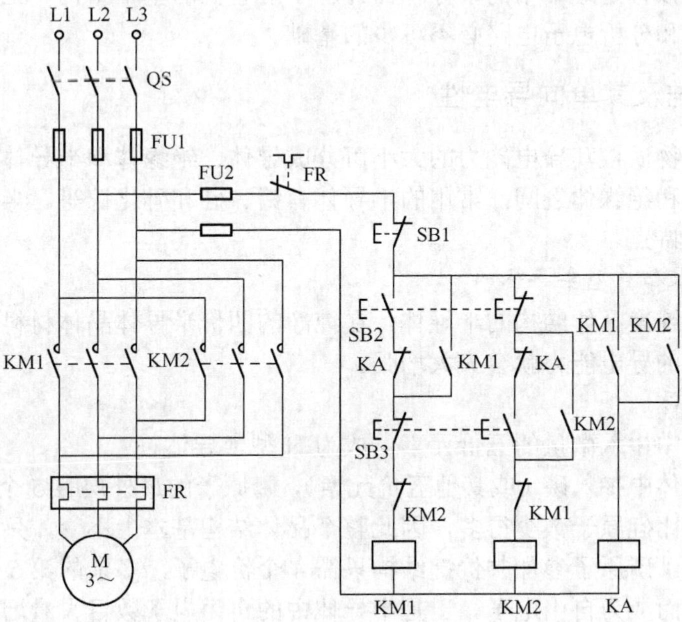
L1 L2 L3
QS
FU1
FU2
FR
SB1
SB2
KA
KM1
KA
KM1 KM2
KM1
KM2
SB3
KM2
KM2
KM1
FR
M
3～
KM1 KM2 KA

题 5.27 图

第6章 常用半导体器件

本章主要介绍半导体的基础知识，讨论本征半导体和杂质半导体的导电规律；分析PN结的形成和单向导电性；介绍常用半导体器件的结构、工作原理、伏安特性、主要参数及简单应用。

6.1 半导体二极管

半导体器件是构成各种电子电路最基本的元件，而PN结是构成各种半导体器件的基础。半导体二极管和三极管是最常用的半导体器件。了解它们的基本结构、工作原理、特性和参数是学习电子技术和分析电子电路必不可少的基础。

6.1.1 PN结及其单向导电性

在自然界中，物质按其导电能力的大小可分成导体、绝缘体和半导体三大类。半导体的导电性能介于导体和绝缘体之间，常用的半导体有锗、硅和砷化镓等。半导体具有光敏性、热敏性和掺杂性的特点。

1. N型半导体和P型半导体

本征半导体是纯净晶体结构的半导体，在纯净的四价半导体晶体材料中掺入微量三价或五价元素，半导体的导电能力就会大大增强。

（1）N型半导体

在本征半导体中掺入微量的五价元素，成为N型半导体。

在硅或锗的晶体中掺入磷（或其他五价元素），磷原子的最外层有5个价电子，由于掺入硅晶体的磷原子数比硅原子数少得多，因此整个晶体结构基本上不变，只是某些位置上的硅原子被磷原子取代。磷原子参加共价键结构只需4个价电子，多余的第5个价电子很容易挣脱磷原子核的束缚而成为自由电子。于是半导体中的自由电子数目大量增加，自由电子导电成为这种半导体的主要导电方式，故称为电子半导体或N型半导体，如图6.1.1所示。在N型半导体中，自由电子是多数载流子，空穴是少数载流子。

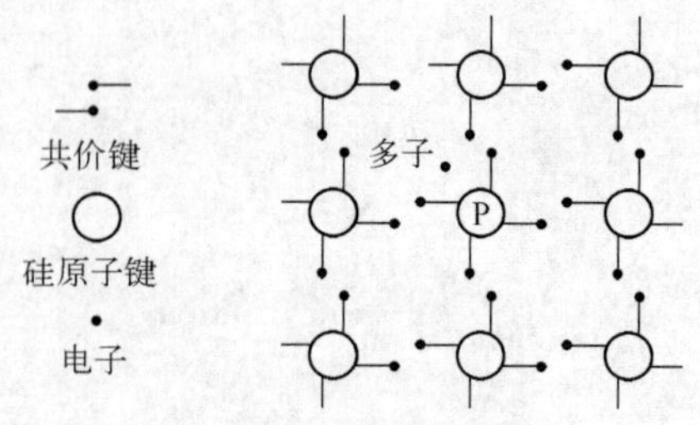

图6.1.1 N型半导体的结构示意图

（2）P型半导体

在本征半导体中掺入微量的三价元素，成为P型半导体。

在硅或锗晶体中掺入硼（或其他三价元素），每个硼原子只有3个价电子，故在构成共价键结构时，将因缺少一

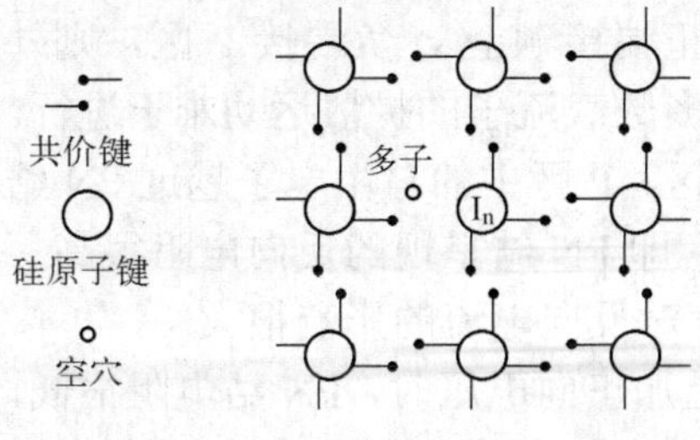

图 6.1.2　P 型半导体的结构示意图

个电子而产生一个空位。当相邻原子中的价电子受到热或其他激发而获得能量时，就有可能填补这个空位，而在该相邻原子中便出现一个空穴，每一个硼原子都能提供一个空穴，于是在半导体中就形成了大量空穴，如图 6.1.2 所示。这种以空穴导电为主要导电方式的半导体称为空穴半导体或 P 型半导体，其中空穴是多数载流子，自由电子是少数载流子。

应注意，不论是 N 型半导体还是 P 型半导体，虽然它们都有一种载流子占多数，但是整个晶体仍然是不带电的。

2. PN 结及其单向导电性

（1）PN 结的形成

P 型或 N 型半导体的导电能力虽然大大增强，但并不能直接用来制造半导体器件。当 P 型和 N 型半导体结合在一起时，由于 P 区有大量空穴（浓度大），而 N 区的空穴极少（浓度小），因此空穴要从浓度大的 P 区向浓度小的 N 区扩散，同样，N 区的自由电子要向 P 区扩散。这样，在 P 型半导体和 N 型半导体交界面的两侧就形成了一个空间电荷区，这个空间电荷区就是 PN 结，如图 6.1.3（a）所示。PN 结是构成各种半导体器件的基础。

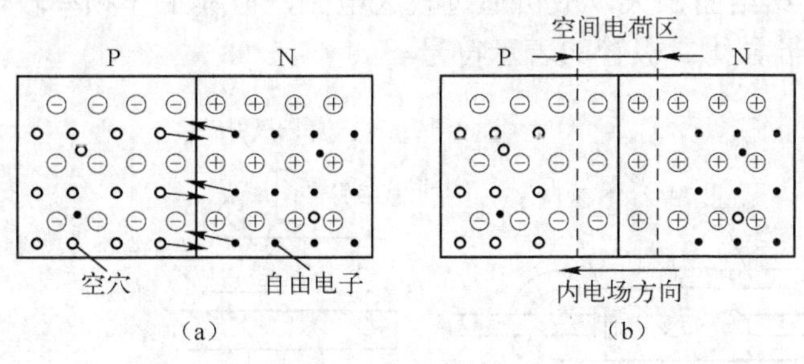

图 6.1.3　PN 结的形成

（2）PN 结的单向导电性

如图 6.1.4 所示，如果在 PN 结上加正向电压，即外电源的正端接 P 区，负端接 N 区，此时外电场与内电场的方向相反，整个空间电荷区变窄，内电场被削弱，多数载流子的扩散运动增强，形成较大的扩散电流（正向电流）。在一定范围内，外电场愈强，正向电流（由 P 区流向 N 区的电流）愈大，这时 PN 结呈现的电阻很低。正向电流包括空穴电流和电子电流两部分。

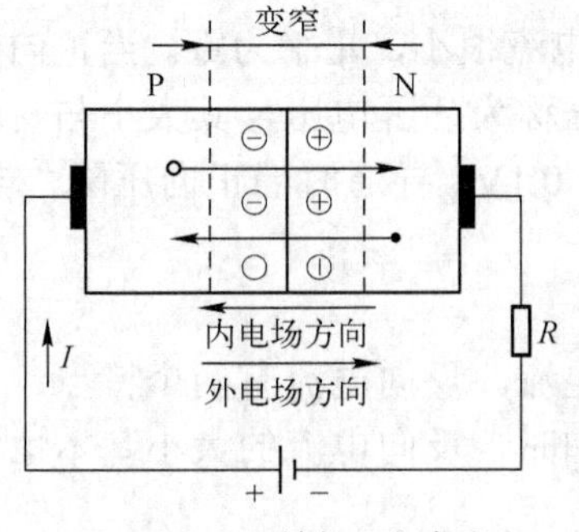

图 6.1.4　PN 结加正向电压

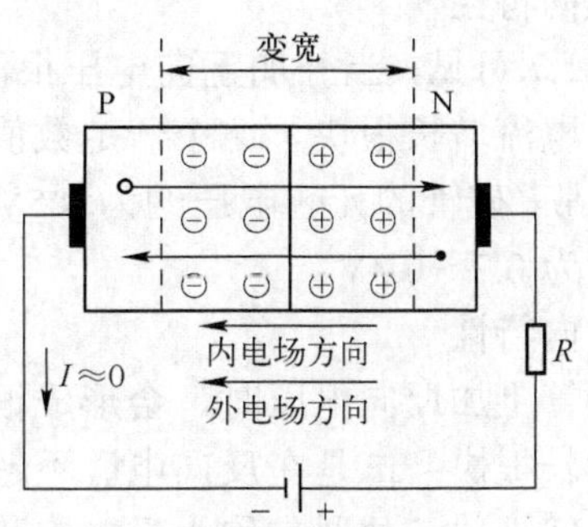

图 6.1.5　PN 结加反向电压

若给 PN 结加反向电压，如图 6.1.5 所示，即外电源的正端接 N 区，负端接 P 区，则外电场与内电场方向一致，空间电荷区变宽，内电场增强，使多数载流子的扩散运动难于进行。同时，在外电场的作用下，N 区中的空穴越过 PN 结进入 P 区，P 区中的自由电子越过 PN 结进入 N 区，由于少数载流子数量很少，因此反向电流不大，即 PN 结呈现的反向电阻很高。另外，环境温度愈高，少数载流子的数量愈多，所以，温度对反向电流的影响很大。

由以上分析可知，PN 结具有单向导电性。即在 PN 结上加正向电压时，PN 结电阻很低，正向电流较大（PN 结处于导通状态）；加反向电压时，PN 结电阻很高，反向电流很小（PN 结处于截止状态）。

6.1.2 半导体二极管

1. 基本结构

将 PN 结加上相应的电极引线和管壳封装，就成为了半导体二极管。由 P 区引出的电极称为阳极（或正极），由 N 区引出的电极称为阴极（或负极）。

按结构分，二极管有点接触型和面接触型两类。点接触型二极管（一般为锗管）如图 6.1.6（a）所示，它的 PN 结结面积很小，只能通过较小电流，但其高频性能好，故一般适用于高频和小功率的工作，也用作数字电路中的开关元件。面接触型二极管（一般为硅管）如图 6.1.6（b）所示，它的 PN 结结面积大，故可通过较大电流，但其工作频率较低，一般用作整流。图 6.1.6（c）所示是半导体二极管的表示符号。

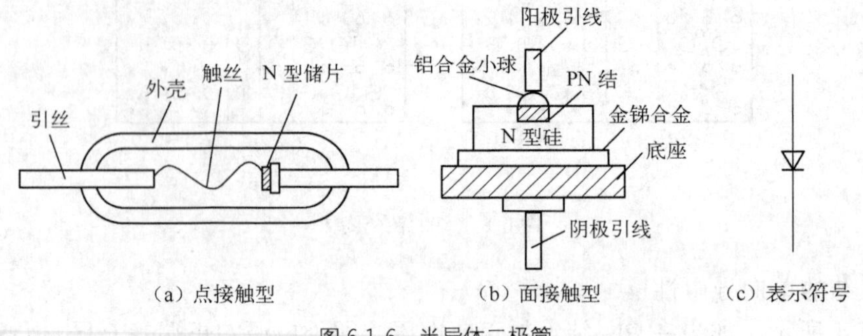

图 6.1.6 半导体二极管

2. 伏安特性

二极管具有单向导电性，其伏安特性曲线如图 6.1.7 所示，（a）为硅管的曲线，（b）为锗管的曲线。

（1）正向特性

由图 6.1.7 可见，当外加正向电压很低时，正向电流很小，几乎为零。当正向电压超过一定数值后，电流增长很快。这个一定数值的正向电压称为死区电压，其大小与材料及环境温度有关。通常，硅管的死区电压约为 0.5V，锗管约为 0.1V。导通时的正向压降，硅管为 0.6～0.8V，锗管为 0.2～0.3V。

（2）反向特性

在二极管上加反向电压时，会形成很小的反向电流。反向电流有两个特点：一是它随温度的上升增长很快；二是在反向电压不超过某一范围时，反向电流的大小基本恒定，而与反向电压的高低无关，故通常称为反向饱和电流。

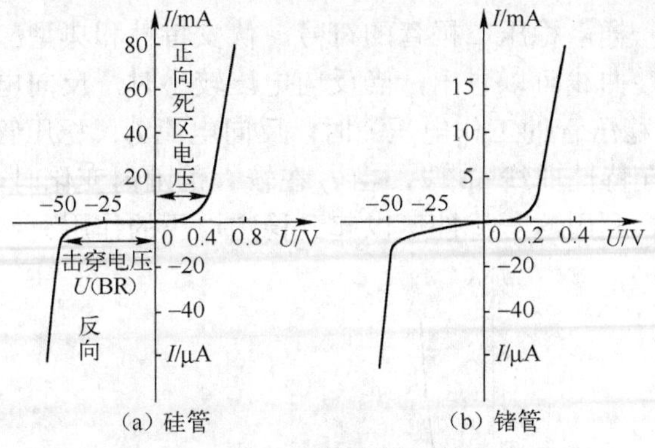

（a）硅管 （b）锗管

图 6.1.7 二极管的伏安特性

（3）反向击穿特性

当外加反向电压过高时，反向电流将突然增大，二极管失去单向导电性，这种现象称为击穿。二极管被击穿后，一般不能恢复原来的性能，便失效了。产生击穿时加在二极管上的反向电压称为反向击穿电压 U_{BR}。

3. 主要参数

二极管的特性除了用伏安特性曲线表示外，还可用二极管的参数来说明。二极管的主要参数有以下几个。

（1）最大整流电流 I_{OM}

最大整流电流是指二极管在长时间使用时，允许流过二极管的最大正向平均电流。平均电流是电流在一个周期中的平均值。点接触型二极管的最大整流电流在几十毫安以下，面接触型二极管的最大整流电流较大，如 2CP10 型硅二极管的最大整流电流为 100mA。当电流超过允许值时，会由于 PN 结过热而使管子损坏。

（2）最大反向电压 U_{RM}

它是保证二极管长期工作时不被击穿而所能承受的最大反向电压。这个数值一般是反向击穿电压的 $\frac{1}{2}$ 或 $\frac{2}{3}$，如 2CP10 硅二极管的最大反向电压约为 50V。

（3）最大反向漏电流 I_{RM}

它是指二极管在规定的温度下，加上最大反向电压时的反向电流值。反向电流大，说明二极管的单向导电性能差，并且受温度的影响大。硅管的反向电流较小，一般在几个微安以下；锗管的反向电流较大，为硅管的几十到几百倍。

二极管的应用范围很广，主要都是利用它的单向导电性。它可用于整流、检波、限幅、元件保护以及在数字电路中作为开关元件等。

4. 稳压二极管

（1）结构

稳压管是一种特殊的面接触型半导体硅二极管，具有稳定电压的作用。稳压管与普通二极管的主要区别在于，稳压管是工作在 PN 结的反向击穿状态。通过在制造过程中的工艺措施和使用时限制反向电流的大小，能保证稳压管在反向击穿状态下不会因过热而损坏，而一般二极管击穿后都可能造成因过热而损坏。

（2）伏安特性曲线

稳压二极管是应用在反向击穿区的特殊硅二极管。稳压二极管的伏安特性曲线与硅二极管的伏安特性曲线完全一样，稳压二极管的符号、伏安特性和典型应用电路如图 6.1.8 所示。

从稳压管的反向特性曲线可以看出，当反向电压较小时，反向电流几乎为零，当反向电压增高到击穿电压 U_Z（稳压管的工作电压）时，反向电流 I_Z（稳压管的工作电流）会急剧增加，稳压管反向击穿。在特性曲线 ab 段，当 I_Z 在较大范围内变化时，稳压管两端电压 U_Z 基本不变，具有恒压特性，利用这一特性可以起到稳定电压的作用。

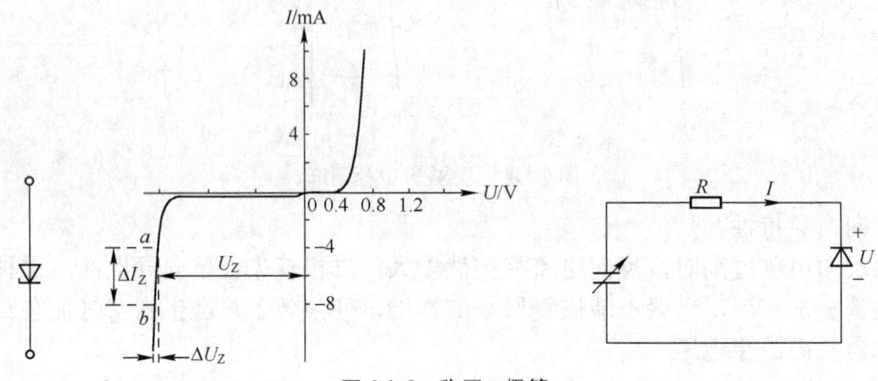

图 6.1.8 稳压二极管

（3）稳压管的主要参数

① 稳定电压 U_Z。稳压管正常工作时，管子两端的电压。

② 动态电阻 r_Z。稳压管在正常工作范围内，端电压的变化量与相应电流变化量的比值。$r_Z=\dfrac{\Delta U_Z}{\Delta I_Z}$ 稳压管的反向特性愈陡，r_Z 愈小，稳压性能就愈好。

③ 稳定电流 I_Z。稳压管正常工作时的参考电流值，只有 $I \geqslant I_Z$，才能保证稳压管有较好的稳压性能。

④ 最大允许电流 I_{Zmax}。允许通过的最大反向电流，$I>I_{Zmax}$ 时管子会因过热而损坏。

⑤ 最大允许功耗 P_{ZM}。管子不致发生热击穿的最大功率损耗 $P_{ZM}=U_Z I_{Zmax}$

⑥ 电压温度系数 α_U。温度变化 1℃时，稳定电压变化的百分数定义为电压温度系数。电压温度系数越小，温度稳定性越好，通常硅稳压管在 U_Z 低于 4V 时具有负温度系数，高于 6V 时具有正温度系数，U_Z 在 4～6V 之间时，温度系数很小。

稳压管正常工作的条件有两个，一是工作在反向击穿状态，二是稳压管中的电流要在稳定电流和最大允许电流之间。

6.2 晶体三极管

6.2.1 晶体三极管的基本结构和分类

1. 晶体三极管分类

晶体三极管简称为晶体管或三极管。按工作频率可分为高频管、低频管；按耗散功率可分为大、中、小功率管；按半导体材料可分为硅管、锗管。常见的三极管外形如图 6.2.1 所示。

2. 晶体三极管基本结构

晶体三极管由两个 PN 结构成，其组成形式有 NPN 和 PNP 两种，图 6.2.2（a）、（b）所示分别为它们的结构示意图和表示符号。

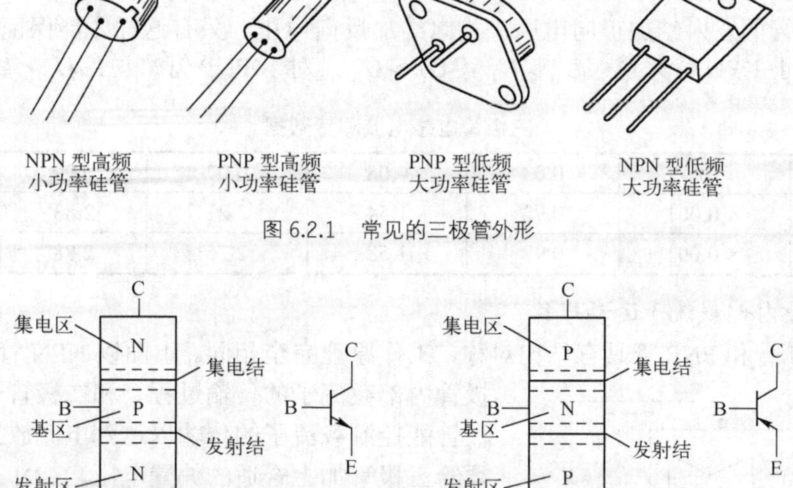

图 6.2.1 常见的三极管外形

（a）NPN 型 （b）PNP 型

图 6.2.2 两种极性的三极管结构和符号

三极管有三个区：发射区、基区和集电区。三个电极：发射极 E、基极 B 和集电极 C。两个 PN 结：发射区与基区之间的发射结、集电区与基区之间的集电结。三极管符号中发射极的箭头代表发射极电流的实际方向，它表示发射结加正向电压时的电流方向。从外表上看两个 N 区（或两个 P 区）是对称的，实际上发射区的掺杂浓度高，集电区的掺杂浓度低，且集电结面积大。基区要制造得很薄，其厚度一般为几个微米至几十个微米。

按半导体材料的不同，三极管也有锗管和硅管之分，国内生产的硅管多为 NPN 型，锗管多为 PNP 型。

6.2.2 晶体三极管的工作原理

1. 电流放大现象作用及条件

图 6.2.3 所示为 NPN 管电流放大实验电路，发射结加正向偏置电压，$U_{CC}>U_{BB}$，使集电结反向偏置电压。通过改变电阻 R_B，使基极电流 I_B、集电极电流 I_C 和发射极电流 I_E 都发生变化。实验测量数据如表 6.2.1 所示，通过实验数据可以看出以下几点。

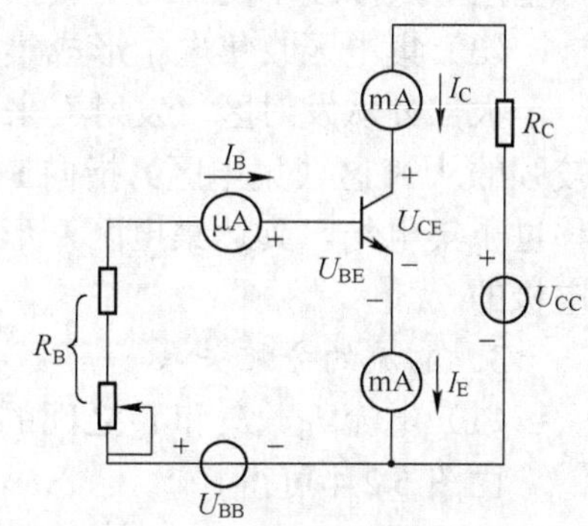

图 6.2.3 三极管的电流放大作用

（1）基极电流 I_B、集电极电流 I_C 与发射极电流 I_E 符合基尔霍夫电流定律，即

$$I_E = I_B + I_C$$

（2）发射极电流 I_E 和集电极电流 I_C 几乎相等，但远远大于基极电流 I_B，即

$$I_E \approx I_C >> I_B \tag{6.2.1}$$

（3）三极管有电流放大作用，体现为基极电流的微小变化会引起集电极电流较大的变化，此时 $\Delta I_C/\Delta I_B=\beta$。$\beta$称为动态（交流）电流放大系数，指 U_{CE} 为定值时，集电极电流变化量 ΔI_C

与基极电流变化量 ΔI_B 之比。

（4）三极管的发射结加正向电压，集电结加反向电压，只有这样才能保证三极管工作在放大状态。对于 NPN 管来说：$U_B > U_E$，$U_C > U_B$；对于 PNP 管来说：$U_B < U_E$，$U_C < U_B$。

表 6.2.1 三极管电路电流测量数据

I_B(mA)	0	0.03	0.05	0.07	0.09	0.11
I_C(mA)	< 0.001	0.92	1.54	2.21	2.83	3.45
I_E(mA)	< 0.001	0.97	1.58	2.26	2.88	3.49

2. 三极管内部载流子运动规律

由于 NPN 管和 PNP 管具有结构对称，工作原理完全相同。下面以 NPN 管为例，讨论三极管内部载流子的传输过程。和二极管一样，要使三极管能控制载流子的传输以达到电流放大的目的，必须给三极管加上合适的偏置电压，NPN 三极管的偏置情况如图 6.2.4 所示。

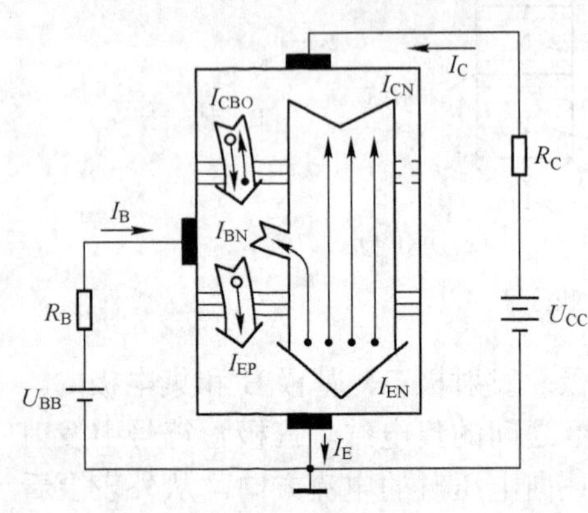

图 6.2.4 内部载流子运动规律

（1）发射区向基区注入电子，形成发射极电流 I_E

由于发射结正偏，因此，高掺杂浓度的发射区多子（自由电子）越过发射结向基区扩散，形成发射极电流 I_E，发射极电流的方向与电子流动方向相反，是流出三极管发射极的（与此同时，基区多子空穴也向发射区扩散，但因基区掺杂浓度低，数量和发射区的电子相比很少，因此可以忽略不计）。

（2）电子在基区扩散与复合，形成基极电流 I_B

电子继续向集电结方向扩散。但因为基区多子为空穴，所以在扩散过程中，有一部分自由电子要和基区的空穴复合。在制造三极管时，基区被制造得很薄，只有微米数量级，掺杂浓度又低，因此被复合掉的只是一小部分，大部分自由电子可以很快到达集电结。而 U_{BB} 的正极接三极管的基区，所以不断地从基区抽走电子形成新的空穴以补充被复合掉的空穴，维持基区空穴浓度不变，这些被抽走的电子形成了流入基极的基极电流 I_B。

（3）集电区收集电子形成集电极电流 I_C

大部分从发射区“发射”来的自由电子很快扩散到了集电结。由于集电结反偏，在这个较强的从 N 区（集电区）指向 P 区（基区）的内电场的作用下，自由电子很快就被吸引、漂移过了集电结，到达集电区，形成集电极电流的主要成分 I_{CN}。集电极电流的方向是流入集电极的。

3. 电流的分配关系

（1）电流 I_B、I_C 和 I_E 之间的关系

由图 6.2.4 可得

$$
\begin{aligned}
I_C &= I_{CN} + I_{CBO} \\
I_B &= I_{BN} + I_{CBO} \\
I_E &= I_{CN} + I_{BN} \approx I_C + I_B
\end{aligned}
\tag{6.2.2}
$$

式（6.2.2）说明，在三极管中发射极电流 I_E 等于集电极电流 I_C 和基极电流 I_B 之和。对于 PNP 管，3 个电极产生的电流方向正好和 NPN 管相反，其内部载流子的运动情况读者可自己分析。

（2）I_C和I_B之间的关系

发射极电流I_E在基区分为基区内的复合电流I_{BN}和继续向集电极扩散的电流I_{CN}两个部分，I_{CN}与I_{BN}的比例，取决于制造三极管时的结构和工艺，管子制成后，这个比例基本上是个定值。定义三极管的直流电流放大系数$\overline{\beta}$为I_{CN}与I_{BN}的比值，即

$$\overline{\beta}=\frac{I_{CN}}{I_{BN}}\approx\frac{I_C}{I_B} \tag{6.2.3}$$

（3）I_E和I_B之间的关系

由式（6.2.2）和式（6.2.3）可得

$$I_E=I_B+I_C=I_B+\overline{\beta}I_B=(1+\overline{\beta})I_B \tag{6.2.4}$$

$$I_{CEO}=(1+\overline{\beta})I_{CBO} \tag{6.2.5}$$

穿透电流I_{CEO}是指当基极开路时，在集电极电源作用下的集电极与发射极之间形成的电流。反向饱和电流I_{CBO}是指发射极开路时，集电结的反向饱和电流。

6.2.3 晶体三极管的特性曲线和主要参数

1. 输入特性曲线

简单地看，输入特性曲线类似于发射结的伏安特性曲线，现讨论I_B和U_{BE}之间的函数关系。因为有集电结电压的影响，它与一个单独的PN结的伏安特性曲线不同。为了排除U_{CE}的影响，在讨论输入特性曲线时，应使U_{CE}为常数。U_{CE}的影响可以用三极管的内部反馈作用解释，即U_{CE}对I_B的影响。

共发射极接法的输入特性曲线如图6.2.5所示，其中U_{CE}=0的那一条曲线相当于发射结的正向特性曲线。当$U_{CE}\geqslant$1V时，$U_{CB}=U_{CE}-U_{BE}>0$，集电结已进入反偏状态，开始收集电子，且基区复合减少，I_C/I_B增大，特性曲线将向右稍微移动一些。但U_{CE}再增加时，曲线右移很不明显。曲线的右移是三极管内部反馈所致，右移不明显说明内部反馈很小。

输入特性曲线的分区：死区、非线性区、线性区。常用$U_{CE}\geqslant$1V的一条曲线来代表所有输入特性曲线。三极管的输入特性特性是非线性的，存在着死区电压U_T（或称为门槛电压）。硅管的死区电压约为0.5V，锗管的死区电压约为0.2V。三极管导通时，发射结电压U_{BE}变化不大，硅管为0.6～0.7V，锗管为0.2～0.3V。

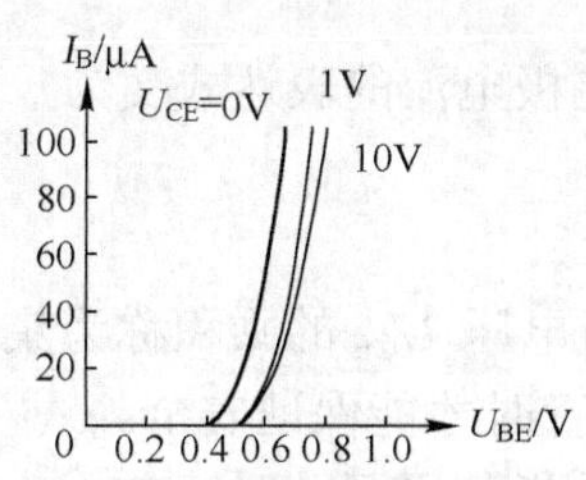

图6.2.5 三极管的输入特性曲线

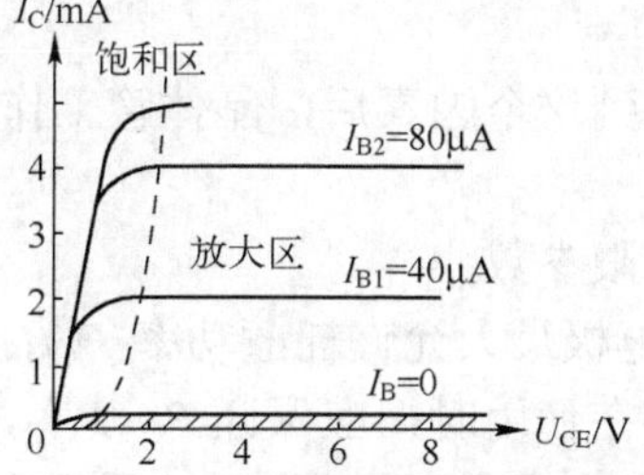

图6.2.6 三极管的输出特性曲线

2. 输出特性曲线

共发射极接法的输出特性曲线如图6.2.6所示，它是以I_B为参变量的一组特性曲线。现以其中的任何一条为例加以说明，当U_{CE}=0 V时，I_C=0。当U_{CE}微微增大时，发射结虽处于正向电压之下，但集电结反偏电压很小，如U_{CE}< 1 V，U_{BE}=0.7 V，$U_{CB}=U_{CE}-U_{BE}\leqslant$0.7V。集

电区收集电子的能力很弱，I_C 主要由 U_{CE} 决定。当 U_{CE} 增加到使集电结反偏电压较大时，如 $U_{CE} \geqslant 1$ V，$U_{BE} \geqslant 0.7$ V，运动到集电结的电子基本上都可以被集电区收集，此后 U_{CE} 再增加，电流也没有明显的增加，输出特性曲线进入与 U_{CE} 轴基本平行的区域（这与输入特性曲线随 U_{CE} 增大而右移的原因是一致的）。

通常输出特性曲线可以分为 3 个区域：

饱和区——I_C 受 U_{CE} 显著控制的区域，该区域内 U_{CE} 的数值较小，一般 $U_{CE}<0.7$V（硅管），此时发射结正偏，集电结正偏或反偏电压很小。

截止区——I_C 接近零的区域，在 $I_B=0$ 的曲线的下方，此时，发射结反偏，集电结反偏。

放大区——I_C 平行于 U_{CE} 轴的区域，曲线基本平行等距，此时，发射结正偏，集电结反偏，电压 U_{CE} 大于 0.7 V 左右（硅管）。

3. 三极管的主要参数

（1）电流放大系数

① 共射直流电流放大系数 $\overline{\beta}$ 。它表示集电极电压一定时，集电极电流和基极电流之间的关系，即

$$\overline{\beta} = \frac{I_C - I_{CEO}}{I_B} \approx \frac{I_C}{I_B}$$

② 共射交流电流放大系数β。它表示在 U_{CE} 保持不变的条件下，集电极电流的变化量与相应的基极电流变化量之比，即

$$\beta = \frac{\Delta I_C}{\Delta I_B}\bigg|_{U_{CE}=\text{常数}} \tag{6.2.6}$$

在今后估算时通常认为 $\overline{\beta} = \beta$ 。

（2）极间电流

① 集电极反向饱和电流 I_{CBO}。I_{CBO} 是指发射极开路，集电极与基极之间加反向电压时产生的电流，也是集电结的反向饱和电流，是由少数载流子形成的。作为晶体管的性能指标，I_{CBO} 越小越好。

② 穿透电流 I_{CEO}。I_{CEO} 是基极开路，集电极与发射极之间加电压时的集电极电流，由于这个电流由集电极穿过基区流到发射极，故称为穿透电流。在数量上，穿透电流和反向饱和电流有下列关系

$$I_{CEO}=(1+\beta)I_{CBO} \tag{6.2.7}$$

在考虑到这个因素后，晶体管工作在放大区时的集电极电流的表达式变为

$$I_C=\beta I_B+I_{CEO}$$

（3）极限参数

① 集电极最大允许耗散功率 P_{CM}。晶体管电流 I_C 与电压 U_{CE} 的乘积称为集电极耗散功率，晶体管在使用时，应保证 $P_C<P_{CM}$，这样在使用晶体管时才能保证安全。

② 反向击穿电压 $U_{(BR)CEO}$。反向击穿电压 $U_{(BR)CEO}$ 是指基极开路时，加于集电极和发射极之间的最大允许电压。

③ 集电极最大允许电流 I_{CM}。晶体管工作在放大区时，若集电极电流超过一定值时，其β值就要显著下降。当β值下降到正常值 2/3 时的集电极电流，称为晶体管的集电极最大允许电流，用 I_{CM} 表示。

P_{CM}、$U_{(BR)CEO}$ 和 I_{CM} 这 3 个极限参数决定了晶体管的安全工作区。

6.3 绝缘栅场效应晶体管

场效应晶体管简称为场效应管，是一种半导体器件，其外形与普通三极管相似，但特性却不同。普通三极管是电流控制器件，它的放大作用是通过电流来控制三极管的导电能力，而场效应管是电压控制器件，它的放大作用是通过电压来控制场效应管的导电能力。

场效应管分为结型和绝缘栅型两种不同的结构。本节将介绍绝缘栅型场效应晶体管，它又可分为增强型和耗尽型两种。

6.3.1 增强型绝缘栅场效应晶体管

目前应用最广泛的绝缘栅场效应管是一种金属（M）-氧化物（O）-半导体（S）结构的场效应管，简称为MOS（Metal Oxide Semiconductor）管。根据导电沟道的不同，分为P沟道和N沟道两类，这里以N沟道增强型MOS管为例进行介绍。

1. 基本结构和符号

用一块P型半导体为衬底，在衬底上面的左、右两边制成两个高掺杂浓度的N型区，用N^+表示，各引出一个电极，分别称为源极S和漏极D以及衬底引线B。管子在工作时B通常与S相连接。在这两个N^+区之间的P型半导体表面制作出一层很薄的二氧化硅绝缘层，再在绝缘层上面喷一层金属铝电极，称为栅极G，如图6.3.1所示。

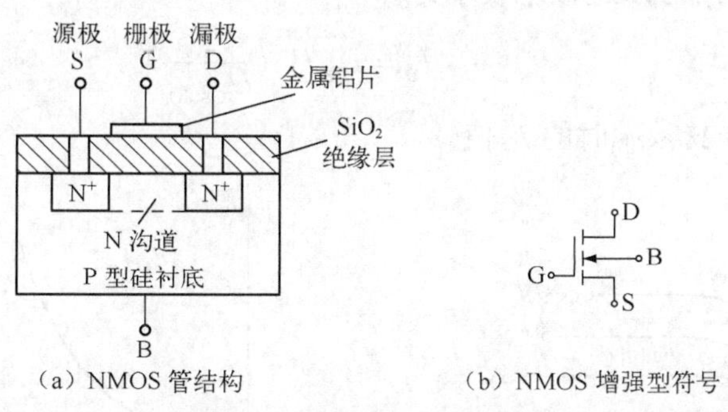

（a）NMOS管结构　　（b）NMOS增强型符号

图6.3.1 NMOS管的结构和符号

2. 工作原理

（1）导电沟道（反型层）的形成

当$U_{GS}>U_{GS(th)}$（或U_T）时形成反型层。使场效应管刚开始形成导电沟道的临界电压$U_{GS(th)}$称为开启电压。

（2）栅源电压U_{GS}对漏极电流I_D的控制作用（U_{DS}恒定）

U_{GS}越强，沟道越宽，故称为增强型。

（3）漏源电压U_{DS}对漏极I_D电流的控制作用（U_{GS}恒定，且大于U_T）

当U_{GS}较小时，$U_{GD}>U_T$，沟道长度方向各自的宽度受U_{DS}影响较小，I_D随U_{DS}的增加呈线性增加，此时有$U_{GD}=U_{GS}-U_{DS}$。如果U_{DS}增加到使$U_{GD}=U_T$时，形成预夹断，随着U_{DS}增加，I_D不再线性增加。而当$U_{GD}<U_T$时，夹断区向源极方向扩展，I_D基本上不变。

3. 输出特性

输出特性是指U_{GS}为一固定值时，I_D与U_{DS}之间的关系，即

$$I_D = f(U_{DS})\big|_{U_{GS}=常数} \tag{6.3.1}$$

同三极管一样，输出特性可分为 3 个区：可变电阻区、恒流区和截止区，如图 6.3.2（a）所示。

可变电阻区：对应 $U_{GS}>U_T$，U_{DS} 很小，$U_{GD}=U_{GS}-U_{DS}>U_T$ 的情况。若 U_{GS} 不变，I_D 随着 U_{DS} 的增大而线性增加，可以看成是一个电阻，对应不同的 U_{GS} 值，各条特性曲线直线部分的斜率不同，即阻值发生改变。因此该区是一个受 U_{GS} 控制的可变电阻区，工作在这个区的场效应管相当于一个压控电阻。

恒流区（亦称为饱和区、放大区）：对应 $U_{GS}>U_T$，U_{DS} 较大。若 U_{GS} 固定为某个值时，随 U_{DS} 的增大，I_D 保持不变，特性曲线近似为水平线，因此称为恒流区。而对应同一个 U_{DS} 值，不同的 U_{GS} 值可感应出不同宽度的导电沟道，产生不同大小的漏极电流 I_D。

截止区（夹断区）：对应于 $U_{GS}\leqslant U_T$ 的情况。由于没有感生出沟道，故电流 $I_D=0$，管子处于截止状态。

当 U_{DS} 增大到某一值时，栅、漏间的 PN 结会反向击穿，使 I_D 急剧增加。如不加限制，会造成管子损坏。

4. 转移特性

转移特性是指 U_{DS} 为固定值时，I_D 与 U_{GS} 之间的关系，表示了 U_{GS} 对 I_D 的控制作用，如图 6.3.2（b）所示。

$$I_D = f(U_{GS})\big|_{U_{DS}=常数} \tag{6.3.2}$$

当 $U_{GS}>U_{GS(th)}$ 时，I_D 可以近似地表示为

$$I_D = I_{DSS}\left(1-\frac{U_{GS}}{U_{GS(th)}}\right)^2 \tag{6.3.3}$$

式中，I_{DSS} 是 $U_{GS}=2U_{GS(th)}$ 时的 I_D 值。

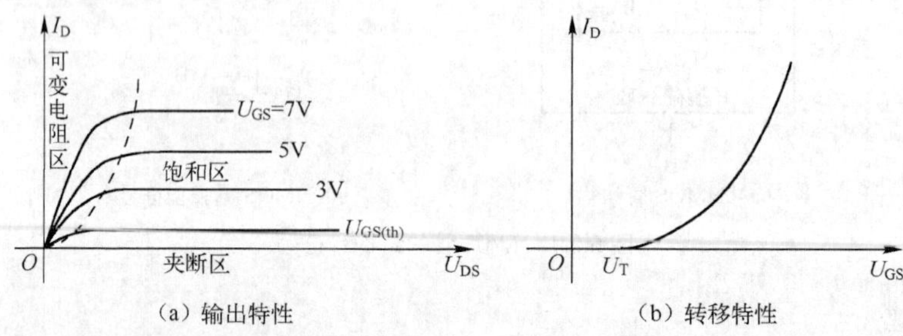

（a）输出特性　（b）转移特性

图 6.3.2　N 沟道增强型 MOS 管的特性曲线

6.3.2　耗尽型绝缘栅场效应晶体管

1. 基本结构及工作原理

（1）结构及电路符号

N 沟道耗尽型 MOS 管的结构与增强型一样，所不同的是在制造过程中，在 SiO_2 绝缘层中掺入大量的正离子。当 $U_{GS}=0$ 时，正离子产生的电场就能吸收足够的电子产生原始沟道，如果加上正向 U_{DS} 电压，就可在原始沟道中产生电流。其结构、符号如图 6.3.3 所示。

（2）工作原理

在 $U_{GS}=0$ 时已有导电沟道。U_{GS} 为正加宽导电沟道；U_{GS} 为负减小导电沟道。当 U_{GS} 正向增加时，将增强由绝缘层中正离子产生的电场，感生的沟道加宽，I_D 将增大；当 U_{GS} 加反

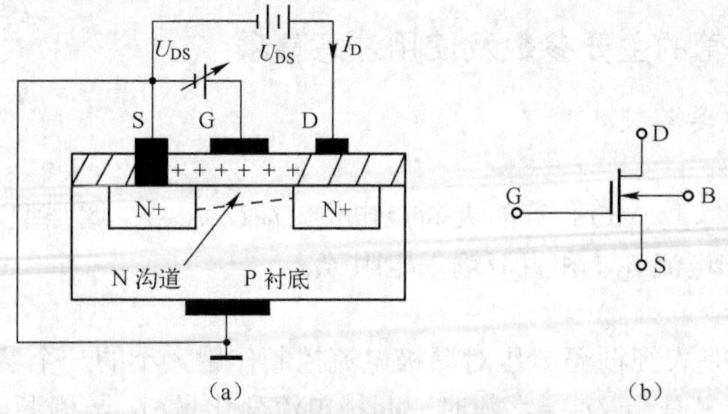

图 6.3.3 N 沟道耗尽型 MOS 管结构及符号

向电压时，将削弱由绝缘层中正离子产生的电场，感生的沟道变窄，I_D将减小；当 U_{GS}达到某一负电压值 $U_{GS(off)}=U_P$ 时，完全抵消了由正离子产生的电场，则导电沟道消失，$I_D\approx 0$，U_P称为夹断电压 $U_{GS(off)}$。

其原理可归纳为：

当 $U_{GS}=0$ 时，只要 $U_{DS}\neq 0$，则 $I_D\neq 0$，这时的 $I_D=I_{DSS}$；

当 $U_{GS}>0$ 时，N 沟道变宽，I_D 增大；

当 $U_{GS}<0$ 时，N 沟道变窄，I_D 减小。

当 U_{GS} 负到一定程度 $U_{GS}=U_{GS(off)}$后，N 型沟道中的电子耗尽，$I_D=0$，管子截止，$U_{GS(off)}$称为管子的夹断电压。

N 沟道耗尽型 MOFSFET 的栅源电压可以为正值。

2. 输出特性及转移特性

图 6.3.4 所示为 N 沟道耗尽型 MOS 管的特性曲线，其特性曲线与 N 沟道增强型 MOS 管的基本相似，不同之处在于增强型 NMOS 管的 U_{GS} 只能是正值，而耗尽型 NMOS 管的 U_{GS} 可正可负。在 $U_{GS}=0$ 时，根据在漏、源极间加电压能否导通，就可判断绝缘栅场效应管是增强型还是耗尽型。

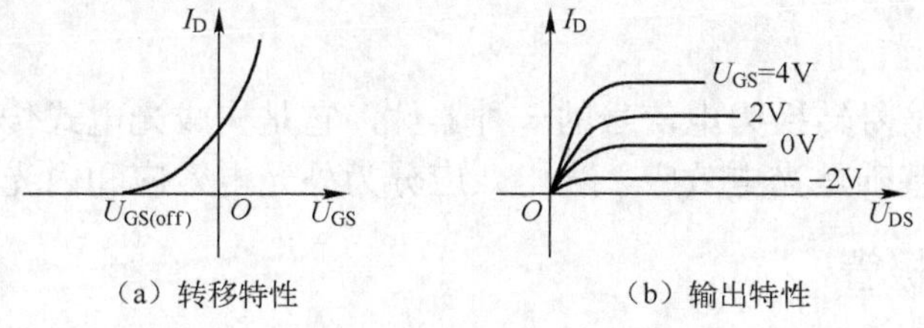

图 6.3.4 N 沟道耗尽型 MOS 管的特性曲线

实验表明，在 $U_{GS(off)}\leqslant U_{GS}\leqslant 0$ 的范围内，耗尽型绝缘栅场效应管的转移特性可以近似表示为

$$I_D = I_{DSS}(1-\frac{U_{GS}}{U_{GS(off)}})^2 \tag{6.3.4}$$

式中，I_{DSS} 为 $U_{GS}=0$ 时的漏极电流 I_D 值。

6.3.3 场效应管的主要参数及使用注意事项

1. 场效应管的主要参数

（1）直流参数

直流参数是指耗尽型 MOS 管的夹断点电位 $U_P(U_{GS(off)})$、增强型 MOS 管的开启电压 $U_T(U_{GS(on)})$、漏极饱和电流 I_{DSS} 和直流输入电阻 R_{GS}。

（2）交流参数

低频跨导 g_m：它是表征栅源电压对漏极电流控制作用大小的一个参数，反映了场效应管的放大能力。g_m 的定义是当 U_{DS}=常数时，漏极电流变化量ΔI_D 与栅源电压变化量ΔU_{GS} 的比值，即

$$g_m = \frac{\Delta I_D}{\Delta U_{GS}}\bigg|_{U_{DS}=\text{常数}} \qquad (6.3.5)$$

g_m 的单位为西门子（S）或毫西（mS）。一般场效应管的跨导为零点几到几十毫西门子。

极间电容：场效应管 3 个电极间存在极间电容。栅源电容 C_{gs} 和栅漏电容 C_{gd} 一般为 1～3pF，漏源电容 C_{ds} 为 0.1～1pF。极间电容的存在决定了管子的最高工作频率和工作速度。

（3）极限参数

最大漏极电流 I_{DM}：管子工作时允许的最大漏极电流。

最大耗散功率 P_{DM}：由管子工作时允许的最高温度所决定的参数。

漏源击穿电压 $U_{(BR)DS}$：U_{DS} 增大时使 I_D 急剧上升时的 U_{DS} 值。

栅源击穿电压 $U_{(BR)GS}$：在 MOS 管中使绝缘层击穿的电压。

2. 使用场效应管的注意事项

（1）由于场效应管的输入电阻很高，栅极间感应电荷不易泄放，而且绝缘层制作得很薄，容易在栅源极间感应出很高的电压，超过 $U_{(BR)GS}$，从而造成管子击穿。因此在使用场效应管时应避免使栅极悬空。保存不用时，必须将场效应管各极间短接。焊接时，电烙铁外壳要可靠接地。

（2）有些场效应管的漏极和源极不可以互换，因为衬底已经和源极连在一起了，这从管子的引脚数目可以区分。

6.4 光电器件

光电器件是将光信号转换为电信号的一种器件，它是构成光电式传感器最主要的部件。光电器件工作的物理基础是光电效应，光电效应分为外光电效应和内光电效应。

6.4.1 发光二极管

发光二极管是一种将电能直接转换成光能的光发射器件，简称为 LED，它由镓、砷、磷等元素的化合物制成。这些材料构成的 PN 结加上正向电压时，就会发出光来，光的颜色取决于制造所用的材料。图 6.4.1 所示为发光二极管的结构和符号。

发光二极管根据用途的不同，可分为普通单色发光二极管、高亮度发光二极管、超高亮度发光二极管、变色发光二极管、闪烁发光二极管、电压控制型发光二极管、红外发光二极管和负阻发光二极管等。

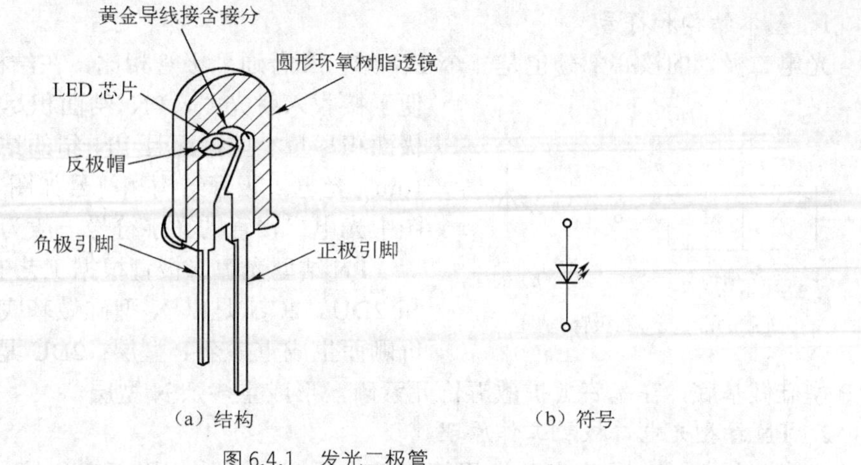

（a）结构　　（b）符号

图 6.4.1　发光二极管

1. *发光二极管发光原理*

发光二极管是由 GaAs（砷化镓）、GaP（磷化镓）、GaAsP（磷砷化镓）等半导体制成的，其核心是 PN 结，因此它具有一般 PN 结的正向导通，反向截止、击穿的特性。此外，在一定条件下，它还具有发光特性。在正向电压下，电子由 N 区注入 P 区，空穴由 P 区注入 N 区。进入对方区域的少数载流子（少子）与多数载流子（多子）复合而发光。

假设发光是在 P 区中发生的，那么注入的电子与价带空穴直接复合而发光，或者先被发光中心捕获后，再与空穴复合发光。除了这种复合发光外，还有些电子被非发光中心（这个中心介于导带、介带中间附近）捕获，而后再与空穴复合，每次释放的能量不大，不能形成可见光。发光的复合量相对于非发光复合量的比例越大，光量子的效率就越高。由于复合是在少子扩散区内发光的，所以发光仅在靠近 PN 结面的数微米以内产生。

2. *发光二极管的应用*

发光二极管被广泛用于各种电子仪器和电子设备中，可作为电源指示灯、电平指示或微光源。红外发光二极管常被用于电视机、录像机等的遥控器中。

（1）利用高亮度或超高亮度发光二极管制作微型手电的电路如图 6.4.2（a）所示。图中电阻 R 为限流电阻，其值应保证电源电压最高时应使发光二极管的电流小于最大允许电流 I_{Fm}。

（2）图 6.4.2（b）、（c）、（d）所示分别为直流电源、整流电源及交流电源指示电路。

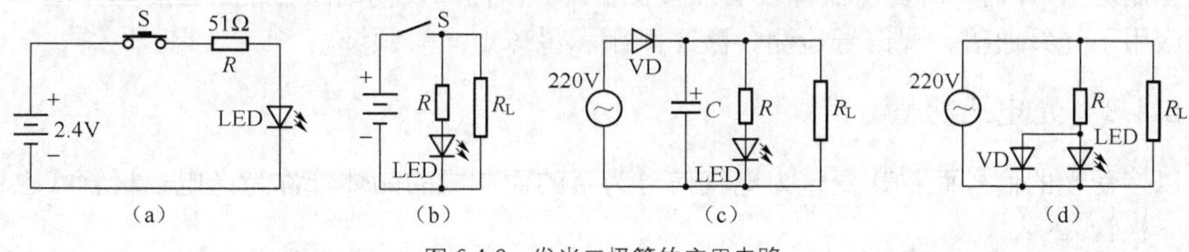

图 6.4.2　发光二极管的应用电路

6.4.2　光电二极管

光电二极管是将光信号转换成电信号的半导体器件，又称为光敏二极管，目前使用最多的是 Si 光电二极管。它有 4 种类型：PN 结型、PIN 结型、雪崩型和肖特基结型。以下简介 PN 结型光电二极管。

1. 基本结构和符号

光电二极管的核心部分也是一个 PN 结，和普通二极管相比，在结构上不同的是，为了便于接收入射光照，PN 结面积尽量做得大一些，电极面积尽量小些，而且 PN 结的结深很浅，一般小于 1μm。光电二极管结构和符号如图 6.4.3 所示，在电路图中光电二极管的文字符号一般为 VD。

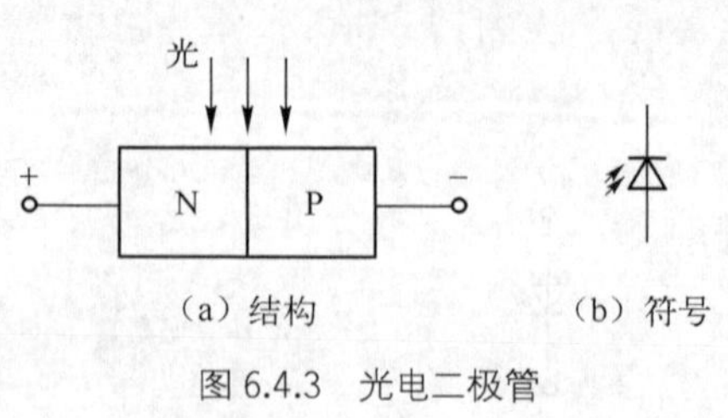

图 6.4.3　光电二极管

PN结型光敏二极管根据工艺的不同，可分为 2CU 和 2DU。2CU 是以 N 型硅做基底，在基底上扩散三价硼而生成重掺杂 P 型层；2DU 是轻掺杂，以高阻值的 P 型硅做基底，在基底上扩散五价元素磷，形成重掺杂 N 型层。

2. PN 结型光电二极管工作原理

光电二极管（也称为光敏二极管）是在反向电压的作用下工作的。没有光照时，反向电流很小（一般小于 0.1μA），称为暗电流。当有光照时，携带能量的光子进入 PN 结后，把能量传给共价键上的束缚电子，使部分电子挣脱共价键，从而产生电子—空穴对，称为光生载流子。光照越强，光生载流子就越多，电导率越大，光电流就越大。反之，光电流就越小。

3. 特殊光电二极管

（1）PIN 结型光电二极管

PIN 结型光电二极管又称为快速光电二极管，原理上也是基于 PN 结的光电效应。因 PN 结间距拉大，结电容变小，提高了 PIN 管的频率响应，可承受较高的偏压，从而增大了工作电压范围，并使线性范围变宽。

PIN 结型光电二极管的光生电流随光强变化的线性度较好，而且量子效率也更高，同时结构简单，速度高（可达到 30GHz），工作电压低，偏置电路简单以及成本低廉等，所以它在音频和视频光盘播放机以及光纤通信系统中有着非常广泛的应用。

（2）雪崩型光电二极管（APD）

雪崩型光电二极管是一种 PN 结型的光检测二极管，其利用了载流子的雪崩倍增效应来放大光电信号，以提高检测的灵敏度。工作时加较大的反向偏压，使得其达到雪崩倍增的状态。

在制造 APD 时，需要在器件表面加设保护环，以提高反向耐压性能。雪崩型光电二极管主要应用于光纤通信、弱信号检测、激光测距和星球定向等领域。

6.4.3　光电三极管

以接受光的信号而将其变转为电气信号为目的而制成的晶体管称为光电三极管（也称为光敏三极管）。

1. 光电三极管的结构

光电三极管与普通半导体三极管一样，是采用半导体制作工艺制成的具有 NPN 或 PNP 结构的半导体管。它在结构上与半导体三极管相似，它的引出电极通常只有两个，也有三个的。为适应光电转换的要求，它的基区面积做得较大，发射区面积做得较小，入射光主要被基区吸收。和光电二极管一样，光电三极管的芯片被装在带有玻璃透镜金属管壳内，当光照射时，光线通过透镜集中照射在芯片上。光电三极管的符号如图 6.4.4 所示。

2. 光电三极管的工作原理

将光电三极管接在如图 6.4.4 所示的电路中，光电三极管的集电极接正电位，发射极接负电位。当无光照射时，流过光电三极管的电流为集电极与发射极之间的穿透电流 I_{CEO}，它也是光电二极管的暗电流，其大小为

$$I_{CEO} = (1 + h_{FE})\, I_{CEO} \tag{6.4.1}$$

式中，I_{CEO} 为集电极与基极间的饱和电流；h_{FE} 为共发射极直流放大系数。

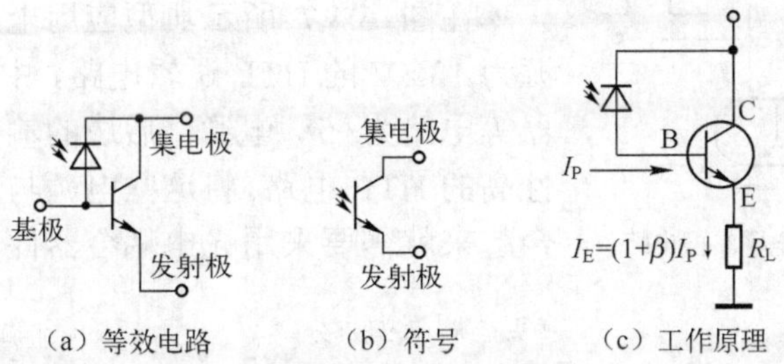

图 6.4.4 光电三极管

当有光照射在基区时，激发产生的电子—空穴对增加了少数载流子的浓度，使得集电结反向饱和电流大大增加，这就是光电三极管集电结的光生电流。该电流注入发射结进行放大，成为光电三极管集电极与发射极间电流，它就是光电三极管的光电流。可以看出，光电三极管利用普通半导体三极管的放大作用，将光电二极管的光电流放大了（$1+h_{FE}$）倍。所以，光电三极管比光电二极管具有更高的灵敏度。

3. 光电三极管的使用

光电三极管既具有光电二极管的作用，又具有普通三极管的电流放大作用。在使用时，当基极没有引线时，集电极电流等于发射极电流。

光电三极管广泛应用于光电耦合器、固态继电器、光遮断器和反射型转速传感器等。在实际选用光电三极管时，应注意按参数要求来选择管型。如要求灵敏度高，可选用达林顿型光电三极管；如要求响应时间快，对温度敏感性小，就不选用光电三极管而选用光电二极管。

6.4.4 光电耦合器件

光电耦合器件（简称为光耦）是把发光器件（如发光二极管）和光敏器件（如光电三极管）组装在一起，通过光线实现耦合，构成电—光和光—电的转换器件。

1. 光电耦合器件的原理

光电耦合器件由发光源和受光器两部分组成。把发光源和受光器组装在同一密闭的壳体内，彼此间用透明绝缘体隔离。发光源的引脚为输入端，受光器的引脚为输出端，常见的发光源为发光二极管，常见的受光器为光电二极管、光电三极管等。

光电耦合器的种类较多，常见有光电二极管型、光电三极管型、光敏电阻型、光控晶闸管型、光电达林顿型、集成电路型等。光电耦合器件的电路符号如图 6.4.5 所示，图中的发光二极管泛指一切发光器件，图中的光电二极管也泛指一切光电接收器件。

在光电耦合器件的输入端加电信号使发光源发光，光的强度取决于激励电流的大小，此光照射到封装在一起的受光器上后，因光电效应而产生了光电流，由受光器输出端引出，这样就实现了电—光—电的转换。

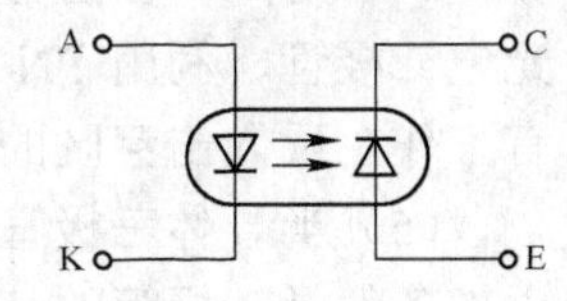

图 6.4.5 光电耦合器

2. 光电耦合器件的应用

（1）用于电平转换

图 6.4.6 所示为利用光电耦合器件实现 PMOS 电路电平与 TTL 电路电平的转换。光电耦合器件不但使前后两种不同电平的脉冲信号能够耦合起来，而且使得输入与输出电路完全隔离。

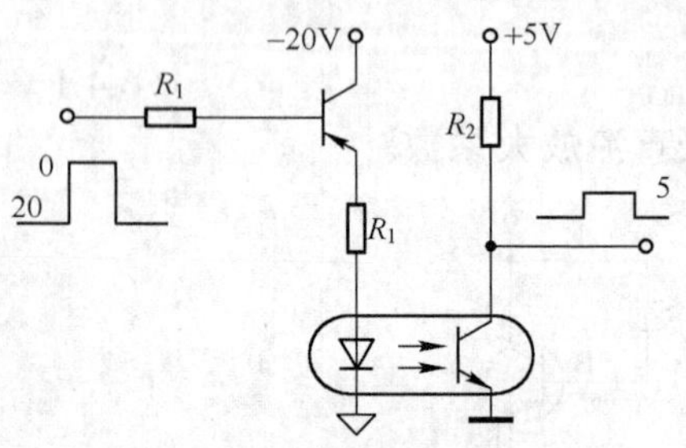

图 6.4.6 光电耦合器件的电平转换电路

（2）在隔离方面的应用

在图 6.4.7 所示典型应用电路中左侧的输入电路电源为 13.5V 的 HTL 逻辑电路，中间的中央运算器、处理器等电路为+5V 电源，后边的输出部分依然为抗干扰特性高的 HTL 电路。将这些电源与逻辑电平不同的部分耦合起来就需要采用光电耦合器件。

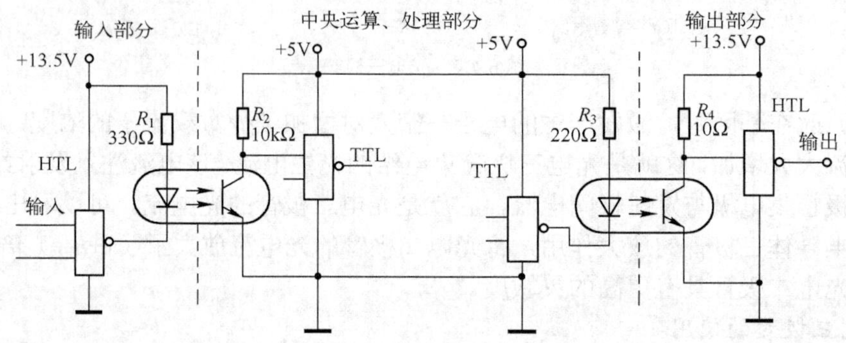

图 6.4.7 隔离方面的典型应用电路

本章小结

（1）半导体具有特殊的导电性，其导电能力会随着环境温度、光照强度的变化和掺入杂质而产生明显的变化。半导体具备的特殊导电性能与其原子结构有关，它具有共价键的晶体结构，受到激发时，会成对地产生自由电子和空穴两种极性不同的载流子，但载流子的数目极少。所以纯净的半导体也称为本征半导体类似绝缘体。

（2）本征半导体中掺入少量的三价或五价化学元素杂质，可形成 P 型半导体或 N 型半导体。P 型半导体中，空穴是多数载流子，自由电子是少数载流子。N 型半导体中，自由电子是多数载流子，空穴是少数载流子。

（3）PN 结是半导体二极管和其他半导体器件的基础，其基本特性是单向导电性：即外加正向电压时导通，外加反向电压时截止。但是，如果反向电压增加到一定的数值，PN 结也会导通，称为反向击穿。用一个 PN 结可制成一个二极管，它的特性常用伏安特性曲线表示。

（4）特殊二极管与普通二极管一样，也具有单向导电性。常用的有利用光敏特性制成的光电二极管、利用 PN 结的结电容制成的变容二极管和利用发光材料制成的发光二极管，还有工作在反向击穿区的稳压二极管。

（5）半导体三极管是非线性器件，它的重要特性之一是电流放大作用。具有放大作用的内部条件是三极管的基区需很薄，且掺杂浓度低；外部条件是发射结正向偏置，集电结反向偏置。半导体三极管的性能用输入输出特性表示，在输出特性曲线上分了三个区域：放大区、截止区和饱和区。在放大区，电流放大倍数近似为常数。

习　题

6.1　简答题

（1）什么是P型半导体？什么是N型半导体？

（2）能否将1.5V的干电池以正向接法接到二极管两端？为什么？

（3）N型半导体中的自由电子多于空穴，而P型半导体中的空穴多于自由电子，N型半导体是否带负电，而P型半导体带正电？

（4）试总结晶体三极管分别工作在放大、饱和和截止3种工作状态时，三极管中的两个PN结所具有的特点。

（5）MOS管有哪些优点？

（6）光电二极管的工作原理是什么？

（7）光电三极管跟光电二极管的区别是什么？

（8）什么是光电耦合器件？

6.2　写出题6.2图所示各电路的输出电压值，设二极管导通电压 $U_{VD}=0.7V$。

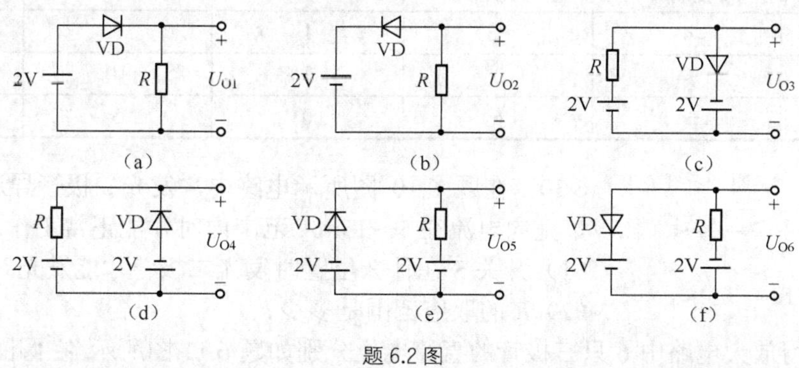

题6.2图

6.3　电路如题图6.3所示，已知 $u_i=10\sin\omega t$（V），试画出 u_i 与 u_o 的波形。二极管正向导通电压可忽略不计。

6.4　已知稳压管的稳压值 $U_Z=6V$，稳定电流的最小值 $I_{Zmin}=5mA$。求题6.4图所示电路中 U_{O1} 和 U_{O2} 各为多少伏。

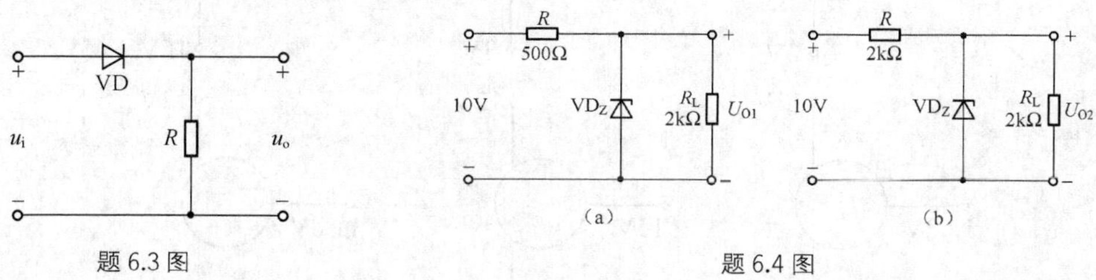

题6.3图　　　　题6.4图

6.5　已知题6.5图所示电路中稳压管的稳定电压 $U_Z=6V$，最小稳定电流 $I_{Zmin}=5mA$，最大稳定电流 $I_{Zmax}=25mA$。

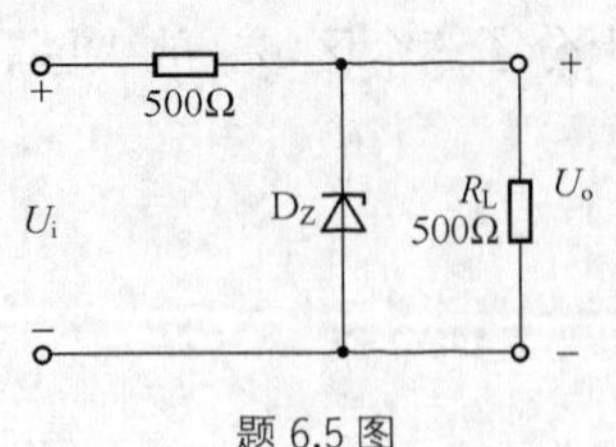

题 6.5 图

（1）分别计算 U_i 为 10V、15V、35V 三种情况下的输出电压 U_o 的值；

（2）若 U_i=35V 时负载开路，则会出现什么情况？

6.6 已知稳压二极管技术数据为：稳压值 U_Z=10V，I_{Zmax}=12mA，I_{Zmin}=2mA，负载电阻 R_L=2kΩ，输入电压 u_i=12V，限流电阻 R=200 Ω。若负载电阻变化范围为 1.5～4 kΩ，是否还能稳压？

6.7 一晶体管的极限参数为：P_{CM}=100mW，I_{CM}=20mA，$U_{(BR)}$=15V。试问在下列情况下，哪种可以正常工作？

（1）U_{CE}=3V，I_C=10mA；（2）U_{CE}=2V，I_C=40mA；（3）U_{CE}=6V，I_C=20mA。

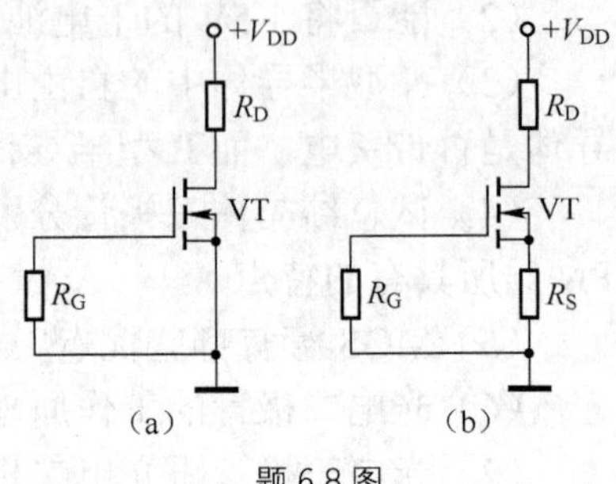

题 6.8 图

6.8 分别判断题 6.8 图所示各电路中的场效应管是否有可能工作在恒流区。

6.9 测得某放大电路中 3 个 MOS 管的 3 个电极的电位如题 6.9 表所示，它们的开启电压也在表中。试分析各管的工作状态（截止区、恒流区、可变电阻区），并填入表内。

题 6.9 表

管 号	$U_{GS(th)}$/V	U_S/V	U_G/V	U_D/V	工 作 状 态
T1	4	−5	1	3	
T2	−4	3	3	10	
T3	−4	6	0	5	

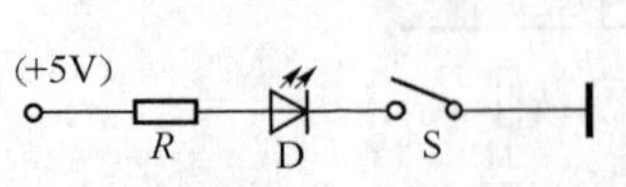

题 6.10 图

6.10 在题 6.10 图所示电路中，发光二极管导通电压 U_D=1.5V，正向电流在 5～15mA 范围内时才能正常工作。

（1）开关 S 在什么位置时发光二极管才能发光？

（2）R 的取值范围是多少？

6.11 测得放大电路中 6 只三极管的直流电位分别如题 6.11 图所示。在圆圈中画出管子，并分别说明它们是硅管还是锗管。

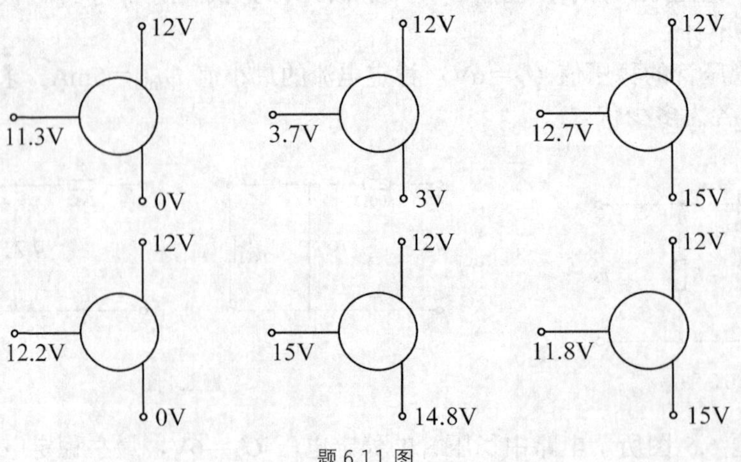

题 6.11 图

第 7 章 分立元件组成的基本放大电路

本章首先介绍放大电路的组成原则、工作原理、静态工作点的设置和放大倍数的计算，分析温度变化对放大电路静态工作点的影响并引出稳定静态工作点的电路，最后介绍功率放大电路和场效应管及其放大电路。

7.1 共发射极放大电路

将微弱的电信号（电压、电流、功率）增强以便满足负载需要的电路称为放大电路。晶体管低频放大电路有共发射极、共集电极和共基极 3 种组态。最常用的小信号低频交流放大电路多采用共发射极接法，如图 7.1.1 所示。

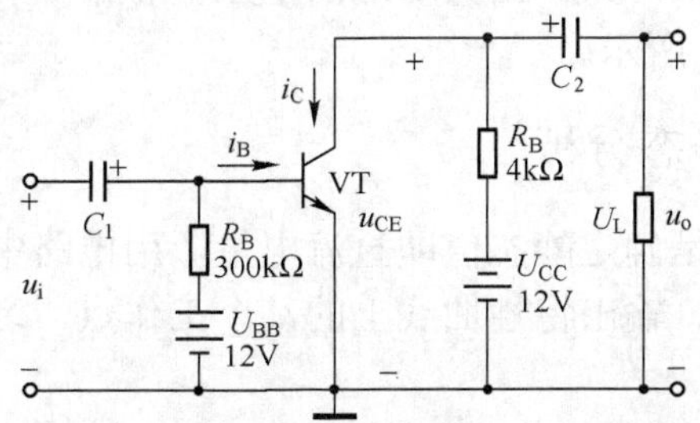

图 7.1.1 共发射极基本放大电路

7.1.1 电路组成及电压放大原理

1. 放大电路基本工作情况

当输入信号 u_i 不为 0 时，在输入回路中必将在静态值的基础上产生一个动态的基极电流 i_B；随之在输出回路可得到动态集电极电流 i_C；i_C 的变化转换成电压的变化，使管压降 u_{CE} 产生变化，管压降的变化量就是输出动态电压 u_o，从而实现了电压放大。直流电源 U_{CC} 为输出提供了所需能量。

放大电路未加输入信号 u_i 时的工作状态称为静态，加入 u_i 后的工作状态称为动态。

2. 放大电路的组成原则

（1）直流电源要设置合适的静态工作点，并作为输出的能源。对于晶体管放大电路，电源的极性和大小应使晶体管基极与发射极之间处于正向偏置，而集电极与基极之间处于反向偏置，即保证晶体管工作在放大区。

（2）电阻取值合适，与电源配合，使放大管有合适的静态工作电流。

（3）输入信号必须能够作用于放大管的输入回路。对于晶体管，输入信号必须能够改变基极与发射极之间的电压，产生 Δu_{BE}，或改变基极电流，产生 Δi_B。

（4）在负载接入时，必须保证放大管输出回路的动态电流能够作用于负载，从而使负载获得比输入信号大得多的信号电流或信号电压。

3. 放大电路的组成元件及其作用

（1）集电极电源 U_{CC} 是放大电路的能源，为输出信号提供能量，并保证发射结处于正向偏置、集电结处于反向偏置，使晶体管工作在放大区。U_{CC} 取值一般为几伏到几十伏。

（2）晶体管 VT 是放大电路的核心元件。利用晶体管在放大区的电流控制作用即 $i_C=\beta i_B$，将微弱的电信号进行放大。

（3）集电极电阻 R_C 是晶体管的集电极负载电阻，它将集电极电流的变化转换为电压的变化，实现电路的电压放大作用。电阻 R_C 的阻值一般为几千欧到几十千欧。

（4）基极电阻 R_B 用来保证工作在放大状态。改变其阻值 R_B，从而使晶体管有合适的静态工作点。R_B 一般为几十千欧到几百千欧。

（5）耦合电容 C_1、C_2 起隔直流通交流的作用。在信号频率范围内认为容抗近似为零，所以分析电路时，在直流通路中电容视为开路，在交流通路中电容视为短路。C_1、C_2 一般为十几微法到几十微法的有极性的电解电容。

在实际应用中，通常将基极和集电极两个电源合并成一个，同时为了简化电路的画法，只标出其对地的电压值和极性，用 U_{CC} 表示，如图 7.1.2 所示。

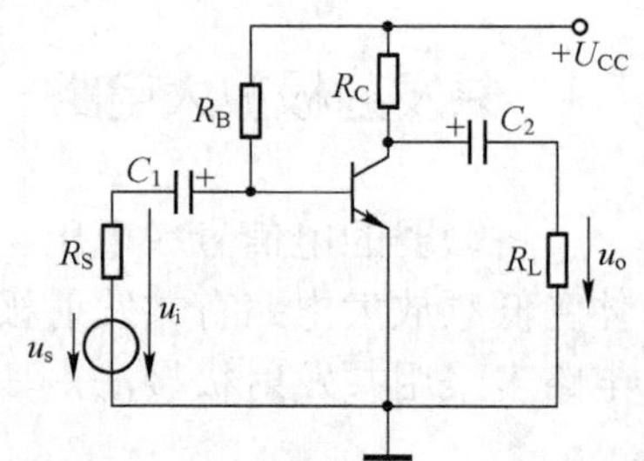

图 7.1.2 共发射极交流放大电路

7.1.2 放大电路的静态分析

放大电路的静态分析就是确定静态值即直流电量，用电路中的 I_B、I_C 和 U_{CE} 等数据来表示。这组数据是晶体管输入、输出特性曲线上的某个工作点，习惯上称为静态工作点，用 Q（I_B、I_C、U_{CE}）表示。

放大电路的质量与静态工作点的合适与否关系甚大。动态分析则是在已设置了合适的静态工作点的前提下，讨论放大电路的电压放大倍数、输入电阻、输出电阻等技术指标。

1. 由放大电路的直流通路确定静态工作点

在图 7.1.2 中将耦合电容 C_1、C_2 视为开路，画出图 7.1.3 所示的共发射极放大电路的直流通路，由电路可得

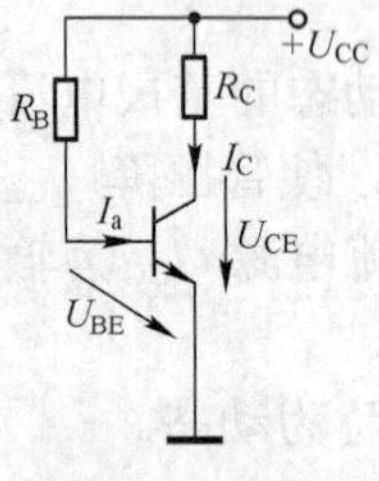

$$\begin{cases} I_B = \dfrac{U_{CC}-U_{BE}}{R_B} \approx \dfrac{U_{CC}}{R_B} \\ I_C = \beta I_B \\ U_{CE} = U_{CC} - I_C R_C \end{cases} \tag{7.1.1}$$

图 7.1.3 放大电路的直流通路

用式（7.1.1）可以近似估算此放大电路的静态工作点。在晶体管导通后，硅管 U_{BE} 的大小为 0.6～0.7V（锗管为 0.2～0.3V）。当 U_{CC} 较大时，U_{BE} 可以忽略不计。

2. 由图解法求静态工作点Q

（1）用输入特性曲线确定 I_{BQ} 和 U_{BEQ}

根据图 7.1.3 中的输入回路，可列出输入回路电压方程

$$U_{CC} = I_B R_B + U_{BE} \tag{7.1.2}$$

同时 U_{BE} 和 I_B 还符合晶体管输入特性曲线所描述的关系，用函数式表示为

$$I_B = f(U_{BE})\big|_{U_{CE}=\text{常数}}$$

用作图的方法在输入特性曲线所在的 U_{BE}–I_B 平面上作出式（7.1.2）所对应的直线，则两曲线的交点就是静态工作点 Q，如图 7.1.4（a）所示，Q 点的坐标就是静态时的基极电流 I_{BQ} 和基—射极间电压 U_{BEQ}。

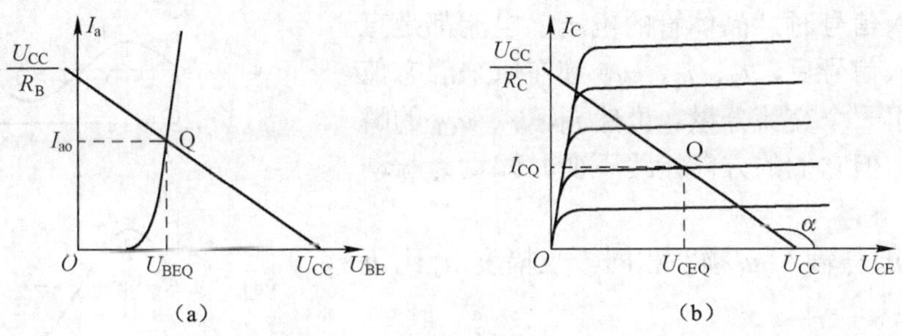

图 7.1.4 图解法求静态工作点

（2）用输出特性曲线确定 I_{CQ} 和 U_{CEQ}

根据图 7.1.3 中的输出回路，以及晶体管的输出特性曲线，可以写出

$$U_{CC} = I_C R_C + U_{CE} \tag{7.1.3}$$

$$I_C = f(U_{CE})\big|_{I_B=\text{常数}}$$

式（7.1.3）为一直线方程，其斜率为 $\tan\alpha=-\frac{1}{R_C}$，在横轴的截距为 U_{CC}，在纵轴的截距为 $\frac{U_{CC}}{R_C}$。在图 7.1.4（b）上作出这一直线，称为直流负载线。由直流负载线与 $I_B=I_{BQ}$ 所对应的那条输出特性曲线的交点就是静态工作点 Q，如图 7.1.4（b）所示，Q 点的坐标就是静态时晶体管的集电极电流 I_{CQ} 和集-射极间电压 U_{CEQ}。由图 7.1.4 可见，基极电流的大小能够影响静态工作点的位置。若 I_{BQ} 偏低，则静态工作点 Q 靠近截止区；若 I_{BQ} 偏高则 Q 靠近饱和区。因此，在已确定直流电源 U_{CC} 和集电极电阻 R_C 的情况下，静态工作点设置的合适与否取决于 I_B 的大小，调节基极电阻 R_B，从而改变电流 I_B，可以调整静态工作点。

7.1.3 放大电路的动态分析

放大电路的动态分析就是要对放大电路中信号的传输过程、放大电路的性能指标等问题进行分析讨论，这也是模拟电子电路所要讨论的主要问题。微变等效电路法和图解法是动态分析的基本方法。

1. 信号在放大电路中的传输与放大

以图 7.1.5（a）为例来讨论，图中 I_B、I_C、U_{CE} 表示直流分量（静态值），i_b、i_c、u_{ce} 表示输入信号作用下的交流分量（有效值用 I_b、I_c、U_{ce} 表示），i_B、i_C、u_{CE} 表示总电流或总电压。

设输入信号 u_i 为正弦信号，通过耦合电容 C_1 加到晶体管的基—射极，产生电流 i_b，则基

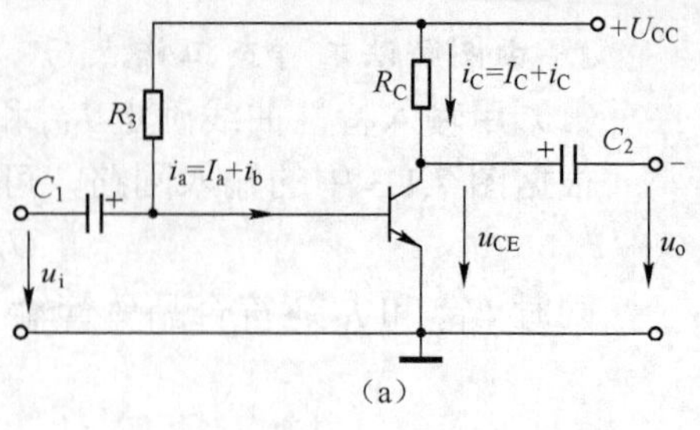

极电流 $i_B = I_B + i_b$，集电极电流受基极电流的控制，$i_C = I_C + i_c = \beta（I_B + i_b）$。电阻 R_C 上的压降为 $i_C R_C$，它随 i_C 成比例地变化。集一射极的管压降 $u_{CE} = U_{CC} - i_C R_C = U_{CC} - (I_C + i_c)R_C = U_{CE} - i_c R_C$，它随 $i_C R_C$ 的增大而减小。耦合电容 C_2 阻隔直流分量 U_{CE}，将交流分量 $u_{ce} = -i_c R_C$ 送至输出端，这就是放大后的信号电压 $u_o = u_{ce} = -i_c R_C$。u_o 为负，说明 u_i、i_b、i_c 为正半周时，u_o 为负半周，它与输入信号电压 u_i 反相。图 7.1.5（b）～（f）所示为放大电路中各有关电压和电流的信号波形。

综上所述可归纳为以下几点。

（1）无输入信号时，晶体管的电压、电流都是直流分量。有输入信号后，i_B、i_C、u_{CE} 都在原来静态值的基础上叠加了一个交流分量。虽然 i_B、i_C、u_{CE} 的瞬时值是变化的，但它们的方向始终不变，即均为脉动直流量。

（2）输出 u_o 与输入 u_i 频率相同，且幅度 u_o 比 u_i 大得多。

（3）电流 i_b、i_c 与输入 u_i 同相，输出电压 u_o 与输入 u_i 反相，即共发射极放大电路具有“倒相”的作用。

2. 微变等效电路法

（1）晶体管的微变等效电路

所谓晶体管的微变等效电路，就是晶体管在小信号（微变量）的情况下工作在特性曲线直线段时，将晶体管（非线性元件）用一个线性电路来代替。

由图 7.1.6（a）所示的晶体管的输入特性曲线可知，在小信号作用下的静态工作点 Q 邻近的 Q_1～Q_2 工作范围内的曲线可视为直线，其斜率不变。两变量的比值称为晶体管的输入电阻，即

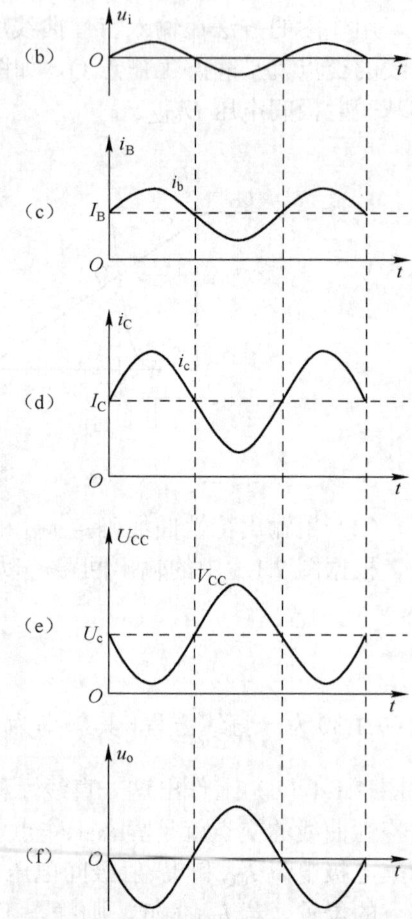

$$r_{be} = \left.\frac{\Delta U_{BE}}{\Delta I_B}\right|_{U_{CE}=常数} = \frac{u_{be}}{i_b} \qquad (7.1.4)$$

图 7.1.5 放大电路中电压、电流的波形

式（7.1.4）表示晶体管的输入回路可用管子的输入电阻 r_{be} 来等效代替，其等效电路如图 7.1.6（b）所示。工程中低频小信号下的 r_{be} 可用下式来估算

$$r_{be} = 300(\Omega) + (1+\beta)\frac{26(\text{mV})}{I_{EQ}(\text{mA})} \qquad (7.1.5)$$

式中，第一项常取 100～300Ω。低频小信号工作时的晶体管的 r_{be} 一般为几百欧到几千欧。

由图 7.1.6（b）所示的晶体管的输出特性曲线可知，在小信号作用下的静态工作点 Q 邻近的 Q_1～Q_2 工作范围内，放大区的曲线是一组近似等距的水平线，它反映了集电极电流 I_C 只受基极电流 I_B 的控制，而与管子两端电压 U_{CE} 基本无关，因而晶体管的输出回路可等效为一个受控恒流源，即

$$\Delta I_C = \beta \Delta I_B \text{ 及 } i_c = \beta i_b \qquad (7.1.6)$$

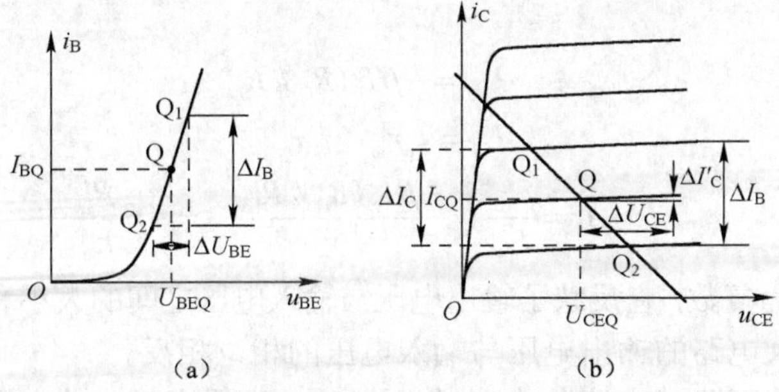

图 7.1.6 由晶体管的特性曲线求 r_{be}、β 和 r_{ce}

实际晶体管的输出特性曲线并非与横轴绝对平行。当 I_B 为常数时，ΔU_{CE} 变化会引起 $\Delta I'_C$ 变化，这个线性关系就是晶体管的输出电阻 r_{ce}，即

$$r_{ce} = \left.\frac{\Delta U_{CE}}{\Delta I'_C}\right|_{I_B=\text{常数}} = \frac{u_{ce}}{i_c} \tag{7.1.7}$$

r_{ce} 和受控恒流源 βi_b 并联。由于输出特性曲线近似为水平线，r_{ce} 又高达几十千欧到几百千欧，在微变等效电路中可视为开路而不予考虑。图 7.1.7（b）所示为简化了的微变等效电路。

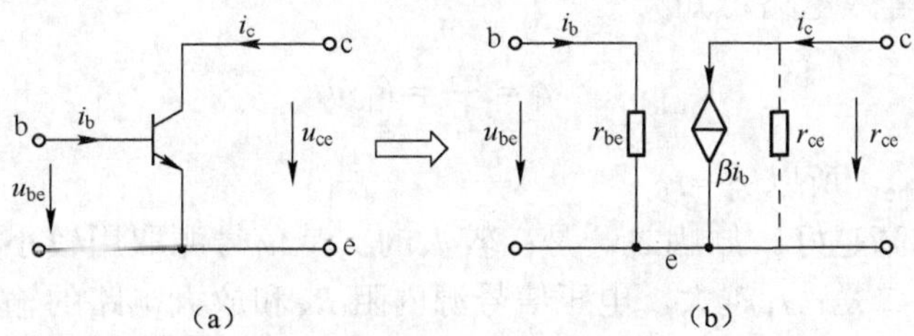

图 7.1.7 三极管的微变等效电路

（2）共射放大电路的微变等效电路

放大电路的直流通路确定了静态工作点，交流通路则反映了信号的传输过程，并通过它可以分析计算放大电路的性能指标。

对于图 7.1.1 所示的共射放大电路的交流通路，C_1、C_2 的容抗对交流信号而言可忽略不计，视为短路，直流电源 U_{CC} 为恒压源，两端无交流压降，也可视为短路，据此作出如图 7.1.8（a）所示的交流通路。将交流通路中的晶体管用微变等效电路来代替，可得如图 7.1.8（b）所示的共射放大电路的微变等效电路。

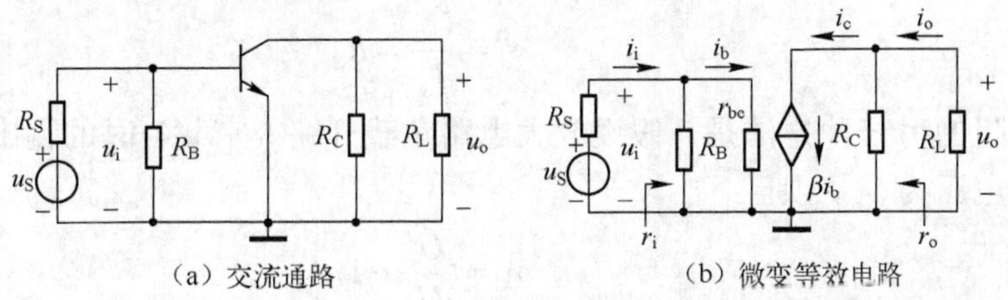

图 7.1.8 共射放大电路的交流通路及微变等效电路

3. 动态性能指标的计算

（1）电压放大倍数 A_u

电压放大倍数是小信号电压放大电路的主要技术指标。设输入为正弦信号，用相量法计

算，可列出

$$\dot{U}_o = -\beta \dot{I}_b (R_C // R_L)$$

$$\dot{U}_i = \dot{I}_b r_{be}$$

则
$$A_u = \frac{\dot{U}_o}{\dot{U}_i} = \frac{-\beta \dot{I}_b (R_C // R_L)}{\dot{I}_b r_{be}} = -\beta \frac{R'_L}{r_{be}} \tag{7.1.8}$$

式中，$R_L'=R_C // R_L$；A_u 为复数，它反映了输出电压与输入电压之间的大小和相位关系。式（7.1.8）中的负号表示共射放大电路的输出电压与输入电压的相位相反。

当放大电路输出端开路（未接负载电阻 R_L）时，可得空载时的电压放大倍数 A_{uo} 为

$$A_{uo} = -\beta \frac{R_C}{r_{be}} \tag{7.1.9}$$

比较式（7.1.8）和式（7.1.9）可看出，放大电路接有负载电阻 R_L 时的电压放大倍数比空载时降低了，R_L 越小，电压放大倍数越低。一般，共射放大电路为提高电压放大倍数，总希望负载电阻 R_L 大一些。

（2）放大电路的输入电阻 r_i

放大电路的输入电阻 r_i 是一个主要的性能指标，其定义为输入电压与输入电流之比。由图 7.1.8（b）所示的等效电路可知

$$r_i = \frac{\dot{U}_i}{\dot{I}_i} = R_B // r_{be} \tag{7.1.10}$$

实际应用中，$R_B >> r_{be}$，所以 $r_i \approx r_{be}$。

一般输入电阻越高越好。原因之一是：较大的 r_i 从信号源取用较小的电流，从而减少信号源的负担。原因之二是：r_i 越大，电压信号源内阻 R_S 和放大电路的输入电阻 r_i 分压后，得到较大的输入电压 U_i，则放大后的输出也较大。原因之三是：本级电路若与前级放大电路相连，则本级的 r_i 就是前级的负载电阻 R_L，若 r_i 较大，则前级放大电路的电压放大倍数也就较大。总之，要求放大电路要有较大的输入电阻。

（3）输出电阻 r_o

放大电路是负载（或后级放大电路）的等效信号源，其等效内阻就是放大电路的输出电阻 r_o，它是从放大电路输出端看进去的戴维宁等效电路的等效内阻。求解 r_o 的方法有很多，在图 7.1.8（b）所示的等效电路中，采用外加电源法时，将输入信号源短路（保留信号源内阻），去掉负载电阻 R_L。当 $U_S = 0$ 时，$I_b = 0$，$\beta I_b = 0$，而在输出端加一信号 $\dot{U}_o$ 以产生一个电流 $\dot{I}_o$，则放大电路的输出电阻为

$$r_o = \frac{\dot{U}_o}{\dot{I}_o} = R_C \tag{7.1.11}$$

计算输出电阻的另一种方法是，假设放大电路负载开路（空载）时的输出电压为 $\dot{U}'_o$，接上负载后的输出电压为 $\dot{U}_o$，则

$$r_o = (\frac{\dot{U}'_o}{\dot{U}_o} - 1) R_L \tag{7.1.12}$$

一般输出电阻越小越好，原因之一是：本级放大电路对后一级放大电路来说，相当于信号源的内阻，若 r_o 较小，则使后一级放大电路的有效输入信号提高，使后一级放大电路的 A_{us} 提高。原因之二是：放大电路的负载发生变动时，若 r_o 较小，则放大电路输出电压的变动小，即放大电路带负载能力较强。总之，希望放大电路的输出电阻 r_o 越小越好。

例 7.1.1 在图 7.1.2 所示的共射放大电路中，已知 U_{CC}=12V，R_B=300kΩ，R_C=4kΩ，R_L=4kΩ，R_S=100Ω，晶体管的 β=40。（1）估算静态工作点；（2）计算电压放大倍数；（3）计算输入电阻和输出电阻。

解 （1）估算静态工作点。由图 7.1.3 所示的直流通路得

$$I_B \approx \frac{U_{CC}}{R_B} = \frac{12}{300}(\text{mA}) = 40(\mu\text{A})$$

$$I_C = \beta I_B = 40 \times 40(\mu\text{A}) = 1.6(\text{mA})$$

$$U_{CE} = U_{CC} - I_C R_C = 12 - 1.6 \times 4 = 5.6(\text{V})$$

（2）计算电压放大倍数。由图 7.1.8（a）所示的交流通路和图 7.1.8（b）所示的微变等效电路可得

$$r_{be} = 300 + (1+\beta)\frac{26}{I_E} = 300 + 41 \times \frac{26}{1.6}(\Omega) = 0.966(\text{k}\Omega)$$

由 $\dot{U}_o = -\beta \dot{I}_b (R_C // R_L)$，$\dot{U}_i = \dot{I}_b r_{be}$，得

$$A_u = \frac{\dot{U}_o}{\dot{U}_i} = \frac{-\beta \dot{I}_b (R_C // R_L)}{\dot{I}_b r_{be}} = -40 \times \frac{2}{0.966} = -82.82$$

（3）计算输入电阻和输出电阻。根据式（7.1.10）和式（7.1.11）得

$$r_i = \frac{\dot{U}_i}{\dot{I}_i} = R_B // r_{be} \approx 0.966(\text{k}\Omega)$$

$$r_o = R_C = 4(\text{k}\Omega)$$

7.1.4 静态工作点的稳定

1. 静态工作点的稳定原理

通过前面的分析可以知道，晶体管的参数 I_{CEO} 随温度升高所产生的对工作点的影响，最终都表现为静态工作点电流 I_C 的增加，流过 R_C 后静态工作点电压 U_{CE} 下降。所以设法使 I_C 在温度变化时能维持恒定，则静态工作点就可以得到稳定了。

如图 7.1.9（a）所示的分压式偏置共射放大电路，正是基于这一思想。首先利用 R_{B1}、R_{B2} 的分压为基极提供一个固定电压。当 $I_1 >> I_B$（5 倍以上），则认为 I_B 不影响 U_B，基极电位为

$$U_B = \frac{R_{B2}}{R_{B1} + R_{B2}} U_{CC} \tag{7.1.13}$$

其次在发射极串接一个电阻 R_E，当温度发生变化时能够起稳定作用。当温度升高时，I_C 增加，I_E 增加，电阻 R_E 上的压降 $I_E R_E$ 增加，也即发射极电位 U_E 升高，而基极电位 U_B 固定，所以净输入电压 $U_{BE}=U_B-U_E$ 减小，从而使输入电流 I_B 减小，最终导致集电极电流 I_C 也减小，这样在温度变化时静态工作点就得到了稳定。

R_E 的存在使得输入电压 u_i 不能全部加在 B、E 两端，使得 u_o 减小，造成了 A_u 的减小。为了克服这一不足，在 R_E 两端并联一个旁路电容 C_E。对于直流，C_E 相当于开路，如图 7.1.9（b）所示，仍能稳定工作点；对于交流信号，C_E 相当于短路，如图 7.1.9（c）所示，这使输入信号不受损失，电路的放大倍数不至于因为稳定了工作点而下降。放大电路的微变等效电路如图 7.1.9（d）、（e）所示。

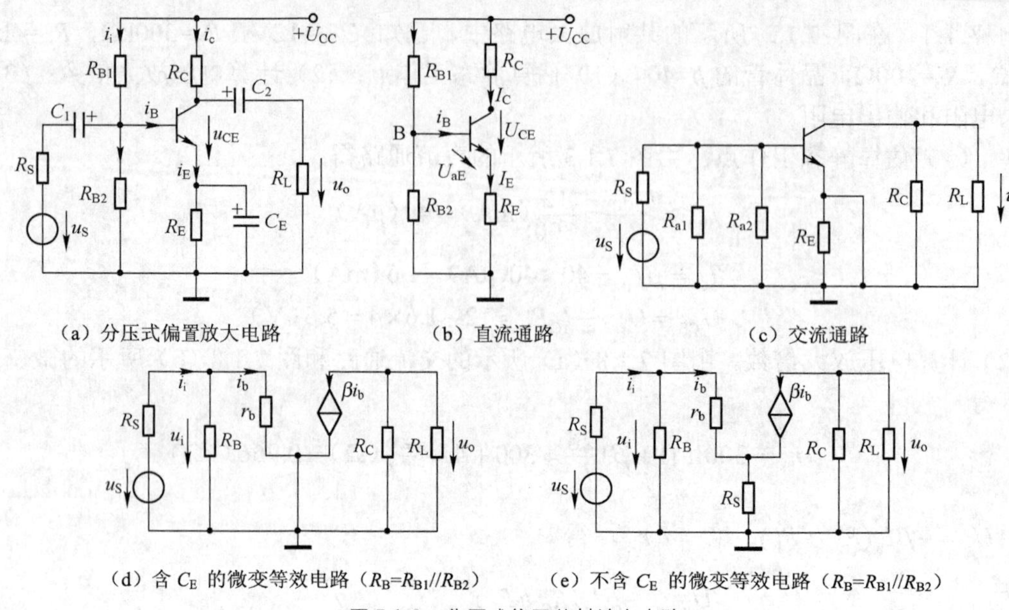

（a）分压式偏置放大电路　（b）直流通路　（c）交流通路

（d）含 C_E 的微变等效电路（$R_B=R_{B1}//R_{B2}$）　（e）不含 C_E 的微变等效电路（$R_B=R_{B1}//R_{B2}$）

图 7.1.9　分压式偏置共射放大电路

一般交流旁路电容 C_E 的值取几十微法到几百微法。图中 R_E 越大，稳定性就越好。但过大的 R_E 会使 U_{CE} 下降，影响输出电压 u_o 的幅度，通常小信号放大电路中 R_E 取几百欧到几千欧。

2. 静态工作点分析

由图 7.1.9（b）所示的分压式偏置放大电路的直流通路得

$$U_B = \frac{R_{B2}}{R_{B1}+R_{B2}}U_{CC} \qquad I_C \approx I_E = \frac{U_B - U_{BE}}{R_E} \approx \frac{U_B}{R_E}$$

则

$$U_{CE} = U_{CC} - I_C R_C - I_E R_E \approx U_{CC} - I_C(R_C + R_E) \tag{7.1.14}$$

3. 动态分析

（1）电路中接交流旁路电容 C_E

电路中的交流旁路电容 C_E 对于交流信号可视为短路，R_E 被 C_E 交流旁路掉了，画出的微变等效电路如图 7.1.9（d）所示。

① 电压放大倍数　由于 $\dot{U}_o = -\beta \dot{I}_b R'_L$，$R'_L = R_C // R_L$，$\dot{U}_i = \dot{I}_b r_{be}$，可得电压放大倍数

$$A_u = \frac{\dot{U}_o}{\dot{U}_i} = \frac{-\beta \dot{I}_b R'_L}{\dot{I}_b r_{be}} = \frac{-\beta R'_L}{r_{be}} \tag{7.1.15}$$

② 输入电阻

$$r_i = R_B // r_{be} = R_{B1} // R_{B2} // r_{be} \approx r_{be} \tag{7.1.16}$$

③ 输出电阻

$$r_o = R_C$$

（2）电路中不接交流旁路电容 C_E

对于交流信号而言，R_E 保留在电路中，其微变等效电路如图 7.1.9（e）所示。

① 电压放大倍数　由于 $\dot{U}_o = -\beta \dot{I}_b R'_L$，$R'_L = R_C // R_L$，$\dot{U}_i = \dot{I}_b r_{be} + (1+\beta)\dot{I}_b R_E$，得电压放大倍数

$$A_u = \frac{\dot{U}_o}{\dot{U}_i} = \frac{-\beta \dot{I}_b R'_L}{\dot{I}_b r_{be} + (1+\beta)\dot{I}_b R_E} = \frac{-\beta R'_L}{r_{be} + (1+\beta)R_E} \tag{7.1.17}$$

② 输入电阻

$$r_i = R_{B1} // R_{B2} // [r_{be} + (1+\beta)R_E] \tag{7.1.18}$$

③ 输出电阻

$$r_o = R_C$$

例 7.1.2 在图 7.1.9（a）所示的分压式偏置共射放大电路中，已知 U_{CC}=24V，R_{B1}=33kΩ，R_{B2}=10kΩ，R_C=3.3kΩ，R_E=1.5kΩ，R_L=5.1kΩ，晶体管的 β=66，设 R_S=0。（1）估算静态工作点；（2）计算电压放大倍数、输入电阻和输出电阻；（3）当 R_E 两端未并联旁路电容时，计算电压放大倍数、输入电阻和输出电阻。

解 （1）估算静态工作点

$$U_{BE} = 0.7V$$

$$U_B = \frac{R_{B2}}{R_{B1}+R_{B2}}U_{CC} = \frac{10}{33+10}\times 24 = 5.6\text{（V）}$$

$$I_C \approx I_E = \frac{U_B - U_{BE}}{R_E} \approx \frac{U_B}{R_E} = \frac{5.6}{1.5} = 3.8\text{（mA）}$$

$$U_{CE} \approx U_{CC} - I_C(R_C + R_E) = 24 - 3.8\times(3.3+1.5) = 5.76\text{（V）}$$

（2）画出的微变等效电路如图 7.1.9（d）所示。由微变等效电路得

电压放大倍数 $$A_u = \frac{\dot{U}_o}{\dot{U}_i} = \frac{-\beta(R_L//R_C)}{r_{be}} = \frac{-66\times(5.1//3.3)}{300+(1+66)\dfrac{26}{3.8}} = -174$$

输入电阻 $$r_i = R_{B1}//R_{B2}//r_{be} = 33//10//0.758 = 0.69\text{（kΩ）}$$

输出电阻 $$r_o = R_C = 3.3\text{（kΩ）}$$

（3）当 R_E 两端未并联旁路电容时，其微变等效电路如图 7.1.9（e）所示。

电压放大倍数 $$r_{be} = 300 + (1+66)\times\frac{26}{3.8} = 0.758\text{（kΩ）}$$

$$A_u = \frac{\dot{U}_o}{\dot{U}_i} = \frac{-\beta(R_L//R_C)}{r_{be}+(1+\beta)R_E} = \frac{-66\times(5.1//3.3)}{0.758+(1+66)\times 1.5} = -1.3$$

输入电阻 $$r_i = R_{B1}//R_{B2}//(r_{be}+(1+\beta)R_E) = 33//10//[0.758+(1+66)\times 1.5] = 7.66\text{（kΩ）}$$

输出电阻 $$r_o = R_C = 3.3\text{（kΩ）}$$

由计算结果可以看出，去掉交流旁路电容后，电压放大倍数降低了，输入电阻提高了。这是因为电路引入了串联负反馈，有关负反馈的内容在后面章节讨论。

7.1.5 多级放大电路

小信号放大电路的输入信号一般为毫伏甚至微伏量级，功率在 1mW 以下。为了推动负载工作，输入信号必须经过多级放大，使其在输出端能获得一定幅度的电压和足够的功率。

1. 多级放大电路的组成

多级放大电路的框图如图 7.1.10 所示。它通常包括输入级、中间级、推动级和输出级几个部分。

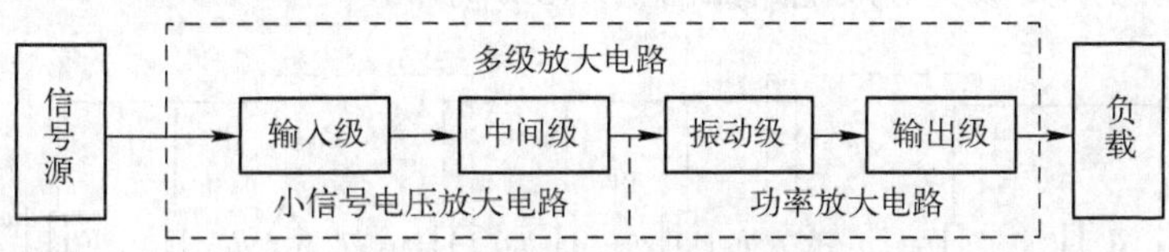

图 7.1.10 多级放大电路的框图

多级放大电路的第一级称为输入级，对输入级的要求往往与输入信号有关。中间级的作用是进行信号放大，提供足够大的放大倍数，常由几级放大电路组成。多级放大电路的最后

一级是输出级，它与负载相接，因此输出级需要考虑负载的性质。推动级的用途就是实现小信号到大信号的缓冲和转换。

2. 多级放大电路的级间耦合

多级放大电路的连接产生了单元电路间的级联问题，即耦合问题，它要保证信号的传输，且要保证各级的静态工作点正确。耦合方式是指信号源和放大器之间、放大器中各级之间、放大器与负载之间的连接方式。最常用的耦合方式有 3 种：阻容耦合、直接耦合和变压器耦合。阻容耦合应用于分立元件多级交流放大电路中；放大缓慢变化的信号或直流信号则采用直接耦合的方式；变压器耦合在放大电路中的应用逐渐减少。可根据输入信号的性质决定级间耦合电路的形式。

耦合电路的简化形式如图 7.1.11 所示。多级放大电路的电压放大倍数为各级电压放大倍数的乘积。若多级放大电路的级数为 n，则总的电压放大倍数为

$$A_u = A_{u1}A_{u2}A_{u3}\cdots A_{un} \tag{7.1.19}$$

由于后级的输入电阻就是前级放大电路的负载电阻，因此计算各级电压放大倍数时必须考虑后级的输入电阻对前级的负载效应。若不计其负载效应，各级的放大倍数仅是空载的放大倍数，它与实际耦合电路不符，这样得出的总电压放大倍数是错误的。本书以阻容耦合方式为例加以介绍。

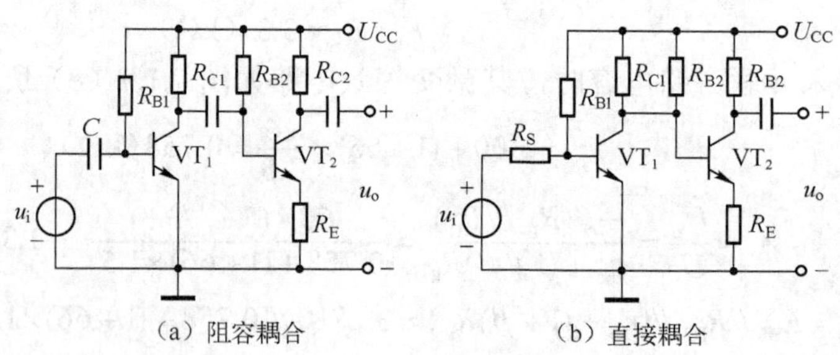

图 7.1.11 耦合电路的简化形式

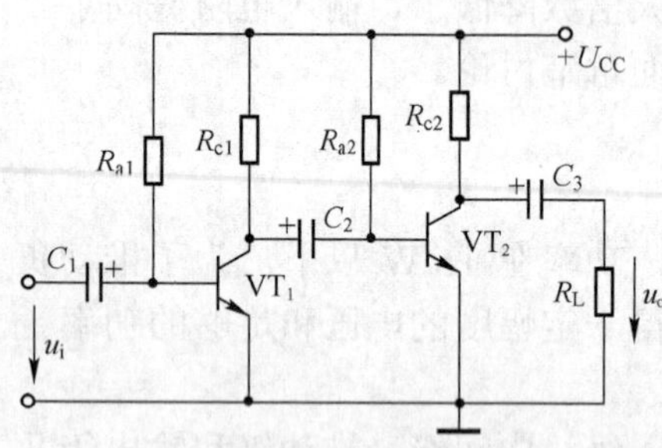

图 7.1.12 两级阻容耦合共射放大电路

3. 阻容耦合放大电路

图 7.1.12 所示是两级阻容耦合共射放大电路。两级间的连接通过电容 C_2 将前级的输出电压加在后级的输入电阻上（即前级的负载电阻），故称为阻容耦合放大电路。

由于电容有隔直作用，因此两级放大电路的直流通路互不相通，即每一级的静态工作点各自独立。选择的耦合电容应使信号频率在中频段时容抗视为 0。多级放大电路的静态和动态分析与单级放大电路一样。图 7.1.12 所示的两级放大电路，其微变等效电路如图 7.1.13 所示。

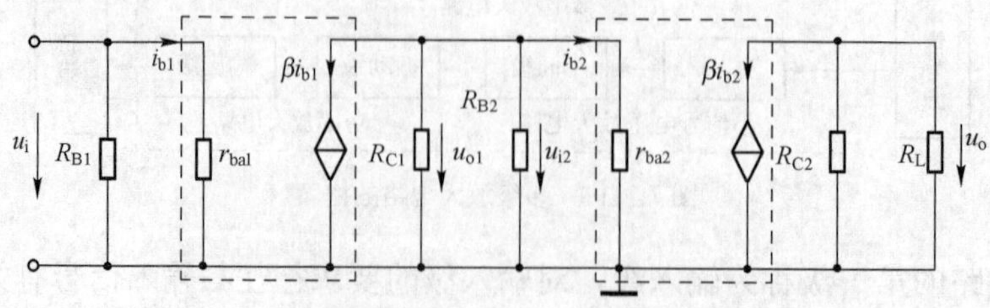

图 7.1.13 两级阻容耦合共射放大电路的微变等效电路

耦合电容的存在使阻容耦合放大电路只能放大交流信号，一样只对低频信号的中频段才近似为电压放大倍数与输入信号的频率无关，并且阻容耦合多级放大电路比单级放大电路的通频带要窄。

例 7.1.3 图 7.1.14（a）所示为一阻容耦合两级放大电路，其中 R_{B1}=300kΩ，R_{E1}=3kΩ，R_{B2}=40kΩ，R_{C2}=2kΩ，R_{B3}=20kΩ，R_{E2}=3.3kΩ，R_L=2kΩ，U_{CC}=12V。晶体管 VT_1 和 VT_2 的 β=50，U_{BE}=0.7V。各电容容量足够大。（1）计算各级电路的静态工作点；（2）计算 A_u、r_i 和 r_o。

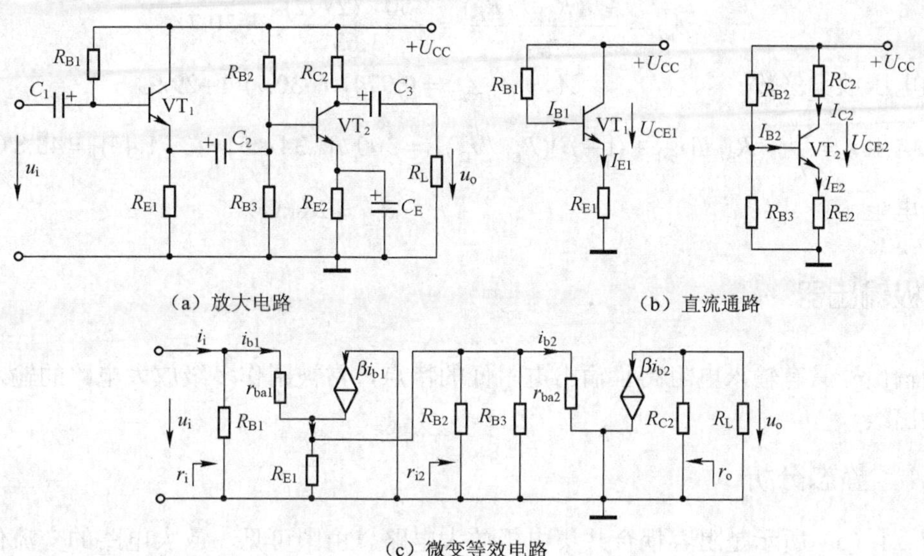

图 7.1.14 阻容耦合两级放大电路

解 （1）分别画出各级电路的直流通路如图 7.1.14（b）所示，由直流通路计算静态工作点。

第一级

$$I_{B1Q}=\frac{U_{CC}-U_{BE}}{R_{B1}+(1+\beta)R_{E1}}=\frac{12-0.7}{300+51\times 3}=0.025\text{（mA）}$$

$$I_{C1Q}=\beta I_{B1Q}=1.25\text{（mA）}$$

$$I_{E1Q}=(1+\beta)I_{B1Q}=1.27\text{（mA）}$$

$$U_{CE1Q}=U_{CC}-I_{E1Q}R_{E1}=12-1.27\times 3=8.18\text{（V）}$$

第二级

$$U_{B2}=\frac{R_{B3}U_{CC}}{R_{B2}+R_{B3}}=\frac{20\times 12}{40+20}=4\text{（V）}$$

$$I_{E2Q}=\frac{U_{B2}-U_{BE}}{R_{E2}}=\frac{4-0.7}{3.3}=1\text{（mA）}$$

$$I_{B2Q}=\frac{I_{E2Q}}{1+\beta}=\frac{1}{51}=0.0196\text{（mA）}$$

$$I_{C2Q}=\beta I_{B2Q}=50\times 0.0196=0.98\text{（mA）}$$

$$U_{CE2Q}=U_{CC}-I_{CQ}(R_{C2}+R_{E2})=12-0.98\times(2+3.3)=6.8\text{（V）}$$

（2）两级放大电路的微变等效电路如图 7.1.14（c）所示。

$$r_{be1}=300+(1+\beta)\frac{26}{I_{E1Q}}=300+\frac{51\times 26}{1.27}(\Omega)=1.34(\text{k}\Omega)$$

$$r_{be2}=30+(1+\beta)\frac{26}{I_{E2Q}}=300+\frac{51\times 26}{1}(\Omega)=1.63(\text{k}\Omega)$$

第二级放大电路的输入电阻就是第一级放大电路的负载电阻，有

$$r_{i2} = R_{B2} // R_{B3} // r_{be2} = 40 // 20 // 1.63 = 1.45\text{（k}\Omega\text{）}$$

则各级电压放大倍数

$$A_{u1} = \frac{\dot{U}_{o1}}{\dot{U}_i} = \frac{(1+\beta)(R_{E1} // r_{i2})}{r_{be1} + (1+\beta)(R_{E1} // r_{i2})} = \frac{(1+50)\times(3 // 1.45)}{1.34 + (1+50)\times(3 // 1.45)} = 0.974$$

$$A_{u2} = \frac{-\beta(R_{C2} // R_L)}{r_{be2}} = \frac{-50\times(2 // 2)}{1.63} = -30.7$$

总的电压放大倍数 $A_u = A_{u1}A_{u2} = 0.974\times(-30.7) = -29.9$

输入电阻 $r_i = \frac{\dot{U}_i}{\dot{I}_i} = R_{B1} // [r_{be1} + (1+\beta)(R_{E1} // r_{i2})] = 300 // [1.34 + 51\times(3 // 1.45)] = 43.8\text{（k}\Omega\text{）}$

输出电阻 $r_o = R_{C2} = 2\text{（k}\Omega\text{）}$

7.2 射极输出器

射极输出器具有输入电阻高且输出电阻低的特点，常被用作多级放大电路的输入级、中间级和输出级。

7.2.1 静态分析

图 7.2.1（a）所示是阻容耦合共集电极放大电路。由图可见，放大电路的交流信号由晶体管的发射极经耦合电容 C_2 输出，故称为射极输出器。

由图 7.2.1（c）所示的射极输出器的交流通路可见，集电极是输入回路和输出回路的公共端。输入回路为基极到集电极的回路，输出回路为发射极到集电极的回路。所以，射极输出器从电路连接特点而言，为共集电极放大电路。

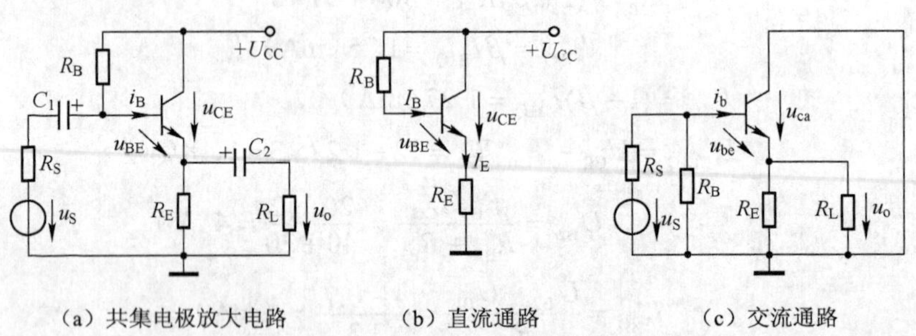

（a）共集电极放大电路　（b）直流通路　（c）交流通路

图 7.2.1　共集电极放大电路

通过图 7.2.1（b）所示的射极输出器的直流通路可确定静态值。由 $U_{CC} = I_B R_B + U_{BE} + I_E R_E$，$I_E = I_B + I_C = (1+\beta)I_B$ 可得

$$\begin{cases} I_B = \dfrac{U_{CC} - U_{BE}}{R_B + (1+\beta)R_E} \\ I_E = \dfrac{U_{CC} - U_{BE}}{\dfrac{R_B}{1+\beta} + R_E} \\ U_{CE} = U_{CC} - I_E R_E - (1+\beta)R_E \end{cases} \tag{7.2.1}$$

7.2.2　动态分析

由图 7.2.1（c）所示的交流通路画出射极输出器的微变等效电路，如图 7.2.2 所示。

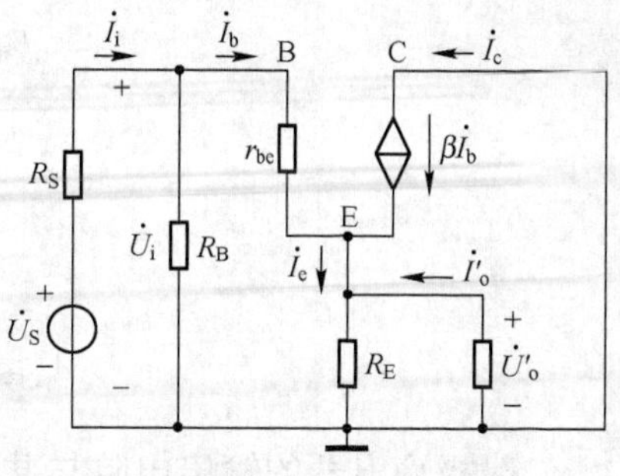

图 7.2.2　射极输出器的微变等效电路

1. 电压放大倍数

由微变等效电路及电压放大倍数的定义得

$$\dot{U}_o = (1+\beta)\dot{I}_b(R_E // R_L)$$

$$\dot{U}_i = \dot{I}_b r_{be} + \dot{U}_o = \dot{I}_b r_{be} + (1+\beta)\dot{I}_b(R_E // R_L)$$

则

$$A_u = \frac{\dot{U}_o}{\dot{U}_i} = \frac{(1+\beta)\dot{I}_b(R_E // R_L)}{\dot{I}_b r_{be} + (1+\beta)\dot{I}_b(R_E // R_L)} = \frac{(1+\beta)(R_E // R_L)}{r_{be} + (1+\beta)(R_E // R_L)} \tag{7.2.2}$$

由式（7.2.2）可以看出，射极输出器的电压放大倍数恒小于 1，但接近于 1。

若$(1+\beta)(R_E//R_L) >> r_{be}$，则 $A_u \approx 1$，输出电压$\dot{U}_o \approx \dot{U}_i$，$A_u$为正数说明 $\dot{U}_o$与 $\dot{U}_i$不但大小基本相等，并且相位相同，即输出电压紧紧跟随输入电压的变化而变化。因此，射极输出器也称为电压跟随器。

值得指出的是，尽管射极输出器无电压放大作用，但射极电流I_e是基极电流I_b的（$1+\beta$）倍，输出功率也近似是输入功率的（$1+\beta$）倍，所以射极输出器具有一定的电流放大作用和功率放大作用。

2. 输入电阻

由图 7.2.2 所示的微变等效电路及输入电阻的定义得

$$r_i = \frac{\dot{U}_i}{\dot{I}_i} = \frac{\dot{U}_i}{\frac{\dot{U}_i}{R_B} + \frac{\dot{U}_i}{r_{be} + (1+\beta)(R_E // R_L)}} = R_B // [r_{be} + (1+\beta)(R_E // R_L)] \tag{7.2.3}$$

一般情况下，R_B 和$[r_{be} + (1+\beta)(R_E // R_L)]$都要比$r_{be}$大得多，因此射极输出器的输入电阻比共射放大电路的输入电阻要高。射极输出器的输入电阻高达几十千欧到几百千欧。

3. 输出电阻

根据输出电阻的定义，用外加电源法来计算输出电阻。在图 7.2.2 中去掉信号源$\dot{U}_S$和负载 R_L，在输出端加上电压$\dot{U}'_0$，产生电流$\dot{I}'_0$，如图 7.2.3 所示，则有

$$\dot{I}'_0 = -\dot{I}_e + \frac{\dot{U}'_0}{R_E} = -(1+\beta)\dot{I}_b + \dot{I}_e$$

$$= (1+\beta)\frac{\dot{U}'_0}{r_{be} + (R_B // R_S)} + \frac{\dot{U}'_0}{R_E}$$

故输出电阻

$$r_o = \frac{\dot{U}'_0}{\dot{I}'_0} = R_E // \frac{r_{be} + (R_B // R_S)}{1+\beta} \tag{7.2.4}$$

一般情况下，$R_B>>R_S$，所以$r_o \approx R_E // \frac{r_{be} + R_S}{1+\beta}$。通常，$R_E \gg \frac{r_{be} + R_S}{1+\beta}$，因此输出电阻又可近似为$r_o \approx \frac{r_{be} + R_S}{\beta}$。若$r_{be} \gg R_S$，则$r_o \approx \frac{r_{be}}{\beta}$。

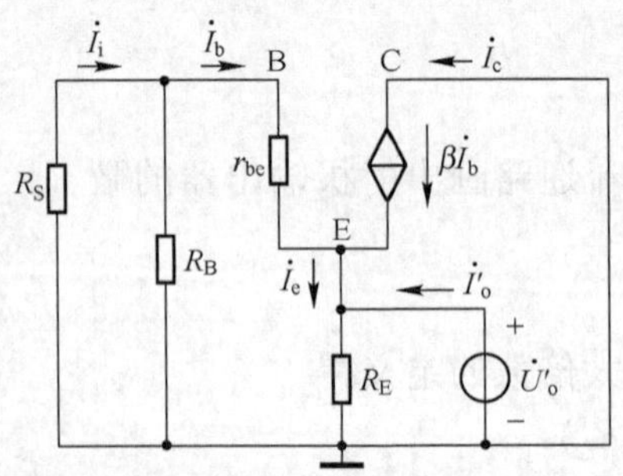

图 7.2.3　共集放大电路输出电阻的计算

射极输出器的输出电阻与共射放大电路相比是较低的，一般在几欧到几十欧。当r_o较低时，射极输出器的输出电压几乎具有恒压性。

综上所述，射极输出器具有电压放大倍数恒小于 1，接近于 1，输入、输出电压同相，输入电阻高，输出电阻低的特点。尤其是输入电阻高、输出电阻低的特点，使得射极输出器获得了广泛的应用。

例 7.2.1　图 7.2.1（a）所示的射极输出器，已知 U_{CC}=12V，R_B=120kΩ，R_E=4kΩ，R_L=4kΩ，R_S =100Ω，晶体管的 β=40。（1）估算静态工作点；（2）画出微变等效电路；（3）计算电压放大倍数、输入电阻和输出电阻。

解　（1）由电路图估算静态工作点

$$I_B=\frac{U_{CC}-U_{BE}}{R_B+(1+\beta)R_E}=\frac{12-0.6}{120+(1+40)\times 4}(\text{mA})=40(\mu\text{A})$$

$$I_C=\beta I_B=40\times 40(\mu\text{A})=1.6(\text{mA})$$

$$U_{CE}=U_{CC}-I_E R_E\approx 12-1.6\times 4=5.44(\text{V})$$

（2）画出微变等效电路如图 7.2.2 所示。

（3）电压放大倍数　$r_{be}=300+(1+\beta)\dfrac{26}{I_E}=300+(1+40)\dfrac{26}{1.64}(\Omega)=0.95(\text{k}\Omega)$

$$A_u=\frac{(1+\beta)(R_E//R_L)}{r_{be}+(1+\beta)(R_E//R_L)}=\frac{(1+40)\times(4//4)}{0.95+(1+40)\times(4//4)}=0.99$$

输入电阻　$r_i=R_B//[r_{be}+(1+\beta)(R_E//R_L)]=120//[0.95+41\times(4//4)]=49(\text{k}\Omega)$

输出电阻　$r_o=R_E//\dfrac{r_{be}+(R_B//R_S)}{1+\beta}=4//\dfrac{0.95+(0.1//120)}{1+40}(\text{k}\Omega)=25.3(\Omega)$

7.3　差分放大电路

差分放大器也称为差动放大器，是一种将两个输入端电压的差以一个固定增益放大的电子放大器，差分放大电路是抑制零点漂移最有效的电路。因此，多级直接耦合放大电路的前置级广泛采用这种电路，同时又是集成运算放大器的基本组成单元。

7.3.1　静态分析

差分放大电路如图 7.3.1 所示，它由两个共用同一个发射极电阻 R_E 的共射放大电路组成。它具有镜像对称的特点，在理想的情况下，两只晶体管的参数对称，集电极电阻对称，基极

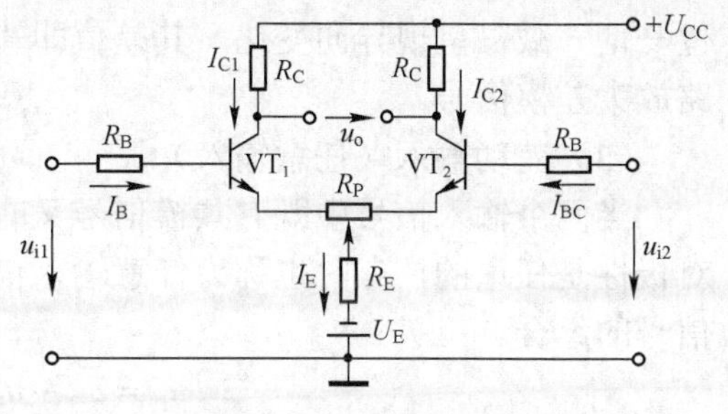

图 7.3.1 差分放大电路

电阻对称，而且两个管子感受完全相同的温度，因而两管的静态工作点必然相同。信号从两管的基极输入，从两管的集电极输出。

调零电位器 R_p 可以认为是发射极公共电阻 R_E 的一部分。若将图 7.3.1 中两边的输入端短路（$u_{i1}=u_{i2}=0$），则电路工作在静态，此时 $I_{B1}=I_{B2}$，$I_{C1}=I_{C2}$，$U_{C1}=U_{C2}$，输出电压为 $u_o=U_{C1}-U_{C2}=0$。

由于电路的对称性，无论是温度的变化还是电源电压的波动，都会引起两个三极管集电极电流和电压的相同变化，即 $\Delta u_{C1}=\Delta u_{C2}$ 或 $\Delta u_{o1}=\Delta u_{o2}$，相同的变化量互相抵消，使输出电压不变，从而抑制了零点漂移。

发射极公共电阻 R_E 的作用是进一步克服由电路不完全对称引起的零点漂移及减小每个三极管集电极对地的漂移电压，稳定静态工作点。例如当温度升高时，VT_1 和 VT_2 的集电极电流 I_{C1} 和 I_{C2} 都要增大，则会有如下的抑制零点漂移的过程。

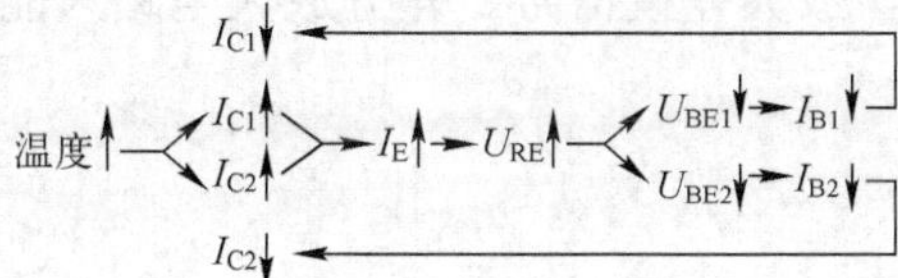

R_E 上的电压 U_{Re} 的作用使零点漂移得到了一定程度的抑制，且 R_E 的阻值越大，抑制零点漂移的作用就会越强。为了使 R_E 抑制零点漂移的作用显著一些，其阻值可以取得大一些。但是，在 U_{CC} 一定的情况下，过大的 R_E 会使管压降 U_{CE} 变小，静态工作点下移，集电极电流减小，电压放大倍数下降。为此，接入负电源 U_E 来补偿 R_E 上的静态压降，从而保证两个三极管有合适的静态工作点。

在输入信号电压为零时，因电路存在不完全对称，会使输出电压不等于零。这时可调节电位器 R_p，使输出电压为零，所以 R_p 称为调零电位器。但因 R_p 会使电压放大倍数降低，所以其阻值不宜过大，一般为几十欧到几百欧。

由以上分析可知，差分放大电路既可利用电路的对称性、采用双端输出的方式抑制零点漂移，又可利用发射极公共电阻 R_E 的作用抑制每个三极管的零点漂移，稳定静态工作点。因此，差分放大电路即使是采用单端输出，其零点漂移也能得到有效的抑制，所以这种电路得到了广泛的应用。

7.3.2 动态分析

差分放大电路的信号输入有共模输入、差模输入和差动输入三种类型，输出方式有单端输出和双端输出两种。

（1）共模输入

在两个管的基极加上一对大小相等、极性相同的共模信号（即 $u_{i1}=u_{i2}$），称为共模输入。这时引起的两管基极电流、集电极电流的变化方向相同，集电极电压变化的方向与大小也相同，所以输出电压 $u_o=\Delta u_{C1}-\Delta u_{C2}=0$，可见差分放大电路抑制共模信号。前面讲到的差分放大电路抑制零点漂移就是该电路抑制共模信号的一个特例，因为输出的零点漂移电压折合到输入端，就相当于一对共模信号。

（2）差模输入

在两个管的基极加上一对大小相等、极性相反的差摸信号（即 $u_{i1}=-u_{i2}$），设 $u_{i1}<0$，$u_{i2}>0$，这时 u_{i1} 使 T_1 管的基极电流减小 Δi_{B1}，集电极电流减小 Δi_{C1}，集电极电位增加 Δu_{C1}；u_{i2} 使 T_2 管的基极电流增加 Δi_{B2}，集电极电流增加 Δi_{C2}，集电极电位减小 Δu_{C2}。这样，两个集电极电

位一增一减，呈现异向变化，其差值即输出电压 $\Delta u_o=\Delta u_{C1}-(-\Delta u_{C2})=2\Delta u_{C1}$，可见差分放大电路放大差模信号。

（3）差动输入（任意输入）

当两个输入信号中既有共模信号又有差摸信号时，称为差动信号。因为它们的大小和相对极性是任意的，有时也称为任意输入信号。差动信号可以分解为一对共模信号和一对差摸信号的组合。

$$u_{i1}=u_{id}+u_{ic} \qquad u_{i2}=-u_{id}+u_{ic}$$

式中，u_{id} 是差摸信号，u_{ic} 是共模信号。它们由下式定义

$$u_{ic}=\frac{u_{i1}+u_{i2}}{2} \qquad u_{id}=\frac{u_{i1}-u_{i2}}{2} \tag{7.3.1}$$

例如，对于信号 u_{i1}=9mV，u_{i2}=–3mV，则有：u_{ic}=3mV，u_{id}=6mV。

从以上分析可知，差分放大电路可以抑制共模信号，放大差模信号。差分放大电路只能放大差模信号，其差分放大名称的含义就在于此。

7.4 互补对称功率放大电路

互补对称功率放大电路有两种形式：采用单电源及大容量电容器与负载和前级耦合，而不用变压器耦合的互补对称电路，称为 OTL（Output Transformer Less）无输出变压器互补对称功率放大器；采用双电源不需要耦合电容的直接耦合互补对称电路，称为 OCL（Output Capacitor Less）无输出电容耦合互补对称功率放大器。两者的工作原理基本相同。耦合电容影响低频特性且难以实现电路的集成化，加之 OCL 电路广泛应用于集成电路的直接耦合式功率输出级，下面将对 OCL 电路做重点讨论。

7.4.1 对功率放大电路的基本要求

功率放大电路是放大电路的输出级，推动负载工作，如使扬声器发声、继电器动作、仪表指针偏转、电动机旋转等，因此功率放大电路需要满足一些基本的要求。

（1）功率要大

为了获得较大的输出功率，不仅要求输出电压高，而且要求输出电流大。因此，晶体管往往工作在极限状态，在应用时要考虑管子的极限参数，注意管子的安全。

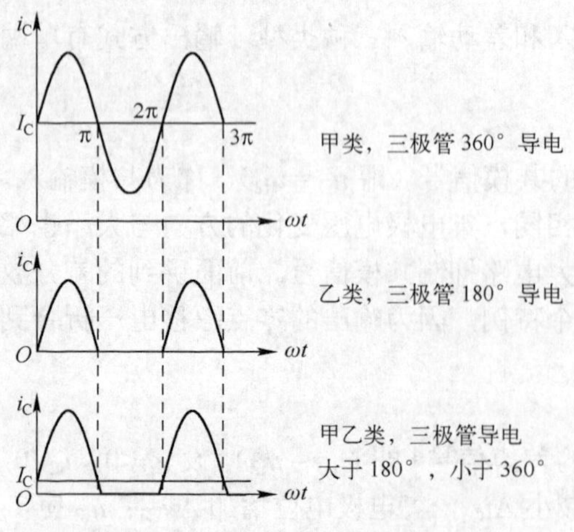

图 7.4.1 三极管的 3 种工作状态

（2）效率要高

放大信号的过程就是晶体管按照输入信号的变化规律，将直流电源提供的能量转换为交流能量的过程，其转换效率为负载上获得的信号功率和电源供给的功率之比值。

（3）合理地设置功率放大电路的工作状态

在这里主要讨论 3 种功放电路：甲类、甲乙类、乙类。它们的定义如图 7.4.1 所示。

在能量转换的过程中晶体管要消耗一定的能量，从而造成了 η 下降。显然，要提高 η，就要

设法减小晶体管的损耗。而晶体管的损耗与静态工作点密切相关。图 7.4.1 所示给出了晶体管的 3 种工作状态及对应的输出波形。由图 7.4.1 可以看出，甲类状态，I_C 始终存在，没有信号输入时，直流电源供给的能量全部消耗在晶体管上，这种状态的效率很低；乙类状态，没有信号输入时，I_C=0，晶体管不消耗能量，这种状态的效率较高，但负半周截止，波形严重失真；甲乙类状态，I_C 减小了，有助于提高效率，但存在波形失真。由此可以看出，提高效率的途径是降低静态工作点。

（4）失真要小

甲类功率放大器通过合理设置静态工作点，非线性失真可以很小，但它的效率低。乙类功率放大器虽然效率高，但输出波形只有半波波形。为了保存乙类功率放大器高效率的优点，可以设想让两个管子轮流工作在输入信号的正半周和负半周，并使负载上得到基本完整的输出波形。三极管从甲类工作状态改为乙类或甲乙类工作状态，虽然降低了静态工作电流，但还存在失真问题，即交越失真。推挽电路和互补对称电路较好地解决了乙类工作状态下的失真问题。

由于功率放大电路工作在大信号状态，所以对功率放大电路的分析多采用图解法。

7.4.2　OCL 互补对称功率放大器

1. 电路的组成及工作原理

图 7.4.2 所示为 OCL 互补对称功率放大电路。电路是由一对特性及参数完全对称、类型却不同（NPN 和 PNP）的两个晶体管组成的射极输出器电路。输入信号接于两管的基极，负载电阻 R_L 接于两管的发射极，由正、负等值的双电源供电，下面分析电路的工作原理。

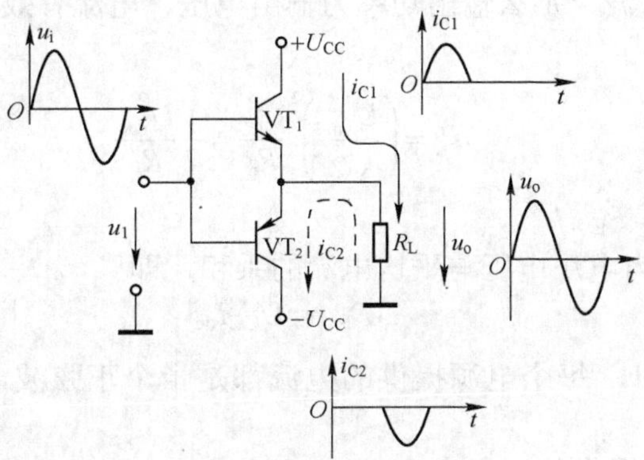

图 7.4.2　OCL 乙类互补对称功率放大电路

静态时（$u_i=0$），由图 7.4.2 可以看出，两管均未设置直流偏置，因而 $I_B=0$，$I_C=0$，两管处于乙类。

动态时（$u_i\neq0$），设输入为正弦信号。当 u_i>0 时，VT_1 导通，VT_2 截止，R_L 中有图 7.4.2 实线所示的经放大的信号电流 i_{C1} 流过，R_L 两端获得正半周输出电压 u_o；当 u_i<0 时，VT_2 导通，VT_1 截止，R_L 中有如虚线所示的经放大的信号电流 i_{C2} 流过，R_L 两端获得负半周输出电压 u_o。可见，在一个周期内两管轮流导通，使输出 u_o 取得完整的正弦信号。VT_1、VT_2 在正、负半周交替导通，互相补充，故称为互补对称电路。功率放大电路采用射极输出器的形式，提高了输入电阻和带负载的能力。

2. 交越失真及其消除方法

工作在乙类状态的互补电路，由于发射结存在"死区"。三极管没有直流偏置，管子中的电流只有在 u_{be} 大于死区电压 U_{VT} 后才会有明显的变化，当$|u_{be}|<U_{VT}$时，VT_1、VT_2 都截止，此时负载电阻中的电流为零，出现一段死区，使输出波形在正、负半周交接处出现失真，如图 7.4.3 所示，这种失真称为交越失真。

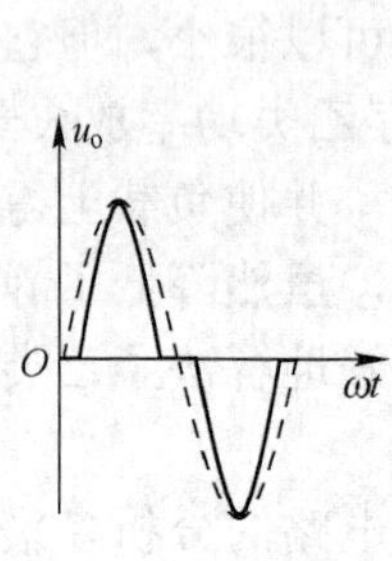

图 7.4.3　交越失真

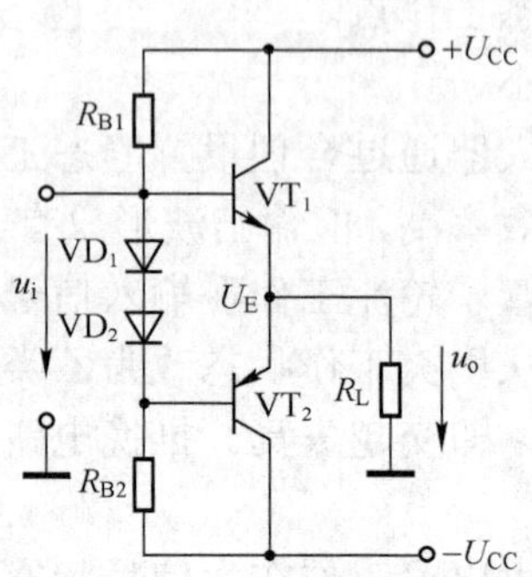

图 7.4.4　甲乙类互补对称电路

在图 7.4.4 所示电路中，为了克服交越失真，在静态时，给两个管子提供较小的能消除交越失真所需的正向偏置电压，使两管均处于微导通状态，因而放大电路处在接近乙类的甲乙类工作状态，因此称为甲乙类互补对称电路。

3. 输出功率及转换效率

（1）输出功率 P_o

如果输入信号为正弦波，那么输出功率为输出电压、电流有效值的乘积。设输出电压幅度为 U_{om}，则输出功率为

$$P_o=\left(\frac{U_{om}}{\sqrt{2}}\right)^2\frac{1}{R_L}=\frac{1}{2}\frac{U_{om}^2}{R_L} \tag{7.4.1}$$

（2）电源提供的功率 P_E

电源提供的功率 P_E 为电源电压与平均电流的乘积，即

$$P_E=U_{CC}I_{dc}$$

输入信号为正弦波时，每个电源提供的电流都是半个正弦波，幅度为 $\frac{U_{om}}{R_L}$，平均值为 $\frac{1}{\pi}\frac{U_{om}}{R_L}$，因此，每个电源提供的功率为

$$P_{E1}=P_{E2}=\frac{1}{\pi}\frac{U_{om}}{R_L}U_{CC} \tag{7.4.2}$$

两个电源提供的总功率为　$P_E=P_{E1}+P_{E2}=\frac{2}{\pi}\frac{U_{om}}{R_L}U_{CC}$

（3）转换效率 η

效率为负载得到的功率与电源所供给功率的比值，代入 P_o、P_E 的表达式，可得效率为

$$\eta=\frac{\pi}{4}\frac{U_{om}}{U_{CC}} \tag{7.4.3}$$

可见，η 正比于 U_{om}，U_{om} 最大时，P_o 最大，η最高。当忽略管子的饱和压降时，$U_{OM}\approx$

U_{CC}，因此

$$\eta_M = \frac{\pi}{4} = 78.5\%$$

即 OCL 互补对称功率放大电路的转换效率最高可达 78.5%。

7.4.3 OTL 互补对称功率放大器

图 7.4.5 所示为单电源 OTL 互补对称功率放大电路。电路中放大元件仍是两个不同类型但特性和参数对称的晶体管，其特点是由单电源供电，输出端通过大电容量的耦合电容 C_L 与负载电阻 R_L 相连。

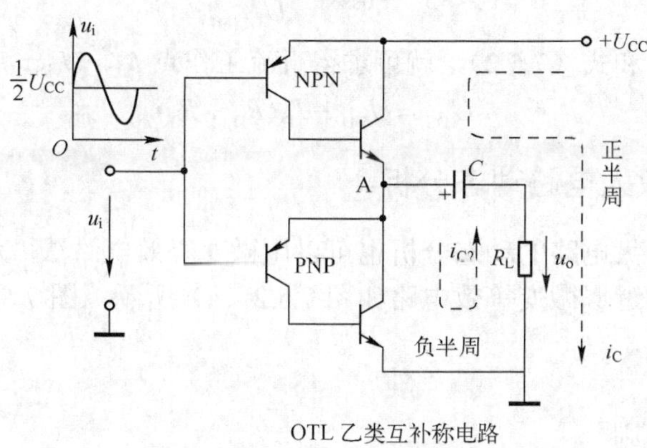

图 7.4.5 OTL 乙类互补对称电路

OTL 电路的工作原理与 OCL 电路基本相同。静态时，因两管对称，穿透电流 $I_{CEO1}=I_{CEO2}$，所以中点电位 $U_A=\frac{U_{CC}}{2}$，即电容 C_L 两端的电压 $U_{C_L}=\frac{U_{CC}}{2}$。动态时，如不计 C_L 的容抗及电源内阻的话，在 u_i 正半周，VT_1 导通，VT_2 截止。电源 U_{CC} 向 C_L 充电并在 R_L 两端输出正半周波形；在 u_i 负半周，VT_1 截止，VT_2 导通，C_L 向 T_2 放电，提供电源，并在 R_L 两端输出正半周波形。只要 C_L 容量足够大，放电时间常数 R_LC_L 远大于输入信号最低工作频率所对应的周期，则 C_L 两端的电压可认为近似不变，始终保持为 $\frac{U_{CC}}{2}$。因此，VT_1 和 VT_2 的电源电压都是 $\frac{U_{CC}}{2}$。

7.5 场效应晶体管放大电路

与晶体管放大电路相对应，场效应晶体管放大电路有共源极、共漏极和共栅极 3 种接法。下面仅对低频小信号共源极场效应晶体管放大电路进行静态和动态分析。

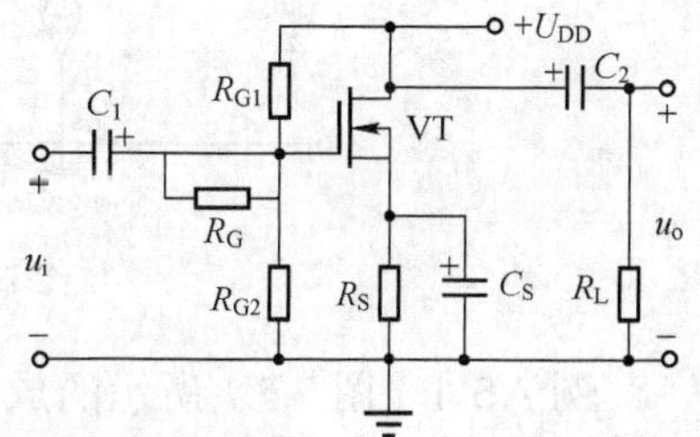

图 7.5.1 MOS 场效应管共源放大电路

7.5.1 共源极放大电路静态分析

图 7.5.1 所示是 N 沟道耗尽型绝缘栅场效应管放大电路。电路结构和晶体三极管共射极放大电路类似。其中源极对应发射极，漏极对应集电极，栅极对应基极。放大电路采用分压式偏置，R_{G1} 和 R_{G2} 为分压电阻。R_S 为源极电

阻，作用是稳定静态工作点，C_S 为旁路电容。R_G 的阻值远小于场效应管的输入电阻，它与静态工作点无关，能够提高放大电路的输入电阻，C_1 和 C_2 为耦合电容。

由于场效应管的栅极电流为 0，所以 R_G 中无电流通过，两端压降为 0。因此可求得栅极电位为

$$U_G = \frac{R_{G2}}{R_{G1}+R_{G2}} U_{DD} \tag{7.5.1}$$

$$U_{GS} = U_G - U_S = U_G - I_D R_S$$

只要参数选取得当，可以使得 U_{GS} 为负值。在 $U_{GS(off)} \leqslant U_{GS} \leqslant 0$ 的范围内，可计算 I_D 为

$$I_D = I_{DSS}\left(1 - \frac{U_{GS}}{U_{GS(off)}}\right)^2 \tag{7.5.2}$$

联立解式（7.5.1）和式（7.5.2），就可求得直流工作点 I_D、U_{GS}。而

$$U_{DS} = U_{DD} - I_D(R_D + R_S) \tag{7.5.3}$$

7.5.2 共源极放大电路动态分析

小信号场效应管放大电路的动态分析也可以用微变等效电路法，和晶体三极管放大电路一样，作出场效应管的近似微变等效电路如图 7.5.2（a）所示。图 7.5.2（b）则是图 7.5.1 放大电路的微变等效电路。

（1）放大倍数 A_u

设输入为正弦量，则

$$A_u = \frac{\dot{U}_o}{\dot{U}_i} = -\frac{\dot{I}_d R_L'}{\dot{U}_{gs}} = -\frac{g_m \dot{U}_{gs} R_L'}{\dot{U}_{gs}} = -g_m R_L' \tag{7.5.4}$$

式中，负号表示输出电压与输入电压反相；$R_L' = R_D // R_L$。

（2）输入电阻 r_i

$$r_i = \frac{\dot{U}_i}{\dot{I}_i} = R_G + (R_{G1} + R_{G2}) \approx R_G \tag{7.5.5}$$

可以看出，R_G 的接入不影响静态工作点和电压放大倍数，却提高了放大电路的输入电阻。如无 R_G，则 $r_i = R_{G1} // R_{G2}$。

（3）输出电阻 r_o

显然，场效应管的输出电阻在忽略管子的输出电阻 r_{ds} 时为

$$r_o \approx R_D \tag{7.5.6}$$

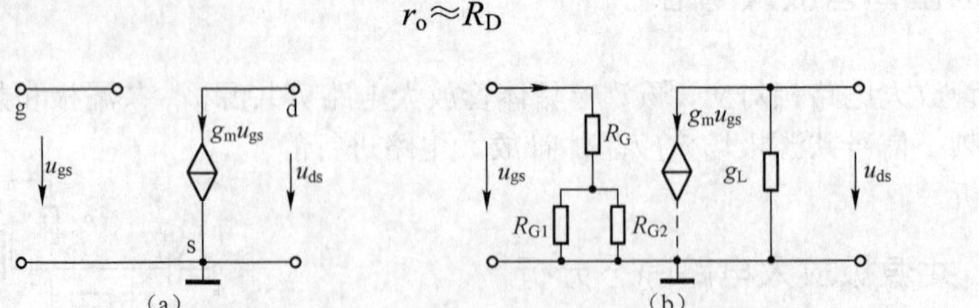

图 7.5.2 场效应管放大电路的微变等效电路

例 7.5.1 图 7.5.1 所示的放大电路，R_{G1}=150kΩ，R_{G2}=50kΩ，R_G=1MΩ，R_S=10kΩ，R_D=10 kΩ，R_L=10kΩ，U_{DD}=+20V。已知场效应管的参数 I_{DSS}=1mA。$U_{GS(off)}$=−5V，g_m=0.312mS，

求静态工作点、电压放大倍数、输入电阻和输出电阻。

解 （1）求静态工作点

$$U_{GS}=U_G-U_S=\frac{R_{G2}}{R_{G1}+R_{G2}}U_{DD}-I_DR_S=\frac{50}{150+50}\times 20-10I_D=5-10I_D$$

转移特性近似表示为 $I_D=I_{DSS}(1-\frac{U_{GS}}{U_{GS(off)}})^2=1\times(1+\frac{U_{GS}}{5})^2$

联立两式得 $\begin{cases}U_{GS}=5-10I_D\\ I_D=(1+\frac{V_{GS}}{5})^2\end{cases}$

解得两组解为：（a）U_{GS}=−11.4V，I_D=1.64mA；（b）U_{GS}=−1.1V，I_D=0.61mA

（a）组解因为 $U_{GS}<U_{GS(off)}$，管子已截止，应舍去。故静态工作点为

$$U_{GS}=-1.1\text{V},\quad I_D=0.61\text{mA}$$

$$U_{DS}=U_{DD}-I_D（R_D+R_S）=20-0.61\times(10+10)=7.8\text{V}$$

（2）动态性能计算（微变等效电路如图 7.5.2（b）所示）

$$A_u=-g_mR'_L=-g_m(R_D\,//R_L)=-0.312\times\frac{10\times 10}{10+10}=-1.56$$ （输出与输入反相）

$$r_i=R_G+(R_{G1}\,//R_{G2})=1000+\frac{150\times 50}{150+50}(\text{k}\Omega)=1.04(\text{M}\Omega)\approx R_G$$

$$r_o\approx R_D=10(\text{k}\Omega)$$

本章小结

（1）三极管构成放大电路时，一定要设置合适的静态工作点，它关系到放大电路放大倍数的高低和非线性失真的程度。

（2）放大电路分析的主要内容：一是静态工作点的求解，它是用直流通路完成；二是动态指标的求解，它是用微变等效电路求解计算电压放大倍数、输入电阻和输出电阻。

（3）放大电路的分析方法有图解法和估算法，两种方法都适用于静态分析和动态分析，但主要要求掌握估算法。

（4）温度对三极管参数的影响很大，选用三极管和放大电路要特别注意，一般采分压式偏置电路来稳定静态工作点。

（5）射极输出器是共集电极电路，它的电压放大倍数小于等于 1，输出电压与输入电压同相位。其输入电阻大常用来作多级放大器的输入级；其输出电阻小而作多级放大器的输出级，以提高多级放大器的带负载能力。

（6）功率放大器与电压放大器的原理相同，只是既要求输出较大的电压信号，还要求输出信号的功率大，能量转换的效率要高。通常采用互补对称式功率放大电路。

（7）场效应管是电压控制型器件，具有输入电阻高、噪声低、功耗低等优点。常用的有结型场效应管和绝缘型场效应管。场效应管按其导电沟道分为 N 沟道和 P 沟道两种。

场效应管的放大电路与三极管放大电路相似，场效应管的栅极、源极、漏极相当于双极型晶体管的基极、发射极、集电极，同样也要设置静态工作点，只是设置静态工作点时要注意场效应管放大电路的特点。

习　题

7.1　分别改正题 7.1 图所示各电路中的错误，使它们有可能放大正弦波信号，要求保留电路原来的共射接法和耦合方式。

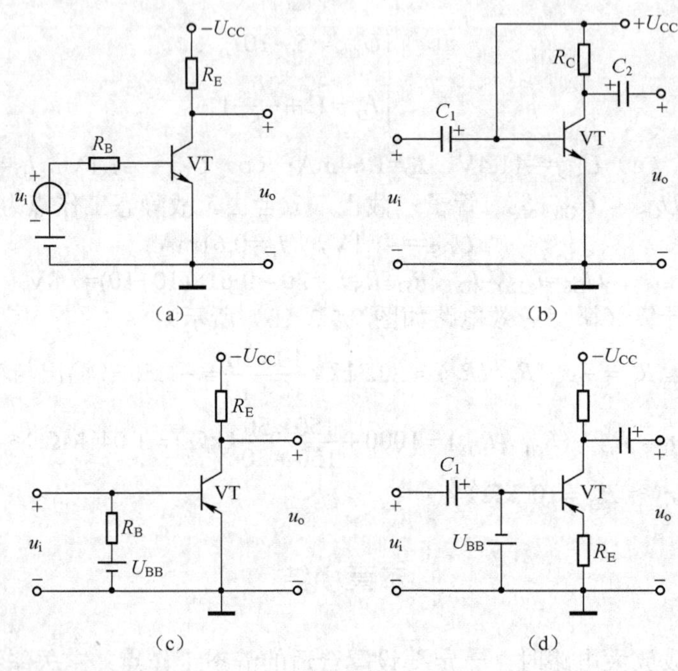

题 7.1 图

7.2　电路如题 7.2 图所示，已知 U_{CC}=12V，R_C=2 kΩ，晶体管的 β=60，U_{BE}=0.3V，I_{CEO}=0.1mA。（1）如果将 I_C 调到 1.5 mA，试计算 R_B 应取多大值？（2）如果将 U_{CE} 调到 3V，试问 R_B 应取多大值？

7.3　电路如题 7.3 图所示，已知晶体管的 β=60，$r_{be}=1\,\text{k}\Omega$，U_{BE}=0.7 V，试求：（1）静态工作点 I_B、I_C、U_{CE}；（2）电压放大倍数；（3）若输入电压 $u_i=10\sqrt{2}\sin\omega t\,(\text{mV})$，则输出电压 U_o 的有效值为多少？

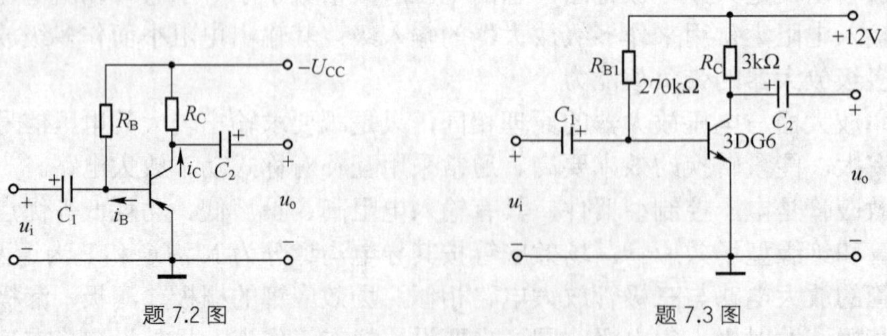

题 7.2 图　　题 7.3 图

7.4　画出题 7.4 图所示电路的直流通路与交流通路。

7.5　电路如题 7.5 图（a）所示，题 7.5 图（b）是晶体管的输出特性曲线，静态时 UBEQ

$=0.7V$。利用图解法分别求出 $R_L=\infty$ 和 $R_L=3k\Omega$ 时的静态工作点和最大不失真输出电压 U_{om}（有效值）。

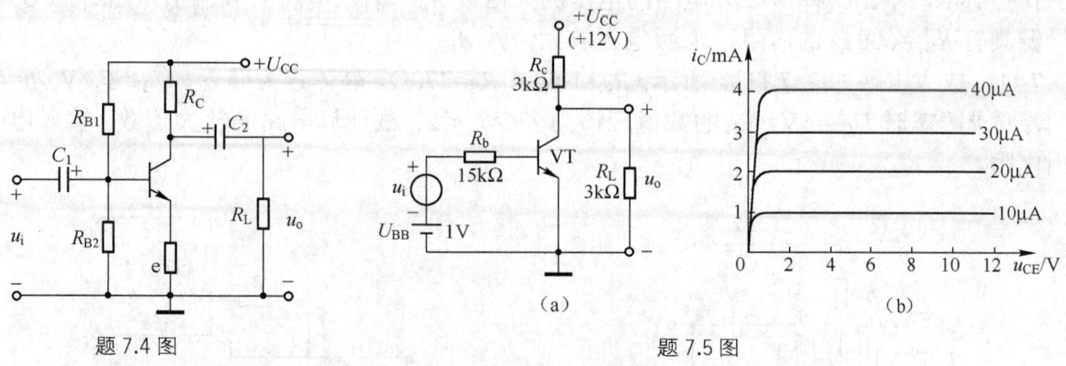

题 7.4 图　　　　题 7.5 图

7.6　电路及参数如题 7.6 图所示，对放大电路进行静态工作点分析。

7.7　电路如题 7.7 图所示，试问 β 大于多少时晶体管饱和？

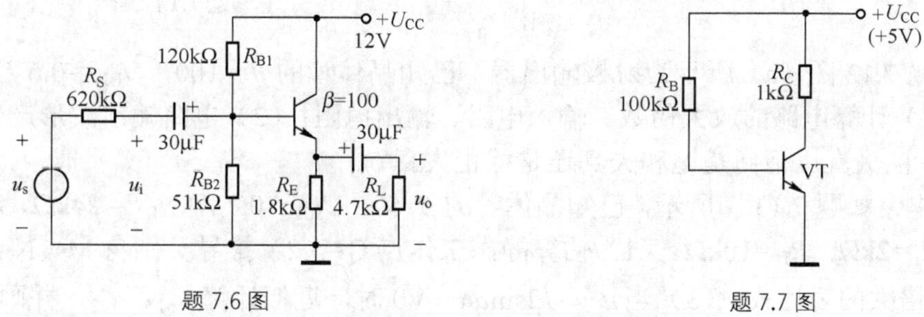

题 7.6 图　　　　题 7.7 图

7.8　电路如题 7.8 图所示，晶体管为硅管，元件参数已给出，$U_{CC}=12V$，$U_{BE}=0.7V$，$\beta=50$。试计算：（1）静态工作点；（2）电压放大倍 A_u、输入电阻 r_i、输出电阻 r_o；（3）若保持 $\beta=50$ 不变，将 R_L 由 3.9 kΩ 变为 2 kΩ，则电压放大倍数如何变化？

7.9　放大电路如题 7.9 图所示，已知 $U_{CC}=12V$，$R_S=10k\Omega$，$R_{B1}=120k\Omega$，$R_{B2}=39k\Omega$，$R_C=3.9k\Omega$，$R_E=2.1k\Omega$，$R_L=3.9k\Omega$，$r_{bb'}=200\Omega$，电流放大系数 $\beta=50$，电路中电容容量足够大。（1）求静态值 I_{BQ}、I_{CQ}和 U_{CEQ}（设 $U_{BEQ}=0.6V$）；（2）画出放大电路的微变等效电路；（3）求电压放大倍数 A_u、源电压放大倍数 A_{uS}、输入电阻 R_i、输出电阻 R_o；（4）去掉旁路电容 C_E，求电压放大倍数 A_u、输入电阻 R_i。

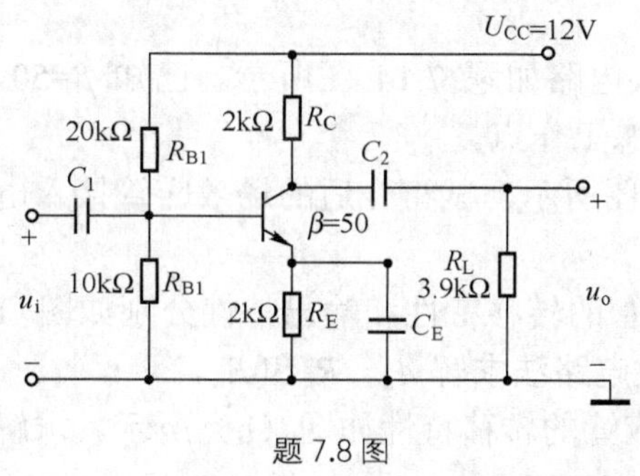

题 7.8 图

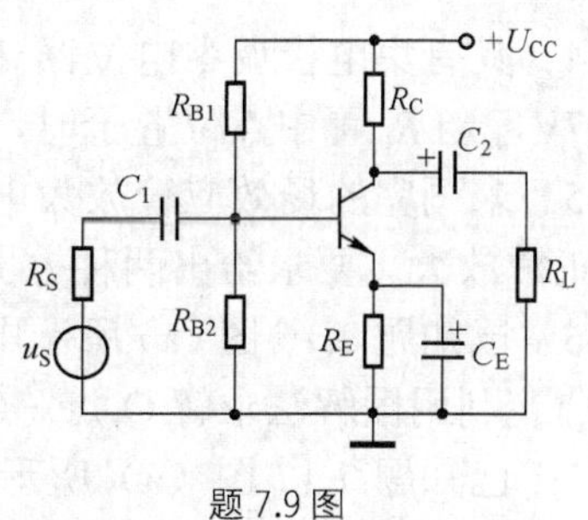

题 7.9 图

7.10　电路如题 7.10 图所示，设 $U_{CC}=15V$，$R_{B1}=60k\Omega$，$R_{B2}=20k\Omega$，$R_C=1k\Omega$，$R_E=5k\Omega$，$R_S=600\Omega$，电容 C_1、C_2 和 C_e 都足够大，$\beta=60$，$U_{BE}=0.7V$，$R_L=3k\Omega$，试求：（1）电路的静态工作点 I_{BQ}、I_{CQ}、U_{CEQ}；（2）电路的电压放大倍数 A_u、输入电阻 r_i 和输出电阻 r_o；（3）若信号源具有 $R_S=600\,\Omega$ 的内阻，求源电压放大倍数 A_{uS}。

7.11　放大电路如题 7.11 图所示，$R_C=10k\Omega$，$R_E=270\Omega$，晶体管为硅管，$U_{BE}=0.6V$，$\beta=45$。（1）若要求静态时 $U_{CE}=5V$，R_B 的数值应该为多少？（2）试计算电路的放大倍数、输入电阻、输出电阻。

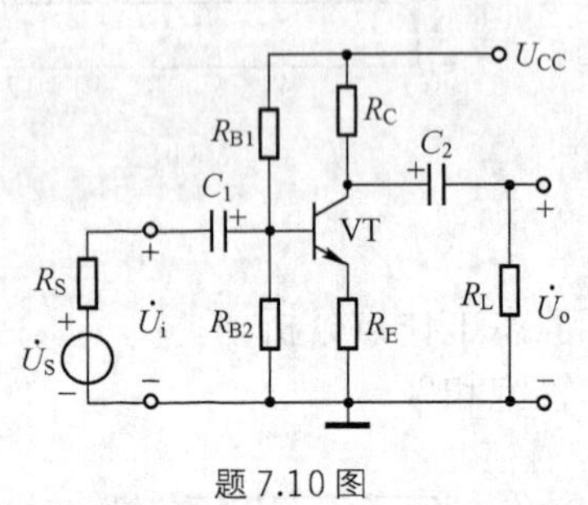

题 7.10 图

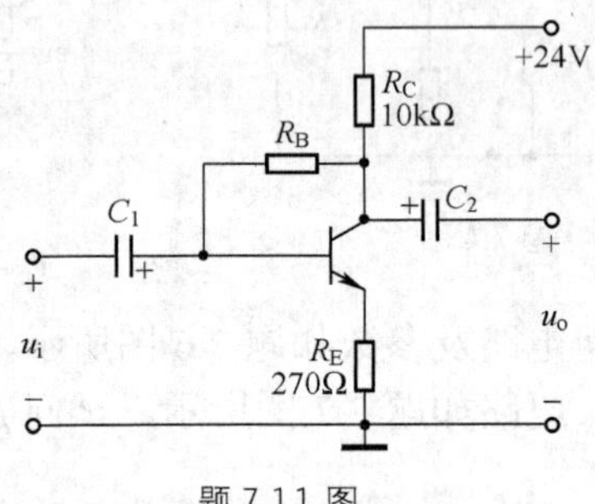

题 7.11 图

7.12　题 7.12 图（a）所示为射极输出器，已知晶体管的 $\beta=100$，$U_{BE}=0.6V$，信号源内阻 $R_S=0$。（1）计算电路的放大倍数、输入电阻、输出电阻；（2）电路输出波形产生了题 7.12 图（b）所示的失真。请问是饱和失真还是截止失真？

7.13　电路如题 7.13 图所示，已知晶体管的 $\beta=50$，$U_{BE}=0.7V$，$R_{B1}=24k\Omega$，$R_{B2}=15k\Omega$，$R_C=2k\Omega$，$R_E=2k\Omega$，$R_L=10k\Omega$。（1）估算静态工作点 Q；（2）推导分别自 M、N 两端输出时的电压放大倍数的表达式；（3）当 $u_i=\sqrt{2}\sin\omega t$（V）时，近似计算 u_{o1}、u_{o2}，并画出 u_i、u_{o1}、u_{o2} 的波形。

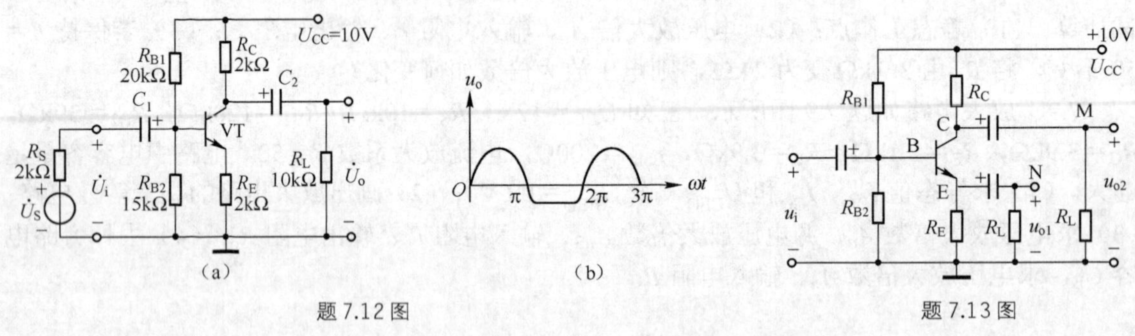

题 7.12 图　　题 7.13 图

7.14　具有集电极调零电位器 R_p 的差分放大电路如题 7.14 图所示。已知 $\beta=50$，$U_{BE1}=U_{BE2}=0.7V$，当 R_p 置中点位置于时，求电路的静态工作点。

7.15　未画完的场效应管放大电路如题 7.15 图所示，试将合适的场效应管接入电路，使之能够正常放大。要求给出两种方案。

7.16　已知题 7.16 图（a）所示电路中场效应管的转移特性和输出特性分别如图（b）、（c）所示。（1）利用图解法求解 Q 点；（2）利用等效电路法求解 A_u、R_i 和 R_o。

7.17　已知题 7.17 图（a）所示电路中场效应管的转移特性如图（b）所示。求解电路的 Q 点和 A_u。

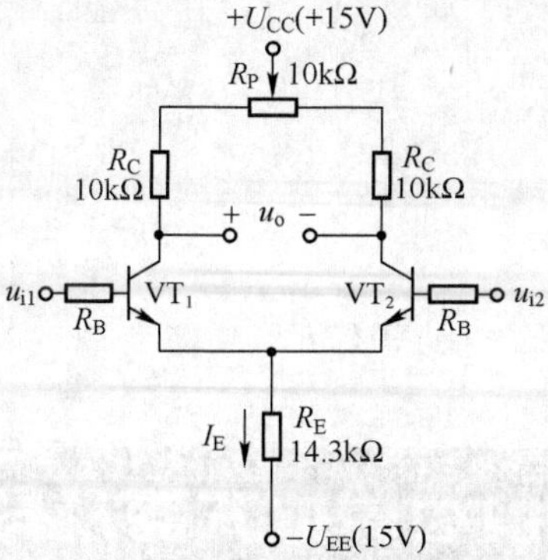

题 7.14 图

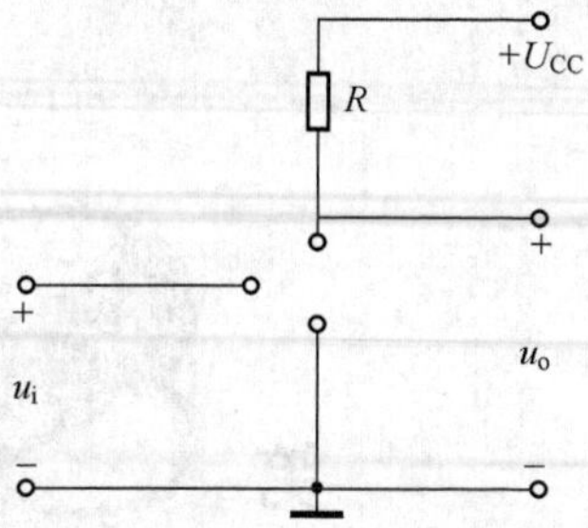

题 7.15 图

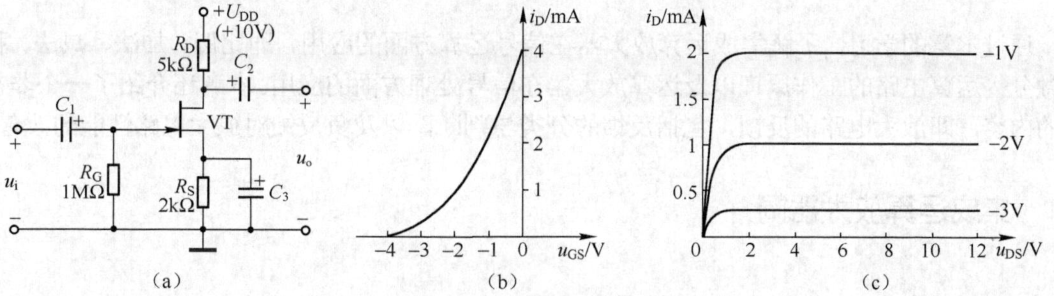

(a) (b) (c)

题 7.16 图

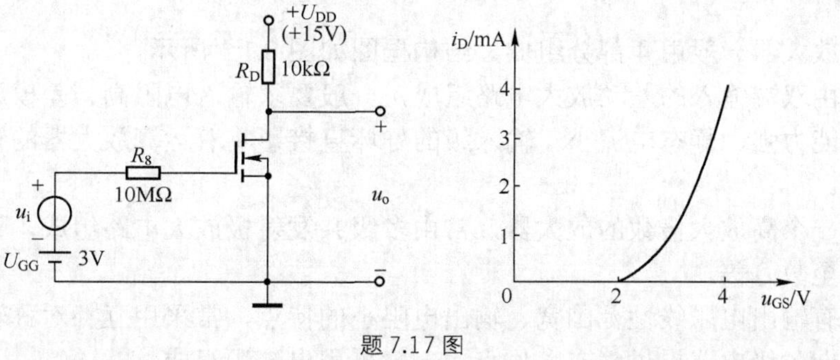

题 7.17 图

7.18 电路如题 7.18 图所示，已知场效应管的低频跨导为 g_m，试写出 A_u、R_i 和 R_o 的表达式。

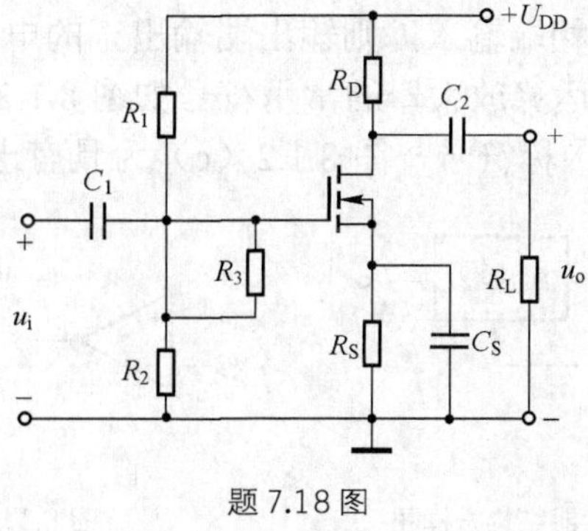

题 7.18 图

第8章 集成运算放大器及其应用

通过本章的学习，了解集成运算放大器在信号运算方面的应用，即比例、加法、减法、积分和微分等运算电路的工作原理以及运算放大器在信号处理方面的应用。本章还介绍了一个非常重要的内容，即放大电路的反馈，包括反馈的分类与判断，以及负反馈对放大电路性能的改善。

8.1 集成运算放大器简介

8.1.1 集成运算放大器的结构与符号

1. 结构

集成运算放大器一般由4部分组成，结构框图如图8.1.1所示。

输入级常由双端输入的差动放大电路组成，一般要求输入电阻高、差模放大倍数大、抑制共模信号的能力强、静态电流小。输入级的好坏直接影响着运算放大器的输入电阻、共模抑制比等参数。

中间级是一个高放大倍数的放大器，常由多级共发射极放大电路组成，该级的放大倍数可达数千倍及至数万倍。

输出级具有输出电压线性范围宽、输出电阻小的特点，常采用互补对称输出电路。

偏置电路向各级电路提供静态工作点，一般采用电流源组成。

2. 集成运算放大器的符号

从运算放大器的结构可知，运算放大器具有两个输入端 u_P、u_N 和一个输出端 u_o，这两个输入端中一个称为同相端，另一个称为反相端，这里同相和反相只是输入电压和输出电压之间的关系。若输入正电压从同相端输入，则输出端输出正的电压；若输入正电压从反相端输入，则输出端输出负的电压。运算放大器的常用符号如图8.1.2所示，其中图8.1.2（a）为国际流行符号，图8.1.2（b）为国标符号，图8.1.2（c）为具有电源引脚的国际流行符号。

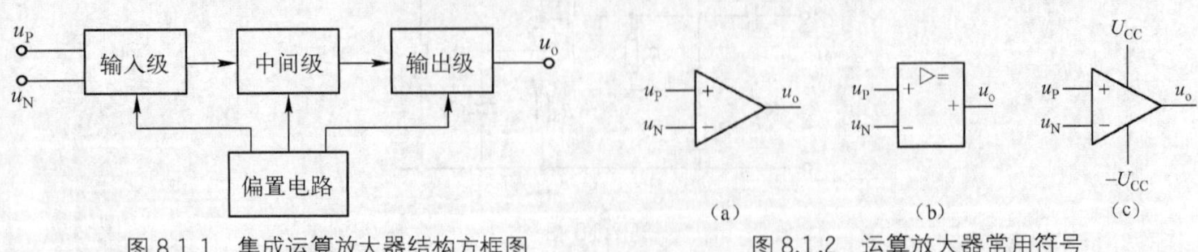

图8.1.1 集成运算放大器结构方框图

图8.1.2 运算放大器常用符号

从运算放大器的符号来看，可以把它看做是一个双端输入、单端输出、具有高差模放大倍数、高输入电阻、低输出电阻、具有抑制温度漂移能力的放大电路。

3. 运算放大器的种类

集成运算放大器有多种类型。按照制造工艺分类，集成运放可分为双极型、CMOS 型和 BiFET 型 3 种；按照工作原理分类，集成运放可分为电压放大型、电流放大型、跨导型和互阻型 4 种；按照性能指标分类，集成运放可分为高输入阻抗型、低漂移型、高速型、低功耗型和高压型。

4. 运算放大器选择与使用中的一些问题

（1）运算放大器的选择

选择运算放大器时应尽量选择通用运算放大器，而且是市场上销售最多的品种，只有这样才能降低成本，保证货源。只要能够满足要求，就不选择特殊运算放大器。

（2）使用集成运放首先要会辨认封装方式，目前常用的封装是双列直插型和扁平型。

（3）学会辨认引脚，不同公司产品的引脚排列是不同的，需要查阅手册，确认各个引脚的功能。

（4）一定清楚运算放大器的电源电压、输入电阻、输出电阻和输出电流等参数。

（5）集成运放在使用单电源时，要注意输入端是否需要增加直流偏置，以便能放大正负两个方向的输入信号。

（6）设计集成运放电路时，应该考虑是否增加调零电路、输入保护电路和输出保护电路。

8.1.2 集成运算放大器的主要技术指标

集成运算放大器的主要技术指标大体上可以分为输入误差特性、开环差模特性、共模特性、输出瞬态特性和电源特性。

1. 输入误差特性参数

输入误差特性参数用来表示集成运放的失调特性，描述这类特性的主要是以下几个参数。

（1）输入失调电压 U_{OS}

对于理想运算放大器，当输入电压为零时，输出也应为零。而实际上，由于差动输入级很难做到完全对称，在零输入时，输出并不为零。在室温及标准电压下，输入为零时，为了使输出电压为零，输入端所加的补偿电压称为输入失调电压 U_{OS}。U_{OS} 的大小反映了运算放大器的对称程度。U_{OS} 越大，说明对称程度越差。一般 U_{OS} 的值为 1μV～20mV，F007 的 U_{OS} 为 1～5mV。

（2）输入失调电压温漂 $\frac{dU_{os}}{dT}$

$\frac{dU_{os}}{dT}$ 是指在指定的温度范围内 U_{OS} 随温度的平均变化率，是衡量温漂的重要指标。$\frac{dU_{os}}{dT}$ 不能通过外接调零装置进行补偿。对于低漂移运算放大器，$\frac{dU_{os}}{dT}$ <1μV/℃，普通运算放大器为(10～20)μV/℃。

（3）输入偏置电流 I_B

输入偏置电流是衡量差动管输入电流绝对值大小的标志，指运算放大器在零输入时，两个输入端静态电流 I_{B1}、I_{B2} 的平均值，即

$$I_B=\frac{1}{2}(I_{B1}+I_{B2}) \tag{8.1.1}$$

当差动输入级集电极电流一定时，输入偏置电流反映了差动管β值的大小。I_B越小，表明运算放大器的输入阻抗越高。若I_B太大，不仅在不同信号源内阻时对静态工作点有较大的影响，而且也影响温漂和运算精度。

（4）输入失调电流I_{OS}

在零输入时，两输入偏置电流I_{B1}、I_{B2}之差称为输入失调电流I_{OS}，即$I_{OS}=|I_{B1}-I_{B2}|$，I_{OS}反映了输入级差动管输入电流的对称性，一般希望I_{OS}越小越好。普通运算放大器的I_{OS}为1nA～0.1μA，F007的I_{OS}为50～100nA。

（5）输入失调电流温漂$\frac{dI_{OS}}{dT}$

输入失调电流温漂$\frac{dI_{OS}}{dT}$是指在规定的温度范围内I_{OS}的温度系数，是对放大器电流温漂的量度。它同样不能用外接调零装置进行补偿。典型值为几个nA/℃。

2. 开环差模特性参数

开环差模特性参数用来表示集成运放在差模输入作用下的传输特性。描述这类特性的参数有开环电压增益、最大差模输入电压、差模输入阻抗、开环频率响应及其3dB带宽。

（1）开环差模电压增益A_{od}

开环差模电压增益A_{od}是指在无外加反馈情况下的直流差模增益，它是决定运算精度的重要指标，通常用分贝表示，即

$$A_{od}=20\lg\frac{\Delta U_o}{\Delta(U_{i1}-U_{i2})} \tag{8.1.2}$$

不同功能的运算放大器其A_{od}相差悬殊，F007的A_{od}为100～106dB，高质量的运算放大器可达140dB。

（2）最大差模输入电压U_{idmax}

U_{idmax}是指集成运放反相和同相输入端所能承受的最大电压值，超过这个值输入级差动管中的管子将会出现反相击穿，甚至损坏。利用平面工艺制成的硅NPN管的U_{idmax}为±5V左右，而横向PNP管的U_{idmax}可达±30V以上。

（3）3dB带宽

输入正弦小信号时，A_{od}是频率的函数，随着频率的增加，A_{od}将下降。当A_{od}下降3dB时所对应的信号频率称为3dB带宽。一般运算放大器的3dB带宽为几赫兹到几千赫兹，宽带运算放大器可达到几兆赫兹。

（4）差模输入阻抗R_{id}

$R_{id}=\frac{\Delta U_{id}}{\Delta I_i}$，是衡量差动管向输入信号源索取电流大小的标志，F007的R_{id}约为2MΩ，用场效应管做差动输入级的运算放大器，其R_{id}可达10^6 MΩ。

3. 共模特性参数

共模特性参数用来表示集成运放在共模信号作用下的传输特性，这类参数有共模抑制比和最大共模输入电压等。

（1）共模抑制比 K_{CMRR}

共模抑制比的定义与差动电路中介绍的相同，F007 的 K_{CMRR} 为 80～86dB，高质量的可达 180dB。

（2）最大共模输入电压 U_{icmax}

U_{icmax} 是指运算放大器所能承受的最大共模输入电压，当共模电压超过一定值时，将会使输入级工作不正常，因此要加以限制。F007 的 U_{icmax} 为 ±13V。

4. 输出瞬态特性参数

输出瞬态特性参数用来表示集成运放输出信号的瞬态特性，描述这类特性的参数主要是转换速率。

转换速率 $S_R=\left|\frac{dU_o}{dt}\right|_{max}$ 是指运算放大器在闭环状态下，输入为大信号（如阶跃信号）时，放大器输出电压对时间的最大变化速率。转换速率的大小与很多因素有关，其中主要与运算放大器所加的补偿电容、运算放大器本身各级三极管的极间电容、杂散电容，以及放大器的充电电流等因素有关。只有信号变化斜率的绝对值小于 S_R 时，输出才能按照线性的规律变化。

S_R 是在大信号和高频工作时的一项重要指标，一般运算放大器的 S_R 为 1V/μs，高速运算放大器可达到 65V/μs。

5. 电源特性参数

电源特性参数主要有静态功耗等。静态功耗是指运算放大器在零输入情况下的功耗。F007 的静态功耗为 120mW。

8.1.3 集成运算放大器的电压传输特性

集成运放输出电压 u_o 与输入电压（u_P-u_N）之间的关系称为电压传输特性。对于采用正负电源供电的集成运放，电压传输特性如图 8.1.3 所示。

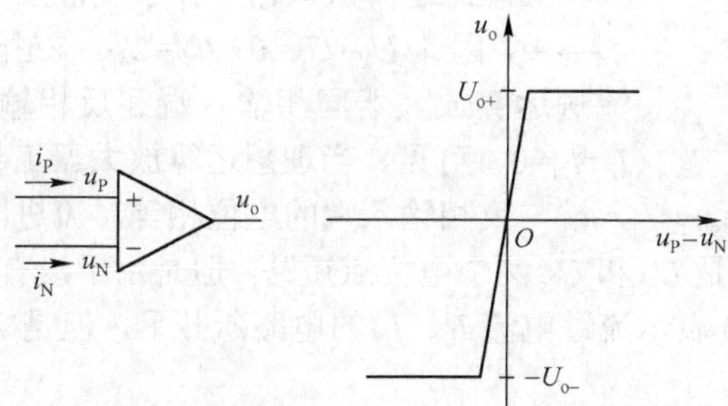

图 8.1.3 集成运算放大器的电压传输特性

从传输特性可以看出，集成运放有两个工作区：线性放大区和饱和区。在线性放大区，曲线的斜率就是放大倍数；在饱和区，输出电压不是 U_{o+} 就是 U_{o-}。由传输特性可知集成运放的放大倍数为

$$A_d=\frac{U_{o+}-U_{o-}}{u_P-u_N} \tag{8.1.3}$$

一般情况下，运算放大器的放大倍数很高，可达几十万倍，甚至上百万倍。

通常，集成运放的线性工作范围很小，例如，对于开环增益为 100dB，电源电压为±10V

的 F007，开环放大倍数 $A_d=10^5$，其最大线性工作范围约为

$$U_P-U_N=\frac{|U_o|}{A_d}=\frac{10}{10^5}=0.1\ \text{(mV)}$$

8.1.4 集成运算放大器的理想化模型

1. 理想运算放大器的技术指标

由于集成运放具有开环差模电压增益高、输入阻抗高、输出阻抗低及共模抑制比高等特点，实际中为了分析方便，常将它的各项指标理想化。理想运算放大器的各项技术指标为

（1）开环差模电压放大倍数 $A_d\to\infty$；

（2）输入电阻 $R_{id}\to\infty$；

（3）输出电阻 $R_o\to0$；

（4）共模抑制比 $K_{CMRR}\to\infty$；

（5）3dB 带宽 $BW\to\infty$；

（6）输入偏置电流 $I_{B1}=I_{B2}=0$；

（7）失调电压 U_{OS}、失调电流 I_{OS} 及它们的温漂均为 0；

（8）无干扰和噪声。

由于实际运算放大器的技术指标与理想运算放大器比较接近，因此，在分析电路的工作原理时，由理想运算放大器代替实际运算放大器所带来误差并不严重。在一般的工程计算中是允许的。

2. 理想运算放大器的工作特性

理想运算放大器的电压传输特性如图 8.1.4 所示。工作于线性区和非线性区的理想运算放大器具有不同的特性。

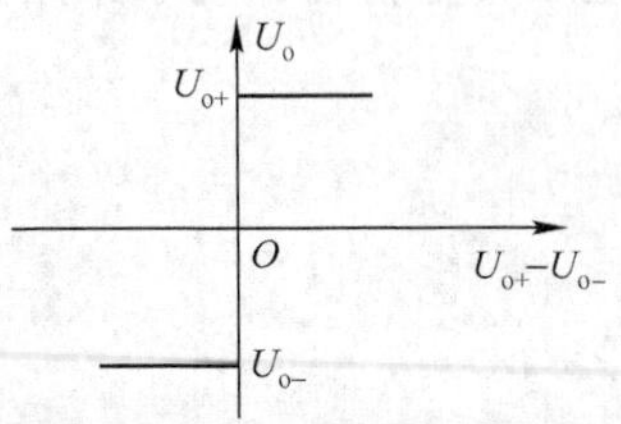

图 8.1.4 理想运放的电压传输特性

（1）线性区

当理想运算放大器工作于线性区时，$U_o=A_d(U_P-U_N)$，而 $A_d\to\infty$，因此 $U_P-U_N=0$，$U_P=U_N$。又由输入电阻 $r_{id}\to\infty$ 可知，流进运算放大器同相输入端和反相输入端的电流 I_P、I_N 为 $I_P=I_N=0$。可见，当理想运算放大器工作于线性区时，同相输入端与反相输入端的电位相等，流进同相输入端和反相输入端的电流为 0。$U_P=U_N$ 就是 U_P 和 U_N 两个电位点短路，但是由于没有电流，所以称为虚短路，简称“虚短”；而 $I_P=I_N=0$ 表示流过电流 I_P、I_N 的电路断开了，但是实际上没有断开，所以称为虚断路，简称“虚断”。

（2）非线性区

工作于非线性区的理想运算放大器仍然有输入电阻 $R_{id}\to\infty$，因此 $I_P=I_N=0$；但由于 $U_o\neq A_d(U_P-U_N)$，不存在 $U_P=U_N$。由电压传输特性可知其特点为：当 $U_P>U_N$ 时，$U_o=U_{o+}$；当 $U_P<U_N$ 时，$U_o=U_{o-}$；$U_P=U_N$ 为 U_{o+} 与 U_{o-} 的转折点。

8.2 反馈在集成运算放大器中的应用

实际中在使用集成运放组成的电路中，总要引入反馈，以改善放大电路性能，因此掌握反馈的基本概念与判断方法是研究集成运放电路的基础。

8.2.1　4 种反馈组态

1. 电压串联负反馈

首先判断图 8.2.1 所示电路的反馈组态。将负载 R_L 短路，就相当于输出端接地，这时 $u_o=0$，反馈不存在，所以是电压反馈。从输入端来看，净输入信号 u_d 等于输入信号 u_i 与反馈信号 u_f 之差，就是说输入信号与反馈信号是串联关系，所以该电路的反馈组态是电压串联反馈。使用瞬时极性法判断正负反馈，各瞬时极性如图 8.2.1 所示，可见 u_i 与 u_f 极性相同，净输入信号小于输入信号，所以是负反馈。

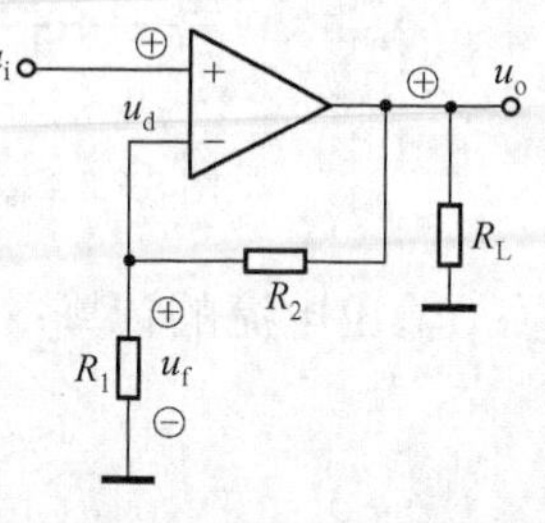

图 8.2.1　电压串联负反馈电路

输出电压的计算：由图 8.2.1 可得反馈系数 F_u

$$F_u = \frac{u_f}{u_o} = \frac{R_1}{(R_1 + R_2)} \tag{8.2.1}$$

由于运算放大器的电压放大倍数非常大，在输入端 $u_P \approx u_N$，故有 $u_d = u_i - u_f = 0$，从而得到 $u_i = u_f$，所以输出电压

$$u_o = \frac{u_i}{F_u} = (1 + \frac{R_2}{R_1})u_i \tag{8.2.2}$$

从式（8.2.2）可以看出，输出电压只与电阻的阻值有关，可见非常稳定，所以电压反馈使输出电压稳定。

对输入电阻的影响：当无反馈时，$R_i = \frac{u_i}{i_i} = \frac{u_d}{i_i}$，而有反馈时 $R_{if} = \frac{u_d + u_f}{i_i}$

由于
$$u_d + u_f = u_d + u_d A_u F_u = u_d(1 + A_u F_u)$$

得到
$$R_{if} = \frac{u_d}{i_i}(1 + A_u F_u) = R_i(1 + A_u F_u) \tag{8.2.3}$$

式中，A_u 是基本放大器的电压放大倍数。就是说反馈时输入电阻 R_{if} 是无反馈时的（$1+A_uF_u$）倍。

对输出电阻的影响：设运算放大器的输出电阻为 R_o，令反馈放大器的输入 $u_i=0$，去掉负载电阻 R_L，然后在放大器的输出端接一个实验电压源 U，如图 8.2.2 所示。

由图 8.2.2 有
$$I = \frac{U - A_u u_d}{R_o}$$

因为 $u_i=0$，所以 $u_d=-u_f=-F_u u_o=-F_u U$，所以有

$$I = \frac{U + A_u F_u U}{R_o} = \frac{U(1 + A_u F_u)}{R_o}$$

最后得到
$$R_{of} = \frac{U}{I} = \frac{R_o}{1 + A_u F_u} \tag{8.2.4}$$

所以，电压反馈时的输出电阻是无反馈时输出电阻的 $\frac{1}{1 + A_u F_u}$ 倍。

2. 电流串联负反馈

首先判断图 8.2.3 所示电路的反馈组态。将负载 R_L 短路，这时仍有电流流过 R_1 电阻，产生反馈电压 u_f，所以是电流反馈。从输入端来看，净输入信号 u_d 等于输入信号 u_i 与反馈信号 u_f 之差，就是输入信号与反馈信号是串联关系，所以该电路的反馈组态是电流串联反馈。使用瞬时极性法判断正负反馈，各瞬时极性如图 8.2.3 所示，可见 u_i 与 u_f 极性相同，净输入信号小于输入信号，所以是负反馈。

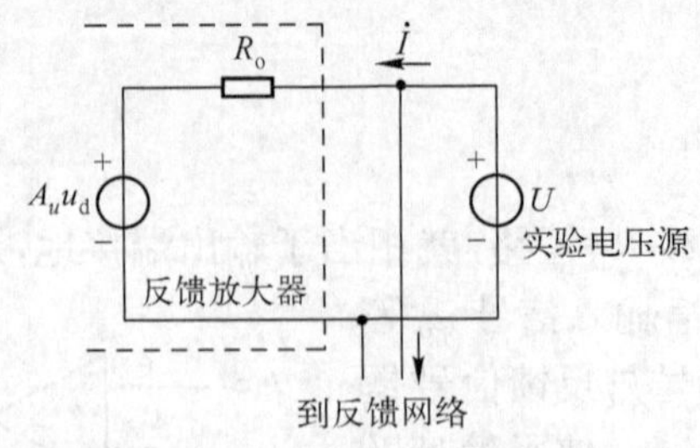

图 8.2.2 输出电阻计算等效电路

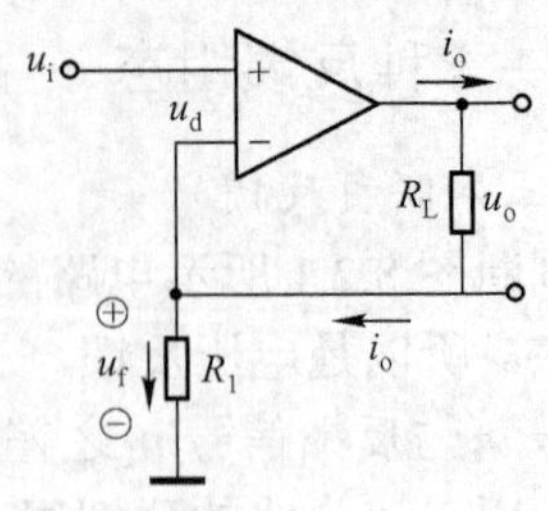

图 8.2.3 电流串联负反馈电路

输出电流的计算：由图 8.2.3 可得反馈系数 F_r

$$F_r = \frac{u_f}{i_o} = \frac{i_o R_1}{i_o} = R_1$$

由于运算放大器的电压放大倍数非常大，在输入端 $u_P \approx u_N$，故有 $u_d \approx u_i - u_f = 0$，从而得到 $u_i = u_f$，所以输出电流

$$i_o = \frac{u_i}{F_r} = \frac{1}{R_1} u_i \tag{8.2.5}$$

从式（8.2.5）可以看出，输出电流只与电阻的阻值有关，可见非常稳定，所以电流反馈使输出电流稳定。

对输入电阻的影响：因为是串联反馈，所以反馈时的输入电阻 R_{if} 是无反馈时的（$1+A_g F_r$）倍，这里 A_g 是基本放大器的互导增益。

对输出电阻的影响：设运算放大器的输出电阻为 R_o，令反馈放大器的输入 $u_i=0$，去掉负载电阻 R_L，然后在放大器的输出端接一个实验电流源 I，如图 8.2.4 所示。

由图 8.2.4 有 $u_d = -u_f = -F_r i_o = -F_r I$，所以

$U = (I - A_g u_d) R_o = (I + A_g F_r I) = I(1 + A_g F_r) R_o$

最后得到

$$R_{of} = \frac{U}{I} = (1 + A_g F_r) R_o \tag{8.2.6}$$

所以，电流反馈使输出电阻增大 $A_g F_r$ 倍。

3. 电压并联负反馈

首先判断图 8.2.5 所示电路的反馈组态。将负载 R_L 短路，就相当于输出端接地，这时 $u_o=0$，反馈不存在，所以是电压反馈。从输入端来看，输入信号 i_i 与反馈信号 i_f 并联在一起，净输入电流信号 i_d 等于输入电流信号 i_i 与反馈电流信号 i_f 之差，所以该电路的反馈组态是电压并联反馈。使用瞬时极性法判断正负反馈，各瞬时极性和瞬时电流方向如图 8.2.5 所示，可见 i_f 瞬时流向是对 i_i 分流，使 i_d 减小，净输入信号 i_d 小于输入信号 i_i，所以是负反馈。

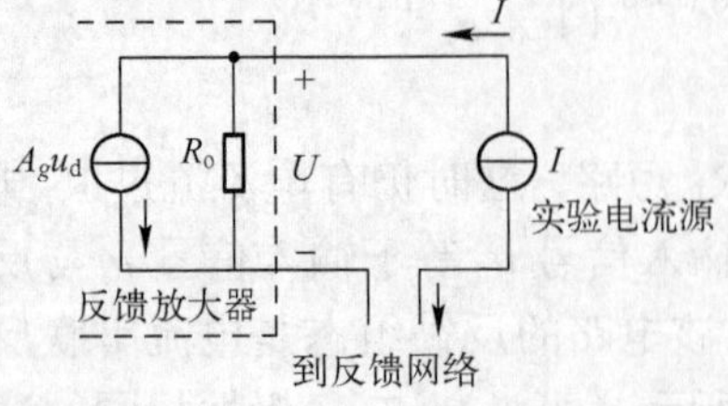

图 8.2.4 计算输出电阻的等效电路

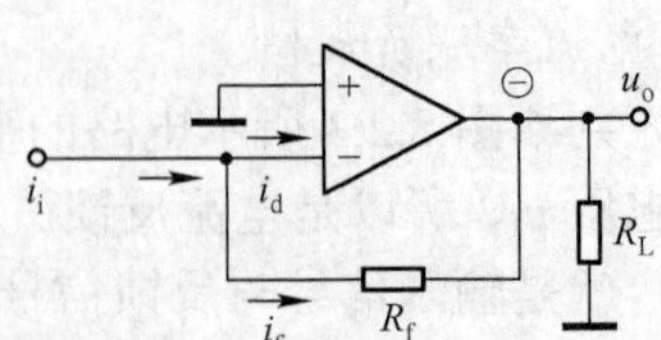

图 8.2.5 电压并联负反馈

输出电压的计算：由图 8.2.5 可得反馈系数 F_g

$$F_g = \frac{i_f}{u_o} \approx -\frac{u_o}{R_f u_o} = -\frac{1}{R_f}$$

由于运算放大器的电压放大倍数非常大，在输入端 $u_P \approx u_N$，故有 $i_d = i_i - i_f \approx 0$，从而得到 $i_i = i_f$，所以输出电压

$$u_o = \frac{i_i}{F_g} = -R_f i_i \tag{8.2.7}$$

从式（8.2.7）可以看出，输出电压只与电阻的阻值有关，可见非常稳定，所以电压反馈使输出电压稳定。

对输入电阻的影响：设运算放大器的输入电阻为 R_i、电压放大倍数为 A_u，当无反馈时，$R_i = \frac{u_i}{i_i} = \frac{u_i}{i_d}$，而有反馈时

$$R_{if} = \frac{u_i}{i_i} = \frac{u_i}{i_d + i_f}$$

由于 $$i_d + i_f = i_d + i_d A_r F_g = i_d(1 + A_r F_g)$$

其中 A_r 是基本放大器的互阻增益。最后得到

$$R_{if} = \frac{R_i}{1 + A_r F_g} \tag{8.2.8}$$

就是说反馈时的输入电阻 R_{if} 是无反馈时的 $\frac{1}{(1 + A_r F_g)}$ 倍。

对输出电阻的影响：该反馈电路的输出电阻是无反馈时输出电阻的 $\frac{1}{(1 + A_r F_g)}$ 倍。

4. 电流并联负反馈

首先判断图 8.2.6 所示电路的反馈组态。将负载 R_L 短路，这时仍有电流流过 R_1 电阻，产生反馈电流 i_f，所以是电流反馈。从输入端来看，输入信号 i_i 与反馈信号 i_f 并联在一起，净输入电流信号 i_d 等于输入电流信号 i_i 与反馈电流信号 i_f 之差，所以该电路的反馈组态是电流并联反馈。使用瞬时极性法判断正负反馈，各瞬时极性和瞬时电流方向如图 8.2.6 所示，可见 i_f 瞬时流向是对 i_i 分流，使 i_d 减小，净输入信号 i_d 小于输入信号 i_i，所以是负反馈。

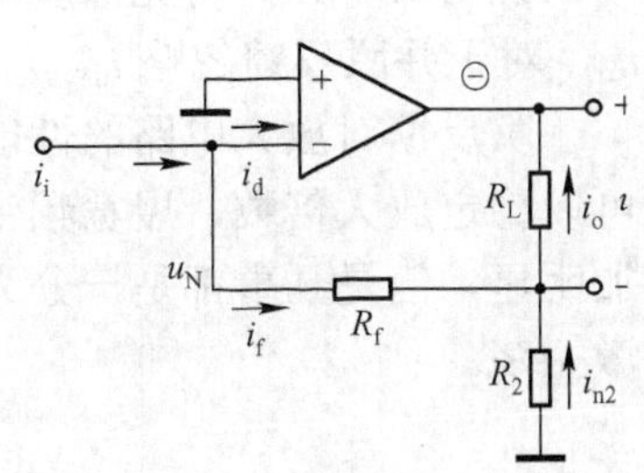

图 8.2.6 电流并联负反馈电路

输出电流的计算：由图 8.2.6 可得反馈系数 F_i

$$F_i = \frac{i_f}{i_o} = \frac{-i_o \frac{R_2}{R_1 + R_2}}{i_o} = -\frac{R_2}{R_1 + R_2}$$

由于运算放大器的电压放大倍数非常大，在输入端 $u_P \approx u_N$，故有 $i_d = i_i - i_f \approx 0$，从而得到 $i_i = i_f$，所以

$$i_o = -(1 + \frac{R_1}{R_2}) i_i \tag{8.2.9}$$

对输入电阻的影响：由于是并联反馈，所以该电路反馈时的输入电阻 R_{if} 比无反馈时的 R_i 小（$1+A_iF_i$）倍，这里 A_i 是基本放大器的电流放大系数。

对输出电阻的影响：由于是电流反馈，所以该电路反馈时的输出电阻是无反馈时的输出电阻的（$1+A_iF_i$）倍。

8.2.2 负反馈放大电路的一般表达式

由图 8.2.1 所示的反馈放大电路框图可得到反馈放大器的增益

$$A_{xf}=\frac{X_o}{X_i}=\frac{X_o}{X_d+X_f}=\frac{A_xX_d}{X_d+X_dA_xF_x} \tag{8.2.10}$$

可得到一般的增益表达式

$$A_{xf}=\frac{A_x}{1+A_xF_x} \tag{8.2.11}$$

有关$1+A_xF_x$的讨论：

若$1+A_xF_x$大于 1，有 $A_{xf}<A_x$，则为负反馈；

若$1+A_xF_x$小于 1，有 $A_{xf}>A_x$，则为正反馈；

若$1+A_xF_x$等于 0，有 $A_{xf}=\infty$，则没有输入也有输出，这时放大器就变成了振荡器；

若$1+A_xF_x>>1$，则有$1+A_xF_x=A_xF_x$，这时的增益表达式为：$A_{xf}\approx\frac{1}{F_x}$。就是说当引入深度负反馈时（即$1+A_xF_x>>1$ 时），增益仅仅由反馈网络决定，而与基本放大电路无关。由于反馈网络一般为无源网络，受环境温度的影响比较小，所以反馈放大器的增益是比较稳定的。由深度负反馈的条件可知，当反馈系数确定之后，A_x越大越好，A_x越大，A_{xf}与 $1/F$ 的近似程度越好。

根据 A_{xf}和 F_x的定义

$$A_{xf}=\frac{X_o}{X_i} \qquad F_x=\frac{X_f}{X_o} \qquad A_{xf}\approx\frac{1}{F_x}=\frac{X_o}{X_i}$$

说明 $X_i\approx X_f$，可见深度负反馈的实质是在近似分析中忽略净输入量，对于电压反馈忽略 u_d，对于并联反馈忽略 i_d。

负反馈对放大电路的性能影响很大，除了可以改变放大器的输入电阻、输出电阻外，还可以稳定放大倍数，展宽频带，减小非线性失真。特别是当反馈深度很大时，改善的效果更加明显。但是凡事都是一分为二的，反馈深度很大时，容易引起放大电路的不稳定，产生自激振荡。

8.3 频率特性的基本概念

对于一个放大电路来讲，当施加一定的输入电压信号时，就会有相应的输出电压信号产生。放大电路对正弦输入信号的稳态响应称为频率响应，频率响应与正弦输入信号之间的关系特性称为频率特性。

1. 频率特性和通频带

放大器的频率特性可用放大器的放大倍数与频率的关系描述

$$\dot{A}_u=|A_u(f)|\angle\varphi_u(f) \tag{8.3.1}$$

式中，$A_u(f)$为电压放大倍数的模与频率 f 的关系，称为幅频特性；$\varphi_u(f)$为放大器输出电压与输入电压之间的相位差与频率的关系，称为相频特性。幅频特性和相频特性总称为放大器的频率特性。

经实验可知，当施加频率变化的正弦输入信号于实际的放大电路时，A_u 与 φ_u 都会随频率的变化而变化，即 $A_u(f)$、$\varphi_u(f)$ 均为频率的函数。

例如，单级阻容耦合放大电路的 $A_u(f)$ 曲线如图 8.3.1 所示，这种现象是由放大电路的耦合电容和晶体管极间电容等引起的，而直接耦合放大器的频率特性如图 8.3.2 所示。

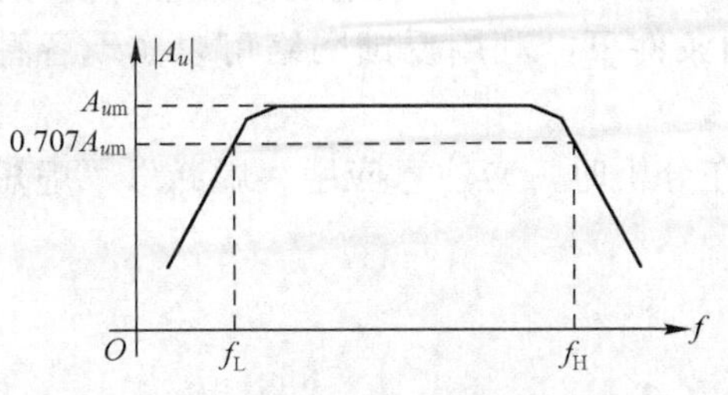

图 8.3.1 阻容耦合放大器的幅频特性

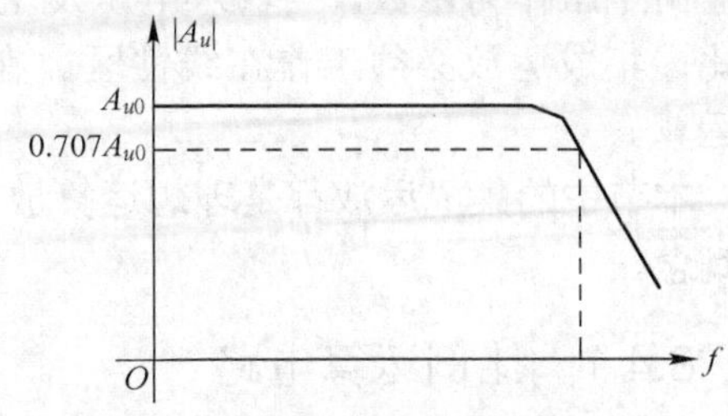

图 8.3.2 直接耦合放大器的幅频特性

在图 8.3.1 中，f_L 和 f_H 分别称为下限频率和上限频率，定义为放大倍数下降至 0.707 A_{um} 时对应的频率。f_L 主要由放大器中晶体管外部的电容（耦合电容、旁路电容等）决定，f_H 主要由晶体管内部的电容决定。不同的放大器具有不同的频率特性。对于直接耦合放大器电路（主要指模拟集成电路），由于没有晶体管外部电容，所以无下限频率 f_L。低于 f_L 的频率范围称为低频区，高于 f_H 的频率范围称为高频区，在 f_L 与 f_H 之间的频率范围称为中频区。中频区频率特性曲线的平坦部分的放大倍数称为中频放大倍数。中频区的频率范围通常又称为放大器的通频带（或带宽），即

$$BW = f_H - f_L \tag{8.3.2}$$

一般情况下，$f_H >> f_L$，所以 $BW \approx f_H$。对于直接耦合方式，$BW = f_H$。

2. 增益

放大器信号在传输过程中的变化可用一个对数单位来表示，这个对数单位就是分贝（dB）。放大倍数用分贝表示的定义是功率放大倍数的分贝值

$$A_P\,(\text{dB}) = 10\lg\frac{P_o}{P_i}\,(\text{dB}) \tag{8.3.3}$$

在给定的电阻下，功率与电压的平方成正比，所以电压放大倍数的分贝值

$$A_u\,(\text{dB}) = 10\lg\frac{U_o^2}{U_i^2} = 20\lg\frac{U_o}{U_i}\,(\text{dB}) \tag{8.3.4}$$

式中，P_i、U_i 为放大器的输入功率和输入电压；P_o、U_o 为输出功率和输出电压；lg 为以 10 为底的常用对数。以上两式中 A_P、A_u 单位均为分贝（dB）。

例如，一个放大器的放大倍数 A_u=100，则用分贝数表示的电压放大倍数为 40dB。又如当 A_u=0.707（归一化放大倍数）时，相应的分贝数为−3dB。因此前面所描述的通频带的下限频率和上限频率，分别是对应下端或上端的-3dB 点的频率。

放大倍数采用对数单位分贝表示的优点在于：首先，它将放大倍数的相乘简化为相加；其次，在讨论放大器的频率特性时可采用对数坐标图，这样在绘制近似的频率特性曲线时更为简便；此外，采用对数单位表示信号传输的大小比较符合人耳对声音感觉的状况，因此特别适用于电声设备。放大倍数用分贝做单位时，常称为增益。

8.4 集成运算放大器的线性应用

集成运放的应用首先是构成各种运算电路。在运算电路中，以输入电压作为自变量，以输出电压作为函数，当输入电压发生变化时，输出电压反映了输入电压某种运算的结果，因此，集成运放必须工作在线性区。在深度负反馈条件下，利用反馈网络可以实现各种数学运算。

本节中的集成运放都是理想运算放大器，所以在分析时，应注意应用“虚断”、“虚短”的概念。

8.4.1 比例运算电路

1. 反相比例运算

反相比例运算电路如图 8.4.1 所示，由于运算放大器的同相端经电阻 R_2 接地，利用“虚断”的概念，该电阻上没有电流，所以没有电压降，就是说运算放大器的同相端是接地的。利用“虚短”的概念，同相端与反相端的电位相同，所以反相端也是接地的，由于没有实际接地，所以称为“虚地”。

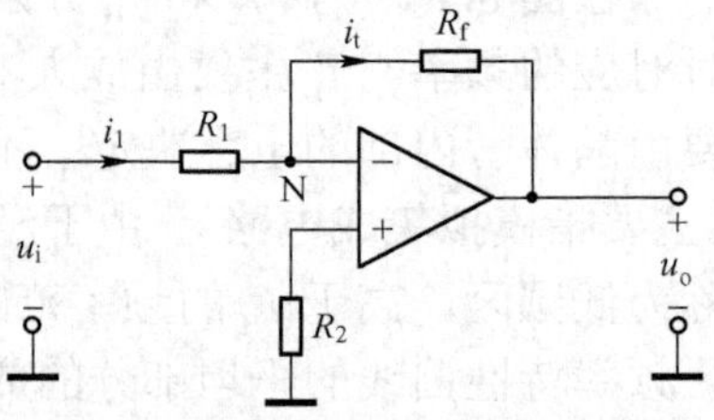

图 8.4.1 反相比例运算电路

利用“虚断”的概念，由图 8.4.1 得

$$i_1 = i_f$$

利用“虚短”概念，可得

$$i_1 = \frac{u_i - u_N}{R_1} = \frac{u_i}{R_1} \qquad i_f = \frac{u_N - u_o}{R_f} = -\frac{u_o}{R_f}$$

最后得

$$u_o = -\frac{R_f}{R_1} u_i \tag{8.4.1}$$

虽然集成运放有很高的输入电阻，但是并联反馈减少了输入电阻，这时的输入电阻为 $R_i=R_1$。

2. 同相比例运算电路

同相比例运算电路如图 8.4.2（a）所示，利用“虚断”的概念有

$$i_1 = i_f$$

利用“虚短”的概念有

$$i_1 = \frac{0 - u_N}{R_1} = -\frac{u_P}{R_1} = -\frac{u_i}{R_1} \qquad i_f = \frac{u_N - u_o}{R_f} = \frac{u_i - u_o}{R_f}$$

最后得到输出电压的表达式

$$u_o = (1 + \frac{R_f}{R_1}) u_i \tag{8.4.2}$$

由于是串联反馈电路，所以输入电阻很大，在理想情况下 $R_i=\infty$。由于信号加在同相输入端，而反相端和同相端电位一样，所以输入信号对于运算放大器是共模信号，这就要求运算放大器有较好的共模抑制能力。

若将反馈电阻 R_f 和 R_1 电阻去掉，就成为图 8.4.2（b）所示的电路，该电路的输出全部反

馈到输入端，是电压串联负反馈。由 $R_1=\infty$、$R_f=0$ 可知 $u_o=u_i$，就是输出电压跟随输入电压变化，简称为电压跟随器。

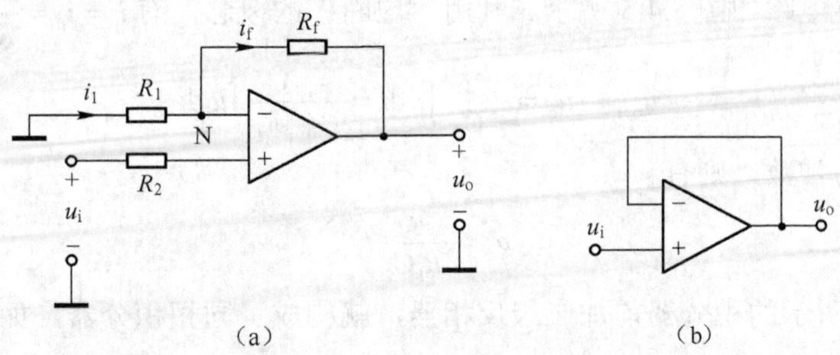

图 8.4.2　同相比例运算电路

在分析以上运算关系时，应该充分利用“虚断”和“虚短”的概念，首先列出关键节点的电流方程，这里的关键节点是指那些与输入、输出电压产生关系的节点，如集成运放的同相、反相节点，最后对所列表达式进行整理，得到输出电压的表达式。

8.4.2　加法运算电路

图 8.4.3 所示为反相加法电路。由图 8.4.3 有

$$i_1+i_2+i_3=i_f$$

其中 $i_1=\dfrac{u_{i1}}{R_1}$，$i_2=\dfrac{u_{i2}}{R_2}$，$i_3=\dfrac{u_{i3}}{R_3}$，$i_f=-\dfrac{u_o}{R_f}$，所以有

$$u_o=-R_f\left(\frac{u_{i1}}{R_1}+\frac{u_{i2}}{R_2}+\frac{u_{i3}}{R_3}\right) \qquad (8.4.3)$$

若 $R_1=R_2=R_3=R_f=R$，则有

$$u_o=-\frac{R_f}{R}(u_{i1}+u_{i2}+u_{i3}) \qquad (8.4.4)$$

该电路的特点是便于调节，因为同相端接地，反相端是“虚地”。

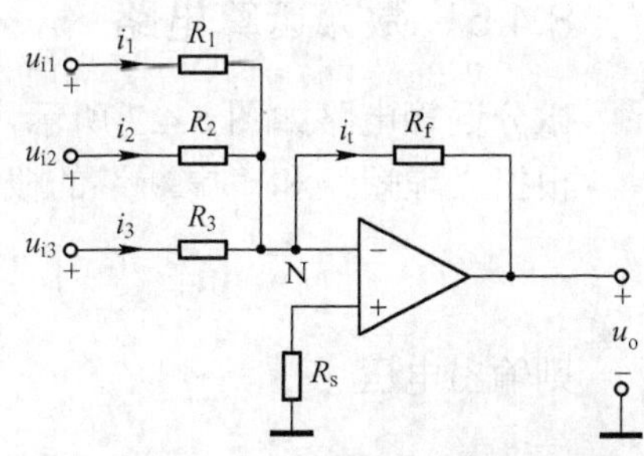

图 8.4.3　反相加法电路

8.4.3　减法运算电路

图 8.4.4 所示为利用差动放大电路实现减法运算的电路。由图 8.4.4 有

$$\frac{u_{i1}-u_N}{R_1}=\frac{u_N-u_o}{R_f}$$

$$\frac{u_{i2}-u_P}{R_2}=\frac{u_P}{R_3}$$

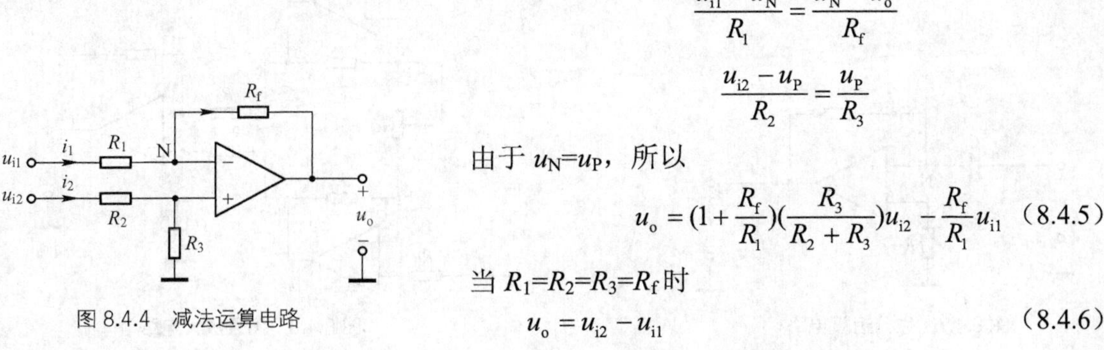

图 8.4.4　减法运算电路

由于 $u_N=u_P$，所以

$$u_o=\left(1+\frac{R_f}{R_1}\right)\left(\frac{R_3}{R_2+R_3}\right)u_{i2}-\frac{R_f}{R_1}u_{i1} \qquad (8.4.5)$$

当 $R_1=R_2=R_3=R_f$ 时

$$u_o=u_{i2}-u_{i1} \qquad (8.4.6)$$

8.4.4 积分运算电路

反相积分运算电路如图 8.4.5 所示。利用“虚断”的概念，有 $i_1 = i_f = \dfrac{u_i}{R_1}$，所以

$$u_o = -u_c = -\frac{1}{C_f}\int i_f \mathrm{d}t = -\frac{1}{C_f R_1}\int u_i \mathrm{d}t \tag{8.4.7}$$

若输入电压为常数，则有

$$u_o = \frac{u_i}{R_1 C_f} t \tag{8.4.8}$$

若在图 8.4.5 所示的积分器前加一级反相器，就构成了同相积分器，如图 8.4.6 所示。

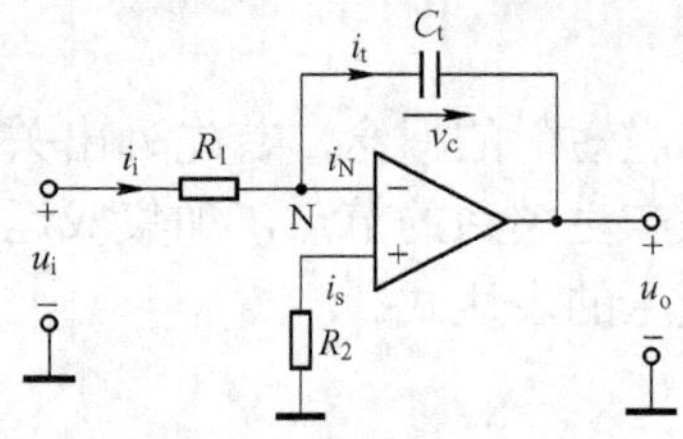

图 8.4.5 积分运算电路

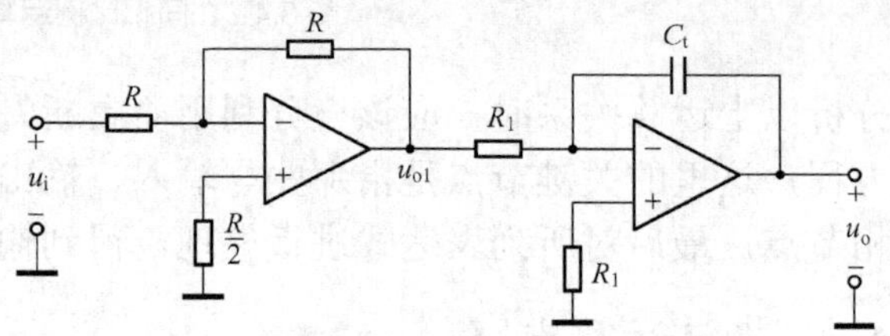

图 8.4.6 同相积分电路

8.4.5 微分运算电路

微分运算电路如图 8.4.7 所示，下面介绍该电路输出电压的表达式。

根据“虚短”和“虚断”的概念，$u_P=u_N=0$ 为“虚地”，电容两端的电压 $u_C=u_i$，所以有

$$i_f = i_C = C\frac{\mathrm{d}u_i}{\mathrm{d}t}$$

则输出电压

$$u_o = -i_f R_f = -R_f C\frac{\mathrm{d}u_i}{\mathrm{d}t} \tag{8.4.9}$$

8.4.6 测量放大电路

图 8.4.8 所示为测量放大电路，该电路常用在自动控制和非电量测量系统中。

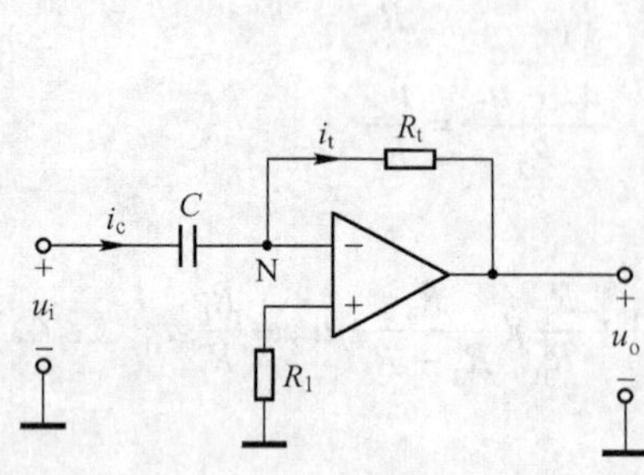

图 8.4.7 微分运算电路

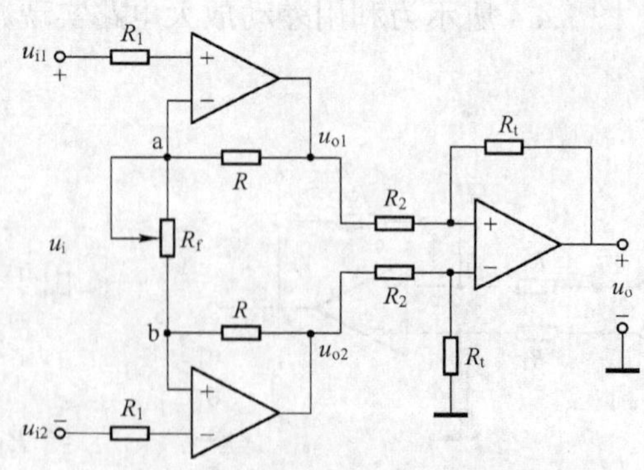

图 8.4.8 测量放大电路

由图 8.4.8 有

$$u_{\mathrm{i}} = u_{\mathrm{i1}} - u_{\mathrm{i2}} = u_{\mathrm{a}} - u_{\mathrm{b}}$$

所以

$$u_{\mathrm{i}} = u_{\mathrm{a}} - u_{\mathrm{b}} = \frac{R_{\mathrm{f}}}{2R + R_{\mathrm{f}}}(u_{\mathrm{o1}} - u_{\mathrm{o2}})$$

得到

$$u_{\mathrm{o1}} - u_{\mathrm{o2}} = (1 + \frac{2R}{R_{\mathrm{f}}})u_{\mathrm{i}} \tag{8.4.10}$$

由叠加原理

$$u_{\mathrm{o}} = (1 + \frac{R_{\mathrm{t}}}{R_2})\frac{R_{\mathrm{t}}}{R_2 + R_{\mathrm{t}}}u_{\mathrm{o2}} - \frac{R_{\mathrm{t}}}{R_2}u_{\mathrm{o1}} = \frac{R_{\mathrm{t}}}{R_2}(u_{\mathrm{o2}} - u_{\mathrm{o1}}) \tag{8.4.11}$$

将式（8.4.10）带入式（8.4.11），得到

$$u_{\mathrm{o}} = -\frac{R_{\mathrm{t}}}{R_2}(1 + \frac{2R}{R_{\mathrm{f}}}) \tag{8.4.12}$$

改变电阻 R_{f} 的数值，就可以改变该电路的放大倍数。

集成运放的线性应用还有很多，例如对数放人器、有源滤波等，限于篇幅，本教材不作介绍。

8.5 集成运算放大器的非线性应用

8.5.1 比较器

电压比较器就是将一个连续变化的输入电压与参考电压进行比较，在二者幅度相等时，输出电压将产生跳变，通常用于 A/D 转换、波形变换等场合。在电压比较器电路中，运算放大器通常工作于非线性区，为了提高正负电平的转换速度，应选择上升速率和增益带宽积这两项指标高的运算放大器。目前已经有专用的集成比较器，使用起来更加方便。

1. 过零比较器

图 8.5.1（a）所示为同相过零比较器电路，同相端接 u_{i}，反相端 $u_{\mathrm{N}}=0$，所以输入电压是和零电压进行比较。

当 $u_{\mathrm{i}}>0$ 时，$u_{\mathrm{o}}=u_{\mathrm{o+}}$，输出为正饱和值。

当 $u_{\mathrm{i}}<0$ 时，$u_{\mathrm{o}}=u_{\mathrm{o-}}$，输出为负饱和值。

该比较器的传输特性如图 8.5.1（b）所示。该电路常用于检测正弦波的零点，当正弦波电压过零时，比较器输出发生跃变。

2. 任意电压比较器

如图 8.5.2（a）所示为同相任意电压比较器电路，同相端接 u_{i}，反相端 $u_{\mathrm{N}}=u_{\mathrm{R}}$，所以是将输入电压和 u_{R} 电压进行比较。

当 $u_{\mathrm{i}}>u_{\mathrm{R}}$ 时，$u_{\mathrm{o}}=u_{\mathrm{o+}}$，输出为正饱和值。

当 $u_{\mathrm{i}}<u_{\mathrm{R}}$ 时，$u_{\mathrm{o}}=u_{\mathrm{o-}}$，输出为负饱和值。

该比较器的传输特性如图 8.5.2（b）所示。上述的开环单门限比较器电路简单，灵敏度高，但是抗干扰能力较差，当干扰叠加到输入信号上且在门限电压值上下波动时，比较器就会反复动作，如果去控制一个系统的工作，会出现误动作。

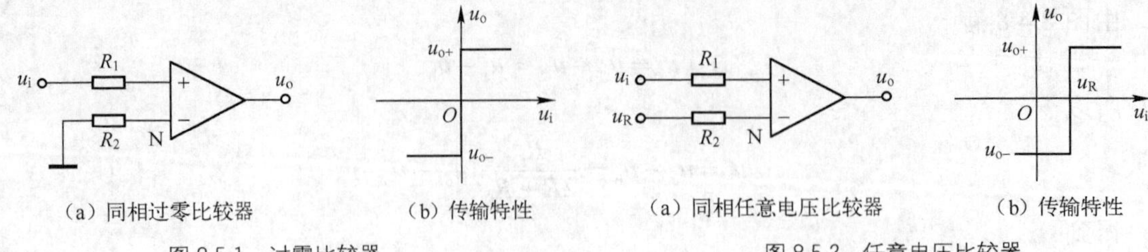

（a）同相过零比较器　（b）传输特性

图 8.5.1　过零比较器

（a）同相任意电压比较器　（b）传输特性

图 8.5.2　任意电压比较器

3. 滞环比较器

从反相端输入的滞环比较器电路如图 8.5.3（a）所示，滞环比较器中引入了正反馈。

从集成运放输出端的限幅电路可以看出 $u_o=\pm u_z$，集成运放反相输入端电位 $u_N=u_i$，同相端的电位为

$$u_P=\pm\frac{R_1}{R_1+R_2}u_z \tag{8.5.1}$$

令 $u_N=u_P$，则有阈值电压

$$u_T=\pm\frac{R_1}{R_1+R_2}u_z \tag{8.5.2}$$

该电路的传输特性如图 8.5.3（b）所示。

当输入电压 u_i 小于 $-u_T$ 时，则 u_N 一定小于 u_P，所以 $u_o=+u_Z$，$u_P=+u_T$。

当输入电压 u_i 增加并达到 $+u_T$ 后，再稍稍增加一点时，输出电压就会从 $+u_z$ 向 $-u_z$ 跃变。

当输入电压 u_i 大于 $+u_T$ 时，则 u_N 一定大于 u_P，所以 $u_o=-u_Z$，$u_P=-u_T$。

当输入电压 u_i 减小并达到 $-u_T$ 后，再稍稍减小一点时，输出电压就会从 $-u_z$ 向 $+u_z$ 跃变。

将电阻 R_1 的接地端接参考电压 u_R，如图 8.5.4（a）所示。

由图 8.5.4 可得同相端电压

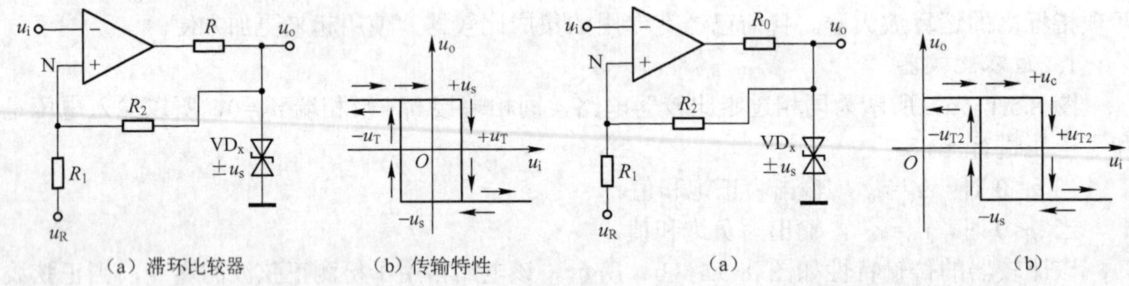

（a）滞环比较器　（b）传输特性

图 8.5.3　滞环比较器

（a）　（b）

图 8.5.4　具有参考电压的滞环比较器

$$u_P=\frac{R_2}{R_1+R_2}u_R\pm\frac{R_1}{R_1+R_2}u_z$$

令 $u_N=u_P$，求出的 u_i 就是阈值电压，因此得出

$$u_{T1}=\frac{R_2}{R_1+R_2}u_R-\frac{R_1}{R_1+R_2}u_z \tag{8.5.3}$$

$$u_{T2}=\frac{R_2}{R_1+R_2}u_R+\frac{R_1}{R_1+R_2}u_z \tag{8.5.4}$$

该电路的传输特性如图 8.5.4（b）所示。

目前有很多种集成比较器芯片，如 AD790、LM119、LM193、MC1414、MAX900 等。虽然它们比集成运放的开环增益低、失调电压大、共模抑制比小，但是它们速度快，传输延迟时间短，而且一般不需要外加电路就可以直接驱动 TTL、CMOS 等集成电路，并可以直接驱动继电器等功率器件。

8.5.2　方波发生器

方波发生器是能够直接产生方波信号的非正弦波发生器，由于方波中包含极丰富的谐波，因此，方波发生器又称为多谐振荡器。由迟滞比较器和 RC 积分电路组成的方波发生器如图 8.5.5（a）所示，图 8.5.5（b）所示为双向限幅的方波发生器。图中，运算放大器和 R_1、R_2 构成迟滞比较器，双向稳压管用来限制输出电压的幅度，稳压值为 u_z。

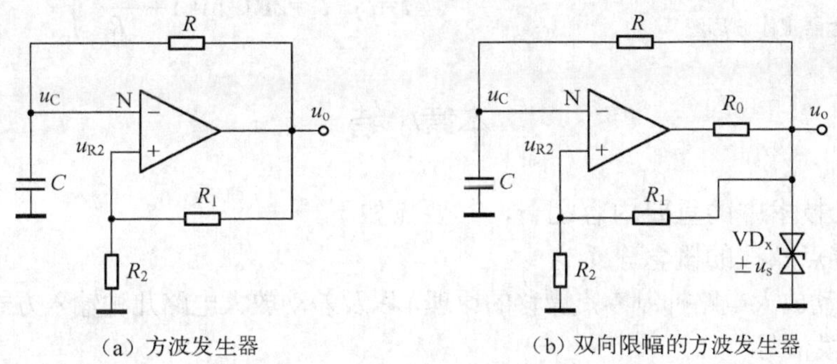

（a）方波发生器　　（b）双向限幅的方波发生器

图 8.5.5　方波发生器

比较器的输出由电容上的电压 u_C 和 u_o 在电阻 R_2 上的分压 u_{R2} 决定。当 $u_C>u_{R2}$ 时，$u_o=-u_z$；当 $u_c<u_{R2}$ 时，$u_o=+u_z$，$u_{R2}=\dfrac{R_2}{R_1+R_2}u_o$。

方波发生器的工作原理如图 8.5.6 所示。

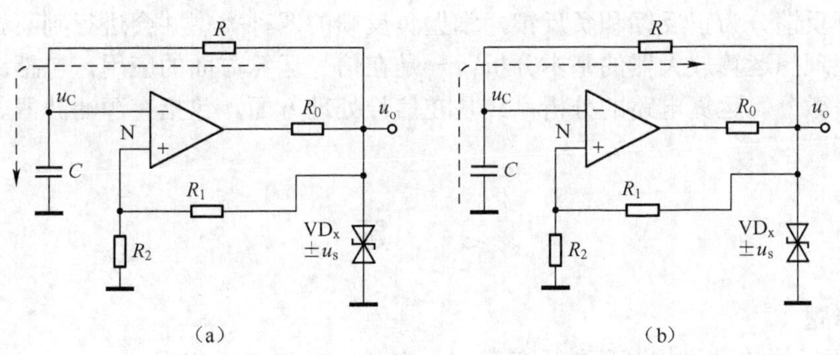

（a）　　（b）

图 8.5.6　方波发生器工作原理图

假定在接通电源的瞬间，$u_o=+u_z$，$u_C=0$，那么有 $u_{R2}=\dfrac{R_2}{R_1+R_2}u_z$，电容沿如图 8.5.6（a）所示方向充电，$u_C$ 上升。当 $u_C=\dfrac{R_2}{R_1+R_2}u_z=k_1$ 时，u_o 变为 $-u_z$，$u_{R2}=-\dfrac{R_2}{R_1+R_2}u_z$，充电过程结束；接着，由于 u_o 由 $+u_z$ 变为 $-u_z$，电容开始放电，放电方向如图 8.5.6（b）所示，同时 u_C

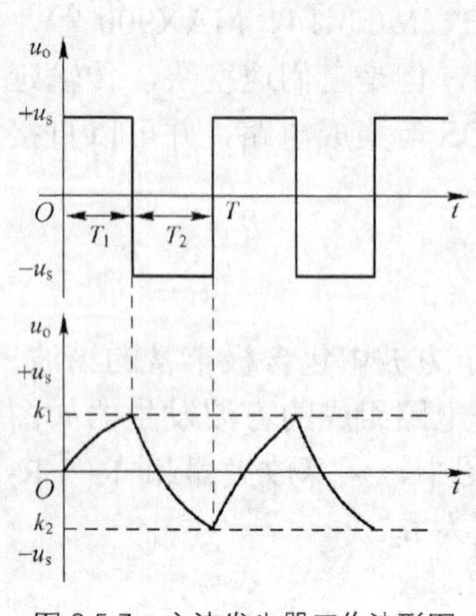

图 8.5.7　方波发生器工作波形图

下降。当下降到 $u_C=-\frac{R_2}{R_1+R_2}u_z=k_2$ 时，u_O 由 $-u_Z$ 变为 $+u_Z$，重复上述过程。工作过程波形图如图 8.5.7 所示。

综上所述，这个方波发生器电路是利用正反馈，使运算放大器的输出在两种状态之间反复翻转。RC 电路是它的定时元件，决定着方波在正负半周的时间 T_1 和 T_2，由于该电路充放电常数相等，即

$$T_1=T_2=RC\ln\left(1+\frac{2R_2}{R_1}\right) \tag{8.5.5}$$

方波的周期为

$$T=T_1+T_2=2RC\ln\left(1+\frac{2R_2}{R_1}\right) \tag{8.5.6}$$

本章小结

本章是电子技术中的重要内容之一，其要点如下。

（1）理解零点漂移的概念。

（2）了解差动放大电路抑制零点漂移的原理，以及差动放大电路几种输入方式下的工作情况：

① 抑制共模信号；

② 放大差模信号；

③ 任意信号可以分解为共模分量和差模分量。

（3）掌握集成运算放大器的结构、主要参数和传输特性，以及理想运算放大器分析的两条依据：

① 理想运算放大器两个输入端的输入电流为 0；

② 理想运算放大器同相端和反相端的电位近似相等。

（4）了解反馈分为正反馈和负反馈，掌握负反馈的四种类型并会进行判断。

（5）掌握理想运算放大器的基本分析：一是在信号运算方面的应用，包括比例、加法、减法、积分、微分等运算电路的分析；二是在信号处理方面，包括有源滤波器、电压比较器等电路的分析。

习　题

一、选择题

8.1　理想运算放大器的开环放大倍数 A_{uO} 为（　　），输入电阻为（　　），输出电阻为（　　）。

A．∞　　　　B．0　　　　C．不定

8.2　国产集成运放有三种封装形式，目前国内应用最多的是（　　）。

A．扁平式　　　　B．圆壳式　　　　C．双列直插式

8.3　在由运算放大器组成的电路中，工作在非线性状态的电路是（　　）。

A．反相放大器　　　　B．差分放大器　　　　C．电压比较器

8.4 理想运算放大器的两个重要结论是（　　）。

A．虚短与虚地　　B．虚断与虚短　　C．断路与短路

8.5 集成运放一般分为两个工作区，它们分别是（　　）。

A．正反馈与负反馈　　B．线性与非线性　　C．虚断和虚短

8.6 （　　）输入比例运算电路的反相输入端为虚地点。

A．同相　　B．反相　　C．双端

8.7 集成运放的线性应用存在（　　）现象，非线性应用存在（　　）现象。

A．虚地　　B．虚断　　C．虚断和虚短

8.8 各种电压比较器的输出状态只有（　　）。

A．一种　　B．两种　　C．三种

8.9 基本积分电路中的电容器接在电路的（　　）。

A．反相输入端　　B．同相输入端　　C．反相端与输出端之间

8.10 分析集成运放的非线性应用电路时，不能使用的概念是（　　）。

A．虚地　　B．虚短　　C．虚断

二、问答题

8.11 集成运放一般由哪几部分组成？各部分的作用如何？

8.12 何为“虚地”？何为“虚短”？在什么输入方式下才有“虚地”？若把“虚地”真正接“地”，集成运放能否正常工作？

8.13 集成运放的理想化条件主要有哪些？

8.14 在输入电压从足够低逐渐增大到足够高的过程中，单门限电压比较器和滞回比较器的输出电压各变化几次？

8.15 当集成运放的反相输入端为虚地时，同相端所接的电阻起什么作用？

8.16 应用集成运放芯片连成各种运算电路时，为什么首先要对电路进行调零？

三、计算题

8.17 题8.17图所示电路为应用集成运放组成的测量电阻的原理电路，试写出被测电阻 R_x 与电压表电压 U_O 的关系。

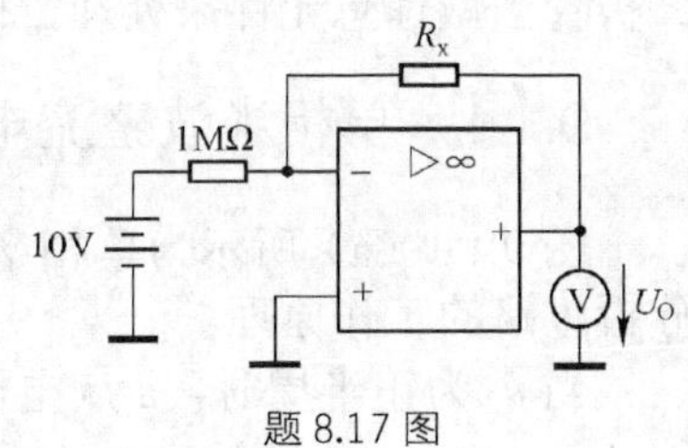

题8.17图

8.18 题8.18图所示电路中，已知 $R_1=2\text{k}\Omega$，$R_f=5\text{k}\Omega$，$R_2=2\text{k}\Omega$，$R_3=18\text{k}\Omega$，$U_i=1\text{V}$，求输出电压 U_o。

8.19 题8.19所示电路中，已知电阻 $R_f=5R_1$，输入电压 $U_i=5\text{mV}$，求输出电压 U_O。

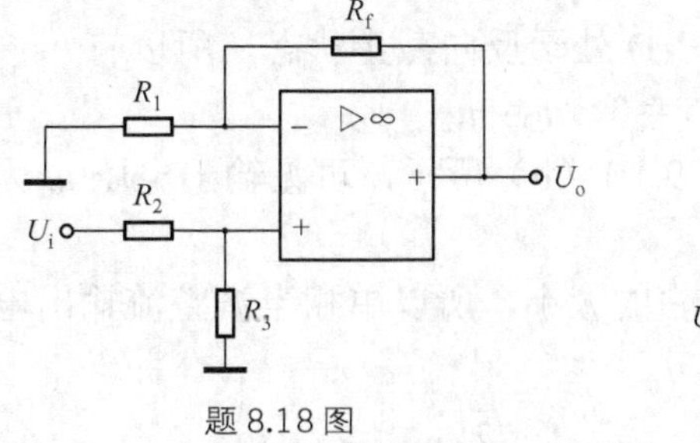

题8.18图

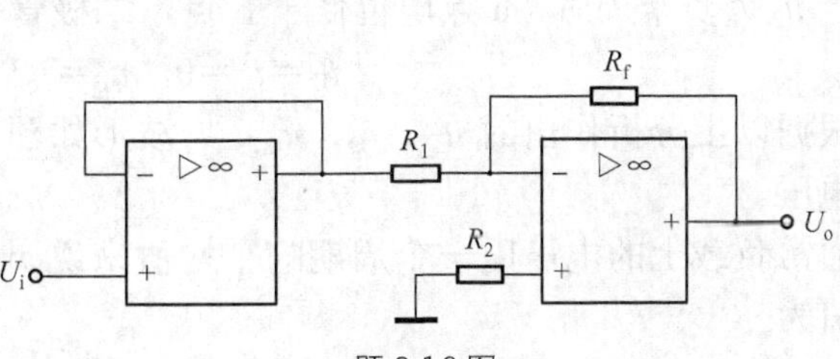

题8.19图

第9章 直流稳压电源

电路中通常都需要由电压稳定的直流电源供电。小功率直流稳压电源由电源变压器、整流、滤波和稳压电路等 4 部分组成。电源变压器将交流电网电压变为所需要的电压值，然后通过整流电路将交流电压变成脉动的直流电压。由于此脉动的直流电压还含有较大的纹波，所以必须通过滤波电路加以滤除，从而得到平滑的直流电压。但这样的电压还会随电网电压的波动（一般有±10%左右的波动），以及负载和温度的变化而变化。因而在整流、滤波电路之后，还需要接稳压电路。稳压电路的作用是当电网电压波动、负载和温度变化时，维持输出直流电压的稳定。

9.1 单相整流电路

整流电路的任务是将交流电源变换成直流电源。完成这一任务主要利用了二极管的单向导电性，因此二极管是构成整流电路的关键元件。下面在分析整流电路时，为简单起见，将二极管当做理想元件来处理，即认为它的正向导通电阻为 0，反向电阻为无穷大。

9.1.1 单相半波整流电路

图 9.1.1（a）所示为单相半波整流电路，图中变压器的副边电压为 $u_2=\sqrt{2}\,U_2\sin\omega t$，下面分析电路的工作原理。

当 u_2 为正半周时，a 点电位高于 b 点，二极管 VD 处于正向导通状态，所以有

$$u_o=u_2,\quad i_D=i_o=\frac{u_o}{R_L}$$

当 u_2 为负半周时，a 点电位低于 b 点，二极管 VD 处于反向截止状态，所以有

$$i_D=i_o=0,\quad u_o=i_oR_L=0,\quad u_D=u_2$$

根据以上分析作出的 u_D、i_D、u_o 、i_o 波形如图 9.1.1（b）所示，可见输出电压 u_o 为单向脉动电压。

通常负载上的电压用一个周期的平均值来说明它的大小，所以单相半波整流输出电压的平均值为

$$U_o=\frac{1}{2\pi}\int_0^{\pi}\sqrt{2}U_2\sin\omega t\mathrm{d}(\omega t)=\frac{\sqrt{2}}{\pi}U_2=0.45U_2 \tag{9.1.1}$$

通过负载电阻 R_L 的电流平均值为

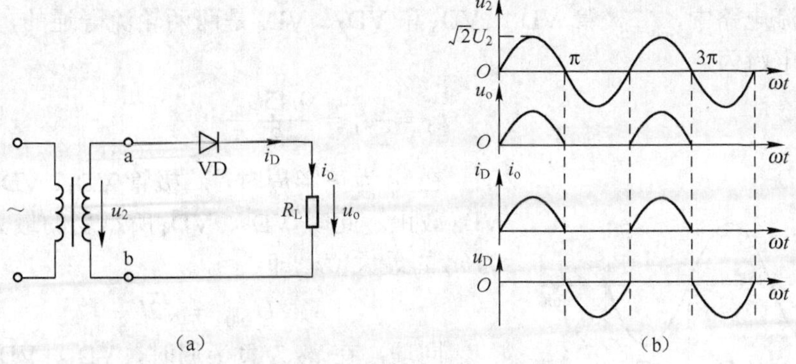

图 9.1.1 单相半波整流电路

$$I_o = \frac{0.45U_2}{R_L} \tag{9.1.2}$$

在单相半波整流电路中，二极管的平均电流就是整流输出的电流，即

$$I_D = I_o \tag{9.1.3}$$

从图 9.1.1（b）可以看出，在 u_2 为负半周时，二极管截止时所承受的最大反向电压为 u_2 的最大值，即

$$U_{DRM} = \sqrt{2}U_2 \tag{9.1.4}$$

9.1.2 单相桥式整流电路

电路如图 9.1.2（a）所示，图中 T 为电源变压器，它将交流电网电压 u_1 降压成整流电路要求的交流电压 $u_2 = \sqrt{2}\, U_2 \sin\omega t$，$R_L$ 为负载电阻，4 只整流二极管 VD_1～VD_4 接成电桥的形式，故有桥式整流电路之称。图 9.1.2（b）所示为简化画法。

在电源电压 u_2 的正、负半周内，电流导通路径分别如图 9.1.2（a）中的实线和虚线箭头所示。负载电阻 R_L 上的电压 u_o 的波形如图 9.1.3 所示，电流 i_o 的波形与 u_o 的波形相同。显然，它们都是单方向的全波脉动波形。

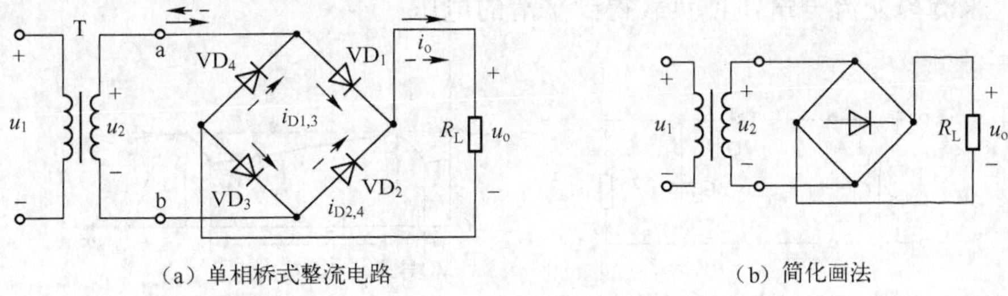

（a）单相桥式整流电路　　（b）简化画法

图 9.1.2 单相桥式整流电路

单相桥式整流输出电压的平均值为

$$U_o = \frac{1}{\pi}\int_0^{\pi}\sqrt{2}U_2\sin\omega t\,d(\omega t) = \frac{2\sqrt{2}}{\pi}U_2 = 0.9U_2 \tag{9.1.5}$$

负载电流的平均值为

$$I_L = \frac{0.9U_2}{R_L} \tag{9.1.6}$$

在桥式整流电路中，二极管 VD_1、VD_3 和 VD_2、VD_4 是两两轮流导通的，所以流经每个二极管的平均电流为

$$I_D = \frac{1}{2} I_L = \frac{0.45U_2}{R_L} \tag{9.1.7}$$

在 u_2 为正半周时，二极管 VD_1、VD_3 导通，VD_2、VD_4 截止。此时 VD_2、VD_4 所承受的最大反向电压均为 u_2 的最大值，即

$$U_{DRM} = \sqrt{2} U_2 \tag{9.1.8}$$

同理，在 u_2 为负半周时，VD_1、VD_3 也承受同样大小的反向电压。

单相桥式整流电路的优点是输出电压高、纹波电压较小，管子所承受的最大反向电压较低，同时因电源变压器在正负半周内都有电流供给负载，电源变压器得到了充分的利用，效率较高。因此，这种电路在半导体整流电路中得到了广泛的应用。

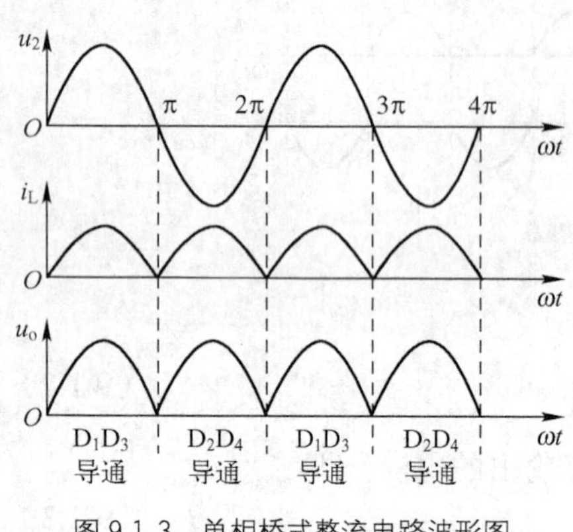

图 9.1.3 单相桥式整流电路波形图

9.2 滤波电路

整流电路虽然将交流电源变为直流电源，但输出的却是脉动电压。这种大小变动的脉动电压除了含有直流分量外，还含有不同频率的交流分量，远不能满足大多数电子设备对电源的要求。为了减小整流电压的脉动程度，提高其平滑性，在整流电路中都要加滤波器。下面介绍几种常用的滤波电路。

9.2.1 电容滤波电路

电容滤波电路是最简单的滤波器，它是在整流电路的输出端接入一个较大容量的电容 C（电容与负载并联），如图 9.2.1（a）所示。电容滤波的基本原理是利用电容的储能和充电、放电功能，来滤掉交流分量，使负载得到平滑的电压。

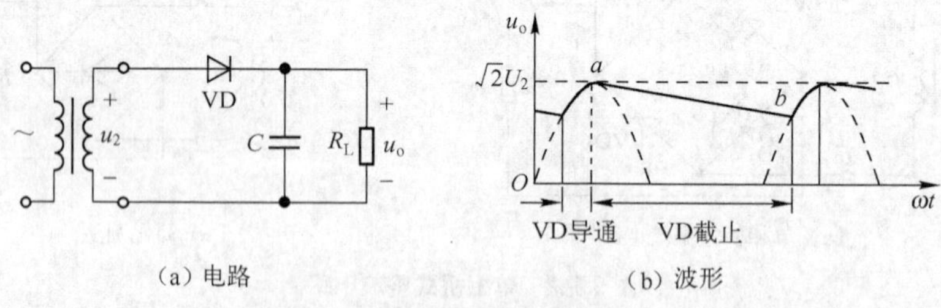

图 9.2.1 半波整流电容滤波电路及其波形

图 9.2.1（b）所示的波形图中虚线波形为半波整流 u_2 的波形，实线为输出电压 u_o 的波形。并入电容 C 后，当二极管 VD 正向导通时，电源 u_2 在向负载 R_L 供电的同时又向电容 C 快速充电储能（绕组电阻和二极管的正向电阻都很小，充电时间常数很小），u_o 随着 u_2 上升。当 $u_2 < u_C$ 时，VD 反偏截止，由电容 C 向 R_L 放电，由于放电时间常数较大，放电较慢，输出电压 u_o 随 u_C 按指数规律缓慢下降，如图中的 ab 实线段。放电过程持续到 u_2 的下一个正半波，

如此不断地充电、放电，使负载电压的脉动程度减小，直流分量明显提高。

由于电容 C 向 R_L 放电，输出平均电压 U_o 将随之降低，而 R_L 的阻值越小，输出平均电压就越低。因此，电容滤波只适合在小电流且变动不大的电子设备中使用。通常，电容滤波后的输出平均电压可按工程估算取值，选取

$$\begin{cases} U_o = U_2\text{（半波整流）} \\ U_o = 1.2U_2\text{（全波整流）} \end{cases} \tag{9.2.1}$$

为了满足式（9.2.1）的取值关系，获得比较平滑的输出电压，一般要求 $R_L \geqslant (10\sim15)\dfrac{1}{\omega C}$，即

$$\begin{cases} R_L C \geqslant (3\sim4)T\text{（半波整流）} \\ R_L C \geqslant (3\sim5)\dfrac{T}{2}\text{（全波整流）} \end{cases} \tag{9.2.2}$$

式中，T 为正弦交流电源的周期。

此外，由于二极管的导通时间短（导通角小于 180°），而电容的平均电流为 0，可见二极管导通时的平均电流和负载的平均电流相等，因此二极管的电流峰值必然较大，产生电流冲击，容易使管子损坏。

在具有电容滤波的整流电路中的二极管，其最高反向工作电压对于半波和全波整流电路来说是不相等的。在半波整流电路中，要考虑到最严重的情况是输出端开路，电容器上电压为 U_{2m}，而当 u_2 处在负半周的幅值时，这时二极管承受了 $2\sqrt{2}U_2$ 的反向工作电压，它与无滤波电容时相比增大了一倍。

对于单相桥式整流电路而言，无论有无滤波电容，二极管的最高反向工作电压都是 $\sqrt{2}U_2$。

滤波电容值的选取应视负载电流的大小而定，一般在几十微法到几千微法。电容器的耐压值应大于输出电压的最大值，通常采用极性电容器。

例 9.2.1　单相桥式整流电容滤波电路如图 9.2.2 所示。交流电源频率 f=50Hz，负载电阻 R_L=120Ω，要求直流电压 U_o=30V，试选择整流元件及滤波电容。

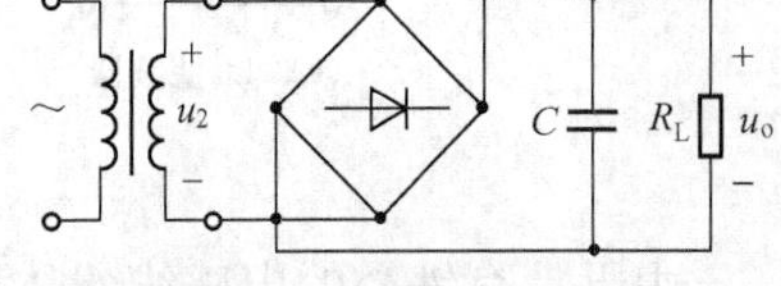

图 9.2.2　例 9.2.1 题图

解　（1）选择整流二极管

① 流过二极管的平均电流

$$I_D = \frac{1}{2}I_o = \frac{1}{2}\frac{U_o}{R_L} = \frac{1}{2}\times\frac{30}{120} = 125\ \text{（mA）}$$

② 由 $U_o = 1.2U_2$，所以交流电压有效值为

$$U_2 = \frac{U_o}{1.2} = \frac{30}{1.2} = 25\ \text{（V）}$$

二极管承受的最高反向工作电压

$$U_{DRM} = \sqrt{2}U_2 = \sqrt{2}\times 25 = 35\ \text{（V）}$$

可以选用 $I_{RM} > I_D$，$U_{RM} > U_{DRM}$ 的二极管 4 个。实际可选用二极管 1N4001 或 QL2 整流桥堆。

（2）选择滤波电容 C

取 $R_L C = 5\times\dfrac{T}{2}$，而 $T = \dfrac{1}{f} = \dfrac{1}{50} = 0.02$（s），所以

$$C = \frac{1}{R_L}\times 5\times\frac{T}{2} = \frac{1}{120}\times 5\times\frac{0.02}{2} = 417\text{（μF）}$$

可以选用 $C = 470\mu F$，耐压值为 50V 的电解电容器。

9.2.2 电感滤波电路

如图 9.2.3 所示，在桥式整流电路和负载电阻 R_L 之间串联一个电感器 L，利用电感的储能作用可以减小输出电压的纹波，从而得到比较平滑的直流。当忽略电感器 L 的电阻时，负载上输出的平均电压和纯电阻（不加电感）负载相同，即

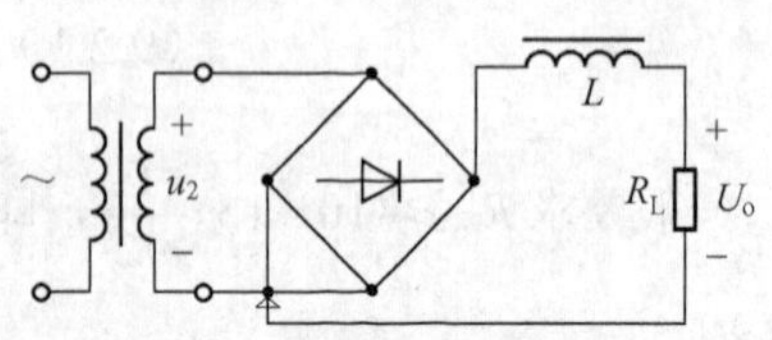

图 9.2.3 桥式整流电感滤波电路

$$U_o = 0.9U_2 \tag{9.2.3}$$

电感滤波的特点是整流管的导电角较大（电感 L 的反电势使整流管导电角增大），峰值电流很小，输出特性比较平坦。其缺点是由于存在电感铁心，所以笨重、体积大，易引起电磁干扰，一般只适用于大电流的场合。

9.2.3 复式滤波电路

在滤波电容 C 之前增加一个电感 L，就构成了 LC 滤波电路，如图 9.2.4（a）所示。这样可使输出至负载 R_L 上的电压的交流成分进一步降低。该电路适用于高频或负载电流较大并要求脉动很小的电子设备中。

为了进一步提高整流输出电压的平滑性，可以在 LC 滤波电路之前再并联一个滤波电容 C_1，如图 9.2.4（b）所示，这就构成了 πLC 滤波电路。

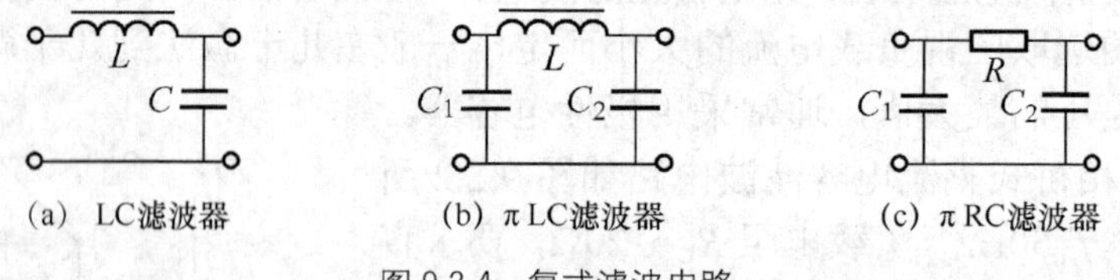

图 9.2.4 复式滤波电路

由于带有铁心的电感线圈体积大，价格也高，因此常用电阻 R 来代替电感 L 构成 πRC 滤波电路，如图 9.2.4（c）所示。只要适当选择 R 和 C_2 的参数，在负载两端就可以获得脉动极小的直流电压。复式滤波电路在小功率电子设备中被广泛采用。

9.3 直流稳压电源

9.3.1 稳压二极管稳压电路

经过整流和滤波后的电压往往会随交流电源的波动和负载的变化而变化，而电压的不稳定对电子测量仪器、控制装置等的正常工作都会产生不良影响，因此需要对输出电压进行稳压。最简单的直流稳压电源是采用稳压管来实现稳压的。

图 9.3.1 所示是一种采用稳压管的稳压电路。经过滤波得到的直流电压 U_i，通过由限流电阻 R 和稳压管 VD_Z 组成的稳压电路后再接到负载电阻 R_L 上。

下面分析稳压电路的作用。假设交流电源电压增大，则滤波后的直流电压 U_i 增大，负载电压 U_o 也增大。而 U_o 稍有增大，就会使稳压管的电流 I_Z 显著增大，从而增加电阻 R 上的压

降，以抵偿 U_i 的增大，从而使负载电压 U_o 保持近似不变。如果交流电源电压减小，稳压过程相反，仍然会保持负载电压 U_o 近似不变。这样，负载上得到的就是一个比较稳定的电压。

电源电压保持不变，负载电流增大时，电阻 R 上的压降也增大，负载电压 U_o 因而下降。而当 U_o 下降时，I_Z 就显著减小，使通过电阻 R 的电流和电阻上的压降保持近似不变，因此负载电压 U_o 也就近似稳定不变。当负载电流减小时，稳压过程相反。

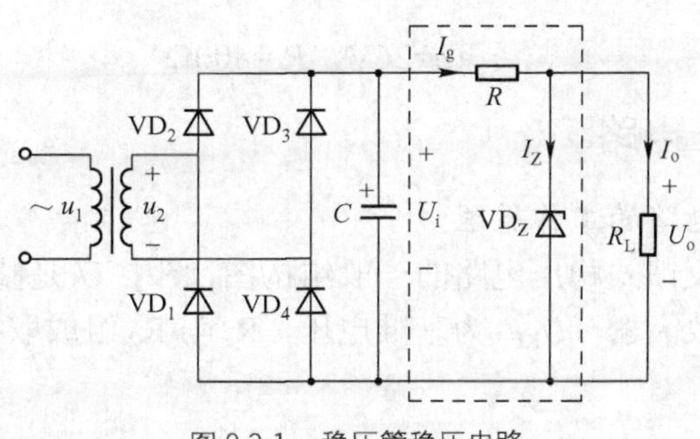

图 9.3.1 稳压管稳压电路

选择稳压管时，一般取

$$\left.\begin{aligned} U_Z &= U_o \\ I_{Z\max} &= (1.5\sim3)I_{o\max} \\ U_i &= (2\sim3)U_o \end{aligned}\right\} \qquad (9.3.1)$$

例 9.3.1 图 9.3.1 所示的稳压管稳压电路中，交流电压经整流滤波后 $U_i = 45\text{V}$，负载电阻 R_L 由开路变到 3kΩ。现要求输出直流电压 $U_o = 15\text{V}$，试选择稳压管 D_Z。

解 根据输出直流电压 $U_o = 15\text{V}$ 的要求，由式（9.3.1）可知稳定电压

$$U_Z = U_o = 15 \text{ (V)}$$

由输出电压 U_o=15V 及最小负载电阻 R_L=3kΩ 的要求，负载电流最大值

$$I_{o\max} = \frac{U_o}{R_L} = \frac{15}{3\times10^3}\text{(A)} = 5\text{(mA)}$$

由式（9.3.1），取 $$I_{Z\max} = 3I_{o\max} = 15 \text{ (mA)}$$

查半导体器件手册，选择稳压管 2CW20，其稳定电压 U_Z=13.5～17V，稳定电流 $I_Z = 5\,\text{mA}$，$I_{Z\max} = 15\,\text{mA}$。

例 9.3.2 图 9.3.2 所示的电路中，已知稳压管的 U_Z =12V，$I_{Z\max}$ =18mA，I_Z=5mA，负载电阻 R_L =2kΩ。当输入电压发生±20%的波动时，要求负载两端的电压基本不变，试确定输入电压 U_i 的正常值和限流电阻 R 的数值。

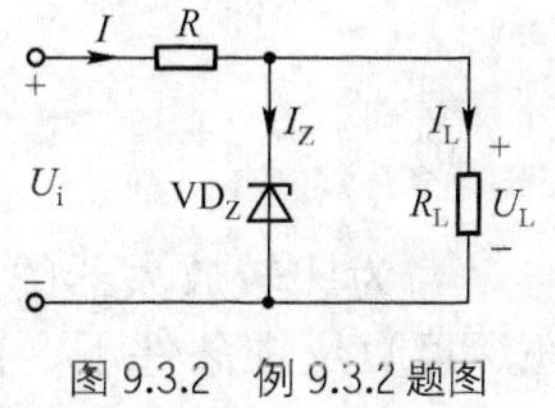

图 9.3.2 例 9.3.2 题图

解 依题意，U_L=U_Z。当 U_i 发生±20%的波动时，引起稳压管电流在 $I_{Z\max}$～I_Z 范围内变动。

（a）当 U_i 向上波动 20%，即 1.2U_i 时，认为 $I_Z = I_{Z\max}$ =18mA。因此有

$$I = I_{Z\max} + I_L = I_{Z\max} + \frac{U_Z}{R_L} = 0.018 + \frac{12}{2\times10^3}\text{(A)} = 24\text{(mA)}$$

由 KVL 得 $$1.2U_i = IR + U_L = 24\times10^{-3}\times R + 12$$

（b）当 U_i 向下波动 20%，即 $0.8U_i$ 时，认为 $I_Z = 5$ mA。因此有

$$I = I_Z + I_L = I_Z + \frac{U_Z}{R_L} = 0.005 + \frac{12}{2\times10^3}\text{（A）} = 11\text{（mA）}$$

由 KVL 得　　$0.8U_i = IR + U_L = 11\times10^{-3}\times R + 12$

联立方程组可求得

$$U_i=26\text{V}，R=800\Omega$$

9.3.2 串联型稳压电路

1. 串联反馈式稳压电路的工作原理

图 9.3.3 所示是串联反馈式稳压电路的一般结构图，图中 U_i 是整流滤波电路的输出电压，VT 为调整管，A 为比较放大器，U_{REF} 为基准电压，R_1 与 R_2 组成取样电路，用来反映输出电压的变化。

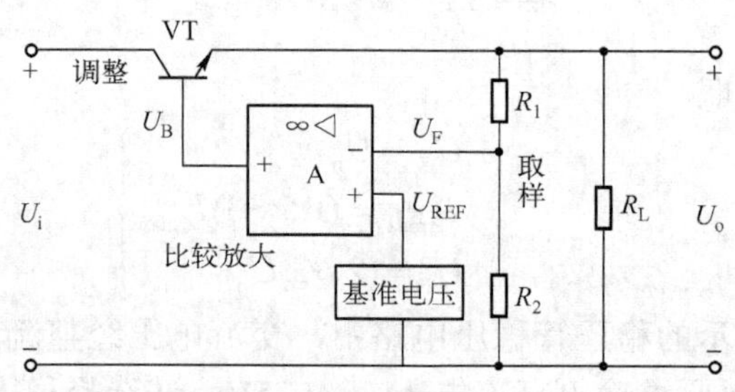

图 9.3.3 串联反馈式稳压电路的一般结构图

图 9.3.3 中的主回路将调整作用的三极管 VT 与负载串联，故称为串联式稳压电路。输出电压的变化量经取样反馈、比较放大后去调节 VT 的 C-E 极间的电压降，从而达到稳定输出电压 U_o 的目的，故称 VT 为调整管。当输入电压 U_i 增加（或负载电流 I_o 减小）时，导致输出电压 U_o 增加，反馈电压 $U_F = R_2U_o/(R_1+R_2) = F_uU_o$ 也增加（F_u 为反馈系数）。U_F 与基准电压 U_{REF} 相比较，其差值电压经比较放大器放大后使 U_B 减小，使 VT 的 C-E 极间电压 U_{CE} 增大，U_o 下降，从而维持 U_o 基本恒定。

同理，当输入电压 U_i 减小（或负载电流 I_o 增加）时，亦将使输出电压基本保持不变。

从反馈放大器的角度来看，这种电路属于电压串联负反馈电路。调整管 VT 连接成射极跟随器，因而可得

$$U_B = A_u(U_{REF} - F_uU_o) \approx U_o \quad (9.3.2)$$

或

$$U_o = U_{REF}\frac{A_u}{1+A_uF_u} \quad (9.3.3)$$

A_u 为比较放大器的电压放大倍数，考虑了所带负载的影响，与开环放大倍数 A_{uo} 不同。在深度负反馈条件下，$|1+A_uF_u| \gg 1$，可得

$$U_o = \frac{U_{REF}}{F_u} \quad (9.3.4)$$

式（9.3.4）表明，输出电压 U_o 与基准电压 U_{REF} 近似成正比，与反馈系数 F_u 成反比。当 U_{REF} 及 F_u 确定时，U_o 也就确定了。因此它是设计稳压电路的基本关系式。

2. 分立元件组成的稳压电路

由分立元件组成的稳压电源电路如图 9.3.4 所示。该电路通过变压器将 220V 市电降成需要的电压后，进行桥式整流和滤波，将交流电变成直流电并滤去纹波，然后经过简单的串联稳压电路，输出端可以得到稳定的直流电压。

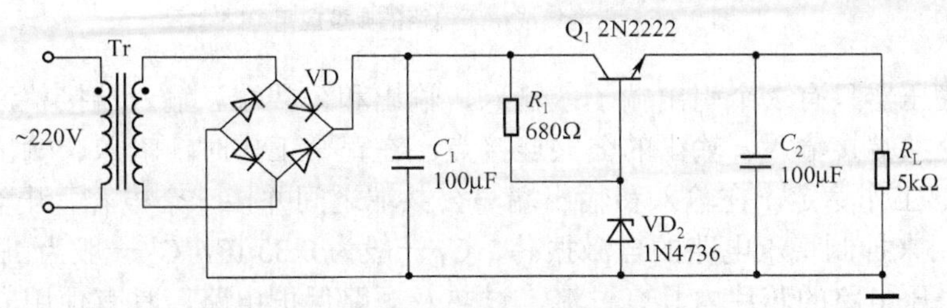

图 9.3.4　分立元件组成的串联稳压电源

3. 基准电压集成电路组成的稳压电路

基准电压一般可以用稳压管组成的稳压源来承担，但目前有很多基准电压集成电路的稳压性能非常好，被广泛用做高性能稳压电源的基准电源。常用的型号有 MC1403、MC1503 和 TL431。

TL431 是一个性能优良的基准电压集成电路，是稳压二极管的良好替代品，其可调输出电压为 2.5～36V，典型输出阻抗为 0.2Ω，吸收电流为 1～100mA。图形符号如图 9.3.5（a）所示，图 9.3.5（b）所示是应用 TL431 的稳压电路。

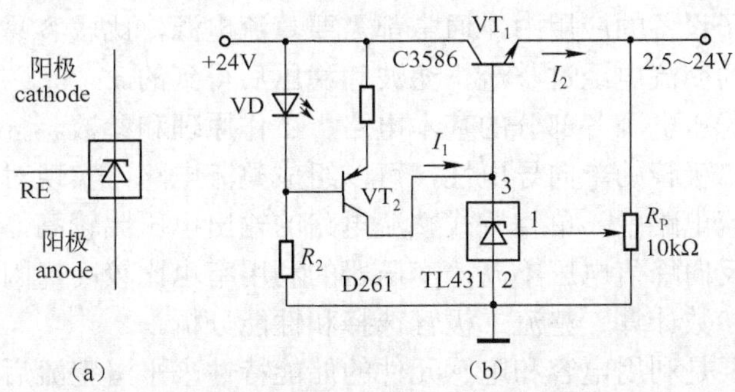

图 9.3.5　基准电压集成电路 TL431 及其应用电路

在图 9.3.5（b）所示的电路中，最大稳定电流为 2A，输出电压的调节范围为 2.5～24V。图中发光二极管作为稳压管使用，VT_2 的发射结恒定，从而使电流 I_1 恒定，保证当输入电压变化时，TL431 不会因电流过大而损坏。当输入电压变化时，TL431 的参考电压 U_{REF} 也随之变化。当输出电压上升时，TL431 的阴极电压随 U_{REF} 的上升而下降，输出电压随之下降。

9.3.3　三端集成稳压电路

三端集成稳压器的工作原理与前述串联反馈式稳压电源的工作原理基本相同，由采样、基准、放大和调整等单元组成。图 9.3.6 所示为三端集成稳压电路的典型应用，图中的 LM7805 和 LM7905 也可根据输出电压的不同而选择其他型号。

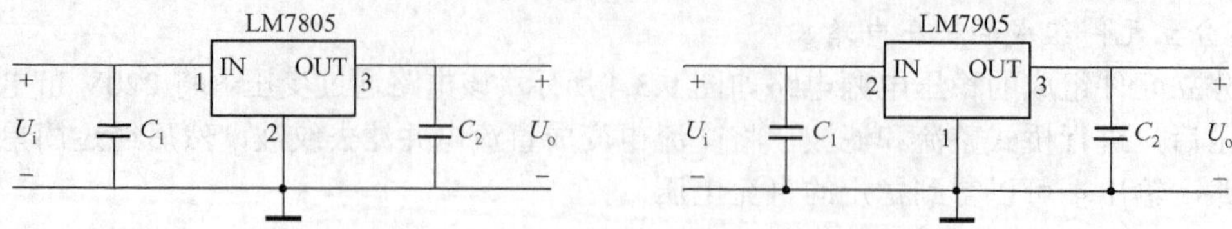

图 9.3.6 三端集成稳压电路的典型应用电路

三端集成稳压器只有 3 个引出端子：输入、输出和公共端。输入端接整流滤波电路，输出端接负载，公共端接输入、输出的公共连接点。在正常工作时，输入、输出电压差为 2～3V。为使它能够工作稳定，在输入和输出端与公共端之间并接一个电容。电容 C_1 用来实现频率补偿，C_2 用来抑制稳压电路的自激振荡，C_1 一般为 0.33μF，C_2 一般为 1μF。

三端集成稳压电路的芯片内具有过流、过热及短路保护电路，具有使用安全可靠、接线简单、维护方便、价格低廉等优点，被广泛采用。

常用的三端集成稳压器是 CW7800/CW7900 系列。CW7800 系列输出为正电压，其输出电压有 5V、6V、7V、8V、9V、10V、12V、15V、18V、20V 和 24V 共 11 挡。该系列的输出电流分为 5 挡，7800 系列是 1.5A，78M00 是 0.5A，78 L00 和是 0.1 A，78T00 是 3A，78H00 是 5A。CW7900 系列与 CW7800 系列所不同的是输出电压为负值。使用三端集成稳压器时注意一定要加散热器，否则是不能工作到额定电流的。

本章小结

在电气控制和电子设备的应用中，通常都需要直流电源，比较容易获得直流电源的方法是利用电力网络提供的交流电经过整流、滤波和稳压后得到的。

本章介绍了直流稳压电源各部分的基本电路、工作原理和参数。

（1）利用半导体二极管的单向导电性，可以组成整流电路，实现对交流电变成直流电的整流作用。在单相整流电路中，单相桥式整流电路的输出电压比较高，输出波形的脉动成分相对较少，整流管的反向峰值电压不高，变压器的利用率也比较高，因而应用广泛。应重点掌握桥式整流电路的参数计算、整流二极管选择和性能分析。

（2）滤波电路主要是利用电容和电感元件的储能特性来平滑整流后输出电压中的脉动成分，尽量保留直流成分。电容滤波适用于小电流的负载，而电感滤波适用于大电流的负载。重点是电容滤波电路的参数计算和电容元件的选用。

（3）稳压电路的主要作用是在电网电压波动或者负载电流变化时，使输出电压保持基本的稳定。常用的稳压电路有硅稳压二极管稳压电路、串联型稳压电路、集成稳压器电路和开关型稳压电路。

① 硅稳压二极管稳压电路结构简单，使用方便，但输出电流小，输出电压不可调，适应的输入电压范围小。

② 串联型稳压电路主要由调整管、比较放大、输出采样和基准电压等四部分电路组成，基本原理是调整管工作在线性状态，同时引入电压负反馈；其特点是输出电压可调，输出电流大，适应条件广泛。

③ 集成稳压器体积小，可靠性高，应用更方便，稳压性能好。

④ 开关型稳压电路与线性稳压器相比具有更多的优越性。突出特点是调整管工作在开关

状态，因而效率高、体积小、重量轻以及适应电网电压范围宽，在通信、计算机、电视机及空间技术领域得到了广泛的应用。但其控制电路复杂，技术要求高，还有纹波、噪声干扰大等缺点。应重点掌握稳压二极管稳压电路和集成稳压器的分析和应用。

习 题

9.1 判断如下说法是否正确。

（1）直流电源是一种将正弦信号转换为直流信号的波形变化电路。

（2）直流电源是一种能量转换电路，它将交流能量转换成直流能量。

（3）在变压器副边电压和负载电阻相同的情况下，桥式整流电路的输出电流是半波整流电路输出电流的 2 倍。

（4）若 U_2 为变压器副边电压的有效值，则半波整流电容滤波电路和全波整流滤波电路在空载时的输出电压均为 $\sqrt{2}U_2$。

（5）一般情况下，开关型稳压电路比线性稳压电路的效率高。

（6）整流电路可将正弦电压变为脉动的直流电压。

（7）整流的目的是将高频电流变为低频电流。

（8）在单相桥式整流电容滤波电路中，若有一只整流管断开，则输出电压平均值变为原来的一半。

（9）直流稳压电源中滤波电路的目的是将交流变为直流。

（10）开关型直流电源比线性直流电源效率高的原因是其调整管工作在开关状态。

9.2 在括号内选择合适的内容填空。

（1）在直流电源中变压器次级电压相同的条件下，若希望二极管承受的反向电压较小，而输出直流电压较高，则应采用______整流电路；若负载电流为 200mA，则应采用______滤波电路；在负载电流较小的电子设备中，为了得到稳定的但不需要调节的直流输出电压，则可采用______稳压电路或集成稳压器电路；为了适应电网电压和负载电流变化较大的情况，且要求输出电压可调，则可采用______晶体管稳压电路或可调集成稳压器电路。（半波，桥式，电容型，电感型，稳压管，串联型）

（2）具有放大环节的串联型稳压电路在正常工作时，调整管处于______工作状态。若要求输出电压为 18V，调整管压降为 6V，整流电路采用电容滤波，则电源变压器次级电压有效值应选______V。（放大，开关，饱和，18，20，24）

9.3 有一电压为 110V、负载电阻为 55Ω 的直流负载，采用单相桥式整流电路（不带滤波器）供电。试求变压器副边电压和输出电流的平均值，并计算二极管的电流 I_D 和最高反向电压 U_{DRM}。如改用半波整流电路，重新计算上述各量。

9.4 在单相桥式整流电路中，不带滤波器，已知负载电阻 R＝360Ω，负载电压 U_o＝90V。试计算变压器副边的电压有效值 U_2 和输出电流的平均值，并计算二极管的电流 I_D 和最高反向电压 U_{DRM}。

9.5 在单相桥式整流电容滤波电路中，若发生下列情况之一时，对电路正常工作分别有什么影响？①负载开路；②滤波电容短路；③滤波电容断路；④整流桥中一只二极管断路；⑤整流桥中一只二极管极性接反。

9.6 在题 9.6 图中，已知直流电压表 V_2 的读数为 90V，负载电阻 R_L=100Ω，二极管的正向压降忽略不计。试求：（1）直流电流表 A 的读数；（2）交流电压表 V_1 的读数；（3）变压器二次侧电流的有效值。

9.7　题 9.7 图所示为变压器二次侧绕组有中心抽头的单相整流电路，二次侧电压有效值为 U。（1）标出负载电阻 R_L 上电压 u_o 和滤波电容 C 的极性；（2）分别画出在无滤波电容和有滤波电容两种情况下的 u_o 的波形。整流电压平均值 U_o 与变压器二次侧电压有效值 U 的数值关系如何？（3）在有无滤波电容两种情况下，二极管上所承受的最高反向电压 U_{DRM} 各为多大?（4）如果二极管 VD_2 虚焊、极性接反、过载损坏造成短路这 3 种情况分别发生，电路会出现什么问题?（5）如果变压器二次侧中心抽头虚焊、输出端短路这两种情况分别发生，电路又会出现什么问题?

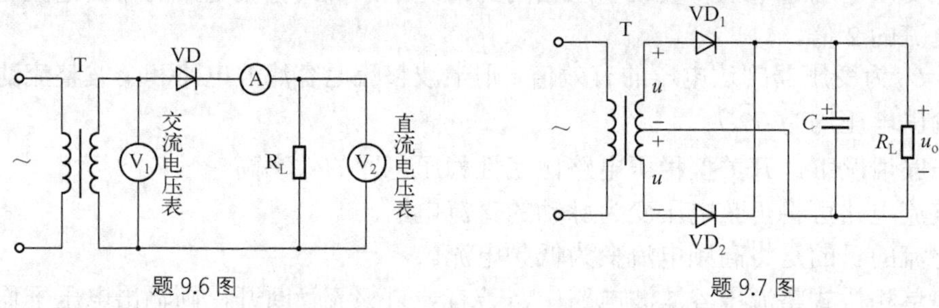

题 9.6 图　　　　题 9.7 图

9.8　在题 9.8 图所示电路中，已知 R_{L1}=5kΩ，R_{L2}=0.3kΩ，其他参数已标在图中。（1）VD_1、VD_2、VD_3 各组成何种整流电路?（2）计算 U_{o1}、U_{o2} 及流过 3 只二极管电流的平均值。（3）选择 3 只二极管的型号。

9.9　在题 9.7 图所示的单相桥式整流电路中，已知变压器二次侧电压有效值 U=100V，R_L=1kΩ，试求 U_o 和 I_o，并选择整流二极管的型号。

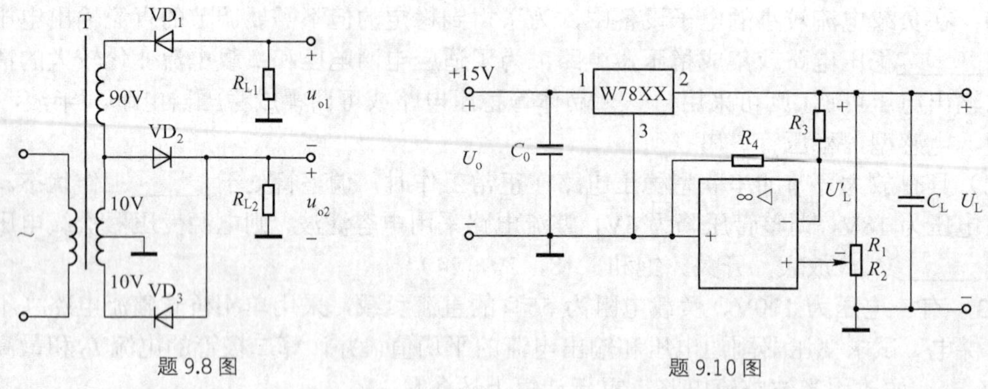

题 9.8 图　　　　题 9.10 图

9.10　题 9.10 图所示是输出电压为 0.5～10V 的稳压电路，设 $R_1+R_2=R_3+R_4$，$U'_L=5\text{V}$，$R_2=10\text{k}\Omega$，$R_3=110\Omega$，$R_4=9.1\text{k}\Omega$。试写出 U_L 与 U'_L 的关系式。

第 10 章 门电路与组合逻辑电路

数字信号是时间上和数值上均离散的一种信号，对该种信号进行传递、处理、运算和存储的电路称为数字电路。这里的运算不仅有普通的算术、运算，而且还有逻辑运算。本章将介绍数字电路的基础知识：数制、编码以及逻辑代数。数字电路按功能不同可划分为组合电路和时序逻辑电路。组合电路的特点是输出逻辑状态完全由当前输入状态决定，而与过去的输出状态无关。本章介绍组合电路的分析方法和设计方法，并对译码器、编码器、多路选择器等一些常用组合逻辑电路做了介绍。

10.1 逻辑代数基础

逻辑代数是英国数学家乔治·布尔（George Boole）在 1848 年研究思维规律时首先提出来的，因此又称为布尔代数。1938 年，布尔代数首次用于电话继电器开关电路的设计，所以又称为开关代数。目前逻辑代数已成为数字系统分析和设计的重要工具。

10.1.1 逻辑代数的特点和基本运算

逻辑代数是研究因果关系的一种代数，和普通代数类似，可以写成下面的表达形式

$$Y=F(A，B，C，D)$$

逻辑变量 A、B、C 和 D 称为自变量，Y 称为因变量，描述因变量和自变量之间关系的函数称为逻辑函数。它与普通代数有两个不同的特点。

第一，不管是变量还是函数，其值只有“0”和“1”两个，且这两个值不表示数值的大小，只表示事物的性质和状态等。

在逻辑电路中，如果规定 1 代表高电平，0 代表低电平，则称为正逻辑；如果规定 0 代表高电平，1 代表低电平，则称为负逻辑。在以后如不专门声明时，指的都是正逻辑。

第二，逻辑函数只有 3 种基本运算，它们是与运算、或运算和非运算。

1. 与运算 $F=A\cdot B$

与运算的规则如表 10.1.1 所示，该表称为真值表，它反映了所有自变量全部可能的组合和运算结果之间的关系。真值表在以后的逻辑电路分析和设计中是十分有用的。

逻辑函数可以用逻辑表达式、逻辑电路、真值表和卡诺图等方法表示。与运算的例子在日常生活中经常会遇到，如图 10.1.1 所示的是串联开关电路，灯 F 亮的条件是开关 A 和 B 都必须接通。如果开关闭合表示 1，开关断开表示 0，灯亮表示 1，灯灭表示 0，则灯和开关之

间的逻辑关系可表示为F=A·B。

表 10.1.1　逻辑与运算

A	B	F
0	0	0
0	1	0
1	0	0
1	1	1

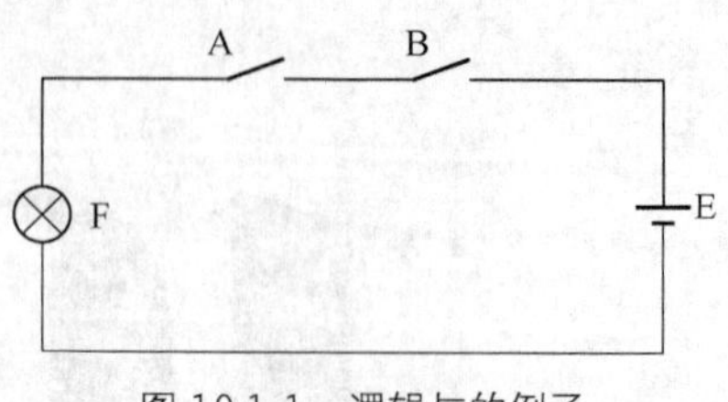

图 10.1.1　逻辑与的例子

2. 或运算 F = A + B

或运算的规则如表10.1.2所示，即有1出1，全0出0。这一结论也适合于有多个变量参加的或运算。

或运算的例子在日常生活中也会经常遇到，如图10.1.2所示，灯F亮的条件是只要有一个开关或一个以上的开关接通就可以。灯和开关之间的逻辑关系可表示为F=A+B。

表 10.1.2　逻辑或运算

A	B	F
0	0	0
0	1	1
1	0	1
1	1	1

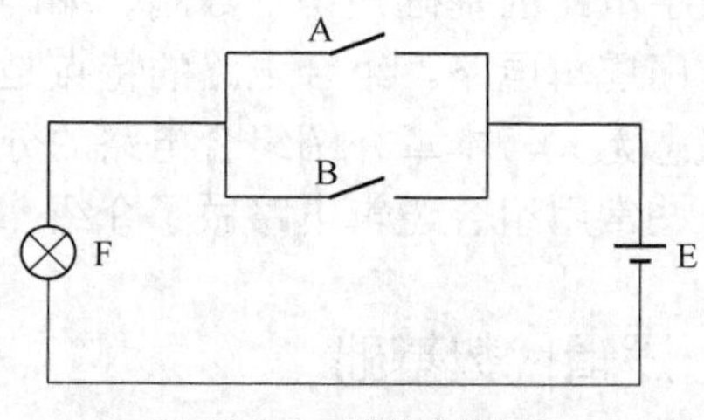

图 10.1.2　逻辑或的例子

3. 非运算 $F=\overline{A}$

非运算的规则如表10.1.3所示，即见1出0，见0出1。如图10.1.3所示反映了灯F和开关A之间的非运算关系。如果闭合开关，则灯不亮；如果断开开关，则灯会亮。

表 10.1.3　逻辑非运算

A	F
0	1
1	0

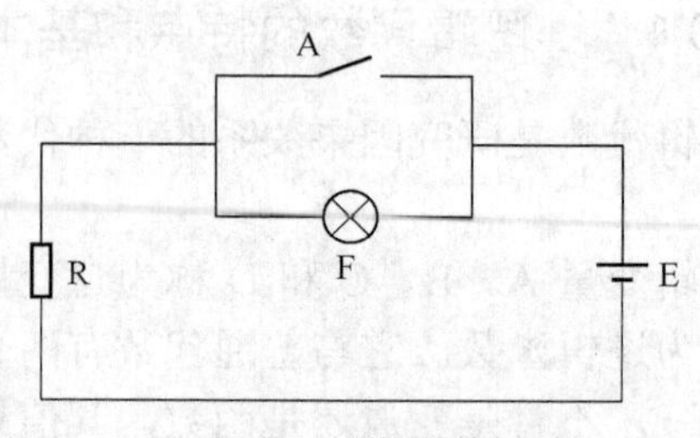

图 10.1.3　逻辑非的例子

10.1.2　逻辑代数的基本公式和规则

逻辑代数的基本公式对于逻辑函数的化简是非常有用的。大部分逻辑代数的基本公式的正确性是显见的，以下仅对不太直观的公式加以证明。

1. 基本公式

（1）0–1律　A+1=1　　　A·0=0

（2）自等律　A+0=A　　　A·1=A

（3）互补律　$A\cdot\overline{A}=0$　　　$A+\overline{A}=1$

（4）交换律　A+B=B+A　　　A·B=B·A

（5）结合律　$A+(B+C)=(A+B)+C$　　$A\cdot(B\cdot C)=(A\cdot B)\cdot C$

（6）分配律　$A+B\cdot C=(A+B)\cdot(A+C)$　　$A\cdot(B+C)=A\cdot B+A\cdot C$

$(A+B)\cdot(A+C)=A+AB+AC+BC=A+BC$

（7）吸收律　$A+A\cdot B=A$　　$A\cdot(A+B)=A$

$A+\bar{A}\cdot B=A+B$　　$A\cdot(\bar{A}+B)=A\cdot B$

（8）重迭律　$A+A=A$　　$A\cdot A=A$

（9）反演律　$\overline{A\cdot B}=\bar{A}+\bar{B}$　　$\overline{A+B}=\bar{A}\cdot\bar{B}$

（10）还原律　$\bar{\bar{A}}=A$

（11）包含律　$AB+\bar{A}C+BC=AB+\bar{A}C$

$$\begin{aligned}AB+\bar{A}C+BC&=AB+\bar{A}C+BC(A+\bar{A})\\&=AB+\bar{A}C+ABC+\bar{A}BC\\&=AB+\bar{A}C\end{aligned}$$

2. 运算规则

逻辑代数有 3 个重要的运算规则，即代入规则、反演规则和对偶规则，这 3 个规则在逻辑函数的化简和变换过程中是十分有用的。

（1）代入规则

代入规则：将逻辑等式中的一个逻辑变量用另一个逻辑函数代替，则逻辑等式仍然成立。使用代入规则可以容易地证明许多等式，扩大基本公式的应用范围。

（2）反演规则

反演规则：如果将逻辑函数 F 的表达式中所有的“·”都换成“+”，“+”都换成“·”，“1”都换成“0”，“0”都换成“1”，原变量都换成反变量，反变量都换成原变量，得到的逻辑函数就是 F 的反函数。

利用反演规则可以很容易地写出一个逻辑函数的反函数。

例 10.1.1　求逻辑函数 $F=AB+CD$ 的非。

解　根据反演规则有 $\bar{F}=(\bar{A}+\bar{B})\cdot(\bar{C}+\bar{D})$。

（3）对偶规则

对偶规则：如果将逻辑函数 F 的表达式中所有的“·”都换成“＋”，“＋”都换成“·”，常量“1”都换成“0”，“0”都换成“1”，所得到的逻辑函数就是 F 的对偶式，记为 F′，如果两个逻辑函数相等，则其对偶式也相等。利用对偶规则可以使逻辑函数的证明简单化。

10.1.3　常用逻辑门电路

能实现逻辑运算的电路称为门电路，用基本的门电路可以构成复杂的逻辑电路，完成任何逻辑运算功能，这些逻辑电路是构成计算机及其他数字系统的重要基础。

与门、或门和非门电路是最基本的门电路，可分别完成与、或、非逻辑运算。

1. 与门电路

与门电路用如图 10.1.4 所示的逻辑符号表示，图 10.1.4（a）所示为国内以前使用的符号，图 10.1.4（b）所示为国际常用的符号，图 10.1.4（c）所示为国标符号（以下各图类似）。输入端只要有一个为低电平时，输出端就为低电平；只有当输入端全是高电平时，输出端才是高电平。

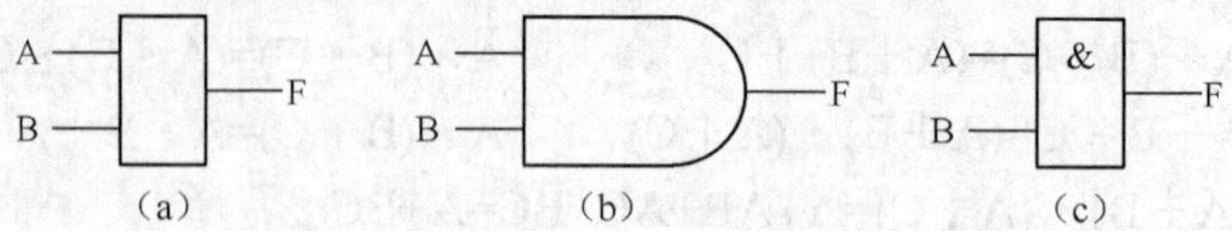

图 10.1.4　与门的逻辑符号

2. 或门电路

或门电路用如图 10.1.5 所示的逻辑符号表示，当输入端有一个或一个以上为高电平时，输出端就为高电平；只有当输入端全是低电平时，输出端才是低电平。

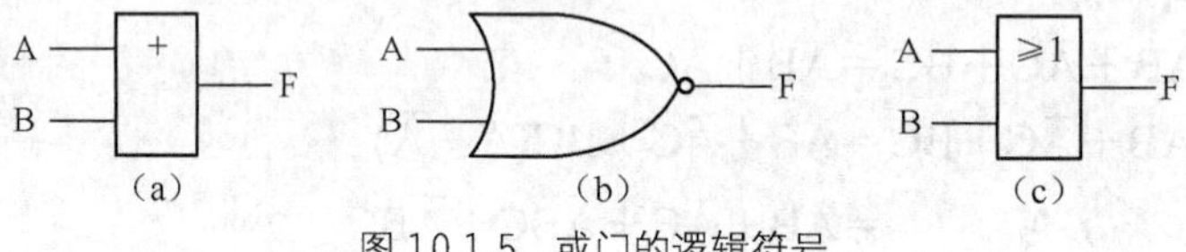

图 10.1.5　或门的逻辑符号

3. 非门电路

非门电路用如图 10.1.6 所示的逻辑符号表示，具有一个输入端和一个输出端。当输入端是低电平时，输出端是高电平；当输入端是高电平时，输出端是低电平。

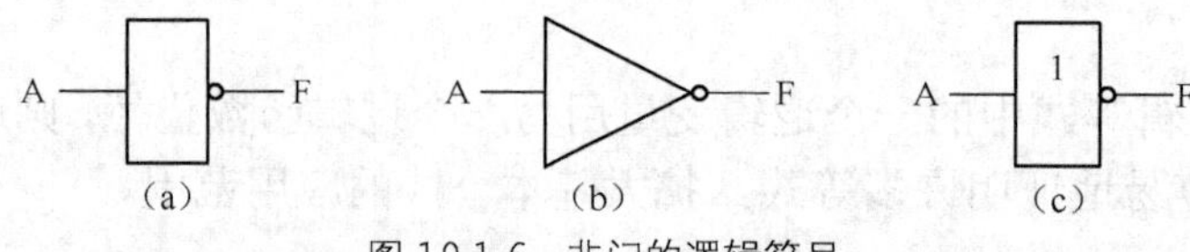

图 10.1.6　非门的逻辑符号

在实际应用中，利用与门、或门和非门之间的不同组合可构成复合门电路，完成复合逻辑运算。常见的复合门电路有与非门、或非门、与或非门、异或门和同或门电路。

4. 与非门电路

与非门电路相当于一个与门和一个非门的组合，可完成以下逻辑表达式的运算

$$F=\overline{A \cdot B} \tag{10.1.1}$$

与非门电路用如图 10.1.7 所示的逻辑符号表示，由对与非门完成的运算分析可知，与非门的功能是仅当所有的输入端是高电平时，输出端才是低电平，只要输入端有低电平，输出必为高电平。

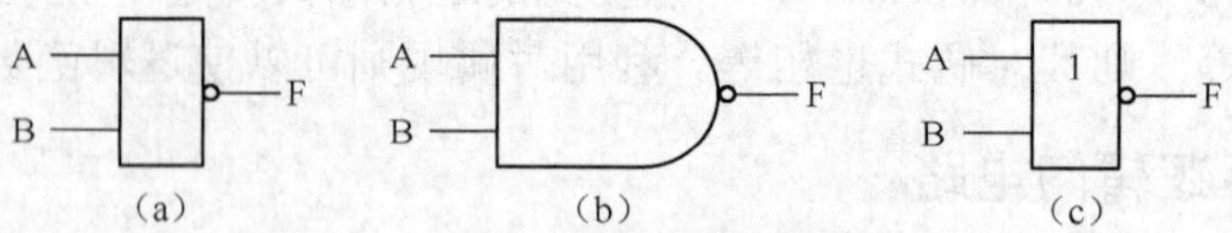

图 10.1.7　与非门的逻辑符号

5. 或非门电路

或非门电路相当于一个或门和一个非门的组合，可完成以下逻辑表达式的运算

$$F=\overline{A+B} \tag{10.1.2}$$

或非门电路用如图 10.1.8 所示的逻辑符号表示。由对或非门完成的运算分析可知，仅当所有的输入端是低电平时，输出端才是高电平，只要输入端有高电平，输出必为低电平。

6. 与或非门电路

与或非门电路相当于两个与门、一个或门和一个非门的组合，可完成以下逻辑表达式的运算

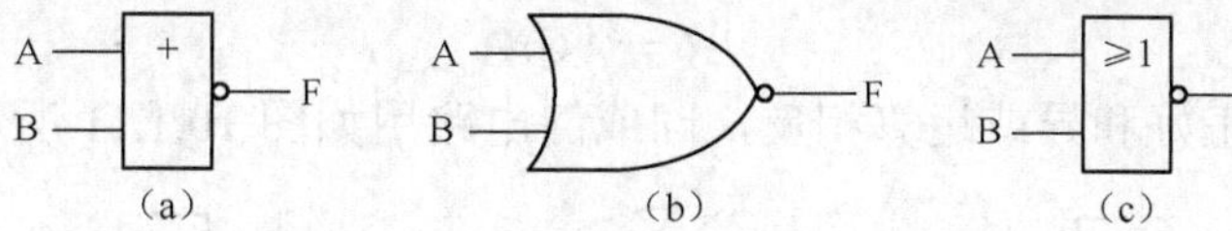

图 10.1.8　或非门的逻辑符号

$$F=\overline{AB+CD} \tag{10.1.3}$$

与或非门电路用如图 10.1.9 所示的逻辑符号表示。由对与或非门完成的运算分析可知，与或非门的功能是将两个与门的输出或起来后变反输出。与或非门电路也可以由多个与门和一个或门、一个非门组合而成，从而具有更强的逻辑运算功能。

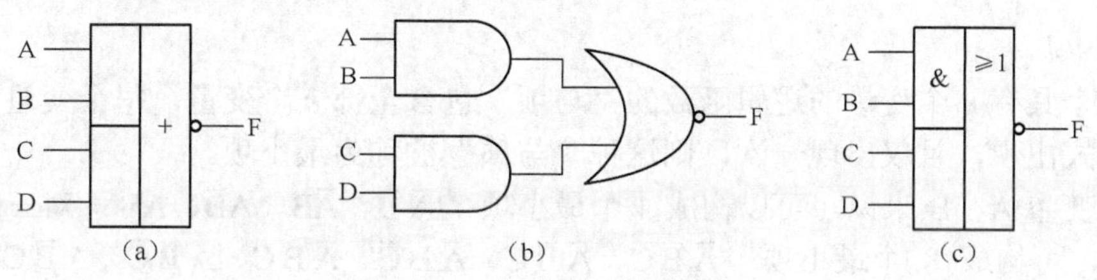

图 10.1.9　与或非门的逻辑符号

以上 3 种复合门电路都允许有两个以上的输入端。

7. 异或门电路

异或门电路可以完成异或逻辑运算，运算符号用"⊕"表示。异或运算逻辑表达式为

$$F=A\oplus B \tag{10.1.4}$$

异或运算的规则为　　$0\oplus 0=0$　　$0\oplus 1=1$

$1\oplus 0=1$　　$1\oplus 1=0$

由对异或运算的规则分析可得出结论：当两个变量取值相同时，运算结果为 0；当两个变量取值不同时，运算结果为 1。如推广到多个变量异或，当变量中 1 的个数为偶数时，运算结果为 0；1 的个数为奇数时，运算结果为 1。

异或门电路用如图 10.1.10 所示的逻辑符号表示，表 10.1.4 所示为异或运算真值表，可见，$F=A\overline{B}+\overline{A}B$ 也可完成异或运算。要指出的是，异或运算也可以用与、或、非运算的组合完成。

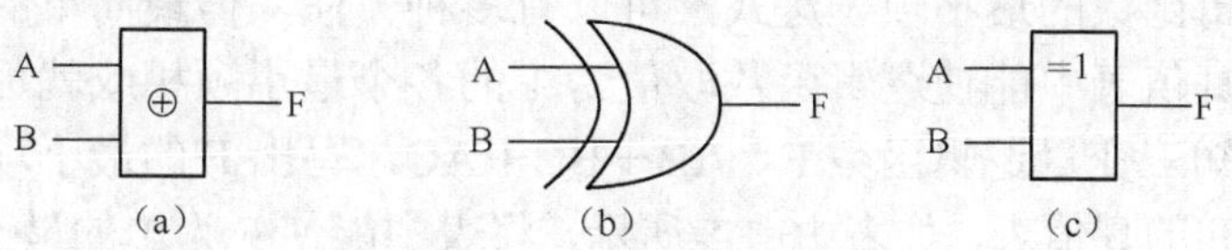

图 10.1.10　异或门的逻辑符号

表 10.1.4　　异或运算真值表

A	B	$F=A\oplus B$	$F=A\overline{B}+\overline{A}B$
0	0	0	0
0	1	1	1
1	0	1	1
1	1	0	0

8. 同或门电路

同或门电路用来完成同或逻辑运算，运算符号是"⊙"。同或运算的逻辑表达式为

$$F=A\odot B \tag{10.1.5}$$

同或运算的规则正好和异或运算相反，同或门电路用如图 10.1.11 所示的逻辑符号表示。

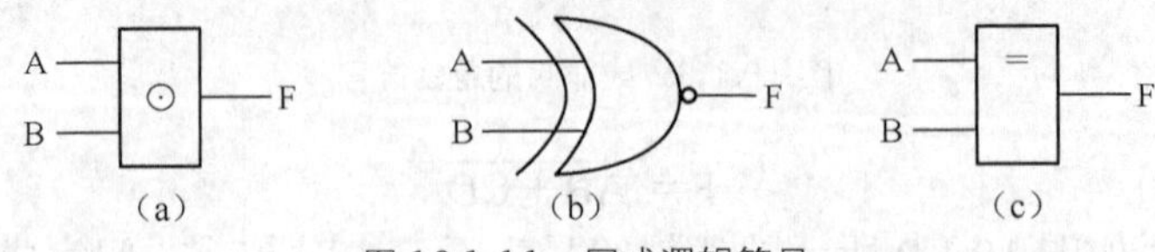

图 10.1.11 同或逻辑符号

10.1.4 最小项和最小项表达式

1. **最小项**

如果一个具有 n 个变量的逻辑函数的“与项”包含全部 n 个变量，每个变量以原变量或反变量的形式出现，且仅出现一次，则这种“与项”被称为最小项。

对两个变量 A、B 来说，可以构成 4 个最小项：$\bar{A}\bar{B}$、$\bar{A}B$、$A\bar{B}$、AB；对三个变量 A、B、C 来说，可构成 8 个最小项：$\bar{A}\bar{B}\bar{C}$、$\bar{A}\bar{B}C$、$\bar{A}B\bar{C}$、$\bar{A}BC$、$A\bar{B}\bar{C}$、$A\bar{B}C$、$AB\bar{C}$、ABC；同理，对 n 个变量来说，可以构成 2^n 个最小项。

为了叙述和书写方便，最小项通常用符号 m_i 表示，i 是最小项的编号，是一个十进制数。确定 i 的方法是：首先将最小项中的变量按 A、B、C、D、…的顺序排列好，然后将最小项中的原变量用 1 表示，反变量用 0 表示，这时最小项表示的二进制数对应的十进制数就是该最小项的编号。例如，对三变量的最小项来说，ABC 的编号是 7，用 m_7 表示；$A\bar{B}C$ 的编号是 5，用 m_5 表示。

2. **最小项表达式**

如果一个逻辑函数表达式是由最小项构成的与或式，则这种表达式称为逻辑函数的最小项表达式，也称为标准与或式，如

$$F=\bar{A}BC\bar{D}+ABC\bar{D}+ABCD$$

是一个四变量的最小项表达式。

一个最小项表达式可以采用简写的方式，如

$$F(A,B,C)=\bar{A}B\bar{C}+A\bar{B}C+ABC=m_2+m_5+m_7=\sum m\,(2,5,7)$$

要写出一个逻辑函数的最小项表达式，可以有多种方法，但最简单的方法是先给出逻辑函数的真值表，将真值表中能使逻辑函数取值为 1 的各个最小项相或就可以了。

例 10.1.2 已知三变量逻辑函数 F＝AB＋BC＋AC，写出 F 的最小项表达式。

解 首先画出 F 的真值表，如表 10.1.5 所示，将表中能使 F 为 1 的最小项相或，可得下式

$$F=\bar{A}BC+A\bar{B}C+AB\bar{C}+ABC=\sum m\,(3,5,6,7)$$

表 10.1.5 F＝AB＋BC＋AC

A	B	C	F=AB＋BC＋AC
0	0	0	0
0	0	1	0
0	1	0	0
0	1	1	1
1	0	0	0
1	0	1	1
1	1	0	1
1	1	1	1

10.1.5 逻辑函数的化简

逻辑函数的表达式和逻辑电路是一一对应的，表达式越简单，用逻辑电路实现起来也越简单。

在传统设计方法中，通常以与或表达式来定义最简表达式，其标准是表达式中的项数最少，每项含的变量也最少。这样用逻辑电路去实现时，用的逻辑门就最少，每个逻辑门的输入端也最少，另外还可提高逻辑电路的可靠性和运算速度。

在现代设计方法中，多采用可编程的逻辑器件进行逻辑电路的设计。设计并不一定要追求最简单的逻辑函数表达式，而是追求设计简单方便、可靠性好、效率高。但是，逻辑函数的化简仍是需要掌握的重要基础技能。

逻辑函数的化简方法有多种，最常用的方法是逻辑代数化简法和卡诺图化简法。

1. 逻辑代数化简法

逻辑代数化简法就是利用逻辑代数的基本公式和规则对给定的逻辑函数表达式进行化简。常用的逻辑代数化简法有吸收法、消去法、并项法和配项法。

（1）利用公式 $A+AB=A$，吸收多余的与项进行化简。

如
$$F=\bar{A}+\bar{A}BC+\bar{A}BD+\bar{A}E=\bar{A}\cdot(1+BC+BD+E)=\bar{A}$$

（2）利用公式 $A+\bar{A}B=A+B$，消去与项中多余的的因子进行化简。

如
$$\begin{aligned}F&=A+\bar{A}B+\bar{B}C+\bar{C}D=A+B+\bar{B}C+\bar{C}D\\&=A+B+C+\bar{C}D=A+B+C+D\end{aligned}$$

（3）利用公式 $A+\bar{A}=1$，把两项并成一项进行化简。

如
$$F=A\overline{BC}+AB+A\cdot(\overline{\overline{BC}+B})=A\cdot(\overline{BC}+B+\overline{\overline{BC}+B})=A$$

（4）利用公式 $A+\bar{A}=1$，把一个与项变成两项，再和其他项合并进行化简。

如
$$\begin{aligned}F&=\bar{A}B+\bar{B}C+B\bar{C}+A\bar{B}\\&=\bar{A}B\cdot(C+\bar{C})+\bar{B}C\cdot(A+\bar{A})+B\bar{C}+A\bar{B}\\&=\bar{A}BC+\bar{A}B\bar{C}+A\bar{B}C+\bar{A}\,\bar{B}\,C+B\bar{C}+A\bar{B}\\&=A\bar{B}\cdot(C+1)+\bar{A}C\cdot(B+\bar{B})+B\bar{C}\cdot(\bar{A}+1)\\&=A\bar{B}+\bar{A}C+B\bar{C}\end{aligned}$$

有时对逻辑函数表达式进行化简，可以几种方法并用，综合考虑。

如
$$\begin{aligned}F&=\bar{A}BC+AB\bar{C}+A\bar{B}C+ABC\\&=\bar{A}BC+ABC+AB\bar{C}+ABC+A\bar{B}C+ABC\\&=AB(C+\bar{C})+AC(B+\bar{B})+BC(A+\bar{A})=AB+AC+BC\end{aligned}$$

在这个例子中就使用了配项法和并项法两种方法。

2. 卡诺图化简法

采用逻辑代数法化简，不仅要求熟练掌握逻辑代数的公式，且需具有较强的化简技巧。卡诺图化简法简单、直观、有规律可循，当变量较少时，用来化简逻辑函数是十分方便的。

（1）卡诺图

卡诺图，其实质是真值表的一种特殊排列形式，二至四变量的卡诺图如图 10.1.12 至图 10.1.14 所示。n 个变量的逻辑函数有 2^n 个最小项，每个最小项对应一个小方格，所以，n 个变量的卡诺图由 2^n 个小方格构成，这些小方格按一定的规则排列。

图 10.1.12 卡诺图的上边线，用来表示小方格的列，第一列小方格表示 A 的非，第二列小方格表示 A；变量 B 为另一组，表示在卡诺图的左边线，用来表示小方格的行，第一行小

方格表示 B 的非，第二行小方格表示 B。如果原变量用 1 表示，反变量用 0 表示，在卡诺图上行和列的交叉处的小方格就是输入变量取值对应的最小项。如每个最小项用符号表示，则卡诺图如图 10.1.12（b）所示，最小项也可以简写成编号，如图 10.1.12（c）所示。

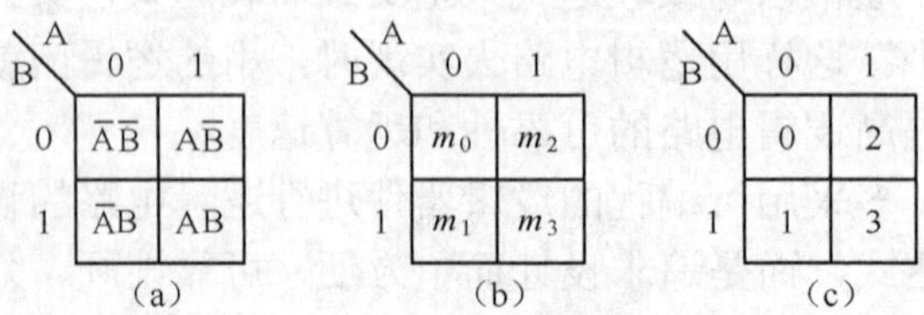

图 10.1.12　二变量卡诺图

图 10.1.13 和图 10.1.14 所示的卡诺图也类似。

分析卡诺图，可看出它有以下两个特点。

①相邻小方格和轴对称小方格中的最小项只有一个因子不同，这种最小项称为逻辑相邻最小项；②合并 2^k 个逻辑相邻最小项，可以消去 k 个逻辑变量。

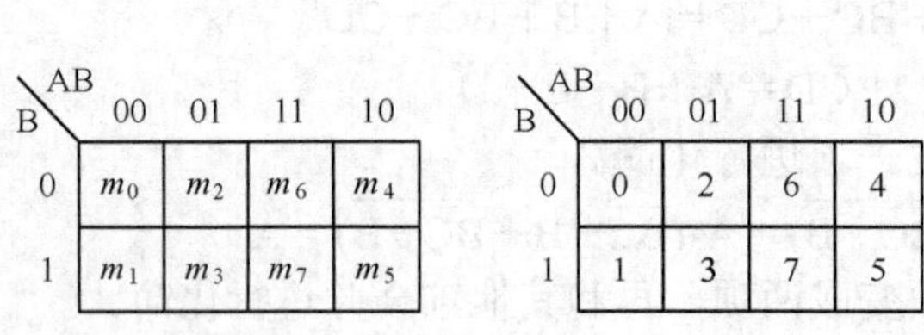

图 10.1.13　三变量卡诺图

CD \ AB	00	01	11	10
00	0	4	12	8
01	1	5	13	9
11	3	7	15	11
10	2	6	14	10

图 10.1.14　四变量卡诺图

（2）逻辑函数的卡诺图表示

用卡诺图表示逻辑函数时，可分以下几种情况考虑。

① 利用真值表画出卡诺图。如果已知逻辑函数的真值表，画出卡诺图是十分容易的。对应逻辑变量取值的组合，函数值为 1 时，在小方格内填 1；函数值为 0 时，在小方格内填 0（也可以不填）。例如，逻辑函数 F_1 的真值表如表 10.1.6 所示，其对应的卡诺图如图 10.1.15 所示。

表 10.1.6　逻辑函数 F_1 真值表

A	B	C	F_1
0	0	0	1
0	0	1	0
0	1	0	1
0	1	1	0
1	0	0	1
1	0	1	1
1	1	0	0
1	1	1	0

② 利用最小项表达式画出卡诺图。当逻辑函数是以最小项的形式给出时，可以直接将最

小项对应的卡诺图小方格填 1，其余的填 0。这是因为任何一个逻辑函数等于其卡诺图上填 1 的最小项之和。例如，对四变量的逻辑函数

$$F_2=\sum m\,(0,5,7,10,13,15)$$

其卡诺图如图 10.1.16 所示。

C \ AB	00	01	11	10
0	1	1	0	1
1	0	0	0	1

图 10.1.15　逻辑函数 F_1 的卡诺图

③ 通过一般与或式画出卡诺图。有时逻辑函数是以一般与或式形式给出的，在这种情况下画卡诺图时，可以将每个与项覆盖的最小项对应的小方格填 1，重复覆盖时，只填一次就可以了。对那些与项没覆盖的最小项对应的小方格填 0 或者不填。

例如，三变量逻辑函数

$$F_3=\bar{A}\,\bar{C}+A\bar{B}+AC$$

与项 $\bar{A}\,\bar{C}$ 对应的最小项是 $\bar{A}B\bar{C}$ 和 $\bar{A}\,\bar{B}\,\bar{C}$，与项 $A\bar{B}$ 对应的最小项是 $A\bar{B}C$ 和 $A\bar{B}\,\bar{C}$，与项 AC 对应的最小项是 ABC 和 $A\bar{B}C$。逻辑函数 F_3 的卡诺图如图 10.1.17 所示。

如果逻辑函数以其他表达式的形式给出，如或与、与或非、或与非形式，或者是多种形式的混合表达式，这时可将表达式变换成与或式再画卡诺图，也可以写出表达式的真值表，利用真值表再画出卡诺图。

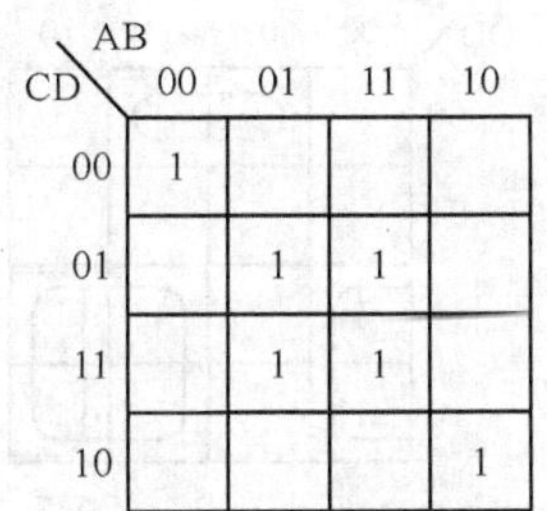

图 10.1.16　逻辑函数 F_2 的卡诺图

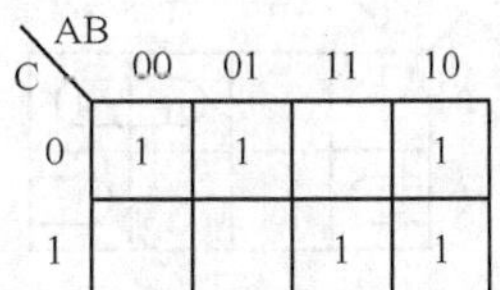

图 10.1.17　逻辑函数 F_3 对应的卡诺图

（3）用卡诺图化简逻辑函数的过程

用卡诺图表示出逻辑函数后，化简可分成二步进行：第一步是将填 1 的逻辑相邻小方格圈起来，称为卡诺圈；第二步是合并卡诺圈内那些填 1 的逻辑相邻小方格代表的最小项，并写出最简的逻辑表达式。

画卡诺圈时应注意以下几点。

① 卡诺圈内填 1 的逻辑相邻小方格应是 2^k 个；

② 填 1 的小方格可以处在多个卡诺圈中，但每个卡诺圈中至少要有一个填 1 的小方格在其他卡诺圈中没有出现过；

③ 为了保证能写出最简单的与或表达式，首先应保证卡诺圈的个数最少（表达式中的与项最少），其次是每个卡诺圈中填 1 的小方格最多（与项中的变量最少）。由于卡诺圈的画法在某些情况下不是唯一的，因此写出的最简逻辑表达式也不是唯一的。

④ 如果一个填 1 的小方格不和任何其他填 1 的小方格相邻，这个小方格也要用一个与项表示，最后将所有的与项或起来，就是化简后的逻辑表达式。

例 10.1.3　已知逻辑函数的真值表如表 10.1.7 所示，写出逻辑函数的最简与或表达式。

解　首先根据真值表画出卡诺图，将填有 1 并具有相邻关系的小方格圈起来，如图 10.1.18 所示，根据卡诺图可写出最简与或表达式

表 10.1.7　　例 10.1.3 真值表

A	B	C	F
0	0	0	0
0	0	1	1
0	1	0	0
0	1	1	0
1	0	0	1
1	0	1	1
1	1	0	1
1	1	1	0

$$F=A\overline{C}+\overline{B}C$$

例 10.1.4　化简四变量逻辑函数 $F=\overline{A}\,\overline{B}C+A\overline{B}C+B\overline{C}\,\overline{D}+ABC$，使之成为最简与或表达式。

解　首先根据逻辑表达式画出 F 的卡诺图，将填有 1 并具有相邻关系的小方格圈起来，如图 10.1.19 所示，根据卡诺图可写出最简表达式

$$F=AC+\overline{B}C+B\overline{C}\,\overline{D}$$

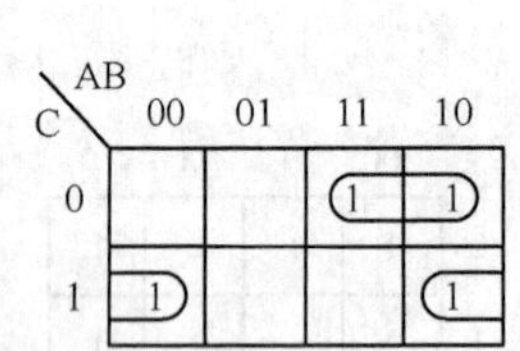

图 10.1.18　例 10.1.3 的卡诺图

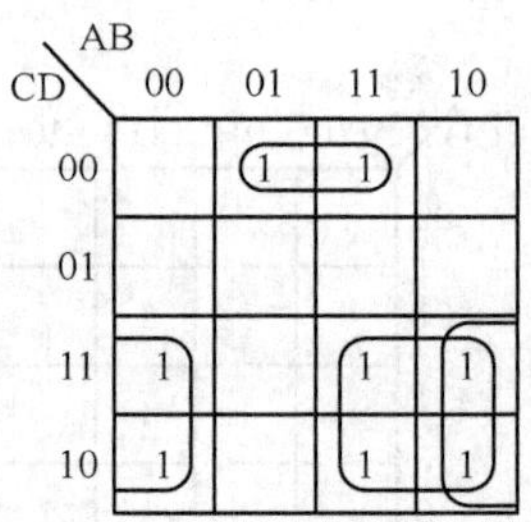

图 10.1.19　例 10.1.4 的卡诺图

以上举例都是求出最简与或表达式，如要求出最简或与表达式，可以在卡诺图上将填 0 的小方格圈起来进行合并，然后写出每一卡诺圈表示的或项，最后将所得或项相与就可得到最简或与表达式。但变量取值为 0 时要写原变量，变量取值为 1 时要写反变量。有时，按或与表达式写出最简逻辑表达式可能会更容易一些。

（4）包含无关项的逻辑函数的化简

对于一个逻辑函数来说，如果针对逻辑变量的每一组取值，逻辑函数都有一个确定的值相对应，则这类逻辑函数称为完全描述逻辑函数。但是，从某些实际问题归纳出的逻辑函数，输入变量的某些取值对应的最小项不会出现或不允许出现，也就是说，这些输入变量之间存在一定的约束条件。那么，这些不会出现或不允许出现的最小项称为约束项，其值恒为 0。还有一些最小项，无论取值为 0 还是取值为 1，对逻辑函数代表的功能都不会产生影响。那么，这些取值任意的最小项称为任意项。约束项和任意项统称为无关项，包含无关项的逻辑函数称为非完全描述逻辑函数。无关最小项在逻辑表达式中用 $\sum d$（…）表示，在卡诺图上用“ϕ”或“×”表示，化简时既可代表 0，也可代表 1。

在化简包含无关项的逻辑函数时，由于无关项可以加进去，也可以去掉，都不会对逻辑函数的功能产生影响，因此利用无关项，就可以进一步化简逻辑函数。

例 10.1.5　化简三变量逻辑函数 $F=\sum m\,(0,4,\ 6)\ +\sum d\,(2,3)$ 为最简与或表达式。

解　首先根据逻辑表达式画出 F 的卡诺图，如图 10.1.20 所示。如果按不包含无关项化

简，最简表达式为

$$F = A\overline{C} + \overline{B}\,\overline{C}$$

当有选择地加入无关项后，可扩大卡诺圈的范围，使表达式更简练，成为

$$F = \overline{C}$$

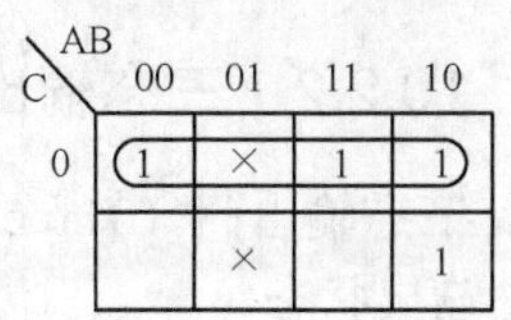

图 10.1.20　例 10.1.5 的卡诺图

10.2　集成逻辑门电路

逻辑门电路是数字电路的基本单元电路，可分为单极型逻辑门电路和双极型逻辑门电路。由于集成电路体积小，重量轻，可靠性好，因而在大多数领域里取代了分立器件电路。为便于实现各种不同的逻辑函数，在门电路的定型产品中除了反相器以外，还有与门、或门、与非门、或非门和异或门等几种常见的类型。尽管它们逻辑功能各异，但输入端、输出端的电路结构形式特性和参数与反相器基本相同。本章将重点以双极型的 TTL 逻辑非门电路和单极型 CMOS 逻辑非门电路为例，讲述数字门电路的特性和参数。

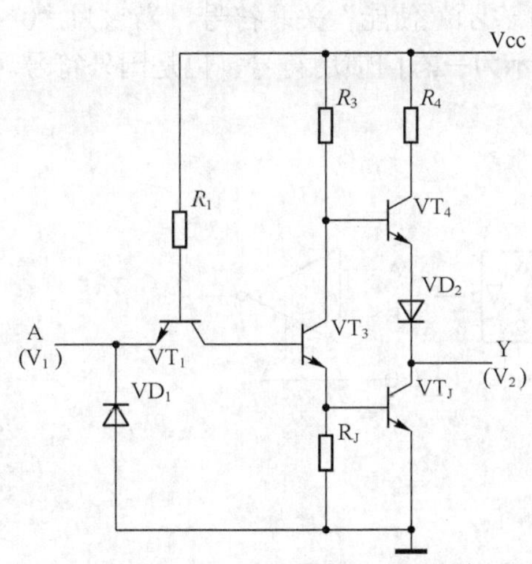

图 10.2.1　TTL 反相器的典型电路

10.2.1　TTL 门电路

反相器是 TTL 门电路中电路结构最简单的一种。图 10.2.1 所示为 74 系列 TTL 反相器的典型电路。因为这种类型电路的输入端和输出端均为三极管结构，所以称做三极管-三极管逻辑电路（Transistor-Transistor-Logic），简称为 TTL 电路。

图 10.2.1 所示电路由 3 部分组成：VT_1、R_1 和 VD_1 组成输入级，TV_2、R_2 和 R_3 组成倒相级，VT_3、VT_4、VD_2 和 R_4 组成输出级。

设电源电压 V_{CC}=5V，输入信号的高、低电平分别为 U_{IH}=3V，U_{IL}=0.3V，并认为二极管正向压降为 0.7V。

由图 10.2.1 可以看出，当 $u_i=U_{IL}$ 时，VT_1 的发射结必然导通，导通后 VT_1 的基极电位 u_{B1} 被钳在 1V。因此，VT_2、VT_4 不导通。VT_2 截止后 u_{C2} 为高电平，VT_3 导通，$u_o=5-V_{R2}-0.7-0.7\approx3.6$（V），输出为高电平 V_{OH}。

当 $u_i=U_{IH}$ 时，如果不考虑 VT_2 的存在，则应有 $U_{B1}=U_{IH}+0.7=3.7$（V）。显然，在 VT_2 和 VT_4 存在的情况下（V），VT_2 和 VT_3 必然饱和导通。此时，U_{B1} 便被钳在了 2.1V 左右。VT_2 和 VT_4 饱和导通使 U_{C2} 降为 1V，导致 VT_3 截止，u_o=0.3V，输出变为低电平 U_{OL}。

可见输出和输入之间是反相关系，即 $Y=\overline{A}$

输出级的工作特点是在稳定状态下，VT_3 和 VT_4 总是一个导通而另一个截止，这样就有效地降低了输出级的静态功耗，并提高了驱动负载的能力。通常把这种形式的电路称为推拉式电路或图腾柱输出电路。为确保 VT_4 饱和导通时 VT_3 可靠地截止，所以在 VT_3 的发射极下面串进了二极管 VD_2。

VD_1 是输入端钳位二极管，它既可以抑制输入端可能出现的负极性干扰脉冲，又可以防止输入电压为负时 VT_1 的发射极电流过大，起到保护作用。这个二极管允许通过的最大电流约为 20mA。

10.2.2 三态输出门

三态输出门（Three State Gate，TS）是一种计算机中广泛使用的特殊门电路。三态门有3种输出状态。

1. 电路形式

最简单的三态门电路如图10.2.2（a）所示，在此电路中，若控制端E/D=“0”时，VT_6三极管截止，VT_3、VT_6、VD_2构成的电路对由VT_1、VT_2、VT_5、VT_4、VD_1构成的TTL基本与非门无影响。因此输出$L=\overline{A\bullet B}$，该门电路处于工作态。当控制端E/D=“1”时，T_6饱和导通，$U_{C6}\approx 0.3V$，相当于在基本与非门的一个输入端加上低电平，因此VT_2、VT_5管截止。同时，二极管VD_2因VT_6饱和而导通，使VT_2集电极电位u_{C2}箝位在1V，使VT_4和VD_1无导通的可能，此时的L处于高阻悬浮状态，这是三态门的禁止态。

这个三态门的新标准符号如图10.2.2（b）所示，EN表示“使能”关联符号，当它为“0”时允许动作，当它为“1”时禁止动作。图10.2.2（c）所示为三态门惯用符号，也是国外符号。

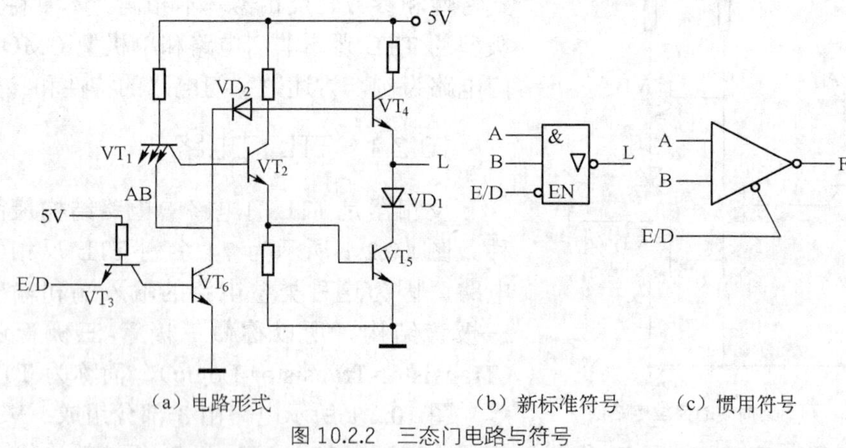

（a）电路形式　　（b）新标准符号　　（c）惯用符号

图10.2.2　三态门电路与符号

若某三态门的逻辑符号如图10.2.3所示，则表示该三态门在E/D=“1”时，处于工作态，输出$L=\overline{A\bullet B}$；E/D=“0”时，处于禁止态，输出处于高阻状态。

若某三态门逻辑符号如图10.2.4所示，则它与图10.2.3所示三态门的区别仅在工作态时，输出$L=A\bullet B$。

图10.2.3　三态门逻辑符号　　图10.2.4　三态门逻辑符号

2. 三态门的应用

三态门主要应用于总线传送，它可进行单向数据传送，也可进行双向数据传送。

用三态门构成单向总线如图10.2.5所示。在任何时刻，三态门中仅允许其中一个控制入端为“0”，而其他门的控制输入端均为“1”，也就是这个输入为“0”的三态门处于工作态，其他门均处于高阻态，此门相应的数据D_i就被反相送上总线传送出去。若某一时刻同时有二个门的控制输入端为“0”，也就是说两个三态门处于工作态，那么总线传送信息就会出错。

用三态门构成双向总线如图10.2.6所示，当控制输入信号E/D为“1”时，G_1三态门处于工作态，G_2 三态门处于禁止态（也就是高阻状态），就将数据输入信号 D_1 的非送到数据总线，当控制输入信号 E/D 为“0”电平时，G_1 三态门处于禁止态，G_2 三态门处于工作态，就将数据总线上的信号 D 的非送到 D_2。这样就可以通过改变控制信号 E/D 的状态，实现分时的数据双向传送。

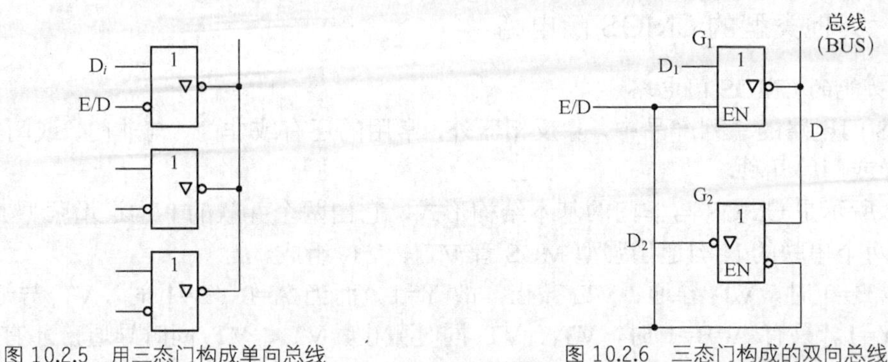

图 10.2.5 用三态门构成单向总线　　图 10.2.6 三态门构成的双向总线

10.3 MOS 逻辑门

MOS 逻辑门电路主要分为 NMOS、PMOS 和 CMOS 三大类。PMOS 是 MOS 逻辑门的早期产品，它不仅工作速度慢且使用负电源，不便与 TTL 电路连接。CMOS 是在 NMOS 的基础上发展起来的，它的各种性能较 PMOS 的好。现在主要介绍 CMOS 逻辑门电路。

10.3.1 CMOS 反相器的工作原理

1. 电路结构

CMOS 反相器的基本电路结构形式为图 10.3.1 所示。其中 VT_1 是 P 沟道增强型 MOS 管，VT_2 是 N 沟道增强型 MOS 管。

2. 工作原理

如果 VT_1 和 VT_2 的开启电压分别为 $V_{GS(th)P}$ 和 $V_{GS(th)N}$ 同时令 $V_{DD}>V_{GS(th)N}+V_{GS(th)P}$，那么当 $u_i=V_{IL}=0$ 时，有

$$\begin{cases}|u_{GS1}|=V_{DD}>|V_{GS(th)P}|\\u_{GS2}=0<V_{GS(th)N}\end{cases}$$

故 VT_1 导通，而且导通内阻很低；而 VT_2 截止，内阻很高。因此，输出为高电平 V_{OH}，且 $V_{OH}\approx V_{DD}$。

当 $u_i=V_{OH}=V_{DD}$ 时，则有

$$\begin{cases}u_{GS1}=0<|V_{GS(th)P}|\\u_{GS2}=V_{DD}>V_{GS(th)N}\end{cases}$$

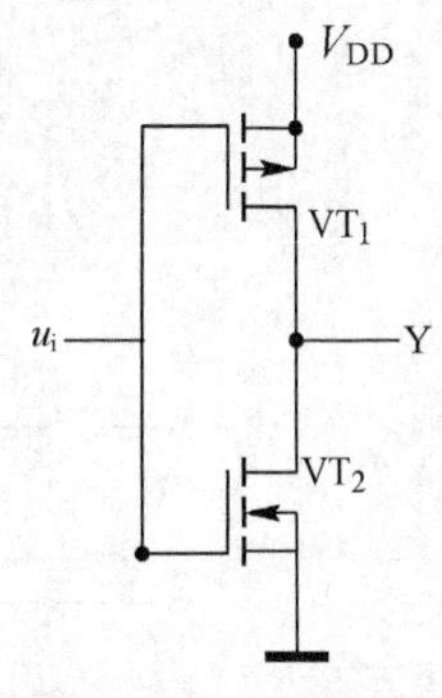

图 10.3.1 CMOS 反相器

故 VT_1 截止而 VT_2 导通，输出为低电平 V_{OL}，且 $V_{OL}\approx 0$。另外，CMOS 门的转折电平为 $V_{DD}/2$。可见，输出电压与输入电压之间为逻辑非的关系。

无论 u_i 是高电平还是低电平，VT_1 和 VT_2 总是工作在一个导通而另一个截止的状态，即所谓的互补状态，所以把这种电路结构形式称为互补对称金属-氧化物-半导体电路（Complementary-Symmetery Metal-Oxide-Semiconductor Circuit，CMOS 电路）。

由于静态下无论 u_i 是高电平还是低电平，VT_1 和 VT_2 总有一个是截止的，而且截止内阻又极高，流过 VT_1 和 VT_2 的静态电流极小，因而 CMOS 反相器的静态功耗极小。这是 CMOS 电路最突出的一大优点。

10.3.2 其他类型的 CMOS 门电路

1. 逻辑功能的 CMOS 门电路

在 CMOS 门电路的系列产品中，除反相器外，常用的还有或非门、与非门、或门、与门、与或非门、异或门等几种。

图 10.3.2 所示是 CMOS 与非门的基本结构形式，它由两个并联的 P 沟道增强型 MOS 管 VT_1、VT_3 和两个串联的 N 沟道增强型 MOS 管 VT_4、VT_2 组成。

当 A=1、B=0 时，VT_3 导通、VT_4 截止，故 Y=1。而当 A=0、B=1 时，VT_1 导通、VT_2 截止，也使 Y=1。只有 A=B=1 时，VT_1、VT_3 同时截止，VT_4、VT_2 同时导通，才有 Y=0。因此，Y 和 A、B 间是与非关系，即 $Y=\overline{AB}$。

图 10.3.3 所示是 CMOS 或非门的基本结构形式，它由两个并联的 N 沟道增强型 MOS 管 VT_4、VT_2 和两个串联的 P 沟道增强型 MOS 管 VT_1、VT_3 组成。

在这个电路中，只要 A、B 当中有一个是高电平，输出就是低电平。只有当 A、B 同时为低电平时，才使 VT_4、VT_2 同时截止、VT_1、VT_3 同时导通，输出为高电平。因此，Y 和 A、B 间是或非关系，即 $Y=\overline{A+B}$。

利用与非门、或非门和反相器又可组成与门、或门、与或非门、异或门等，这里就不一一列举了。

2. 漏极开路的门电路（OD 门）

如同 TTL 电路中的 OC 门一样，CMOS 门的输出电路结构也可以做成漏极开路的形式。在 CMOS 电路中，这种输出电路结构经常用在输出缓冲/驱动器当中，或者用于输出电平的变换，以及满足吸收大负载电流的需要。此外也可用于实现线与逻辑。

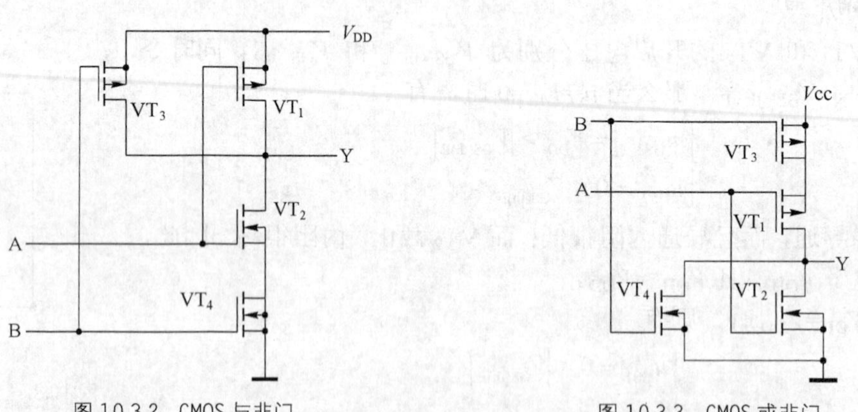

图 10.3.2 CMOS 与非门　　图 10.3.3 CMOS 或非门

图 10.3.4 所示是 CC40107 双 2 输入与非缓冲/驱动器的逻辑图，它的输出电路是一只漏极开路的 N 沟道增强型 MOS 管。在输出为低电平的条件下，它能吸收的最大负载电流达 50mA。

如果输入信号的高电平 $V_{IH}=V_{DD1}$，而输出端外接电源为 V_{DD2}，则输出的高电平将为 $V_{OH}\approx V_{DD2}$。这样就把 V_{DD1}—0 的输入信号高、低电平转换成了 0—V_{DD2} 的输出电平了。

3. CMOS 传输门和双向模拟开关

利用 P 沟道 MOS 管和 N 沟道 MOS 管的互补性，可以接成如图 10.3.5 所示的 CMOS 传输门。CMOS 传输门如同 CMOS 反相器一样，也是构成各种逻辑电路的一种基本单元电路。

图 10.3.5 中的 VT_1 是 N 沟道增强型 MOS 管，VT_2 是 P 沟道增强型 MOS 管。因为 VT_1 和 VT_2 的源极和漏极在结构上是完全对称的，所以栅极的引出端画在栅极的中间。VT_1 和 VT_2 的源极和漏极分别相连，作为传输门的输入端和输出端。C 和 $\overline{C}$ 是一对互补的控制信号。

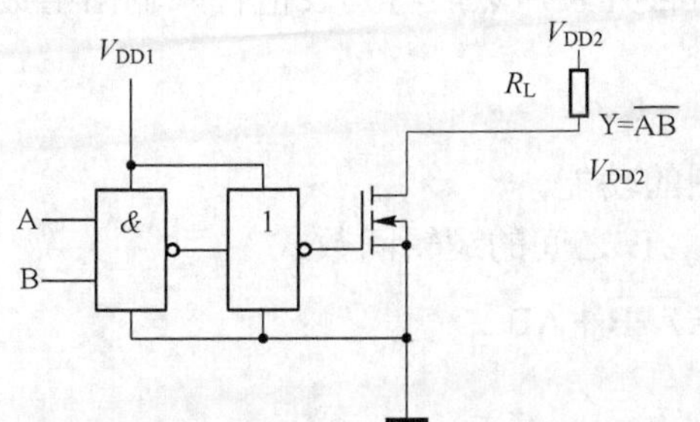

图 10.3.4　漏极开路的与非门

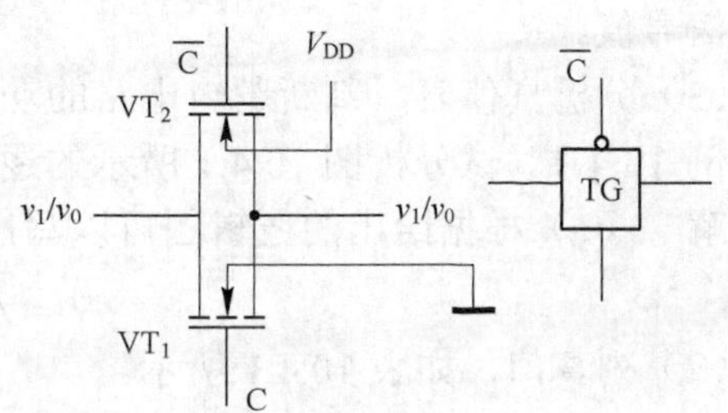

图 10.3.5　CMOS 传输门

设控制信号 C 和 $\overline{C}$ 的高、低电平分别为 V_{DD} 和 0V，那么当 C=0、$\overline{C}$=1 时，只要输入信号的变化范围不超出 0～V_{DD} 之间，则 VT_1 和 VT_2 同时截止，输入与输出之间呈高阻态，传输门截止。反之，若 C=1、$\overline{C}$=0，而且在 R_L 远大于 VT_1 和 VT_2 的导通电阻的情况下，则当 $0<u_i<V_{DD}$ 时 VT_1 将导通，而当 $|V_{GS(th)P}|<u_i<V_{DD}$ 时 VT_2 将导通，因此当 u_i 在 0～V_{DD} 之间变化时，VT_1 和 VT_2 至少有一个是导通的，使 u_i 与 u_o 两端之间呈低阻状态，传输门导通。

由于 VT1、VT2 管的结构形式是对称的，即漏极和源极可互换使用，因而 CMOS 传输门属于双向器件，它的输入端和输出端也可以互换使用。

利用 CMOS 传输门和 CMOS 反相器可以组成各种复杂的逻辑电路，如数据选择器、寄存器、计数器等。

传输门的另一个重要用途是用作模拟开关，用来传输连续变化的模拟电压信号，这一点是无法用一般的逻辑门实现的。模拟开关的基本电路是由 CMOS 传输门和一个 CMOS 反相器组成的，如图 10.3.6 所示。和 CMOS 传输门一样，它也是双向器件。

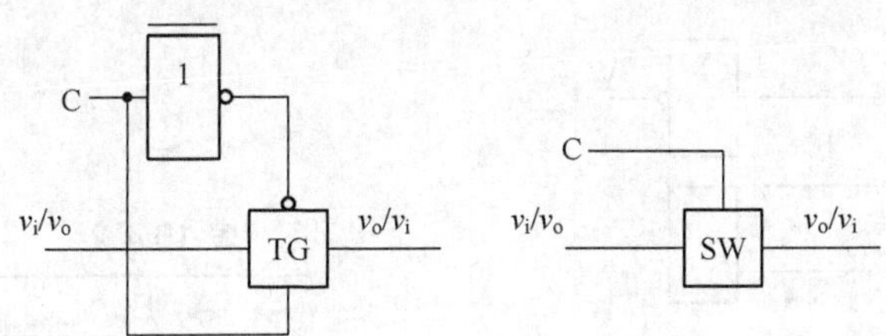

图 10.3.6　CMOS 双向模拟开关

10.4　组合电路的分析与设计

组合电路的分析就是由给定的逻辑电路图求出输出函数的逻辑功能，即求出逻辑表达式和真值表等。组合电路的设计就是用电路图描述组合逻辑问题。

10.4.1 组合电路的分析

组合电路的分析步骤一般如下。

（1）推导逻辑电路输出函数的逻辑表达式并化简。

需要将逻辑图中各个门的输出都标上字母，然后从输入级开始，逐级推导出各个门的输出函数。

（2）由逻辑表达式建立真值表。

建立真值表的方法是首先将输入信号的所有组合列表，然后将列表值代入输出函数得到输出信号值。

（3）分析真值表，判断逻辑电路的功能。

例 10.4.1 试分析图 10.4.1 所示的逻辑电路图的功能。

解 （1）根据给出的逻辑图可以写出 Y 与 A、B 之间的逻辑函数式

$$Y = \overline{\overline{A}\bullet\overline{B}\bullet\overline{AB}} = \overline{A}\bullet\overline{B} + AB$$

（2）列真值，如表 10.4.1 所示。

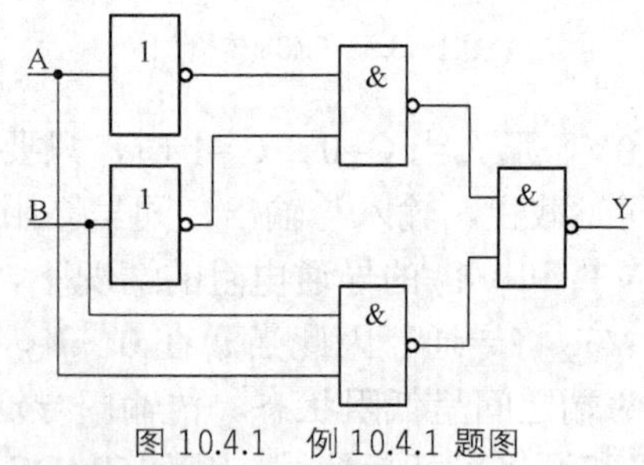

图 10.4.1 例 10.4.1 题图

表 10.4.1 真值表

A	B	Y
0	0	1
0	1	0
1	0	0
1	1	1

（3）分析逻辑功能

由真值表可知，A、B 相同，时 Y=1，A、B 不相同，时 Y=0，所以该电路是同或逻辑电路。

例 10.4.2 试分析如图 10.4.2 所示的逻辑电路图的功能。

解 （1）根据给出的逻辑图可以写出 Y_1、Y_2、Y_3 与 A、B 之间的逻辑函数式。

$$Y_1 = \overline{\overline{A}B + A\overline{B}} = \overline{A}\,\overline{B} + AB \qquad Y_2 = A\overline{B} \qquad Y_3 = \overline{A}B$$

（2）列真值表，如表 10.4.2 所示。

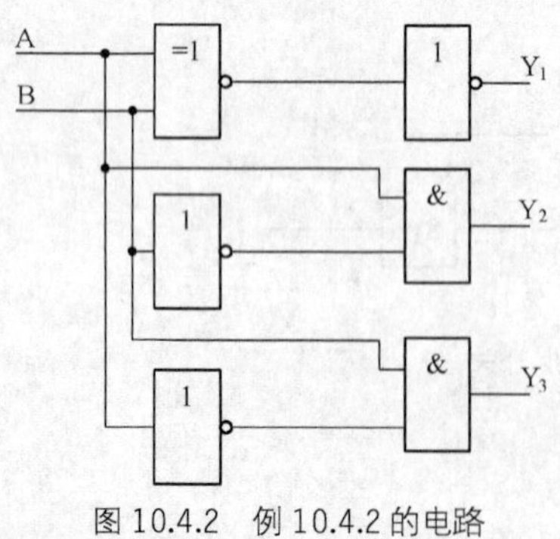

图 10.4.2 例 10.4.2 的电路

表 10.4.2 真值表

A	B	Y_1	Y_2	Y_3
0	0	1	0	0
0	1	0	0	1
1	0	0	1	0
1	1	1	0	0

（3）分析逻辑功能

观察真值表中 Y_1、Y_2 和 Y_3 为 1 的情况，可知 A=B 时，Y_1=1，(A=1)>(B=0)时，Y_2=1，(A=0)<(B=1)时，Y_3=1，所以，此电路是一位二进制数比较电路。

10.4.2 组合电路的设计

利用 SSI 设计组合电路的设计步骤如下：

（1）确定输入输出变量，定义变量逻辑状态含义（确定逻辑状态“0”和“1”有何实际意义）；

（2）将实际逻辑问题抽象成真值表；

（3）根据真值表写逻辑表达式，并化简成最简与或表达式；

（4）根据表达式画逻辑图。

例 10.4.3 设有甲、乙、丙三台电机，它们运转时必须满足这样的条件，即任何时刻必须有且仅有一台电机运行。如不满足该条件，就输出报警信号。试设计此报警电路。

解 （1）取甲、乙、丙三台电机的状态为输入变量，分别用 A、B 和 C 表示，并且规定电机运转为 1，停转为 0；取报警信号为输出变量，以 Y 表示，Y=0 表示正常状态，否则为报警状态。

（2）根据题意可列出表 10.4.3 所示的真值表。

（3）写逻辑表达式，方法有两种：一，对 Y=1 的情况写表达式；二，对 Y=0 的情况写表达式。用方法一写出的是最小项表达式，用方法二写出的是最大项表达式。若 Y=0 的情况很少时，也可对 Y 非等于 1 的情况写，然后再对 Y 非求反。以下是对 Y=1 的情况写出的表达式

$$Y = \bar{A}\,\bar{B}\,\bar{C} + \bar{A}BC + A\bar{B}C + AB\bar{C} + ABC$$

化简后得到

$$Y = \bar{A}\,\bar{B}\,\bar{C} + AC + AB + BC$$

（4）由逻辑表达式可画出图 10.4.3 所示的逻辑电路图。

例 10.4.4 一个电动机可以由三个开关中的任何一个开关启动与关闭。另有温度传感器，当温度超过某值时，关闭电动机并报警，同时各个开关再也不能启动电动机。试设计组合电路实现所述功能。

表 10.4.3 真值表

A	B	C	Y
0	0	0	1
0	0	1	0
0	1	0	0
0	1	1	1
1	0	0	0
1	0	1	1
1	1	0	1
1	1	1	1

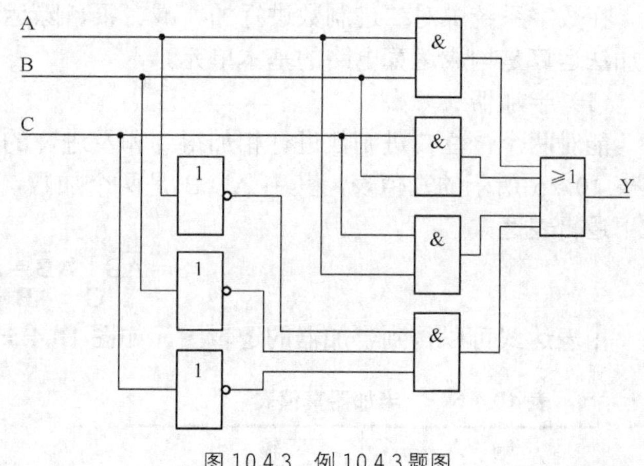

图 10.4.3 例 10.4.3 题图

解 首先确定逻辑变量，设 A、B、C 为控制电机的三个开关，开关的任何位置都能启动和关闭电动机。设 D 为温度信号，D=0 表示超温。设报警灯信号为 Y_1，Y_1=0 表示灯亮。用 Y_2 表示电动机，Y_2=1 表示电动机关闭。

（1）根据以上分析列出表 10.4.4 所示的真值表。

（2）由真值表，令

$$Y_0(A,B,C) = \sum m(1,2,4,7)$$
$$= \bar{A}\bar{B}C + \bar{A}B\bar{C} + A\bar{B}\bar{C} + ABC = A \oplus B \oplus C$$

对电动机有 $\overline{Y_2} = D\cdot Y_0$，就是 $Y_2 = \overline{D\cdot Y_0}$。

表 10.4.4　　　　　　　　　　　　　真值表

开关	开关	开关	温度	电动机	报警	开关	开关	开关	温度	电动机	报警
A	B	C	D	Y_2	Y_1	0	0	0	1	1	1
0	0	0	0	1	0	0	0	1	1	0	1
0	0	1	0	1	0	0	1	0	1	0	1
0	1	0	0	1	0	0	1	1	1	1	1
0	1	1	0	1	0	1	0	0	1	0	1
1	0	0	0	1	0	1	0	1	1	1	1
1	0	1	0	1	0	1	1	0	1	1	1
1	1	0	0	1	0	1	1	1	1	0	1
1	1	1	0	1	0						

对报警有 Y_1=D。

（3）根据逻辑表达式画逻辑图，如图 10.4.4 所示。

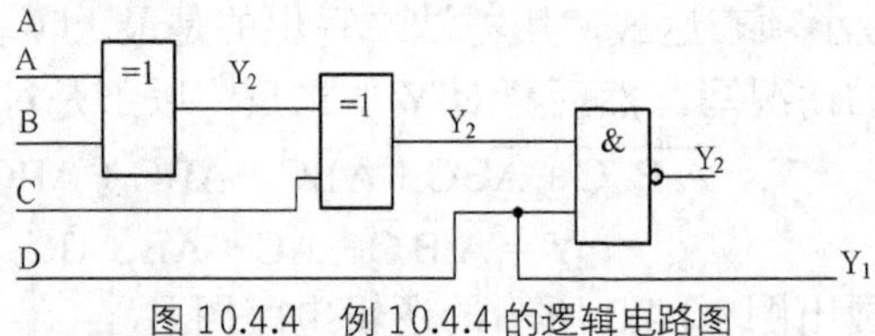

图 10.4.4　例 10.4.4 的逻辑电路图

10.4.3　加法器

在数字系统中对二进制数进行加、减、乘、除运算时，都是转化成加法运算完成的，所以加法运算是构成运算电路的基本单元。

（1）半加器

能对两个一位二进制数进行相加得到和及进位的电路称为半加器。按照二进制运算规则，有表 10.4.5 所示的真值表，其中 A、B 是两个加数，S 是和，C 是进位。由真值表可以得到如下逻辑表达式

$$S = \overline{A}B + A\overline{B} = A \oplus B$$
$$C = AB$$

由表达式可以得到半加器的逻辑图，如图 10.4.5 所示。

表 10.4.5　　半加器真值表

输入		输出	
A	B	S	C
0	0	0	0
0	1	1	0
1	0	1	0
1	1	0	1

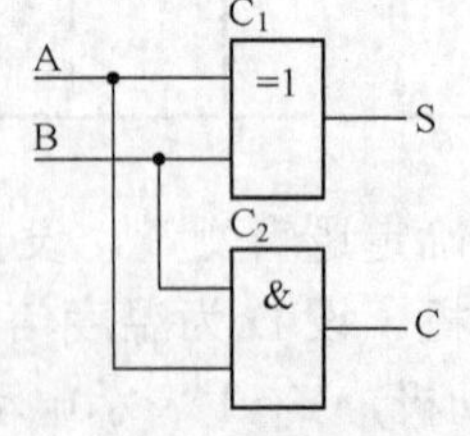

图 10.4.5　半加器逻辑图

（2）全加器

能对两个一位二进制数相加并考虑低位来的进位，得到和及进位的逻辑电路称为全加器。全加器真值表如表 10.4.6 所示，表中 C_i 为低位来的进位，A、B 是两个加数，S 是全加和，

C_o是进位。由真值表可得到如下表达式

$$S = \sum m(1,2,4,7)$$

$$C_o = \sum m(3,5,6,7)$$

化简后

$$S = A \oplus B \oplus C_i$$

$$C_o = AB + AC_i + BC_i$$

由逻辑表达式可画出逻辑图，如图 10.4.6 所示。

表 10.4.6　全加器真值表

输入			输出	
C_i	A	B	S	C_o
0	0	0	0	0
0	0	1	1	0
0	1	0	1	0
0	1	1	0	1
1	0	0	1	0
1	0	1	0	1
1	1	0	0	1
1	1	1	1	1

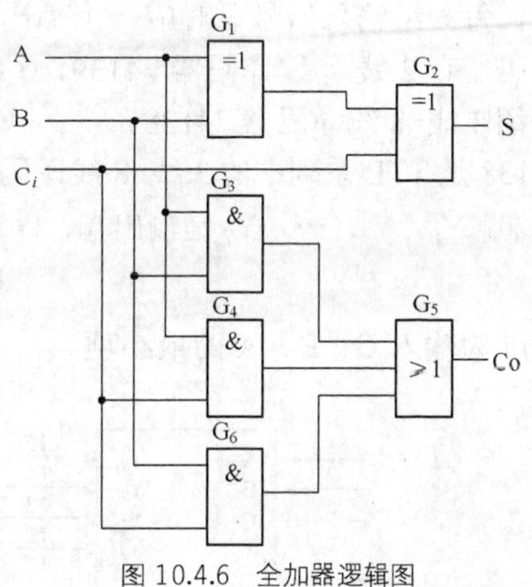

图 10.4.6　全加器逻辑图

10.4.4　组合电路设计中的几个实际问题

在化简逻辑图的过程中，还要考虑如下问题。

1. 输入引脚数的限制

对于集成电路来说，当器件型号选定之后，它的输入引脚数就确定下来了。当然根据逻辑表达式，选用不同输入引脚的器件是最简单的事情，但是这样会增加电路的制造成本，因为集成电路中往往将几个门制作在一个集成电路块内，例如 7400 是四 2 输入与非门，表明它有 4 个 2 输入引脚的与非门，若只用两个门，还有两个不用，就浪费了元件资源。所以在逻辑函数化简时一定要本着集成电路块数最少、集成电路种类最少的原则。按照这个原则并不一定是逻辑表达式越简越好，而是化简到集成电路块数最少、集成电路种类最少就可以。

若输入引脚多余，则按它该接的电平将其接电源或地线就可以了。若输入引脚数不够，可以接扩展器或将表达式分组。

2. 输出能力不够

输出能力不够一般是由于负载太大，即灌电流负载或拉电流负载的电流过大，这时要增加缓冲器或选用驱动能力大的门电路。例如 74 系列输出低电平的带负载能力和输出高电平的带负载能力都是 10 个标准 74 系列门，而 74LS 门的带负载能力为它的一半。

10.5　常用的组合电路

经常使用的组合逻辑单元有译码器、编码器、数据选择器、加法器和比较器等；目前都有对应的集成器件。在使用小规模集成电路组成组合逻辑电路时，主要是使用真值表、逻辑

表达式等方法。而使用中、大规模集成电路，则应该掌握集成电路的逻辑功能，掌握功能的主要方法是看懂真值表。

10.5.1 译码器

译码器（Decoder）是将表示一个确定信号或对象的代码“翻译”出来，变换成对应的输出信号或另一种代码的逻辑电路。译码器大致分为变量译码器、码制变换译码器和显示译码器等。

变量译码器也称为二进制译码器，它是把 n 位二进制代码的组合状态翻译成对应的 2^n 个最小项，每一组输入信号只对应一个输出信号为有效电平，其他输出都是无效电平。常用的变量译码器有 2 线-4 线译码器 74139，3 线-8 线译码器 74138，4 线-16 线译码器 74154 等。以下介绍 3 线-8 线译码器 74138。

74138 是 TTL 系列中的 3 线-8 线译码器，它的逻辑符号如图 10.5.1 所示，其中 A、B 和 C 是输入端，Y_0，Y_1，…，Y_7 是输出端，G_1，$\overline{G}_{2A}$，$\overline{G}_{2B}$ 是控制端，每一个输出端的输出函数为

$$Y_i = \overline{m_i(G_1\overline{\overline{G}_{2A}}\,\overline{\overline{G}_{2B}})} \tag{10.5.1}$$

式中，m_i 为输入 C、B、A 的最小项。

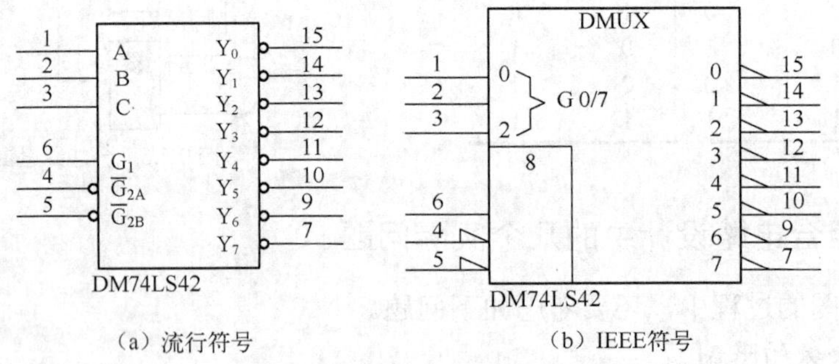

（a）流行符号　　（b）IEEE符号

图 10.5.1　3-8 译码器的逻辑符号

74138 译码器的真值表如表 10.5.1 所示。在真值表中，$G_2 = \overline{G}_{2A} + \overline{G}_{2B}$，从真值表可以看出，当 $G_1 \cdot G_2 = 1$ 时，该译码器处于工作状态，否则输出被禁止，输出高电平。这三个控制端又称为片选端，利用它们可以将多片连接起来，扩展译码器的功能。

表 10.5.1　74138 真值表

控制		输入			输出							
G_1	G_2	C	B	A	Y_0	Y_1	Y_2	Y_3	Y_4	Y_5	Y_6	Y_7
×	1	×	×	×	1	1	1	1	1	1	1	1
0	×	×	×	×	1	1	1	1	1	1	1	1
1	0	0	0	0	0	1	1	1	1	1	1	1
1	0	0	0	1	1	0	1	1	1	1	1	1
1	0	0	1	0	1	1	0	1	1	1	1	1
1	0	0	1	1	1	1	1	0	1	1	1	1
1	0	1	0	0	1	1	1	1	0	1	1	1
1	0	1	0	1	1	1	1	1	1	0	1	1
1	0	1	1	0	1	1	1	1	1	1	0	1
1	0	1	1	1	1	1	1	1	1	1	1	0

如果把 G_1 作为数据输入端（同时使 $\overline{G}_{2A}+\overline{G}_{2B}=0$），把 CBA 作为地址端，则可以把 G_1 信号送到一个由地址指定的输出端，例如，CBA=101，则 Y_5 等于 G_1 的反码。这种使用称为数据分配器的使用。

用两个 3 线-8 线译码器可组成 4 线-16 线译码器，如图 10.5.2 所示，将 C、B、A 信号连接到 U_1 和 U_2 的 C、B、A 端，将 U_1 的控制器 $\overline{G}_{2A}$ 和 U_2 的 G_1 端连接到 D，当 D=0 时，选中 U_1，否则选中 U_2，将 U_1 的 $\overline{G}_{2B}$ 和 U_2 的 $\overline{G}_{2A}$ 端连接到使能信号 EN，当 EN=0 时，译码器正常工作，当 EN=1 时，译码器被禁止。

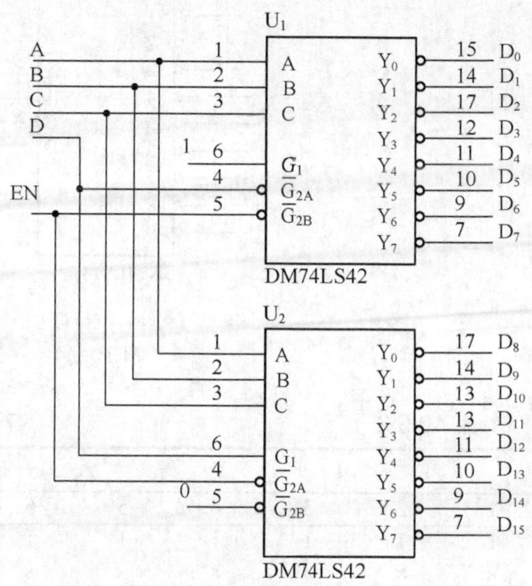

图 10.5.2 用 74138 实现 4 线-16 线译码器

例 10.5.1 试用 3 线-8 线译码器 74138 实现逻辑函数 $Y(A,B,C)=\sum m(0,1,4,6,7)$

解 从 74138 的功能可以知道，它的输出就是输入逻辑变量的最小项，把这些最小项用门电路组合起来，就可以实现组合逻辑函数。电路的接法如图 10.5.3 所示。由于 74138 输出低电平有效，所以使用与非门。

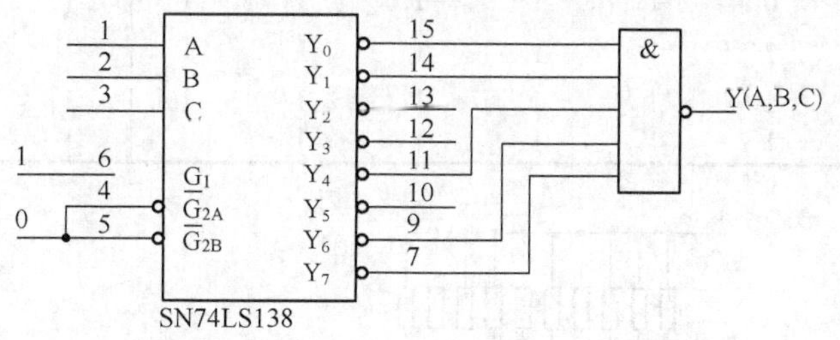

图 10.5.3 用 74138 实现组合逻辑函数

10.5.2 编码器

编码器（Encoder）是用二进制码表示十进制数或其他一些特殊信息的电路。常用的编码器有普通编码器和优先编码器两类，普通编码器要求任何时刻只能有一个有效输入信号，否则编码器将不知如何输出，优先编码器可以避免这个缺点，可以有多个有效输入信号同时输入，但是只有优先级别最高的进行编码输出。编码器又可分为二进制编码器和二-十进制编码器。

1. 10 线-4 线优先编码器 74147

10 线-4 线优先编码器 74147 为二-十进制编码器。它的流行符号和 IEEE 符号如图 10.5.4 所示。编码见表 10.5.2 所示的真值表。该编码器的特点是可以对输入进行优先编码，以保证只编码最高位输入数据线，该编码器输入为 1～9 九个数字，输出是 BCD 码，数字 0 不是输入信号。输入与输出都是低电平有效。

图 10.5.5 所示的电路是 74147 的典型应用电路，该电路可以将 0～9 共 10 个按钮信号转换成编码。当没有按钮按下时，按钮按下信号 Y=0。若有按钮按下，则按钮按下信号 Y=1。虽然 0 信号未进入 74147，但是当 0 按钮按下时，按钮按下信号 Y=1，同时编码输出 1111，这就相当于 0 的编码是 1111。

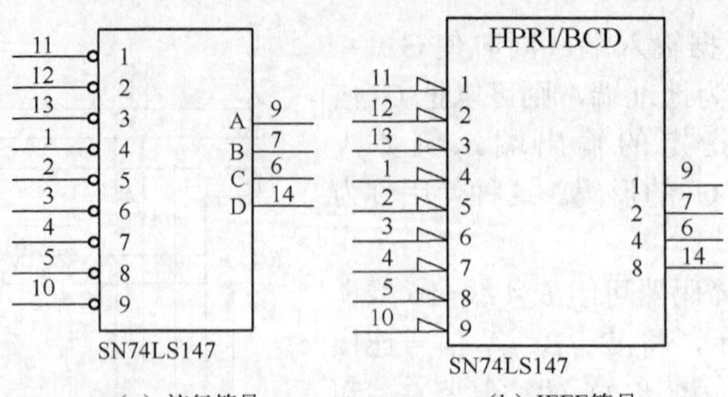

（a）流行符号　　（b）IEEE符号

图 10.5.4 74147 优先编码器的逻辑符号

表 10.5.2　　74147 真值表

输入									输出			
1	2	3	4	5	6	7	8	9	D	C	B	A
1	1	1	1	1	1	1	1	1	1	1	1	1
×	×	×	×	×	×	×	×	0	0	1	1	0
×	×	×	×	×	×	×	0	1	0	1	1	1
×	×	×	×	×	×	0	1	1	1	0	0	0
×	×	×	×	×	0	1	1	1	1	0	0	1
×	×	×	×	0	1	1	1	1	1	0	1	0
×	×	×	0	1	1	1	1	1	1	0	1	1
×	×	0	1	1	1	1	1	1	1	1	0	0
×	0	1	1	1	1	1	1	1	1	1	0	1
0	1	1	1	1	1	1	1	1	1	1	1	0

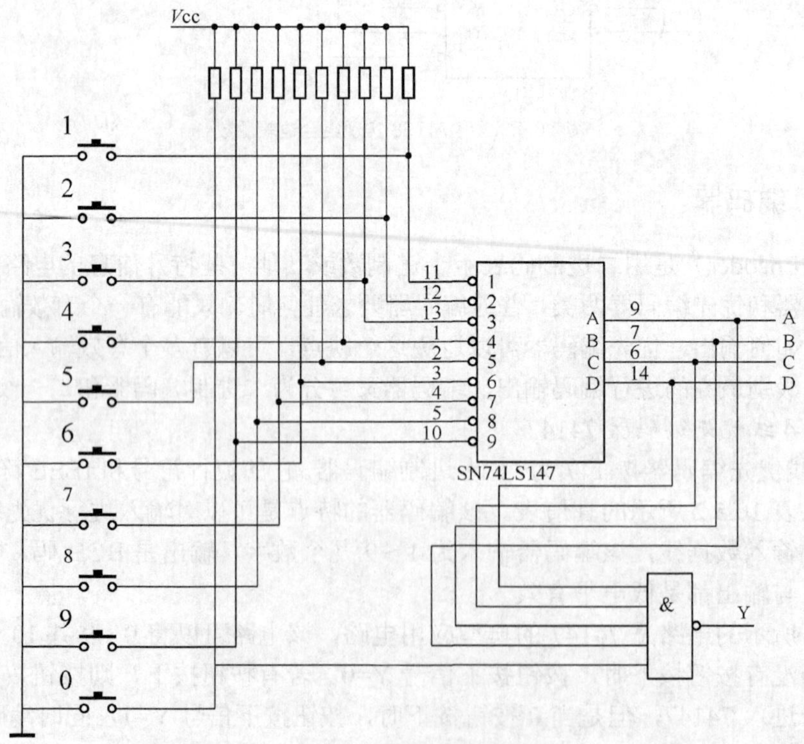

图 10.5.5 将 0~9 数字按钮信号转换成 BCD 码的编码电路

2. 8 线-3 线优先编码器 74148

8 线-3 线优先编码器 74148 的符号图如图 10.5.6 所示。该编码器的输入与输出都是低电平有效。从真值表 10.5.3 可以看出，输入端 E_I 是片选端，当 $E_I = 0$ 时，编码器正常工作，否则编码器输出全为高电平。输出信号 $G_S = 0$ 表示编码器工作正常，而且有编码输出，这表明编码器正在输出编码信号。输出信号 $E_O = 0$ 表示编码器正常工作但是没有编码输出，它常用于编码器级连。

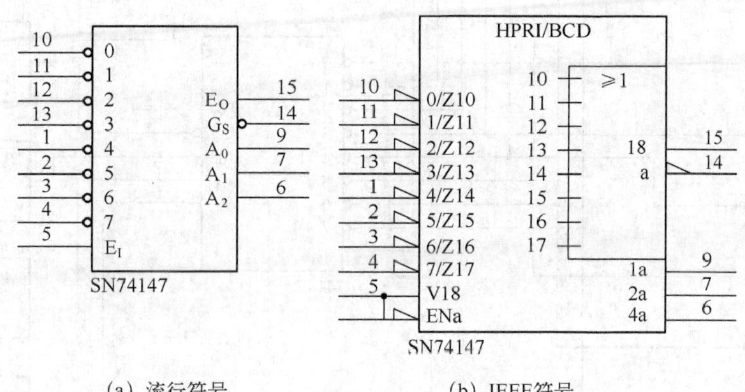

(a) 流行符号 (b) IEEE符号

图 10.5.6 优先编码器 74148 的逻辑符号

表 10.5.3 真值表

输入									输出				
E_I	0	1	2	3	4	5	6	7	G_S	E_O	A_2	A_1	A_0
1	×	×	×	×	×	×	×	×	1	1	1	1	1
0	1	1	1	1	1	1	1	1	1	0	1	1	1
0	×	×	×	×	×	×	×	0	0	1	0	0	0
0	×	×	×	×	×	×	0	1	1	1	0	0	1
0	×	×	×	×	×	0	1	1	0	1	0	1	0
0	×	×	×	×	0	1	1	1	0	1	0	1	1
0	×	×	×	0	1	1	1	1	0	1	1	0	0
0	×	×	0	1	1	1	1	1	0	1	1	0	1
0	×	0	1	1	1	1	1	1	0	1	1	1	0
0	0	1	1	1	1	1	1	1	0	1	1	1	1

例 10.5.2 某机关有 8 位领导和一位秘书，每位领导房间有一个按钮，在秘书房间中有一个优先编码器电路，该电路可以用数码管显示领导的编码。领导的位权是不同的，秘书依照领导的位权，优先对位权高的领导进行服务。在本例题中使用 8 线-3 线优先编码器。假设领导位权最高为 1，次之为 2，依次类推，位权最低的领导为 8。试设计电路。

解 根据题意，选择优先编码器 74148 对领导进行编码，然后用译码器 7446 对编码进行译码。由于 74148 输出低电平有效，而 7446 输入高电平有效，所以两个芯片之间串联反相器。当有按钮按下时，74148 的 G_S 端输出低电平，经过反相器推动三极管使蜂鸣器发声，以提醒有领导按下了按钮。具体电路如图 10.5.7 所示。

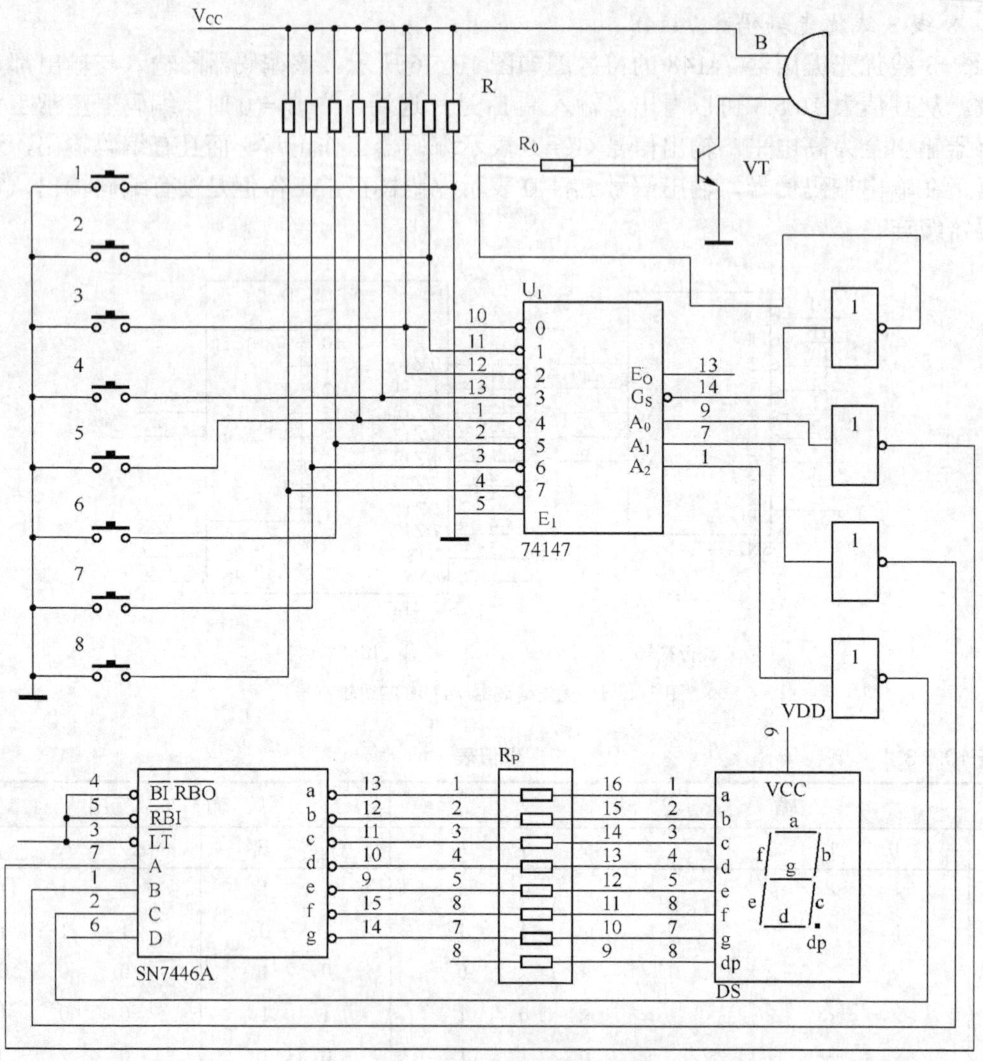

图 10.5.7 编码器的应用 例 10.5.2 题电路图

若将病人按病的轻重进行编码，该电路还可以安装到医院用于病人呼唤大夫。当然该电路若要实际应用，还需要配置稳压电源。

本章小结

根据组合逻辑电路的基本要求，本章分别介绍了数字电路的基本概念逻辑关系与数字逻辑门电路、逻辑代数、组合逻辑的分析与综合，以及常用的集成组合逻辑器件。

（1）与模拟信号相比，数字信号具有很多不同特点：如离散性、抗干扰性、可编辑性，根据具体要求有不同的数制和码制。

（2）实现数字信号处理的基本电路单元是逻辑门电路。门电路中三极管工作在开关状态，因而，各种门电路的输入和输出之间并不是线性关系而是逻辑关系。重点是正确理解和掌握不同逻辑门电路的基本参数、表达方式、工作波形和应用要求。

（3）逻辑代数是分析逻辑电路、表示逻辑关系的数学工具。同一个逻辑可以有多个逻辑代数表达式，最简的表达式意味着最简的电路，因而函数化简尤为重要。重点掌握和理解逻辑状态表的建立、逻辑表达式的基本格式和化简方法，以及逻辑电路图的物理意义。

（4）组合逻辑电路是数字电路中应用非常广泛的一类电路，其特点是电路结构上无反馈、功能上无记忆，电路在任何时刻的输出只取决于该时刻的输入信号。重点是掌握组合逻辑电路分析方法和功能判断，掌握组合逻辑电路的设计步骤和过程。

（5）集成组合逻辑器件，种类多样、功能齐全、性能可靠、应用灵活。重点是编码、译码和显示驱动器的原理和应用特点。

习　题

一、填空题

10.1　在时间上和数值上均连续变化的电信号称为________信号；在时间上和数值上离散的信号称为________信号。

10.2　在正逻辑的约定下，“1”表示________电平，“0”表示________电平。

10.3　在数字电路中，输入信号和输出信号之间的关系是__________关系，所以数字电路也称为________电路。在________关系中，最基本的关系是________、________和________关系，对应的电路称为________门、________门和________门。

10.4　功能为有 1 出 1、全 0 出 0 的门电路称为________门；________功能的门电路是异或门；实际中________门应用得最为普遍。

10.5　三态门除了________态、________态，还有第 3 种状态________态。

10.6　使用________门可以实现总线结构；使用________门可实现“线与”逻辑。

10.7　一般 TTL 门和 CMOS 门相比，________门的带负载能力强，________门的抗干扰能力强。

10.8　最简与或表达式是指在表达式中________最少，且________也最少。

10.9　在化简的过程中，约束项可以根据需要看作________或________。

10.10　TTL 门的输入端口为________逻辑关系时，多余的输入端可________处理；TTL 门的输入端口为________逻辑关系时，多余的输入端应接________；CMOS 门输入端口为“与”逻辑关系时，多余的输入端应接________电平，具有“或”逻辑端口的 CMOS 门多余的输入端应接________电平，即 CMOS 门的输入端不允许________。

10.11　用来表示各种计数制数码个数的数称为________，同一数码在不同数位所代表的不同。十进制计数各位的________是 10，________是 10 的幂。

10.12　________BCD 码和________码是有权码；________码和________码是无权码。

10.13　卡诺图是将代表________的小方格按________原则排列而构成的方块图。

二、判断正误题

10.14　组合逻辑电路的输出只取决于输入信号的现态。

10.15　3 线-8 线译码器电路是三-八进制译码器。

10.16　已知逻辑功能，求解逻辑表达式的过程称为逻辑电路的设计。

10.17　编码电路的输入量一定是人们熟悉的十进制数。

10.18　74LS138 集成芯片可以实现任意变量的逻辑函数。

10.19 组合逻辑电路中的每一个门实际上都是一个存储单元。

10.20 74 系列集成芯片是双极型的，CC40 系列集成芯片是单极型的。

10.21 无关最小项对最终的逻辑结果无影响，因此可任意视为 0 或 1。

三、选择题

10.22 逻辑函数中的逻辑“与”和它对应的逻辑代数运算关系为（　　）。

A．逻辑加　　B．逻辑乘　　C．逻辑非

10.23 十进制数 100 对应的二进制数为（　　）。

A、1011110　　B．1100010　　C．1100100　　D．11000100

10.24 和逻辑式 $\overline{AB}$ 表示不同逻辑关系的逻辑式是（　　）。

A．$\overline{A}+\overline{B}$　　B．$\overline{A}\cdot\overline{B}$　　C．$\overline{A}\cdot B+\overline{B}$　　D．$A\overline{B}+\overline{A}$

10.25 八输入的编码器按二进制数编码时，输出端的个数是（　　）。

A．2 个　　B．3 个　　C．4 个　　D．8 个

10.26 四输入的译码器，其输出端最多为（　）。

A．4 个　　B．8 个　　C．10 个　　D．16 个

10.27 当 74LS148 的输入端 $\overline{I_0}\sim\overline{I_7}$ 按顺序输入 11011101 时，输出 $\overline{Y_2}\sim\overline{Y_0}$ 为（　　）。

A．101　　B．010　　C．001　　D．110

10.28 一个两输入的门电路，当输入为 1 和 0 时，输出不是 1 的门是（　　）。

A．与非门　　B．或门　　C．或非门　　D．异或门

10.29 多余输入端可以悬空使用的门是（　）。

A．与门　　B．TTL 与非门　　C．CMOS 与非门　　D．或非门

10.30 数字电路中机器识别和常用的数制是（　　）。

A．二进制　　B、八进制　　C．十进制　　D．十六进制

10.31 能驱动七段数码管显示的译码器是（　　）。

A．74LS48　　B．74LS138　　C．74LS148　　D．TS547

四、简述题

10.32 组合逻辑电路有何特点？分析组合逻辑电路的目的是什么？简述分析步骤。

10.33 何为编码？何为译码？二进制编码和二-十进制编码有何不同？

五、分析题

10.34 题 10.34 图所示为 u_A、u_B 两输入门的输入波形，试画出对应下列门的输出波形。

① 与门；

② 与非门；

③ 或非门；

④ 异或门。

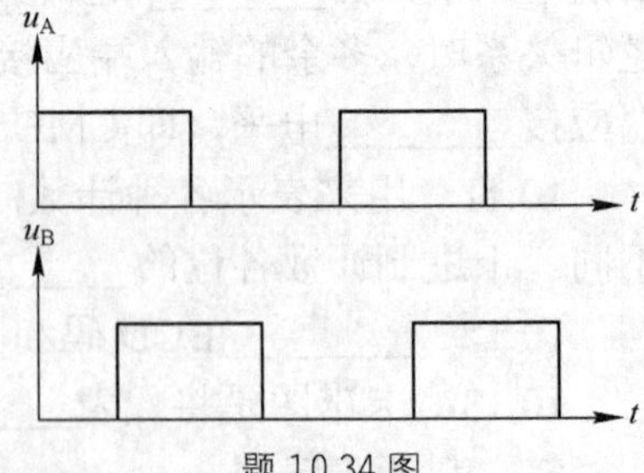

题 10.34 图

10.35 写出图示逻辑电路的逻辑函数表达式。

六、计算画图题

10.36 化简下列逻辑函数。

① $F=(A+\overline{B})C+\overline{A}B$；

② $F=A\overline{C}+\overline{A}B+BC$；

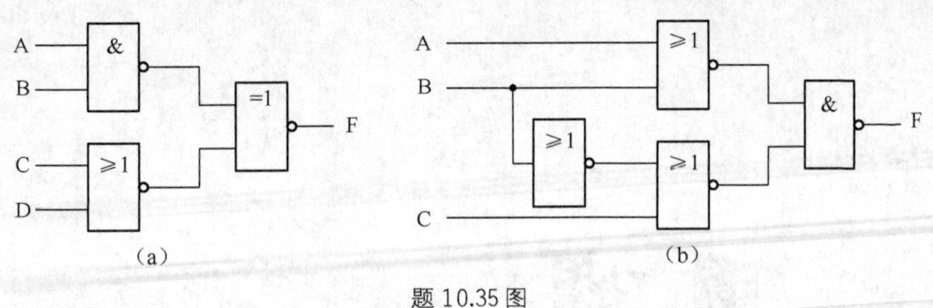

题 10.35 图

③ $F = \bar{A}\bar{B}C + \bar{A}BC + AB\bar{C} + \bar{A}\bar{B}\bar{C} + ABC$；

④ $F = \overline{A + \overline{\overline{BC}}} + AB + B\bar{C}D$；

⑤ $F = (A + B)C + \bar{A}C + \overline{AB + \bar{B}C}$；

⑥ $F = \bar{A}B + B\bar{C} + \bar{B}\bar{C}$；

⑦ $F = (A, B, C, D) = \sum m(0,1,6,7,8,12,14,15)$；

⑧ $F = (A, B, C, D) = \sum m(0, 1, 5, 7, 8, 14, 15) + \sum d(3, 9, 12)$。

10.37　$(365)_{10}$=（　　　　）$_2$=（　　　　）$_8$=（　　　　）$_{16}$。

10.38　$(11101.1)_2$=（　　　　）$_{10}$=（　　　　）$_8$=（　　　　）$_{16}$。

七、设计题

10.39　画出实现逻辑函数 $F = AB + A\bar{B}C + \bar{A}C$ 的逻辑电路。

10.40　设计一个三变量一致的逻辑电路。

10.41　应用能力训练附加题：用与非门设计一个组合逻辑电路，完成如下功能：只有当 3 个裁判（包括裁判长）或裁判长和一个裁判认为杠铃已举起并符合标准时，按下按键，使灯亮（或铃响），表示此次举重成功；否则，表示举重失败。

10.42　设 A、B、C、D 为一个 8421 代码的 4 位，若此 4 位码表示的数 X 能被 4 整除时，则输出为 1，否则为 0。试用与非门实现这一逻辑电路。

10.43　用 74LS138 译码器实现 3 人表决器的逻辑功能。

第 11 章 触发器与时序逻辑电路

组合电路的输出仅与输入有关，而时序电路的输出不仅与输入有关，而且与电路原来的状态有关。组成数字电路的重要单元电路是触发器（Flip-Flop）。本章首先分析触发器和同步时序电路，然后介绍寄存器、计数器等常用集成时序电路，最后对异步时序电路的分析也做了简单介绍。

11.1 触发器

11.1.1 基本 RS 触发器

触发器有两个稳定的状态，可用来表示数字 0 和 1。按结构的不同可分为没有时钟控制的基本触发器和有时钟控制的门控触发器。

基本 RS 触发器是组成门控触发器的基础，一般有与非门和或非门组成的两种。以下介绍与非门组成的基本 RS 触发器。

1. 电路结构与符号图

用与非门组成的 RS 触发器如图 11.1.1 所示。图中$\overline{S}$为置 1 输入端，$\overline{R}$为置 0 输入端，都是低电平有效，Q、$\overline{Q}$为输出端，一般以 Q 的状态作为触发器的状态。

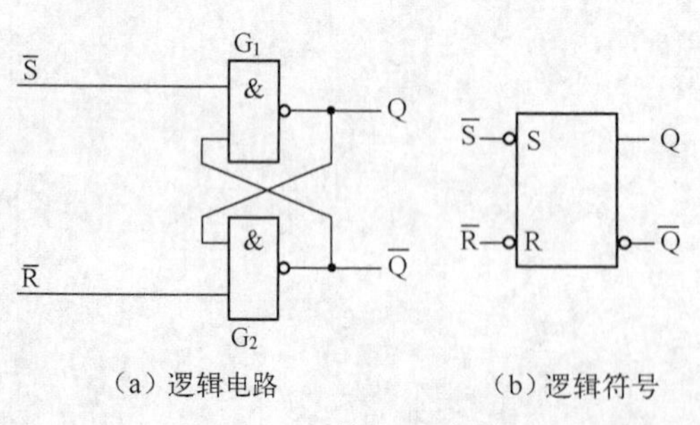

（a）逻辑电路　　（b）逻辑符号

图 11.1.1　基本 RS 触发器

2. 工作原理与真值表

（1）当$\overline{R}$=0，$\overline{S}$=1 时，因$\overline{R}$=0，G_2门的输出端$\overline{Q}=1$，G_1门的两输入为 1，则G_1门的输出端 Q=0。

（2）当$\overline{R}$=1，$\overline{S}$=0 时，因$\overline{S}$=0，G_1门的输出端 Q=1，G_2门的两输入为 1，因此G_2门的输出端$\overline{Q}=0$。

（3）当$\overline{R}$=1，$\overline{S}$=1 时，G_1门和G_2门的输出端被它们的原来状态锁定，故输出不变。

（4）当$\overline{R}$=0，$\overline{S}$=0 时，则有$Q=\overline{Q}=1$。若输入信号在$\overline{S}$=0，$\overline{R}$=0 之后出现$\overline{S}$=1，$\overline{R}$=1 的情况，则输出状态不确定。因此$\overline{S}$=0，$\overline{R}$=0 的情况不能出现，为使这种情况不出现，特给该触发器加一个约束条件$\overline{S}\,\overline{R}$=1。

由以上分析可得到表 11.1.1 所示的真值表。这里 Q^n 表示输入信号到来之前 Q 的状态，一般称为现态，用 Q^{n+1} 表示输入信号到来之后 Q 的状态，一般称为次态。

表 11.1.1 基本 RS 触发器的真值表

$\overline{R}$	$\overline{S}$	Q^{n+1}	$\overline{Q}^{n+1}$
0	1	0	1
1	0	1	0
1	1	Q^n	$\overline{Q}^n$
0	0	1	1

11.1.2 门控触发器

在数字系统中，为了协调一致地工作，常常要求触发器有一个控制端，在此控制信号的作用下，各触发器的输出状态有序地发生变化。具有该控制信号的触发器称为门控触发器。门控触发器按触发方式可分为电位触发、主从触发和边沿触发 3 种类型；按逻辑功能可分为 RS 触发器、D 触发器、JK 触发器、T 触发器 4 种类型。

触发器的重点是它的逻辑功能和触发方式。

1. 门控 RS 触发器

（1）电路结构与符号图

门控 RS 触发器见图 11.1.2。图中 C 为控制信号，也称为时钟信号，记为 CP。

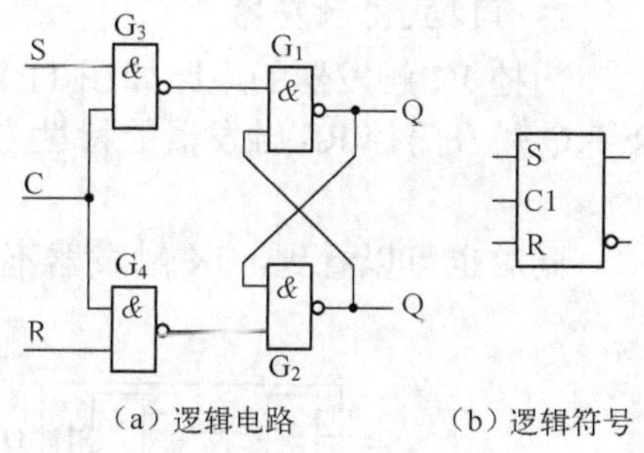

（a）逻辑电路　（b）逻辑符号

图 11.1.2 门控 RS 触发器

当门控信号 C 为 1 时，R、S 信号可以通过 G_3、G_4 门，这时的门控触发器就是与非门结构的 RS 触发器，当门控信号为 0 时，R、S 信号被封锁。

（2）真值表

由图 11.1.2 可以看出，C=1 时，S、R 的作用正好与基本 RS 触发器中的 $\overline{S}$、$\overline{R}$ 的作用相反，由此可得到门控 RS 触发器的真值表如表 11.1.2 所示。

表 11.1.2 门控 RS 触发器的真值表

S	R	Q	$\overline{Q}$
0	1	0	1
1	0	1	0
0	0	Q^n	$\overline{Q}^n$
1	1	1	1

注意

对于门控 RS 触发器，输入端 S、R 不可同时为 1，或者说 RS=0 为它的约束条件。

（3）特性表

由以上分析可以看出，触发器的次态 Q^{n+1} 不仅与触发器的输入 S、R 有关，也与触发器的现态 Q^n 有关。触发器的次态 Q^{n+1} 与现态 Q^n 以及输入 S、R 之间的真值表称为特性表。由表 11.1.2 门控 RS 触发器的真值表可得到其特性表，如表 11.1.3 所示。

表 11.1.3　门控 RS 触发器的特性表

S	R	Q^n	Q^{n+1}	
0	0	0	0	
0	0	1	1	
0	1	0	0	
0	1	1	0	
1	0	0	1	
1	0	1	1	
1	1	0	1	不允许
1	1	1	1	

（4）特性方程

触发器的次态 Q^{n+1} 与现态 Q^n 以及输入 S、R 之间的关系式称为特性方程。由特性表可得门控 RS 触发器的特性方程为

$$Q^{n+1}=S+\overline{R}Q^n \tag{11.1.1}$$

约束条件为　　RS=0

2. 门控 JK 触发器

门控 JK 触发器的电路如图 11.1.3 所示，与门控 RS 触发器相比，$S=J\overline{Q}$，$R=KQ$。将 $S=J\overline{Q}$，$R=KQ$ 代入门控 RS 触发器的特性方程后，得到门控 JK 触发器的特性方程为

$$Q^{n+1}=J\overline{Q}^n+\overline{K}Q^n \tag{11.1.2}$$

同时也可以看到，JK 触发器不需要约束条件，它的真值表如表 11.1.4 所示。

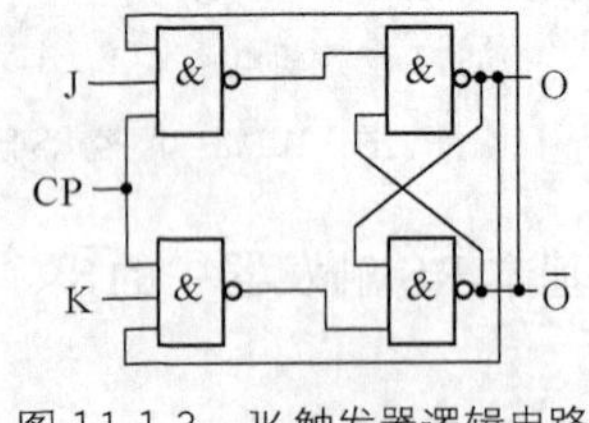

图 11.1.3　JK 触发器逻辑电路

表 11.1.4　JK 触发器的真值表

J	K	Q^{n+1}
0	0	Q^n
0	1	0
1	0	1
1	1	$\overline{Q}^n$

11.1.3　主从触发器

主从触发器由两个门控触发器组成，接收输入信号的门控触发器称为主触发器，提供输出信号的触发器称为从触发器。下面介绍主从 RS 触发器、主从 D 触发器和主从 JK 触发器。

1. 主从 RS 触发器

（1）电路结构与工作原理

电路结构与逻辑符号如图 11.1.4 所示。主从 RS 触发器由两级与非结构的门控 RS 触发器串联组成，各级的门控端由互补时钟信号控制。

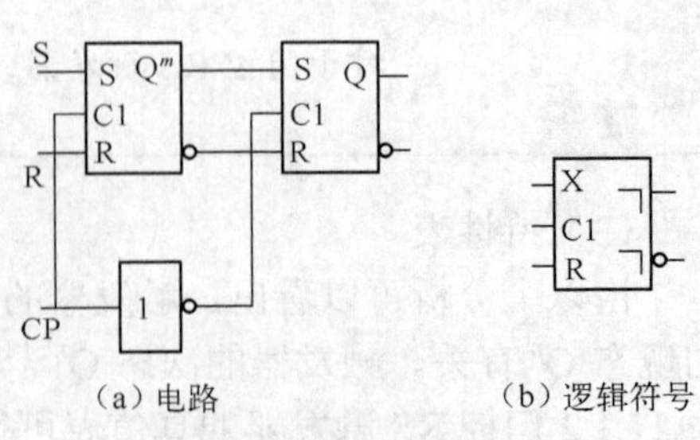

（a）电路　（b）逻辑符号

图 11.1.4　主从 RS 触发器

当时钟信号 CP=1 时，主触发器控制门信号为高电平，R、S 信号被锁存到 Q^m 端，从触发器由于控制门信号为低电平而被封锁；当时钟信号 CP=0 时，主触发器由于控制门信号为低电平而被封锁，从触发器的控制门信号为高电平，所以从触发器接受主触发器

的输出信号。

（2）特性方程

由以上分析可以看出，主从 RS 触发器的输出 Q 与输入 R、S 之间的逻辑关系仍与门控 RS 触发器的逻辑功能相同，只是 R、S 对 Q 的触发分两步进行，当时钟信号 CP=1 时，主触发器接收 R、S 送来的信号；当时钟信号 CP=0 时，从触发器接收主触发器的输出信号。故主从触发器的特性方程仍为

$$Q^{n+1} = S + \overline{R}Q^n \tag{11.1.3}$$

约束条件为 SR=0

2. 主从 JK 触发器

（1）结构与符号图

由主从 RS 触发器加两条反馈线组成的主从 JK 触发器如图 11.1.5 所示。

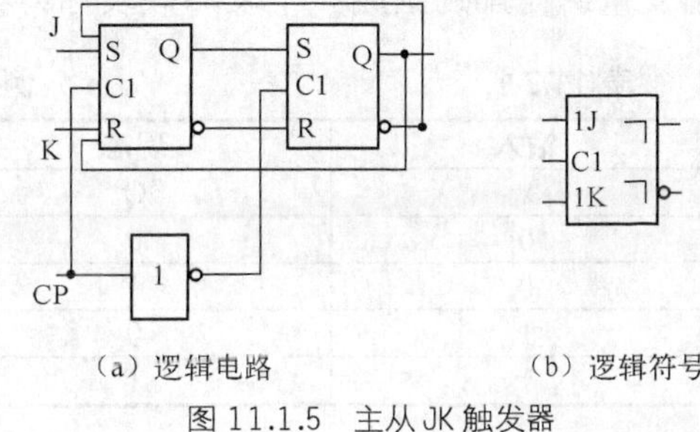

（a）逻辑电路　（b）逻辑符号

图 11.1.5 主从 JK 触发器

（2）特性方程

将 $S=J\overline{Q}^n$ 和 $K=RQ^n$ 代入主从 RS 触发器的特性方程，得到主从 JK 触发器的特性方程为

$$Q^{n+1} = J\overline{Q^n} + \overline{K}Q^n \tag{11.1.4}$$

11.2 同步时序电路分析

在时序电路中，所有存储电路的状态都是在同一时钟信号作用下发生变化的时序电路称为同步时序电路。时序电路中存储电路的状态不是在同一时钟信号作用下发生变化的时序电路称为异步时序电路。

11.2.1 同步时序电路分析步骤

所谓同步时序电路分析，就是从时序电路逻辑图得出状态方程、状态图、时序图、状态表等，并由此得到该时序电路的功能。

分析步骤如下：

（1）观察时序电路的输入、输出和状态变量；

（2）写各个触发器的驱动方程（又称为激励方程、控制方程和输入方程）；

（3）写出时序电路的输出方程（利用组合电路的分析能力）；

（4）把驱动方程代入触发器的特性方程，得到时序电路的状态方程；

（5）由时序电路的状态方程和输出方程构造状态表、状态图；

（6）如果电路不是很复杂，画一个时间图。

在一个实际分析过程中，上述步骤并不是每一步都需要，而要按照题目情况灵活处理。

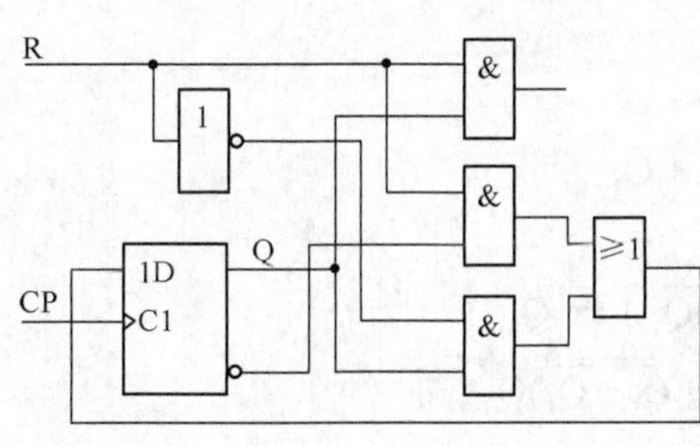

图 11.2.1 例 11.2.1 题图

11.2.2 同步时序电路分析举例

例 11.2.1 试写出图 11.2.1 所示电路的驱动方程、状态方程、输出方程，并画出状态表和状态图。

解 （1）观察变量。

输入变量 x、输出变量 z、状态变量 Q、$\overline{Q}$

（2）驱动方程。驱动方程是触发器的输入信号的逻辑表达式

$$D=\overline{x}Q+x\overline{Q}$$

（3）状态方程。将触发器的驱动方程，代入特性方程所得到的方程称为状态方程

$$Q^{n+1}=D=\overline{x}Q+x\overline{Q}$$

（4）输出方程　　$z=xQ$

（5）状态表。该表类似于组合电路中的真值表。将输入变量、现态变量、次态变量和输出变量纵向排列画成一个表，该表称为状态表，如表 11.2.1 所示。

表 11.2.1　　例 11.2.1 的状态表

输入	现态	次态	输出
x	Q	Q^{n+1}	z
0	0	0	0
0	1	1	0
1	0	1	0
1	1	0	1

（6）状态图。状态图又称为状态转换图，它用图形的方式来描述现态、次态、输入和输出之间的关系。它的画法是使用圆圈中的数字或字母来表示时序电路的状态，使用箭头表示状态变化并且在箭头上标记有输入变量 x 和输出变量 z，标记时将输入变量 x 与输出变量 z 用斜杠隔开。图 11.2.2 所示为例 11.2.1 的状态图。

例 11.2.2　试写出图 11.2.3 所示电路的驱动方程、状态方程、输出方程，并画出状态表和状态图。

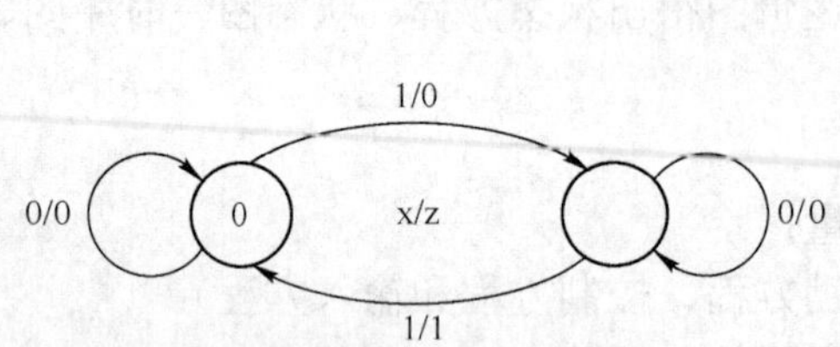

图 11.2.2　例 11.2.1 的状态图

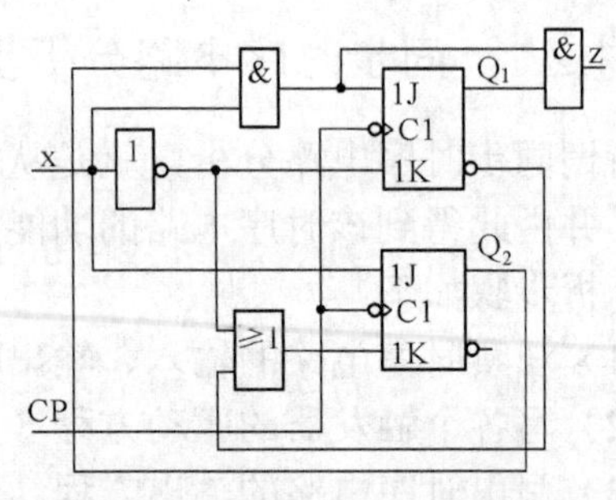

图 11.2.3　例 11.2.2 题图

解 （1）观察变量

输入变量 x、输出变量 z、状态变量 Q_1、Q_2

（2）驱动方程

$$J_1=xQ_2\qquad K_1=\overline{x}$$

$$J_2=x\qquad K_2=\overline{x}+\overline{Q}_1$$

（3）状态方程

$$Q_1^{n+1}=J_1\overline{Q}_1+\overline{K}_1Q_1=(xQ_2)\overline{Q}_1+(\overline{\overline{x}})Q_1$$

$$Q_2^{n+1}=J_2\overline{Q}_2+\overline{K}_2Q_1=(x)\overline{Q}_2+(\overline{\overline{x}+\overline{Q}_1})Q_2$$

（4）输出方程

$$z=xQ_1Q_2$$

（5）状态表　由状态方程和输出方程有表 11.2.2 所示的状态表。

（6）状态图　由以上分析有图 11.2.4 所示的状态图。

表 11.2.2　例 11.2.2 的状态表

输入	现态	次态	输出
x	Q_1Q_2	$Q_1^{n+1}Q_2^{n+1}$	z
0	00	00	0
0	01	00	0
0	10	00	0
0	11	00	0
1	00	01	0
1	01	10	0
1	10	11	0
1	11	11	1

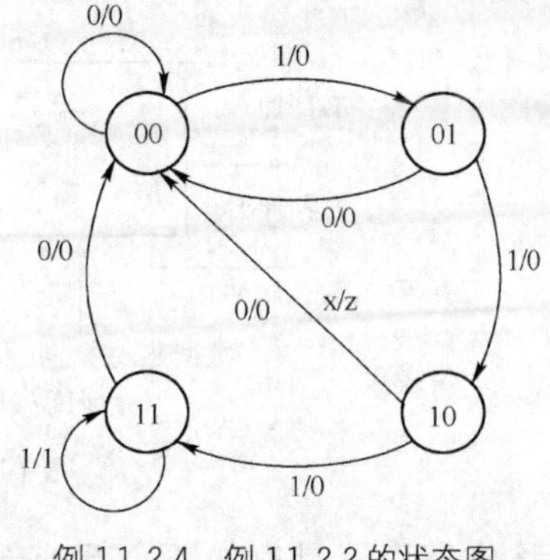

例 11.2.4　例 11.2.2 的状态图

（7）时间图　若 x=0011110，触发器初始状态 $Q_1=1$，$Q_2=0$，则可以作出该电路的图 11.2.5 所示的时间图。

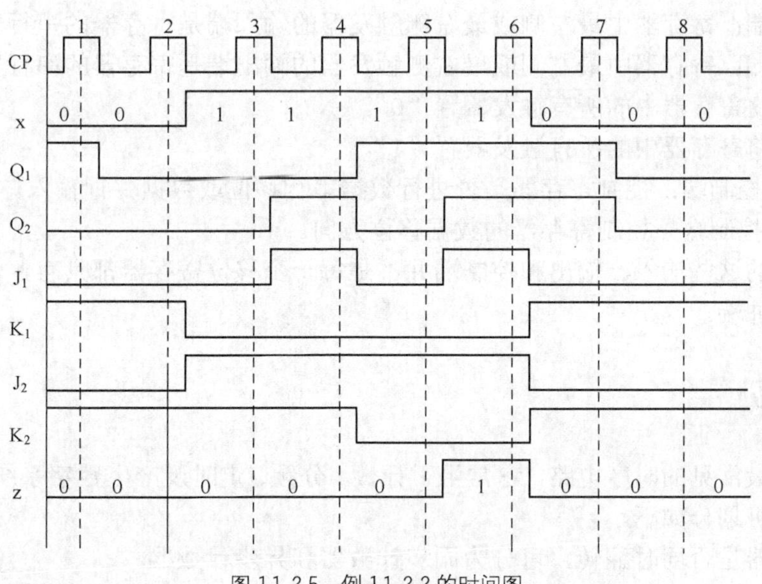

图 11.2.5　例 11.2.2 的时间图

11.3 寄存器与移位寄存器

11.3.1　寄存器

寄存器由多个锁存器或触发器组成，用于存储一组二进制信号，是数字系统中常用的器件。以下介绍几种常用的集成器。

11.3.2　移位寄存器

在时种信号的控制下，所寄存的数据依次向左（由低位向高位）或向右（由高位向低位）

移位的寄存器称为移位寄存器。根据移位方向的不同，有左移寄存器、右移寄存器和双向寄存器之分。移位寄存器的原理图如图 11.3.1 所示。

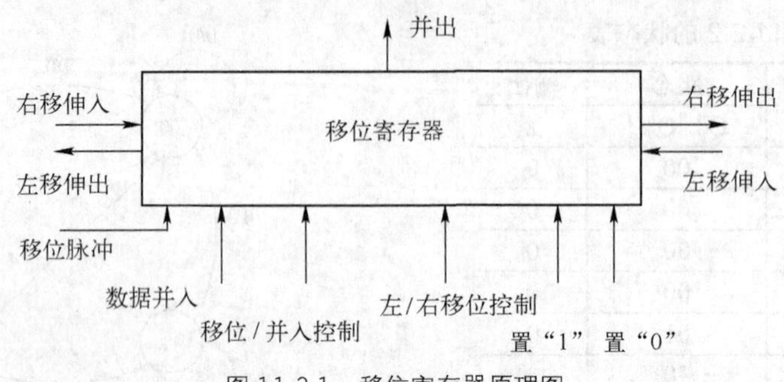

图 11.3.1 移位寄存器原理图

一般移位寄存器具有如下全部或部分输入输出端。

并行输入端：寄存器中的每一个触发器的输入端都是寄存器的并行数据输入端。

并行输出端：寄存器中的每一个触发器的输出端都是寄存器的并行数据输出端。

移位脉冲端：寄存器的移位脉冲。

串行输入端：寄存器中最左侧或最右侧触发器的输入端是寄存器的串行数据输入端。

串行输出端：寄存器中最左侧或最右侧触发器的输出端是寄存器的串行数据输出端。

置 0 端：将寄存器中的所有触发器置“0”。

置 1 端：将寄存器中的所有触发器置“1”。

移位/并入控制端：控制寄存器是否进行数据串行移位或数据并行输入。

左/右移位控制端：控制寄存器的数据移位方向。

以上介绍的这些输入、输出和控制端并不是每一个移位寄存器都具有，但是移位寄存器一定有移位脉冲端。

11.4 计数器

计数器是最常见的时序电路，它常用于计数、分频、定时及产生数字系统的节拍脉冲等，其种类很多，可划分如下。

按照触发器是否同时翻转，可分为同步计数器和异步计数器。

按照计数顺序的增减，分为加、减计数器。计数顺序增加称为加计数器，计数顺序减少称为减计数器，计数顺序可增可减称为可逆计数器。

按计数容量（M）和构成计数器的触发器的个数（N）之间的关系可分为二进制和非二进制计数器。计数器所能记忆的时钟脉冲个数（容量）称为计数器的模。当 $M=2^N$ 时为二进制计数器否则为非二进制计数器。二进制计数器又可称为 $M=2^N$ 计数器。

11.4.1 同步计数器

1. 同步二进制加法计数器

同步二进制加法计数器的状态表如表 11.4.1 所示。从表中可以知道，Q_0 只要有时钟脉冲就翻转，而 Q_1 要在 Q_0 为 1 时翻转，Q_2 要在 Q_1 和 Q_0 都是 1 时翻转，由此类推，若要 Q_n 翻转，必须 $Q_{n-1}\cdots Q_2$、Q_1 和 Q_0 都为 1。

表 11.4.1 二进制加法计数器状态表

Q_n	…	Q_2	Q_1	Q_0
0	…	0	0	0
0	…	0	0	1
0	…	0	1	0
0	…	0	1	1
0	…	1	0	0
⋮	…	⋮	⋮	⋮
1	…	1	1	0
1	…	1	1	1

若用 JK 触发器组成同步二进制加法计数器，则每一个触发器的翻转条件是

$$J_n = K_n = Q_{n-1} \cdot Q_{n-2} \cdots Q_2 \cdot Q_1 \cdot Q_0 \tag{11.4.1}$$

根据这个规律可以画出如图 11.4.1 所示的同步二进制加法计数器的逻辑图。

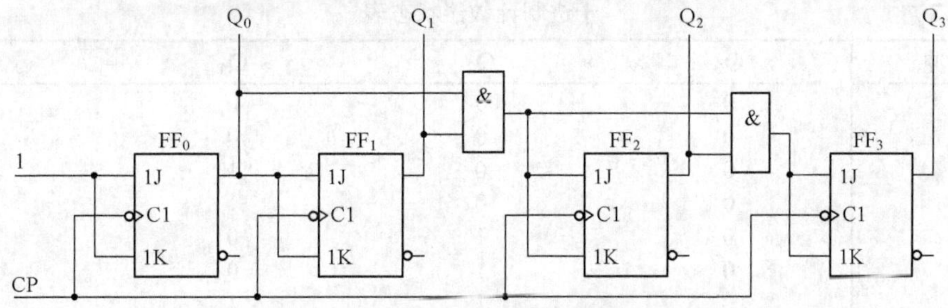

图 11.4.1 同步二进制加法计数器的逻辑图

2. 同步二进制减法计数器

同步二进制减法计数器的状态表如表 11.4.2 所示。从表中可以知道，Q_0 只要有时钟脉冲就翻转，而 Q_1 要在 Q_0 为 0 时翻转，Q_2 要在 Q_1 和 Q_0 都是 0 时翻转，由此类推，若要 Q_n 翻转，必须 $Q_{n-1} \cdots Q_2$、Q_1 和 Q_0 都为 0。

表 11.4.2 二进制减法计数器状态表

Q_n	…	Q_2	Q_1	Q_0
0	…	0	0	0
1	…	1	1	1
1	…	1	1	0
1	…	1	0	1
1	…	1	0	0
1	…	0	1	1
⋮	…	⋮	⋮	⋮
0	…	0	1	0
0	…	0	0	1

若用 JK 触发器组成同步二进制减法计数器，则每一个触发器的翻转条件是

$$J_n = K_n = \overline{Q}_{n-1} \cdot \overline{Q}_{n-2} \cdots \overline{Q}_2 \cdot \overline{Q}_1 \cdot \overline{Q}_0 \tag{11.4.2}$$

根据这个规律可以画出如图 11.4.2 所示的同步减法计数器的逻辑图。

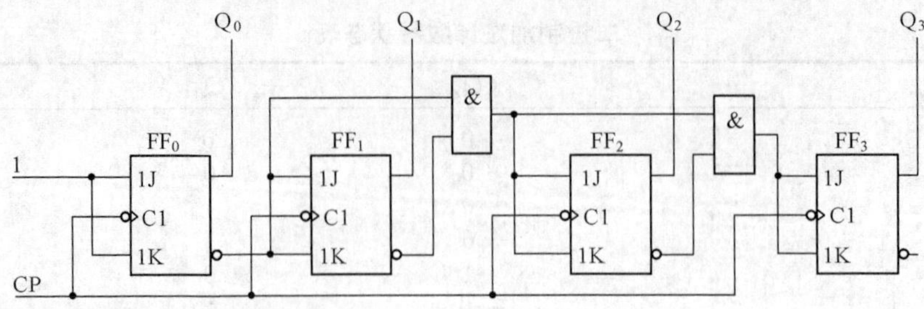

图 11.4.2 同步二进制减法计数器的逻辑图

3. 同步十进制加法计数器

下面以 JK 触发器为例来讨论同步十进制加法计数器。从状态表 11.4.3 可以看出，在第 10 个脉冲到来之前的情况，与同步二进制加法计数器相同，只是在第 10 个脉冲后，要解决如下问题。

表 11.4.3　十进制计数器状态表

计数脉冲	Q_3	Q_2	Q_1	Q_0
1	0	0	0	0
2	0	0	0	1
3	0	0	1	0
4	0	0	1	1
5	0	1	0	0
6	0	1	0	1
7	0	1	1	0
8	0	1	1	1
9	1	0	0	0
10	1	0	0	1
11	0	0	0	0

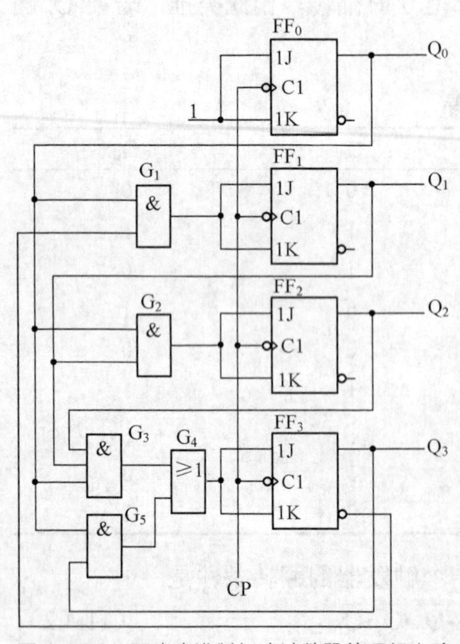

图 11.4.3 同步十进制加法计数器的逻辑电路

第一问题：使 Q_1 和 Q_2 保持不变。

从状态表可以看出，Q_3 为 1 时，Q_1 和 Q_2 保持为零，所以可以取 Q_3 信号来保持 Q_1 为 0，只要 Q_1 为 0，Q_2 就保持不变。

第二问题：使 Q_0 和 Q_3 翻转置 0。

Q_0 自由翻转，当第 10 个脉冲到来前，Q_0=1 所以当第 10 个脉冲到来后，Q_0=0。

从状态表可以看出，只有当 Q_3 为 1 时，同时 Q_0 也为 1 时，Q_3 才置 0。

由以上分析，有如下驱动方程：

$$J_0 = K_0 = 1$$

$$J_1 = K_1 = Q_0\overline{Q}_3$$

$$J_2 = K_2 = Q_1 Q_0$$

$$J_3 = K_3 = Q_2 Q_1 Q_0 + Q_3 Q_0$$

由此可以画出如图 11.4.3 所示的逻辑电路图。

11.4.2 异步计数器

若没有同一时钟来控制计数器的状态变化，则此计数器就是异步计数器。异步计数器充分利用了各个触发器输出状态的时钟沿。

1. 异步二进制加法计数器

再来分析如表 11.4.1 所示的二进制加法计数状态表。从表中可以看出，当 Q_0 从 1 变为 0 时，Q_1 发生变化，而只有当 Q_1 从 1 变为 0 时，Q_2 才发生变化。由此可以得出结论，异步二进制加法计数器各位触发器的翻转发生在前一位输出从 1 变为 0 的时刻。

用 JK 触发器实现 4 位异步二进制加法计数器如图 11.4.4 所示。

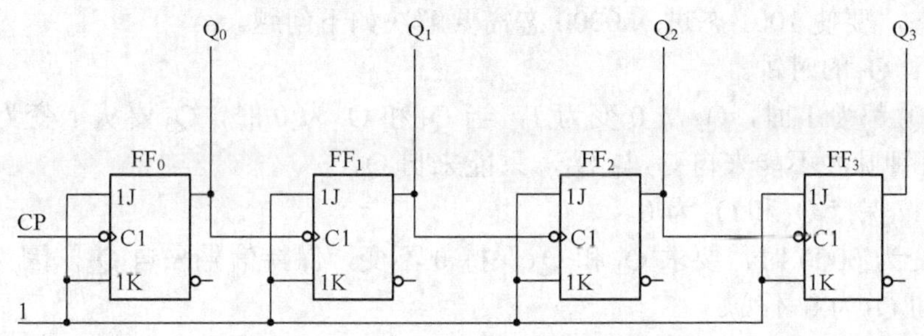

图 11.4.4 4 位异步二进制加法计数器

该计数器可以接成二进制，八进制和十六进制，使用起来非常灵活。

2. 异步二进制减计数器

二进制减法计数器的规律如表 11.4.2 所示。

由状态表可以看出，当 Q_0 从 0 变为 1 时，Q_1 发生变化，而只有当 Q_1 从 0 变为 1 时，Q_2 才发生变化，由此可以得出结论，异步二进制减法计数器各位触发器的翻转发生在前一位输出从 0 变为 1 的时刻。用 JK 触发器实现 4 位异步二进制减法计数器如图 11.4.5 所示。

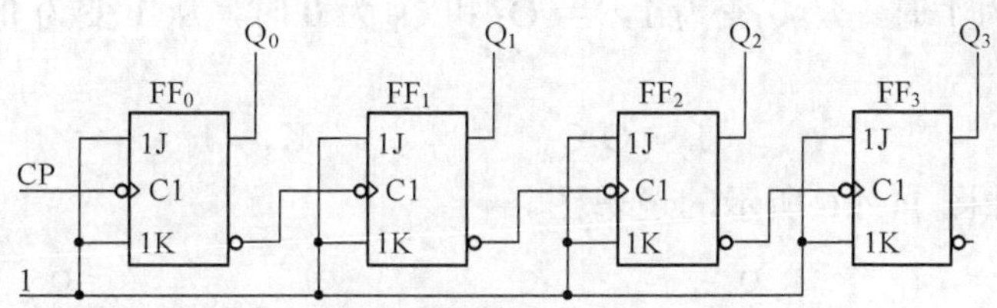

图 11.4.5 4 位异步二进制减法计数器

3. 异步十进制加法计数器

为得到异步十进制加法计数器的规律，首先列出如表 11.4.4 所示的状态表。

表 11.4.4 异步十进制加法计数状态表

Q_3	Q_2	Q_1	Q_0
0	0	0	0
0	0	0	1
0	0	1	0
0	0	1	1

续表

Q_3	Q_2	Q_1	Q_0
0	1	0	0
0	1	0	1
0	1	1	0
0	1	1	1
1	0	0	0
1	0	0	1
0	0	0	0

根据十进制加法计数的规律，要组成十进制加法计数器，关键是从 1001 状态跳过 6 个状态进入 0000 态，要使 1001 态进入 0000 态需要解决如下问题。

第一问题：Q_3 的时钟。

当 Q_1 和 Q_2 都为 1 时，Q_3 从 0 变为 1，当 Q_1 和 Q_2 为 0 时，Q_3 要从 1 变为 0，由此可以知道，Q_3 的时钟脉冲不能来自 Q_2 与 Q_1，只能来自 Q_0。

第二问题：保持 Q_1 和 Q_2 为 0。

当 1001 变为 0000 时，要求 Q_1 和 Q_2 保持 0 不变，保持信号来自 Q_3，因为 Q_3 为 1 时，需要保持 Q_1 和 Q_2 为 0 不变。

若用 JK 触发器实现 4 位异步十进制加法计数器，从以上讨论可以得到如下驱动信号。

Q_0 是自由翻转的触发器，所以

$$J_0 = K_0 = 1$$

需要用 Q_3 保持 Q_1 和 Q_2 为 0，所以根据 JK 触发器的特性方程有

$$J_1 = \overline{Q}_3 \qquad K_1 = 1$$

只要 Q_1 保持为 0，Q_2 就会保持不变，因为 Q_2 的时钟端是 Q_1 的输出，所以 Q_2 是自由翻转的触发器

$$J_2 = K_2 = 1$$

Q_3 在 Q_1 和 Q_2 为 1 时，从 0 变为 1，当 Q_1 和 Q_2 为 0 时，从 1 变为 0，根据 JK 触发器的特性方程，有

$$J_3 = Q_1Q_2 \qquad K_3 = 1$$

由驱动方程有如图 11.4.6 所示的逻辑图。

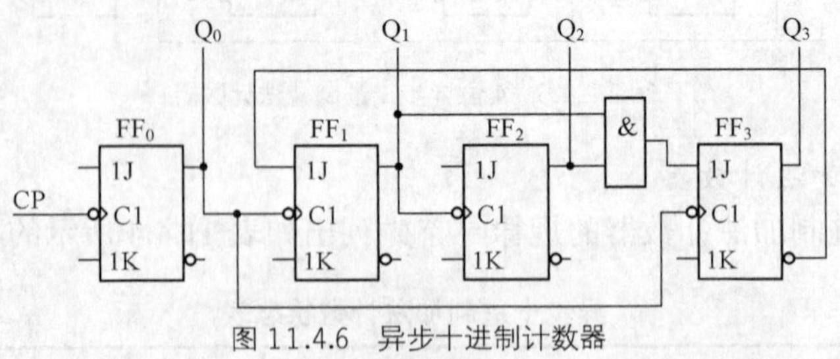

图 11.4.6　异步十进制计数器

11.4.3　使用集成计数器构成 *N* 进制计数器

由于集成计数器一般都是 4 位二进制、8 位二进制、12 位二进制、14 位二进制、十进制等几种，若要构成任意进制计数器，只能利用这些计数器已有的功能，同时增加外电路。

1. $N>M$ 的情况

假定已有 N 进制计数器，要得到 M 进制计数器，方法如下。

当 $N>M$ 时，需要去掉（$N-M$）个状态，方法有二：一是计数到 M 状态时，将计数器清零，此种方法称为清零法；二是计数器到某状态时，将计数器预置到某数，使计数器减少（$M-N$）种状态，此种方法称为预置数法。第一种方法要用计数器的清零功能，第二种方法要用计数器的预置数功能，下面分别做介绍。

（1）清零法

假定已有 N 进制计数器，用清零法得到 M 进制计数器，就是当计数器计数到 M 状态时，将计数器清零。清零方法与计数器的清零端功能有关，一定要清楚计数器是异步清零还是同步清零。若为异步清零，则要在 M 状态时将计数器清零，若为同步清零，应该在（$M-1$）状态时将计数器清零。

（2）预置数法

假定已有 N 进制计数器，用预置数法得到 M 进制计数器，方法是当计数器到某状态时，将计数器预置到某数，使计数器减少（$M-N$）状态。预置数的方法与计数器的预置端功能有关，分为异步预置和同步预置。若为同步预置，则应该在（$M-1$）状态时预置，若为异步预置，则应该在 M 状态预置。

2. $N<M$ 的情况

由于 $N<M$，所以必须将多片 N 进制计数器组合起来，才能形成 M 进制计数器。

第一种方法是用多片 N 进制计数器串联起来使

$$N_1N_2\cdots N_n > M$$

然后使用整体清零或置数法，形成 M 进制计数器。

第二种方法是假如 M 可分解成两个因数相乘，即 $M = N_1 \times N_2$ 则可采用同步或异步方式将一个 N_1 进制计数器和一个 N_2 进制计数器连接起来，构成 M 进制计数器。

同步方式连接是指两个计数器的时钟端连接到一起，低位进位信号控制高位的计数使能端。

异步方式连接是指低位计数器的进位信号连接到高位计数器的时钟端。

本章小结

本章介绍了时序逻辑电路的基本单元——触发器以及常用时序逻辑电路的集成器件。分析了常用寄存器、计数器、定时器电路的基本原理和逻辑功能。重点在于灵活应用。

（1）触发器的基本性质。在时序数字逻辑电路中，触发器是最基本的电路单元。电路的反馈结构使它有两个稳定的输出状态，因而称为双稳态。在一定的外界信号作用下，电路可以从一个稳定状态转变为另一个稳定状态。而无外界信号作用时，它可维持原来的稳定状态不变，因而成为二进制代码的存储单元。重点是理解触发器的工作原理和逻辑状态转换表。

（2）触发器的结构形式和逻辑功能。触发器的电路组成，决定了不同的结构形式。逻辑功能表示了触发器的下一个输出状态与当前的输入和现在的输出状态之间的逻辑关系。由于功能不同，触发器被分成为 RS、JK、D 和 T 等几个类型。重点是理解、掌握 JK 和 D 触发器的状态功能表及触发方式。

（3）与组合逻辑电路不同，时序逻辑电路任一时刻的输出状态不仅与当前的输入信号有关，还与电路原来的输出状态有关。这是时序逻辑电路在功能上的特点。基于这一特点，产生了种类繁多、功能完备的时序逻辑集成器件，如各种寄存器、计数器、定时器等。重点是理解寄存器、计数器的功能表、工作原理和方式，理解二进制、十进制计数器的状态转换要求，掌握组成不同进位制式计数器的分析、判断和连接使用方法。

习 题

一、填空题

11.1 两个与非门构成的基本 RS 触发器的功能有_______、_______和_______。电路中不允许两个输入端同时为_______，否则将出现逻辑混乱。

11.2 _______触发器具有“空翻”现象，且属于_______触发方式的触发器；为抑制“空翻”，人们研制出了_______触发方式的 JK 触发器。

11.3 JK 触发器具有_______、_______、_______和_______共 4 种功能。欲使 JK 触发器实现 $Q^{n+1}=\overline{Q}^n$ 的功能，则输入端 J 应接_______，K 应接_______。

11.4 时序逻辑电路的输出不仅取决于_______的状态，还与电路_______的现态有关。

11.5 组合逻辑电路的基本单元是_______，时序逻辑电路的基本单元是_______。

11.6 触发器的逻辑功能通常可用_______、_______、_______和_______共 4 种方法来描述。

11.7 JK 触发器的次态方程为_______；D 触发器的次态方程为_______。

11.8 寄存器可分为_______寄存器和_______寄存器，集成 74LS194 属于_______移位寄存器。用 4 位移位寄存器构成环形计数器时，有效状态共有_______个；若构成扭环形计数器时，其有效状态有_______个。

11.9 构成一个六进制计数器最少要采用_______位触发器，这时构成的电路有_______个有效状态，_______个无效状态。

二、选择题

11.10 描述时序逻辑电路功能的两个必不可少的重要方程式是（ ）。

A．次态方程和输出方程　　B．次态方程和驱动方程
C．驱动方程和特性方程　　D．驱动方程和输出方程

11.11 由与非门组成的基本 RS 触发器不允许输入的变量组合 $\overline{S}\cdot\overline{R}$ 为（ ）。

A．00　　B．01　　C．10　　D．11

11.12 按各触发器的状态转换与时钟输入 CP 的关系分类，计数器可为（ ）计数器。

A．同步和异步　　B．加计数和减计数　　C．二进制和十进制

11.13 按计数器的进位制或循环模数分类，计数器可为（ ）计数器。

A．同步和异步　　B．加计数、减计数　　C．二进制、十进制或任意进制

11.14 四位移位寄存器构成扭环形计数器是（ ）计数器。

A．四进制　　B．八进制　　C．十六进制

11.15 利用中规模集成计数器构成任意进制计数器的方法是（ ）

A．复位法　　B．预置数法　　C．级连复位法

11.16 不产生多余状态的计数器是（ ）。

A．同步预置数计数器　　B．异步预置数计数器　　C．复位法构成的计数器

11.17 数码可以并行输入、并行输出的寄存器有（ ）

A．移位寄存器　　B．数码寄存器　　C．二者皆有

三、简述题

11.18　时序逻辑电路和组合逻辑电路的区别有哪些?

11.19　何为“空翻”现象？抑制“空翻”可采取什么措施?

11.20　试叙述时序逻辑电路的分析步骤。

四、分析计算题

11.21　写出题 11.21 图中各电路的次态方程。

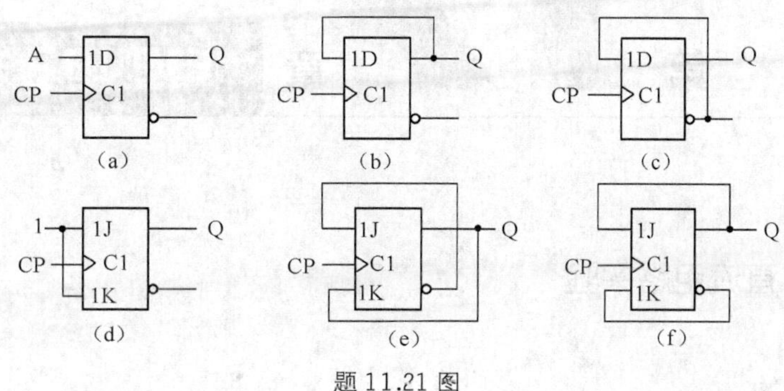

题 11.21 图

11.22　根据题 11.22 表所示的状态转换真值表，画出状态转换图和有效循环波形图。

题 11.22 表　　状态转换真值表

Q_2^n	Q_1^n	Q_0^n	Q_2^{n+1}	Q_1^{n+1}	Q_0^{n+1}
0	0	0	0	1	0
0	0	1	1	0	0
0	1	0	1	0	1
0	1	1	0	1	0
1	0	0	0	1	0
1	0	1	1	1	0
1	1	0	0	1	0
1	1	1	0	1	1

第12章 电工电子技术实验

12.1 实验一 直流电路实验

一、实验目的

1．通过实验进一步了解电路中电位和电压的概念；

2．掌握测量电路中各点电位的方法；

3．验证基尔霍夫电压定律。

二、实验设备

设备名称	型号规格	数 量	备 注
直流稳压电源			
交流电压表			
交流电流表			
直流电压表			
直流电流表			
直流电路实验板			

三、实验原理

1．在电路中任意选定一点为参考点，令参考点的电位为零，电路中其他各点的电位就是各点与参考点间的电压。参考点不同，各点的电位也不同（电位的相对性）。

电路中任意两点间的电压差等于该两点间的电位差，电压差与参考点的选择无关（电压差的单值性）。

2．基尔霍夫电压定律指出，在任何时刻，沿电路中任一闭合回路绕行一周，各段电压的代数和恒为零，即$\sum U=0$，它说明了电路中各段电压的约束关系，并与电路中元件的性质无关。

四、实验步骤

（一）认识实验

1．测量交流电压

用交流电压表测量三相电源的 3 个线电压及 3 个相电压，并记录于表 12.1.1 中。

表 12.1.1 交流电压测量数据

U_{AB}（V）	U_{BC}（V）	U_{CA}（V）	U_{AN}（V）	U_{BN}（V）	U_{CN}（V）

2．测量直流电压

用直流电压表测量直流稳压电源的输出电压值，并记录于表 12.1.2 中。

表 12.1.2 直流电压测量数据

直流稳压电源	3V	5V	10V	15V	12V
实际测量值					

（二）电位测量及验证基尔霍夫电压定律

1．测量电位

（1）将直流电路板上的开关 S_1、S_2 置于短路状态；S_3 置于接入电阻状态（向上拨）。电路中电源采用稳压电源中的 A 组和 B 组，分别调节电源输出电压，并用直流电压表测量，使其输出 A 组为 U_{S1}=12V，B 组为 U_{S2}=15V。

（2）按图 12.1.1 所示的电路接线，注意电流表量程和极性的选择。将 S_1、S_2 置向电源输入端，读取电流值并记录。

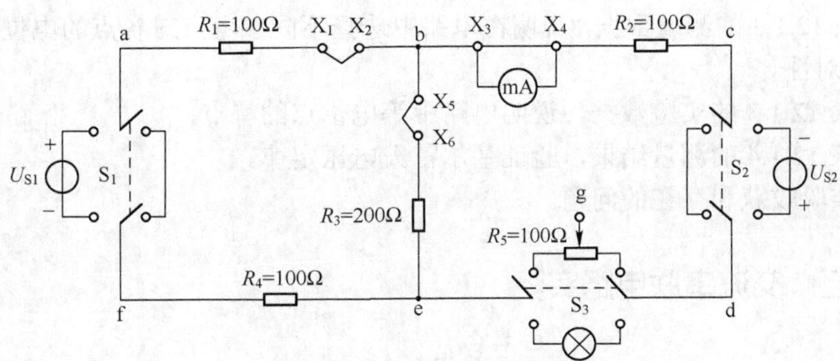

图 12.1.1 直流电路实验的电路图

（3）在电路中选定 e 为参考点，令其电位为 0，将直流电压表置于电压挡（V）的适当量程，“−”端接参考点，“+”端接被测点，测该点的电位值，注意此时电位的正负，并记录于表 12.1.3。

（4）在电路中选定 f 点为参考点，重测各点的电位并记录于表 12.1.3。

（5）测等电位点：将直流电压表的测试棒接至 a 与 g 之间。旋转电位器，使直流电压表 1V 挡上的指示为零（注意量程切换），则 a 与 g 两点为等电位点。

（6）关闭稳压电源，将 a、g 两点用导线短接，再接通电源，注意电流表读数有无变化，并以 f 点为参考点，重测各点电位，记录于表 12.1.3。

表 12.1.3 电位测量数据

参考点	电流（mA）	电位（V）					
	I	V_a	V_b	V_c	V_d	V_e	V_f
e 点							
f 点							
f 点（a、g 等电位）（a、g 等电位后短接）							

2．验证基尔霍夫电压定律（KVL）

电路如图 12.1.1 所示，其中 U_{S1}=12V，U_{S2}=15V。取两个验证回路：回路 1 为 abefa，回路 2 为 bcdeb。用直流电压表分别测量两个回路中各支路的电压，将测量结果记录于表 12.1.4 中。参考方向可选顺时针方向，测量过程中注意直流电压表取值的正与负。

表 12.1.4 KVL 测量数据

	U_{ab}	U_{be}	U_{ef}	U_{fa}	回路 1 $\sum U$	U_{bc}	U_{cd}	U_{de}	U_{eb}	回路 2 $\sum U$
计算值										
测量值										

五、预习要求

1．复习电位、电压和等电位的概念及基尔霍夫电压定律。

2．计算数据表格中各待测数值（计算值），以供实验时选择直流电流表、直流电压表的极性。

六、总结要求

1．根据表 12.1.3 的测量数据，说明在电路中选择不同参考点对各点的电位有无影响，并验证电位的相对性。

2．根据表 12.1.3 的实验数据，说明电路中等电位点的特点。

3．利用表 12.1.4 的测量结果，验证基尔霍夫电压定律。

4．写出实验收获和存在的问题。

12.2 实验二 交流串联电路实验

一、实验目的

1．加深对交流感性电路和交流容性电路的特性的理解；

2．学习使用功率因数表法与电压表法测定电压与电流的相位差。

二、实验设备

设备名称	型号规格	数量	备注
单相调压器			
单相功率因数表			

续表

设备名称	型号规格	数 量	备 注
交流电压表			
交流电流表			
电容箱			
电感线圈			
固定电阻			
滑线变阻器			

三、实验步骤

（一）RC 串联电路

1．按图 12.2.1 所示的电路接线。调压器输出电压调至 100V，电容箱电容 C 取 4μF，电阻 R 为 510Ω 固定电阻。依照数据表 12.2.1 测量各值并记录于表中。

2．将步骤 1 中电容取值改为 10μF，其余参数均不变，重复步骤 1 的测试，并记录于表 12.2.1 中。

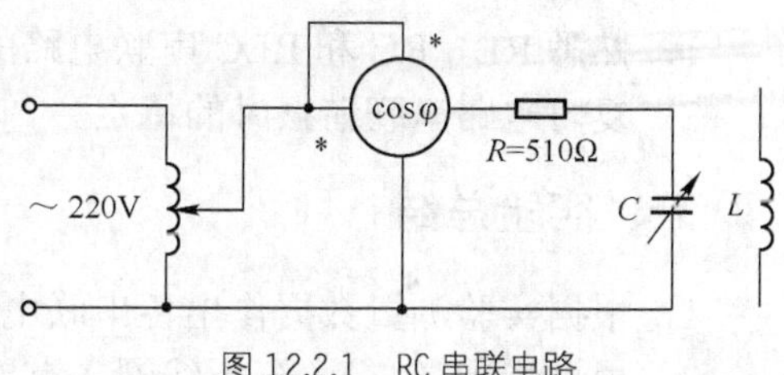

图 12.2.1 RC 串联电路

表 12.2.1 RC、RL 串联电路测量数据

电路		U（V）	U_R（V）	U_L（V）	U_C（V）	cosφ	
						测量值	计算值
RC 串联	C=4μF			╱			
	C=10μF			╱			
RL 串联	空心线圈				╱		
	铁心线圈				╱		

（二）RL 串联电路

1．将图 12.2.1 中电容换为 3000 匝、0.52H 的空心电感线圈，重复上述步骤 1 的测试，记录于表 12.2.1 中。

2．将步骤 1 中的电感线圈插入铁心，重复步骤 1 的测试，记录于表 12.2.1 中。

（三）RLC 串联电路

1．按图 12.2.2 所示的电路接线。调压器输出电压调至 100V，电容箱电容 C 取 7μF，电阻 R 为 110Ω 滑线变阻器。

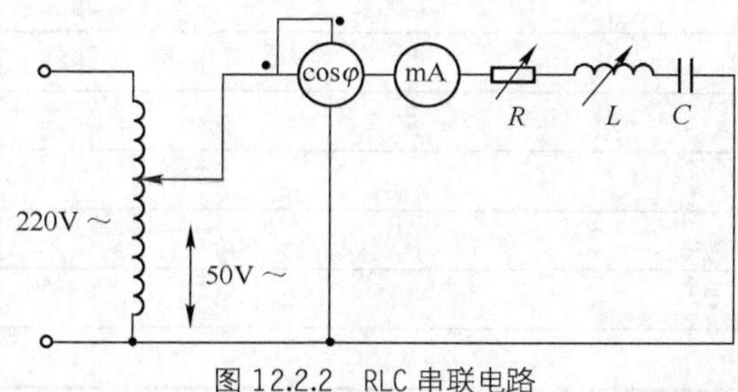

图 12.2.2 RLC 串联电路

2．在线圈无铁心的情况下，依照数据表 12.2.2 测量各值，并记录于表中。

3．在空心电感线圈中逐渐插入铁心，观察在铁心插入过程中电路电流及各电压的变化规律，并将电路产生谐振时的电流及各电压记录于表 12.2.2 中（应特别注意接近串联谐振时，电路具有哪些特点）。

表 12.2.2　　　　RLC 串联电路测量数据

电路		U（V）	U_C（V）	U_R（V）	U_L（V）	I(mA)	$\cos\varphi$
RLC 串联	空心线圈						
	线圈插入铁心谐振						

四、预习要求

1．熟悉 RL、RC 和 RLC 串联电路的电压相位关系，画出相量图；
2．复习电路串联谐振时的特点。

五、实验总结

1．根据实验测量数据作出各串联电路的电压相量图，并得出相应结论；
2．根据步骤（二），分析线圈在有铁心和无铁心两种情况下，各电压变化的原因；
3．根据步骤（三），说明 RLC 串联电路谐振时的特点；
4．心得、收获及存在的问题。

12.3　实验三　日光灯电路

一、实验目的

1．掌握日光灯线路的连接。
2．了解日光灯电路中灯管和镇流器的电压分配及其相量关系。
3．了解改善电路功率因数的方法。

二、实验设备

设备名称	型号与规格	数　量	备　注
交流电压表			
交流电流表			
单相功率表			
单相功率因数表			
日光灯实验板			
电容箱			
电流插座			
电流插头			

三、实验原理

1．日光灯电路由灯管 R、镇流器 Lr 和启辉器 S 组成，电路如图 12.3.1 所示，其工作原理如下：当接通 220V 交流电源时，电源电压通过镇流器施加于启辉器的两电极上，使极间气体导电，可动电极（双金属片）与固定电极接触。由于两电极接触不再产生热量，双金属片冷却复原，使电路突然断开，此时镇流器产生一较高的自感电势，经回路施加于灯管两端，而使灯管迅速起燃，电流经镇流器、灯管而流通。灯管起燃后，两端压降较低，起辉器不再动作，日光灯正常工作。

2．在电力系统中多数负载均为感性，如动力设备感应电动机和高效照明器、日光灯等。当负载吸收的有功功率为定值时，其功率因数越低，总电流 I 就越大，线路上的电能损耗和电压损耗也就越大，而且发电、变电等设备的容量利用率也就越低。因此，必须采取必要的措施来提高功率因数。

四、实验内容

1．日光灯线路接线与测量

按图 12.3.1 所示的电路接线。经指导教师检查后接通电源，测量日光灯电流、电压及功率，记录于表 12.3.1。

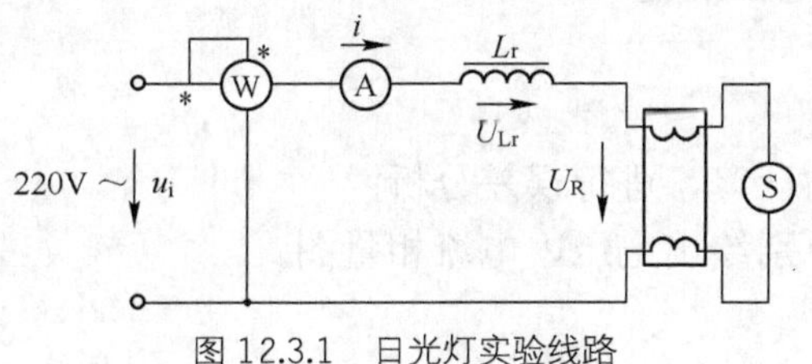

图 12.3.1 日光灯实验线路

表 12.3.1 日光灯线路测量数据

测 量 值					计 算 值		
P（W）	I（A）	U（V）	U_{Lr}（V）	U_R（V）	P_R（W）	P_{Lr}（W）	$\cos\varphi$

注：P_R 指灯管消耗的功率，P_{Lr} 指镇流器内阻上消耗的功率。

2．感性电路功率因数的改善

按图 12.3.2 所示的电路接线。经指导老师检查后接通电源，通过一只电流表和 3 个电流插孔分别测得 3 条支路的电流。改变电容箱电容量为表 12.3.2 中各值时，测量表中各相应值，记录于表中。

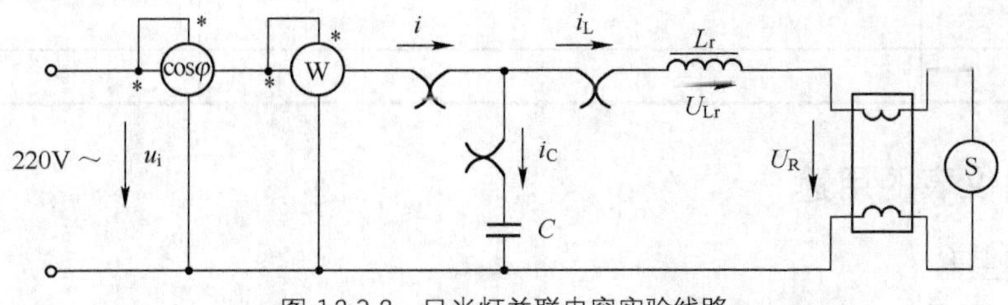

图 12.3.2 日光灯并联电容实验线路

表 12.3.2　　日光灯并联电容测量数据

电容值	C（μF）	3	4.5	5	5.5	6	7
测量值	P（W）						
	$\cos\varphi$						
	I（A）						
	I_L（A）						
	I_C（A）						

五、实验注意事项

1．本实验用交流市电 220V，务必注意用电和人身安全；
2．功率表要正确接入电路，在读数时要注意量程和实际读数的折算关系；
3．线路接线正确且日光灯不能启辉时，应检查启辉器及其接触是否良好。

六、预习要求

1．了解日光灯的工作原理；
2．为了提高电路的功率因数，常在感性负载上并联电容器，增加了一条电流支路，此时感性元件上的电流和功率是否改变？

七、实验总结

1．完成数据表格中的计算，进行误差分析；
2．根据实验数据，分别绘出电压、电流相量图。
3．写出心得、体会。

12.4　实验四　常用电子仪器的使用

一、实验目的

1．明确信号发生器、交流电压表、示波器的用途；
2．了解以上仪器面板上各旋钮的作用，掌握正确的使用方法。

二、实验仪器

设备名称	型号与规格	数量	备注
信号发生器			
交流电压表			
示波器			

三、实验仪表的用途

1．信号发生器
输出基本信号为正弦波、方波、三角波、脉冲波、锯齿波。

2．DF2170B 交流电压表

用于测量 100μV～300V，10Hz～8000kHz 交流电压的有效值。

注意事项：

接通电源，按下电源开关，预热 10 分钟后再使用；将量程开关置于适当量程，再加入被测信号，若被测电压未知，应将量程开关置于最大挡，然后慢慢减小量程；使用结束，关断电源，将量程置于 10V 挡。

3．示波器

用于观察交流信号波形和测量电压、周期。

四、实验内容

1．用交流电压表测量信号发生器的输出电压，并填表 12.4.1

表 12.4.1　信号发生器的测量数据

信号发生器	输出正弦波信号	电压（V）	7	5	0.5
		频率（Hz）	50	5k	100k
	频率量程选择				
	输出衰减选择				
交流电压表	量程旋钮位置				
	电压表头示值				

2．示波器的使用

（1）屏幕显示扫描基线

打开电源，示波器工作在自动扫描状态，通道 1 和 2 输入为 0。

（2）观察正弦波信号

① 将信号发生器的输出频率为 1kHz、有效值为 3V 的正弦波信号接到示波器的输入通道，输入耦合开关置于 AC，触发源置于 VERT，调节电平，得到稳定的正弦波。

② 调节 V/DIV、T/DIV 两个旋钮及其微调旋钮，使屏幕显示表 12.4.2 要求。

表 12.4.2　示波器使用的测量数据

正弦波信号	V/DIV	T/DIV	调节旋钮
3 个周期 峰峰值 5 格			
6 个周期 峰峰值 8 格			

（3）观察两个正弦波波形

将信号发生器的输出频率为 1kHz、有效值为 3V 的正弦波信号接到示波器的输入通道 1 和输入通道 2，输入耦合开关置于 AC，触发源置于 VERT，显示方式选择双踪 DUAL，调节电平，得到稳定的正弦波，并画出波形。

五、实验总结

1．整理实验记录；

2．实现下列要求，应该如何调节有关旋钮：

（1）改变波形位置；

（2）改变波形个数；

（3）改变波形幅度。

3．写出心得、体会。

12.5 实验五 晶体管电压放大电路

一、实验目的

1．进一步熟悉常用电子仪器的使用方法；

2．学会单管电压放大电路静态工作点的测量方法，并观察静态工作点对输出波形失真的影响；

3．学会电压放大倍数的测量方法，并观察负载电阻对电压放大倍数的影响。

二、实验仪器

设备名称	型号与规格	数量	备注
信号发生器			
交流电压表			
示波器			
万用表			
模拟电子实验箱			

三、实验原理

1．静态测试：在放大器无外加输入信号的情况下，测量电路的直流参数；

2．动态测试：放大器在外加输入信号的作用下，测量电路的动态参数并观察输出波形。

四、实验内容

1．测量静态工作点

（1）按图 12.5.1 所示连接电路；

（2）调节 R_{W1} 或 R_{W2}，使 $U_{CE}\approx 5V$；

（3）测量 U_B、U_C、U_E，填表 12.5.1。

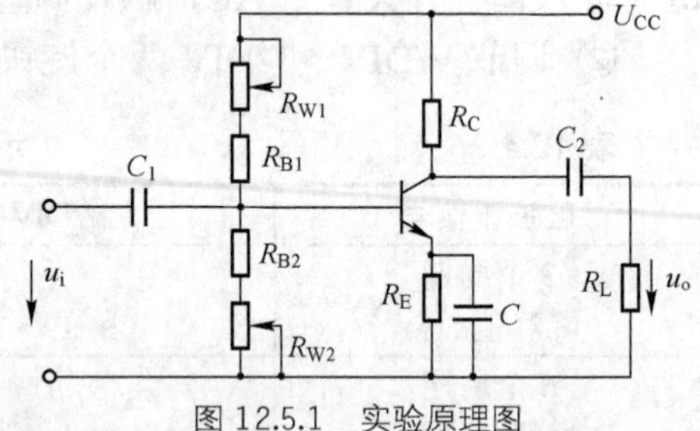

图 12.5.1 实验原理图

表 12.5.1 静态工作点测量数据

测量值				计算值		
U_B	U_C	U_E	U_{CE}	U_{BE}	I_C	I_B

2．测量电压放大倍数

（1）信号发生器的输出频率为 1kHz，有效值为 6mV 的正弦波信号加入放大器输入端，调节 R_{W1} 或 R_{W2}，使输出波形不失真，用交流电压表测量输入电压和输出电压，并填表 12.5.2。

表 12.5.2　　电压测量数据

R_L	U_i	U_o	A_o
空载			
R_L =2kΩ			
R_L =10kΩ			

（2）观察 U_i 和 U_o 的相位关系，并绘出其波形。

3．观察静态工作点对放大器输出波形失真的影响

在空载情况下，调节 R_{W1} 或 R_{W2}，观察输出波形的失真情况，并填表 12.5.3。

表 12.5.3　　输出波形的失真记录

失真类型	U_0 波形
截止失真	
饱和失真	

五、实验总结

1．整理实验记录；
2．分析负载电阻对放大倍数的影响；
3．写出心得、体会。

12.6　实验六　组合逻辑电路

一、实验目的

1．认识集成数字电路器件，了解其型号、引脚连接；
2．建立数字电子电路的基本概念；
3．学会用“与非”门、“异或”门组成半加器和全加器电路。

二、实验设备和器件

设 备 名 称	型号与规格	数　量	备　注
直流稳压电源			
数字逻辑实验箱			
万用表及工具			
集成电路器件			

三、实验内容

本实验所使用的器件 74LS00、74LS86 和 74LS20 的引脚排列如图 12.6.1 所示。

1．半加器电路

（1）用一片“与非”门 74LS00，一片“异或“门 74LS86 连接成如图 12.6.2 所示的半加器电路；

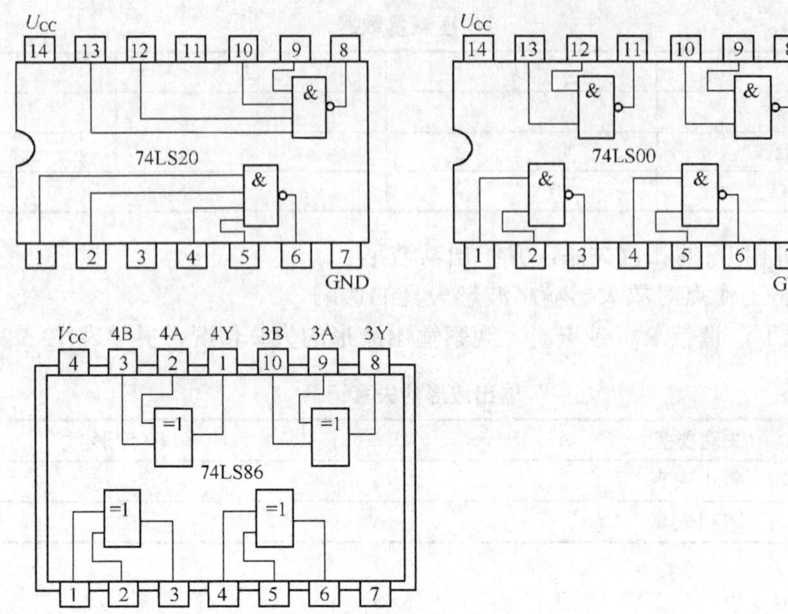

图 12.6.1　74LS00、74LS86 和 74LS20 的引脚排列

（2）电路连接检查无误后，接通电源+5V，改变输入 A、B 的状态，观察输出端 S、C 的状态，并记录于表 12.6.1。

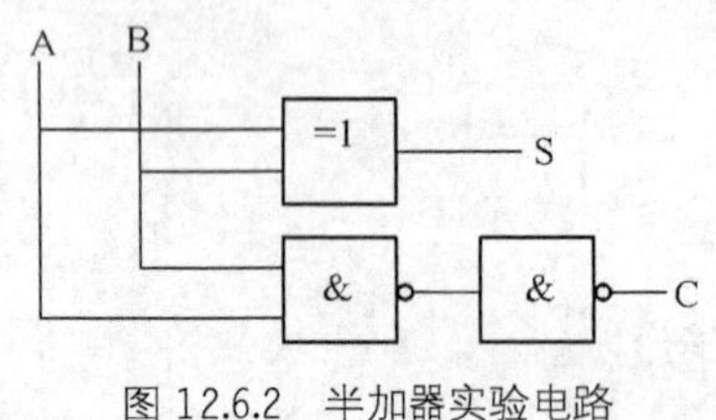

图 12.6.2　半加器实验电路

表 12.6.1　半加器测量数据

A_i	B_i	S_i	C_i
0	0		
0	1		
1	0		
1	1		

2．全加器电路

（1）用一片“与非”门 74LS00，一片双“与非”门 74LS20 和一片“异或”门 74LS86，连接成如图 12.6.3 所示的全加器电路。

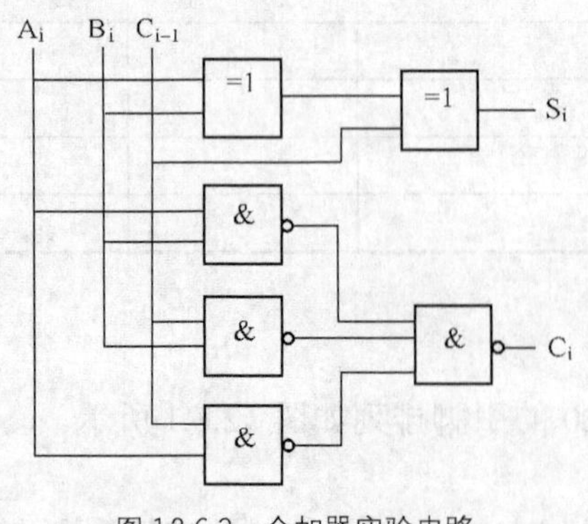

图 12.6.3　全加器实验电路

表 12.6.2　全加器测量数据

A_i	B_i	C_{i-1}	S_i	C_i
0	0	0		
0	0	1		
0	1	0		
1	0	0		
1	1	0		
1	0	1		
0	1	1		
1	1	1		

（2）电路连接检查无误后，接通电源+5V，改变输入 A_i、B_i、C_{i-1} 的状态，观察输出端 S_i、C_i 的状态，并记录于表 12.6.2。

四、预习要求

1．熟悉 74LS00、74LS20 和 74LS86 的工作原理及接线方法；
2．复习半加器、全加器电路的工作原理；
3．画出实验线路图及有关记录表格。

五、实验总结

1．画出实验线路图，整理实验记录；
2．写出实验收获和存在的问题。

12.7 实验七 计数、译码、显示电路

一、实验目的

1．进一步熟悉数字集成电路的应用和半导体数码管的使用方法；
2．掌握计数、译码、显示电路的组成，并验证其逻辑功能。

二、实验设备和器件

设 备 名 称	型号与规格	数　量	备　注
直流稳压电源			
数字逻辑实验箱			
万用表及工具			
集成电路器件			
显示器			

三、实验内容

1．电路连接

本实验所使用的器件 74LS90、74LS48 和 BS205 的引脚排列如图 12.7.1 所示，其中 74LS90 通过外部接线将 A_0 和 CP_2 连接便构成一个十进制计数器，CP_1 是计数脉冲输入端，QA～QD 是计数器的输出端，R_{01}、R_{02} 是两个置 0 端，S_{01}、S_{02} 是两个置 1 端，均为高电平有效，BS205 显示器的地端已接地。

2．验证逻辑功能

按图 12.7.2 所示的电路接线，电路连接检查无误后，接通电源+5V。

（1）验证计数器置 0 和置 9 功能；

（2）验证计数器的计数功能

将计数器置 0 端 R_{01}、R_{02} 和置 9 端 S_{01}、S_{02} 接高地，在 CP_1 端输入适当频率的脉冲信号，观察显示器的显示情况。

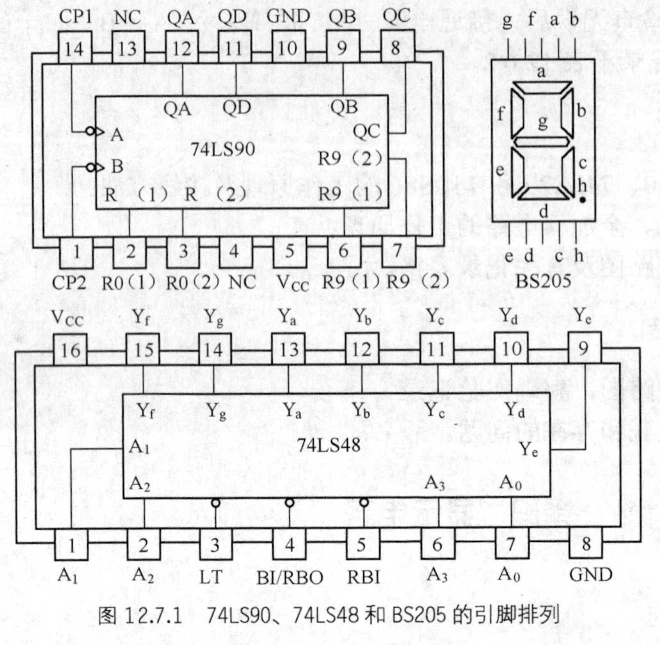

图 12.7.1 74LS90、74LS48 和 BS205 的引脚排列

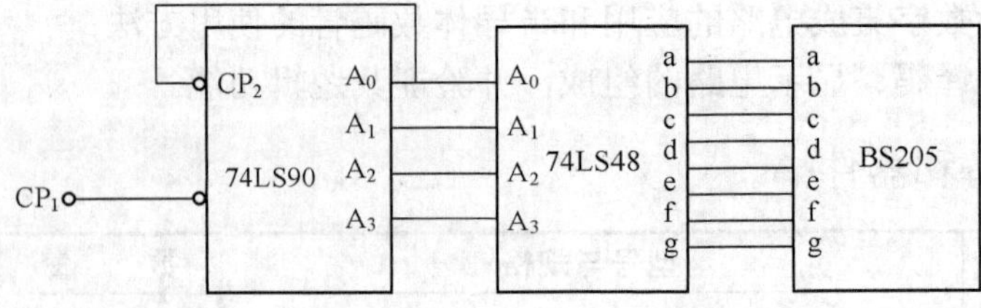

图 12.7.2 计数、译码、显示电路工作原理图

四、预习要求

1. 熟悉 74LS90、74LS48 和 BS205 的工作原理及接线方法；
2. 复习计数、译码、显示电路工作原理；
3. 画出实验线路图及有关记录表格。

五、实验总结

1. 画出实验线路图，整理实验记录；
2. 写出实验收获和存在的问题。